普通高校物联网工程专业规划教材

物联网安全导论
（第2版）

李联宁 编著

清华大学出版社

北京

内 容 简 介

本书详细介绍了物联网安全技术的基础理论和最新主流前沿技术。全书共分为 6 部分:物联网安全概述、物联网感知识别层安全、物联网网络构建层安全、物联网管理服务层安全、物联网综合应用层安全、物联网安全体系规划设计,以 12 章的篇幅按物联网的网络结构分别讲述物联网安全需求分析、物联网安全技术框架、密码与身份认证技术、RFID 系统安全与隐私、无线传感器网络安全、无线通信网络安全、互联网网络安全、中间件与云计算安全、信息隐藏技术原理、位置信息与隐私保护、物联网安全市场需求和发展趋势及物联网安全体系结构规划与设计。每章除了介绍相关理论外,还讲解了最新前沿技术的原理。各章都附有习题以帮助读者学习理解理论知识和实际工程应用。为方便教师教学,本书附有全套教学 PPT 课件等。

本书主要作为高等院校物联网工程、信息安全、自动化、通信工程、计算机应用和电气信息类等专业高年级本科生和研究生教材,也可作为物联网安全技术的专业培训教材。对物联网安全和可靠应用领域的管理决策人员、从事物联网安全领域应用和设计开发的人员及计算机网络工程技术人员,本书亦有学习参考价值。

图书在版编目(CIP)数据

物联网安全导论 / 李联宁编著. —2 版. —北京:清华大学出版社,2020.4(2023.9重印)
普通高校物联网工程专业规划教材
ISBN 978-7-302-54204-9

Ⅰ.①物… Ⅱ.①李… Ⅲ.①互联网络-应用-安全技术-高等学校-教材 ②智能技术-应用-安全技术-高等学校-教材 Ⅳ.①TP393.4 ②TP18

中国版本图书馆 CIP 数据核字(2019)第 256035 号

责任编辑:白立军 战晓雷
封面设计:杨玉兰
责任校对:白 蕾
责任印制:丛怀宇

出版发行:清华大学出版社
      网   址:http://www.tup.com.cn,http://www.wqbook.com
      地   址:北京清华大学学研大厦 A 座   邮   编:100084
      社 总 机:010-83470000   邮   购:010-62786544
      投稿与读者服务:010-62776969,c-service@tup.tsinghua.edu.cn
      质量反馈:010-62772015,zhiliang@tup.tsinghua.edu.cn
      课件下载:http://www.tup.com.cn,010-83470236
印 装 者:三河市铭诚印务有限公司
经   销:全国新华书店
开   本:185mm×260mm   **印   张**:22.75   **字   数**:559 千字
版   次:2013 年 4 月第 1 版 2020 年 5 月第 2 版   **印   次**:2023 年 9 月第 5 次印刷
定   价:59.00 元

产品编号:085559-01

第 2 版前言

本书响应习近平总书记在中国共产党第二十次全国代表大会上的报告中提出的加快构建新发展格局，着力推动高质量发展中推进网络强国、数字中国；推动战略性新兴产业融合集群发展，构建新一代信息技术、人工智能等一批新的增长引擎；以及实施科教兴国战略，强化现代化建设人才支撑等要点内容，在加强物联网教学方面注重学生对物联网信息安全的认识和理解，培养学生的信息安全意识和保护技能，从而保障信息系统的安全；提高学生的信息技术应用能力，培养学生的信息化素质，为社会的数字经济发展贡献力量。

本书详细介绍了物联网安全技术的基础理论和最新主流前沿技术，全书共分为 6 部分：物联网安全概述、物联网感知识别层安全、物联网网络构建层安全、物联网管理服务层安全、物联网综合应用层安全和物联网安全体系规划设计。

本书共 12 章，按物联网的网络结构分别讲述物联网安全需求分析、物联网安全技术框架、密码与身份认证技术、RFID 系统安全与隐私、无线传感器网络安全、无线通信网络安全、互联网网络安全、中间件与云计算安全、信息隐藏技术原理、位置信息与隐私保护、物联网安全市场需求和发展趋势、物联网安全体系结构规划与设计。由于物联网安全方面的国际标准和中国国家标准尚未形成成熟的相应版本，同时近年来不断发生的物联网安全事件导致了物联网安全设备极大的市场需求，故此次改版主要删去了物联网信息安全标准这一章，并相应增加了物联网安全市场需求和发展趋势的内容。

书中每一章除了介绍相关理论外，还讲解了最新前沿技术的原理。各章都附有习题，以帮助读者理解相关理论和掌握实际工程应用技能。为方便教师教学，本书配有教学 PPT 课件、教学大纲、教学计划等教学辅助资料，可在清华大学出版社网站（www.tup.com.cn）下载。

本书主要作为高等院校物联网工程、信息安全、自动化、通信工程、计算机应用和电气信息类等专业高年级本科生和研究生教材，也可作为物联网安全技术专业培训教材。

清华大学出版社诸位编辑为本书的出版付出了大量的时间和精力，编者谨在此表示衷心的感谢。

书中不当之处在所难免，敬请广大读者、各位教师、各位同学不吝赐教。

编　者

2023 年 9 月

第 1 版前言

随着物联网技术的飞速发展,物联网在中国受到了全社会极大的关注。与其他传统网络相比,物联网感知节点大都部署在无人监控的场景中,存在能力脆弱、资源受限等缺点,这使得物联网安全问题比较突出,并且当国家重要基础行业和社会关键服务领域(如电力、金融、交通和医疗等)重要社会功能的实现即将依赖于物联网应用时,物联网安全问题已经上升到国家层面。

2010 年后,全国已有近 700 所高校向教育部提交了增设物联网等相关专业的申请,首批 37 所高校已获准开设物联网相关专业。目前符合高校物联网安全专业课程教学要求的教材十分稀缺,社会上对物联网安全技术书籍的需求数量也很大。本书试图在对物联网安全技术领域做详细介绍的基础上,给出实际工程案例及行业解决方案,以达到技术全面、案例教学及工程实用的目的。

全书分为 6 个部分,分别按物联网安全的技术架构分层次详细讲述涉及物联网安全的各类相关技术。

第一部分 物联网安全概述。简单介绍物联网信息安全的基本概念和主要技术,包括第 1~3 章,内容为物联网安全需求分析、物联网安全技术框架和密码与身份认证技术。

第二部分 物联网感知识别层安全。介绍涉及物联网感知识别层安全的理论与技术,包括第 4、5 章,内容为 RFID 系统安全与隐私和无线传感器网络安全。

第三部分 物联网网络构建层安全。介绍涉及物联网网络构建层安全的理论与技术,包括第 6、7 章,内容为无线通信网络安全和互联网网络安全。

第四部分 物联网管理服务层安全。介绍涉及物联网管理服务层安全的理论与技术,为第 8 章,内容为中间件与云计算安全。

第五部分 物联网综合应用层安全。介绍涉及物联网应用层安全的理论与技术,包括第 9、10 章,内容为信息隐藏技术原理和位置信息与隐私保护。

第六部分 物联网安全标准和安全体系规划设计。简单介绍物联网安全标准和安全体系规划,包括第 11、12 章,内容为物联网信息安全标准和安全体系结构规划与设计。

本书主要作为高校本科生和研究生教材,力争紧跟物联网安全技术的最新发展,使用大量的实际工程案例辅助教学,使学生在学习完本书后能够具备实际工程能力。本书对从事物联网相关工作的领导干部、研究人员和工程技术人员也有学习参考价值。

本书各章都附有习题,以帮助读者理解相关理论和掌握实际工程应用技能。同时,教师可以从清华大学出版社网站(www.tup.com.cn)下载配套的教学课件(PowerPoint 演示文件)以便教学使用。

本书由李联宁教授编著。在编写本书过程中,编者参考了国内外大量的物联网及计算机网络方面的书刊及文献资料,在此对有关文献的作者表示感谢。对于本书中的错误或不妥之处,恳请广大读者不吝赐教。

编 者

2012 年 12 月

目　录

第一部分　物联网安全概述

第二部分　物联网感知识别层安全

第 4 章　RFID 系统安全与隐私 ····························· 81

第四部分 物联网管理服务层安全

第 8 章 中间件与云计算安全

第五部分　物联网综合应用层安全

第六部分 物联网安全体系规划设计

第一部分　物联网安全概述

第1章 物联网安全需求分析

根据国际电信联盟的定义,物联网(Internet of Things,IOT)主要解决物品到物品(Thing to Thing,T2T)、人到物品(Human to Thing,H2T)、人到人(Human to Human,H2H)之间的互联。核心共性技术、网络与信息安全及关键应用是当前的物联网研究的重点。

与其他传统网络相比,物联网感知节点大都部署在无人监控的场景中,具有能力脆弱、资源受限等特点,这些都导致难以直接将传统计算机网络的安全算法和协议应用于物联网。这使得物联网安全问题比较突出,并且将来当国家重要基础行业和社会关键服务领域(如电力、金融、交通和医疗等)重要社会功能的实现都依赖于物联网及感知型业务应用时,物联网安全问题必然上升到国家层面。

考虑到当前的物联网安全研究尚未形成体系,主要研究集中在单个技术,如感知前端技术(RFID、传感技术等)和个体隐私保护等方面,下面首先给出物联网安全安全性与层次结构分析,随后对层次结构涉及的物联网关键技术以及安全问题进行分析和论述。

1.1 物联网安全性要求

1.1.1 物联网安全涉及范围

在未来的物联网之中,每一个物品都会被连接到一个全球统一的网络平台上,并且这些物品又时刻与其他物品进行着各式各样的交互行为,这无疑会给未来的物联网带来形式各异的安全性和保密性挑战,例如物品之间可视性和相互交换数据过程中所带来的数据保密性、真实性及完整性问题等。

要想让消费者全面投入未来的物联网的怀抱,要想让用户充分体验未来的物联网所带来的巨大优势,要想让未来物联网的参与者尽可能避免通用性网络基础平台所带来的各种安全性与隐私性风险,物联网就必须实现这样一种特殊的工作方式——可以简便而安全地完成各种用户控制行为,也就是要求未来的物联网的技术研究工作充分考虑安全性和隐私性等内容。

传统意义上的隐私是针对人而言的。但是在物联网的环境中,人与物的隐私需要得到同等地位的保护,以防止未经授权的识别行为以及追踪行为的干扰。而且随着物品自动化能力及自主智慧的不断增强,物品的识别问题、物品的身份问题、物品的隐私问题以及物品在扮演的角色中的责任问题将成为人们重点考虑的内容。

同时,通过将海量的具有数据处理能力的物品置于一个全球统一的信息平台和全球通用的数据空间中,未来的物联网将会给传统的分布式数据库技术带来翻天覆地的变化。在这样的背景下,现实世界中对于信息的兴趣将分布在数以亿万计的物品上并且覆盖这些物品,其中将有很多物品实时地进行数据更新,同时更有难以计数的物品将按照各种时刻变化、时刻更新的规则相互之间进行着千变万化的数据传输和数据转换行为。

所有这些需求必将对物联网的安全和隐私技术提出各种各样严峻的挑战,也必将为多重规则与多重策略下的安全性技术发展开创更为广阔的研究空间。

为了防止在未经授权的情况下随意使用保密信息,并且为了可以完善物联网的授权使用机制,还需要在动态的信任、安全和隐私/保密管理等领域开展安全和隐私技术研究工作。

物联网虽然具有计算机、通信、网络、控制和电子等方面的技术特征,但现有的这些技术的简单集成却无法构成一个灵活、高效、实用的物联网。物联网的技术架构是在融合现有计算机、通信、网络、控制和电子等技术的基础上,通过进一步研究、开发和应用而形成的。

1.1.2　物联网安全特征

从物联网的信息处理过程来看,感知信息要经过采集、汇聚、融合、传输、决策与控制等环节,信息处理的整个过程体现了物联网安全的特征与要求,也揭示了物联网所面临的安全问题。

1. 感知网络的信息采集、传输与信息安全问题

感知节点呈现多源异构性,感知节点通常情况下功能简单(如自动温度计)、携带能量少(使用电池),使得它们无法拥有复杂的安全保护能力。而感知网络多种多样,从温度测量到水文监控,从道路导航到自动控制,它们的数据传输和消息也没有特定的标准,所以无法提供统一的安全保护体系。

2. 核心网络的传输与信息安全问题

核心网络具有相对完整的安全保护能力,但是由于物联网中节点数量庞大,且以集群方式存在,因此会导致在数据传播时由于大量机器的数据发送使网络拥塞,容易引发拒绝服务攻击。此外,现有通信网络的安全架构都是从人通信的角度设计的,对以物为主体的物联网,要建立适合感知信息传输与应用的安全架构。

3. 物联网业务的安全问题

支撑物联网业务的平台(如云计算、分布式系统和海量信息处理等)有着不同的安全策略,这些支撑平台要为上层服务管理和大规模行业应用建立一个高效、可靠和可信的系统,而大规模、多平台、多业务类型使物联网业务层次的安全面临新的挑战。是针对不同的行业应用建立相应的安全策略,还是建立一个相对独立的安全架构?对这一问题目前仍在研究讨论过程中。

信息隐私是物联网信息机密性的直接体现。例如,感知终端的位置信息是物联网的重要信息资源之一,也是需要保护的敏感信息。另外,在数据处理过程中同样存在隐私保护问题,如基于数据挖掘的行为分析等,要建立访问控制机制,控制物联网中信息采集、传递和查询等操作不会由于个人隐私或机构秘密的泄露而造成对个人或机构的伤害。

信息的加密是实现机密性的重要手段。由于物联网的多源异构性,使密钥管理显得更为困难。对感知网络的密钥管理是制约物联网信息机密性的瓶颈。

1.2　物联网结构与层次

从物联网的功能来说,应该具备 4 个特征:

(1) 全面感知能力。可以利用 RFID、传感器、二维条形码等获取被控/被测物体的信息。

(2) 数据信息的可靠传递。可以通过各种电信网络与互联网的融合,将物体的信息实时准确地传递出去。

(3) 可以智能处理。利用现代控制技术提供的智能计算方法,对大量数据和信息进行分析和处理,对物体实施智能化的控制。

(4) 可以根据各个行业、各种业务的具体特点形成各种单独的业务应用或者整个行业及系统的应用解决方案。

未来物联网技术发展的架构将包括层次更多的智能服务与应用,见图 1.1。

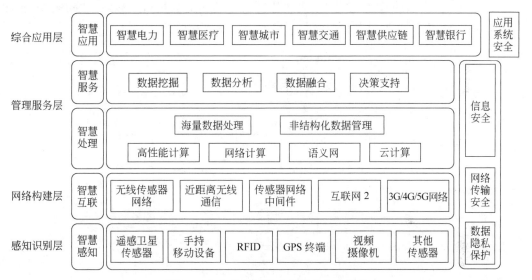

图 1.1　未来物联网技术发展的参考架构

而按照更为科学、严谨的表述,物联网结构应分成以下 4 个层次:

(1) 感知识别层。涉及各种类型的传感器、手持移动设备、RFID 标签、GPS 终端、视频摄像机等。

(2) 网络构建层。涉及无线传感器网络、近距离无线通信、传感器网络中间件、互联网2、3G/4G/5G 网络等。

(3) 管理服务层。涉及海量数据处理、非结构化数据管理、高性能计算、网络计算、语义网、云计算等智慧处理,以及数据挖掘、数据分析、数据融合、决策支持等智慧服务。

(4) 综合应用层。涉及智慧电力、智慧医疗、智慧城市、智慧交通、智慧供应链、智慧银行等。

特别重要的是,根据图 1.1 右侧涉及的分层次安全技术,可以清楚地看出,对应于物联网的技术架构,需要分别考虑安全防范的重点及采用不同的安全技术。

- 感知识别层：重点考虑数据隐私保护。
- 网络构建层：重点考虑网络传输安全。
- 管理服务层：重点考虑信息安全。
- 综合应用层：重点考虑应用系统安全。

1.2.1　感知识别层

感知层识别是物联网发展和应用的基础,RFID技术、传感和控制技术及短距离无线通信技术是感知识别层的主要技术。例如,RFID技术作为一项先进的自动识别和数据采集技术,已经成功地应用到生产制造、物流管理和公共安全等各个领域。张贴、安装在设备上的RFID标签和用来识别RFID信息的扫描仪、感应器都属于物联网的感知识别层。现在的高速公路不停车收费系统和超市仓储管理系统等都是基于这一类结构的物联网。

由传感器组成的感知结构如图1.2所示。传感器(智能节点)感知信息(温度、湿度和图像等)并自行组网传递到传感器网关,由传感器网关将收集到的感应信息通过网络层提交到后台处理。当后台对数据处理完毕时,发送执行命令到相应的执行机构,完成对被控/被测对象的控制参数调整,或发出某种提示信号以实现对其远程监控。

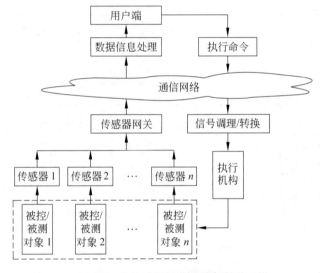

图 1.2　由传感器组成的感知结构

1.2.2　网络构建层

网络是物联网最重要的基础设施之一。网络构建层在物联网4层模型中连接感知识别层和管理服务层,具有强大的纽带作用,高效、稳定、及时、安全地传输上下层的数据。

物联网在网络构建层存在各种网络形式,通常使用的网络形式如下：

(1)互联网。互联网和电信网是物联网的核心网络、平台和技术支持基础设施。IPv6突破了可接入网络的终端设备在数量上的限制。

(2)无线宽带网。WiFi和WiMAX等无线宽带技术的覆盖范围较广,传输速度较快,为物联网提供了高速、可靠、廉价且不受接入设备位置限制的互联手段。

（3）无线低速网。ZigBee、蓝牙和红外等低速网络协议能够适应物联网中能力较低的节点的低速率、低通信半径、低计算能力和低能量来源等特征。

（4）移动通信网。它将成为全面、随时、随地传输信息的有效平台，能够高速、实时、高覆盖率、多元化处理多媒体数据，为"物品触网"创造条件。

网络构建层的结构如图 1.3 所示。

图 1.3　网络构建层

1.2.3　管理服务层

管理服务层位于感知识别层和网络构建层之上，综合应用层之下。人们通常把物联网应用冠以"智能"的名称，如智能电网、智能交通、智能物流等，其中的智能就来自这一层。

当感知识别层生成的大量信息经过网络构建层传输、汇聚到管理服务层以后，管理服务层解决数据如何存储（数据库与海量信息存储）、检索（搜索引擎）、使用（数据挖掘与机器学习）及不被滥用（数据安全与隐私保护）等问题。

1. 数据库

物联网数据的特点是海量性、多态性、关联性及语义性。为适应这种需求，在物联网中主要使用的是关系数据库系统和新兴数据库系统。

（1）关系数据库系统作为一项有着近半个世纪历史的数据处理技术，仍可在物联网中使用，为物联网的运行提供支撑。

（2）新兴数据库系统（NoSQL 数据库）针对非关系型、分布式的数据存储，并不要求数据库具有确定的表模式，通过避免连接操作提升数据库性能。

2. 海量信息存储

海量信息存储早期采用大型服务器实现，主要采用以服务器为中心的处理模式，使用直连存储（Direct Attached Storage，DAS）、存储设备（包括磁盘阵列、磁带库和光盘库等）作为服务器的外设使用。

随着网络技术的发展，服务器之间的数据交换或磁盘库等存储设备的备份都要通过局域网进行，主要是用网络附加存储（Network Attached Storage，NAS）技术来实现网络存储，但这将占用大量的网络资源，严重影响网络的整体性能。

为了能够共享大容量、高速度存储设备，并且不占用局域网资源，目前主要采用存储区域网络(Storage Area Network,SAN)技术。

3. 数据中心

数据中心不仅包括计算机系统和配套设备(如通信和存储设备)，还包括冗余的数据通信连接、环境控制设备、监控设备及安全装置，是一个大型的系统工程。它提供具有高度的安全性和可靠性的及时、持续的数据服务，为物联网应用提供良好的支持。

典型的数据中心的实例是 Google、Hadoop 数据中心。

4. 搜索引擎

搜索引擎是一个能够在合理的响应时间内，根据用户的查询关键词返回一个包含相关信息的结果列表(hits list)的系统。

传统的搜索引擎是基于查询关键词的，对于相同的关键词，会得到相同的查询结果。而物联网时代的搜索引擎必须从智能物品角度思考搜索引擎与物品之间的关系，主动识别物品并提取有用信息，从用户角度出发，多模态地利用信息，使查询结果更精确，更智能，更定制化。

5. 数据挖掘技术

物联网需要对海量的数据进行更透彻的感知，这就要求对海量数据进行多维度整合与分析，更深入的智能化需要普适性的数据搜索和服务，需要从大量数据中获取潜在有用且可被人理解的模式，其基本方法有关联分析、聚类分析和演化分析等。这些需求都使用了数据挖掘技术。

例如，将数据挖掘技术用于精准农业，可以实时监测环境数据，挖掘影响产量的重要因素，获得产量最大化配置方式；而用于市场营销，则可以通过数据库进行销售和购物车分析等，获取顾客购物取向和兴趣。

1.2.4 综合应用层

传统互联网经历了从以数据为中心到以人为中心的转化，典型的互联网应用包括文件传输、电子邮件、万维网、电子商务、视频点播、在线游戏和社交网络等。

而物联网应用以物或者物理世界为中心，涵盖物品追踪、环境感知、智能物流、智能交通和智能电网等。物联网应用目前正处于快速增长期，具有多样化、规模化、行业化等特点。例如：

(1) 智能物流。现代物流系统希望利用信息生成设备(如 RFID 设备、感应器或全球定位系统等)与互联网结合起来，形成一个巨大的网络，并能够在这个物联网化的物流网络中实现智能化的物流管理。

(2) 智能交通。通过在基础设施和交通工具中广泛应用信息和通信技术来提高交通运输系统的安全性、可管理性和运输效能，同时降低能源消耗和对地球环境的负面影响。

(3) 绿色建筑。物联网技术为绿色建筑带来了新的力量。通过建立以节能为目标的建筑设备监控网络,将各种设备和系统融合在一起,形成以智能处理为中心的物联网应用系统,有效地为建筑节能减排提供有力的支撑。

(4) 智能电网。它是以先进的通信技术、传感器技术和信息技术为基础,以电网设备间的信息交互为手段,以实现电网运行的可靠、安全、经济、高效、环境友好和使用安全为目的的先进的现代化电力系统。

(5) 环境监测。通过对人类和环境有影响的各种物质的含量、排放量及各种环境状态参数的检测,跟踪环境质量的变化,确定环境质量水平,为环境管理、污染治理和防灾减灾等工作提供基础信息、方法指引和质量保证。

1.3 物联网的安全技术分析

在分析物联网的安全性时,也相应地将其分为 3 个逻辑层,即感知识别层、网络构建层和管理服务层。物联网还有综合应用层,它是对智能处理后的信息的利用。在某些框架中,尽管智能处理与应用层可能被作为同一逻辑层进行处理,但从信息安全的角度考虑,将综合应用层独立出来更容易建立安全架构。本节从不同层次分析物联网对信息安全的需求和如何建立安全架构。

其实,对物联网的几个逻辑层,目前已经有许多专门的密码技术手段和解决方案。但需要说明的是,物联网作为一个应用整体,将各个层独立的安全措施简单相加不足以提供可靠的安全保障。而且,物联网与几个逻辑层所对应的基础设施之间还存在许多本质区别。最基本的区别可以从下述几点看出:

(1) 已有的针对传感网(感知识别层)、互联网和移动网(网络构建层)、安全多方计算和云计算(管理服务层)等的一些安全解决方案在物联网环境中可能不再适用。首先,物联网所对应的传感网的数量和终端物体的规模是单个传感网所无法相比的;其次,物联网所连接的终端设备或器件的处理能力有很大差异,它们之间可能需要相互作用;最后,物联网所处理的数据量将比现在的互联网和移动网都大得多。

(2) 即使能分别保证感知识别层、网络构建层和管理服务层的安全,也不能保证物联网的安全。这是因为物联网是融几个逻辑层于一体的大系统,许多安全问题来源于系统整合;物联网的数据共享对安全性提出了更高的要求;物联网的应用对安全性提出了新要求,例如隐私保护不属于任何一个逻辑层的安全需求,却是许多物联网应用的安全需求。

鉴于以上诸原因,对物联网的发展需要重新规划并建立可持续发展的安全架构,使物联网在发展和应用过程中,其安全防护措施能够不断完善。

1.3.1 物联网安全的逻辑层次

与互联网相比,物联网主要实现人与物、物与物之间的通信,通信的对象扩大到了物品。从功能的角度,物联网网络体系结构主要划分为 3 个逻辑层,即底层是用来采集信息的感知识别层,中间层是传输数据的网络构建层,顶层则是包括管理服务层和综合应用层在内的应用/中间件层。

由于物联网安全的总体需求就是物理安全、信息采集安全、信息传输安全和信息处理安全的综合,安全的最终目标是确保信息的机密性、完整性、真实性和数据新鲜性,因此下面结合物联网 DCM（Device Connect Manage,设备连接管理）模式给出相应的安全层次模型（如图 1.4 所示）,并对每层涉及的特殊安全问题和安全技术进行阐述。

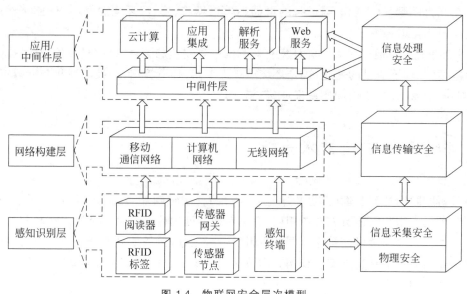

图 1.4　物联网安全层次模型

1.3.2　物联网面对的特殊安全问题

根据物联网自身的特点,物联网除了要面对移动通信网络的传统网络安全问题之外,还要面对一些与已有移动通信网络安全问题不同的特殊安全问题。这是由于物联网是由大量的设备构成的,缺少人对设备的有效监控。这些特殊的安全问题主要有以下几个方面。

1. 物联网机器/感知节点的本地安全问题

由于物联网的应用可以取代人来完成一些复杂、危险和机械的工作,所以物联网设备和感知节点多数部署在无人监控的场景中。那么攻击者就可以轻易地接触到这些设备,从而对它们造成破坏,甚至通过本地操作更换设备的软硬件。

2. 耗尽攻击

由于物联网中的感知节点功能简单、携带能量少,攻击者有时会利用消耗节点能量的方式攻击物联网。耗尽攻击就是利用协议漏洞,通过持续通信的方式使节点能量资源耗尽。例如,攻击者利用链路层的错包重传机制,使节点不断重复发送上一个数据包,直至最终耗尽节点的能量资源。

3. 隐私安全

RFID 是物联网的关键技术之一。在物联网系统中,RFID 标签可能会被嵌入任何物品中。例如,标签通常会被嵌入人们的日常生活用品中,而这些日常生活用品的拥有者不一定能够察觉标签的存在,从而导致这些日常生活用品的拥有者被不受限制地扫描、定位和追踪。这不仅涉及技术问题,而且涉及法律问题。

4. 通信问题

目前,智能手机被大力推广和应用,特别是第五代(5G)通信业务开通后,物联网和手机相结合实现了高速数据业务,促进了物联网的发展,极大地方便了生产和生活,进而也改变了人们的生活方式。然而,和互联网一样,手机也面临安全问题。例如,从网络侵入手机的病毒会利用手机中存在的漏洞窃取物联网中的重要信息;手机丢失后会导致手机中的信息泄露,这些信息如果被不法分子利用,很可能产生严重的后果。

1.3.3　物联网的安全技术分析

在传统的移动通信网络中,网络层的安全和业务层的安全是相互独立的。而物联网的特殊安全问题很大一部分是由于物联网是在现有移动通信网络的基础上集成了感知网络和应用平台而造成的。因此,移动通信网络中的大部分机制仍然适用于物联网并能够提供一定的安全保障,如认证机制和加密机制等,但还需要根据物联网的特征对安全机制进行调整和补充。

1. 物联网中的业务认证机制

传统的认证是区分不同层次的,网络层的认证只负责网络层的身份鉴别,业务层的认证只负责业务层的身份鉴别,两者独立存在。但是在物联网中,大多数情况下,设备都拥有专门的用途,因此其业务应用与网络通信紧紧地绑在一起。在物联网中,网络层的认证是不可缺少的,而业务层的认证机制不是必需的,可以根据业务由谁来提供和业务的安全敏感程度来设计。

例如,当物联网的业务由运营商提供时,就可以充分利用网络层认证的结果,而不需要进行业务层的认证;当物联网的业务由第三方提供并且无法从网络运营商处获得密钥等安全参数时,第三方就可以发起独立的业务认证,而不用考虑网络层的认证;敏感业务(如金融类业务)的提供者一般不信任网络层的安全级别,而使用更高级别的安全保护,这时就需要进行业务层的认证;而普通业务(如气温采集业务等)的提供者一般认为网络认证已经足够,就不再需要业务层的认证了。

2. 物联网中的加密机制

传统的网络层加密机制是逐跳加密,即信息在发送过程中,虽然在传输时是加密的,但是需要不断地在每个经过的节点上解密和加密,即在每个节点上都是明文的。而传统的业务层加密机制则是端到端加密,即信息只在发送端和接收端才是明文,而在传输的过程中和转发节点上都是密文。由于物联网中网络连接和业务使用紧密结合,就面临逐跳加密和端到端加密的选择问题。

对于逐跳加密来说,它可以只对有必要受保护的链接进行加密,并且由于逐跳加密在网络层进行,所以它适用于所有业务,即不同的业务可以在统一的物联网业务平台上实施安全管理,从而做到安全机制对业务的透明。逐跳加密具有低时延、高效率、低成本、可扩展性好的特点。但是,因为逐跳加密需要在各传送节点上对数据进行解密,所以各节点都有可能解读被加密消息的明文,因此逐跳加密对传输路径中的各传送节点的可信任度要求很高。

而对于端到端的加密方式来说,它可以根据业务类型选择不同的安全策略,从而为高安全要求的业务提供高安全等级的保护。不过端到端的加密不能对消息的目的地址进行保护,因为每一个消息所经过的节点都要根据目的地址来确定如何传输消息。这就导致端到端加密方式不能掩盖被传输消息的目的地址,并容易受到对通信业务进行分析的恶意攻击。另外,从国家政策角度来说,端到端加密也无法满足国家合法监听政策的需求。

由这些分析可知,对一些安全要求不是很高的业务,在网络能够提供逐跳加密保护的前提下,业务层端到端加密需求就显得并不重要了。但是对于高安全需求的业务,端到端加密仍然是其首选。因而,由于不同物联网业务对安全级别的要求不同,可以将业务层端到端加密作为可选项。

由于物联网的发展已经开始加速,对物联网安全的需求日益迫切,需要明确物联网中的特殊安全需求,考虑如何为物联网提供端到端的安全保护,这些安全保护功能又应该怎么样用现有机制来解决。此外,随着物联网的发展,机器间集群概念的引入,还需要重点考虑如何用集群概念解决集群认证的问题。

1.3.4 物联网安全技术分类

物联网在不同层次可以采取不同的安全技术。物联网安全技术分类如图 1.5 所示。

应用环境安全技术
可信终端、身份认证、访问控制、安全审计等

网络环境安全技术
无线网安全、虚拟专用网、传输安全、安全路由、
防火墙、安全域策略、安全审计等

信息安全防御关键技术
攻击监测、内容分析、病毒防治、访问控制、应急反应、战略预警等

信息安全基础核心技术
密码技术、高速密码芯片、公钥基础设施、信息系统平台安全等

图 1.5 物联网安全技术分类

以密码技术为核心的基础信息安全平台及基础设施建设是物联网安全,特别是数据隐私保护的基础。安全平台同时负责安全事件应急响应、数据备份和灾难恢复、安全管理等。

安全防御技术主要是为了保证信息的安全而采用的一些方法,在网络和通信传输安全方面,主要针对网络环境的安全技术,如 VPN、路由等,实现网络互联过程的安全,旨在确保通信的机密性、完整性和可用性。

而应用环境安全技术主要针对用户的访问控制与审计,以及应用系统在执行过程中产生的安全问题。

从物联网安全技术角度描述的物联网结构如下:

(1) 感知识别层通过各种传感器节点获取各类数据,包括物体属性、环境状态、行为状态等动态和静态信息,通过传感器或射频阅读器等网络和设备实现数据在感知识别层的汇聚和传输。

（2）网络构建层主要通过移动通信网、卫星网和互联网等网络基础设施实现对感知层信息的接入和传输。

（3）管理服务层为上层应用服务建立一个高效、可靠的支撑技术平台，通过并行数据挖掘处理等过程为应用提供服务，屏蔽底层的网络和信息的异构性。

（4）综合应用层根据用户的需求建立相应的业务模型，运行相应的应用系统。

安全和管理贯穿于各层。

1.4 感知识别层的安全需求和安全机制

感知识别层的任务是全面感知外界信息，或者说该层是原始信息收集器。该层的典型设备包括 RFID 装置、各类传感器（如红外、超声、温度、湿度和速度等）、图像捕捉装置（摄像头）、全球定位系统（GPS）和激光扫描仪等。

这些设备收集的信息通常具有明确的应用目的，传统上这些信息直接被处理并应用，例如公路摄像头捕捉的图像信息直接用于交通监控。但是在物联网应用中，多种类型的感知信息可能会同时处理，综合利用，甚至一些感知信息将影响其他感知信息的控制调节行为，例如湿度的感知信息可能会影响到温度或光照控制的调节。

同时，物联网应用强调的是信息共享，这是物联网区别于传感网的最大特点之一。例如交通监控录像信息可能还同时被用于公安侦破、城市改造规划设计、城市环境监测等。于是，如何处理这些感知信息将直接影响到信息的有效应用。为了使同样的信息被不同的应用领域有效地使用，应该建立综合处理平台，这就是物联网的智能管理服务层。因此，这些感知信息需要传输到综合处理平台。

在感知信息进入网络构建层之前，把传感网络本身（包括上述各种感知器件构成的网络）看作感知的部分。感知信息要通过一个或多个与外界网络连接的传感节点，称为网关节点（sink 或 gateway），所有与传感网内部节点的通信都需要经过网关节点与外界联系，因此，在物联网的感知识别层，只需要考虑传感网本身的安全性即可。

1.4.1 感知识别层的安全需求

感知识别层可能遇到的安全挑战包括下列情况：

（1）网关节点被敌手控制，安全性全部丧失。

（2）普通节点被敌手控制（敌手掌握节点密钥）。

（3）普通节点被敌手捕获（但由于敌手没有得到节点密钥，因而节点没有被控制）。

（4）节点（普通节点或网关节点）受到来自网络的 DoS（Denial of Service，拒绝服务）攻击。

（5）接入物联网的超大量节点的标识、识别、认证和控制问题。

敌手捕获网关节点不等于控制该节点，一个网关节点实际被敌手控制的可能性很小，因为敌手需要掌握该节点的密钥（与内部节点通信的密钥或与远程信息处理平台共享的密钥），而这是很困难的。

如果敌手掌握了一个网关节点与内部节点的共享密钥，那么他就可以控制网关节点，并由此获得通过该网关节点传出的所有信息。如果敌手不知道该网关节点与远程信息处理平台的共享密钥，那么他就不能篡改发送的信息，只能阻止部分或全部信息的发送，但这样容易被远程信息处理平台觉察。因此，若能识别一个被敌手控制的传感网，便可以降低甚至避免由敌手控制的传感网传来的虚假信息所造成的损失。

比较普遍的情况是某些普通节点被敌手控制而受到的攻击，网络与这些普通节点交互的所有信息都被敌手获取。敌手的目的可能不仅仅是被动窃听，他还会通过其控制的网络节点传输一些错误数据。因此，安全需求应包括对恶意节点行为的判断和对这些节点的阻断，以及在阻断一些恶意节点后网络连通性的保障。

通过对网络进行分析可知，更为常见的情况是敌手捕获一些网络节点，不需要解析它们的预置密钥或通信密钥（这种解析需要代价和时间），只需要鉴别节点种类，例如检查节点是用于检测温度、湿度还是噪声等。有时这种分析对敌手是很有用的。因此，安全的传感网应该有保护其节点工作类型的安全机制。

既然最终要接入其他外在网络，包括互联网，那么就难免受到来自外在网络的攻击。目前能预见的主要攻击除了非法访问外，应该就是 DoS 攻击了。因为节点通常资源（计算和通信能力）有限，所以对抗 DoS 攻击的能力比较薄弱，在互联网环境里不被识别为 DoS 攻击的访问就可能使网络瘫痪，因此，安全应该包括节点抵抗 DoS 攻击的能力。考虑到外部访问可能直接针对传感网内部的某个节点（如远程控制启动或关闭红外装置），而内部普通节点的资源一般比网关节点更小，因此，网络抗 DoS 攻击的能力应包括网关节点和普通节点两种情况。

网络接入互联网或其他类型的网络所带来的问题不仅仅是如何对抗外来攻击，更重要的是如何与外部设备相互认证，而认证过程又需要特别考虑传感网资源的有限性，因此认证机制需要的计算和通信代价都必须尽可能小。此外，对外部互联网来说，其所连接的不同网络的数量可能是一个庞大的数字，如何区分这些网络及其内部节点，有效地识别它们，是安全机制能够建立的前提。

针对上述挑战，感知识别层的安全需求可以总结为如下几点：

（1）机密性。多数网络内部不需要认证和密钥管理，如统一部署的共享一个密钥的传感网。

（2）密钥协商。部分内部节点进行数据传输前需要预先协商会话密钥。

（3）节点认证。个别网络（特别是在数据共享时）需要节点认证，确保非法节点不能接入。

（4）信誉评估。一些重要网络需要对可能被敌手控制的节点行为进行评估，以降低敌手入侵后的危害（某种程度上相当于入侵检测）。

（5）安全路由。几乎所有网络内部都需要不同的安全路由技术。

1.4.2 感知识别层的安全机制

了解了网络的安全威胁，就容易建立合理的安全架构。在网络内部需要有效的密钥管理机制，用于保障传感器网络内部通信的安全。网络内部的安全路由和连通性解决方案等都可以相对独立地使用。由于网络类型的多样性，很难统一要求有哪些安全服务，但机密性和认证性都是必要的。

机密性需要在通信时建立一个临时会话密钥来保障,而认证性可以通过对称密码或非对称密码方案来保障。使用对称密码的认证方案需要预置节点间的共享密钥,在效率上也比较高,消耗网络节点的资源较少,许多网络都选用此方案。

而使用非对称密码技术的传感网一般具有较好的计算和通信能力,并且对安全性要求更高。在认证的基础上完成密钥协商是建立会话密钥的必要步骤。安全路由和入侵检测等也是网络应具有的性能。

由于一个网络的安全一般不涉及其他网络的安全,因此是相对独立的问题,有些已有的安全解决方案在物联网环境中也同样适用。但由于物联网遭受外部攻击的机会增大,因此用于独立网络的传统安全解决方案需要提升安全等级后才能使用,也就是说物联网在安全性的要求上更高,这仅仅是量的要求,没有质的变化。相应地,安全需求所涉及的密码技术包括轻量级密码算法、轻量级密码协议和可设定安全等级的密码技术等。

1.5　网络构建层的安全需求和安全机制

物联网的网络构建层主要用于把感知识别层收集到的信息安全可靠地传输到管理服务层(信息处理层),然后根据不同的应用需求进行信息处理,即网络构建层主要是网络基础设施,包括互联网、移动通信网和一些专业网(如国家电力专用网和广播电视网)等。在信息传输过程中,可能经过一个或多个不同架构的网络进行信息交接。例如,普通电话座机与手机之间的通话就是典型的跨网络架构的信息传输。在信息传输过程中跨网络传输是很正常的,在物联网环境中这一现象更突出,而且很可能在正常而普通的事件中产生信息安全隐患。

1.5.1　网络构建层的安全需求

网络环境目前遇到了前所未有的安全挑战,而物联网的网络构建层所处的网络环境也面临安全挑战,甚至是更高的挑战。同时,由于不同架构的网络需要相互连通,因此网络构建层在跨网络架构的安全认证等方面会面临更大的挑战。初步分析认为,物联网网络构建层将主要遇到下列安全挑战:

(1) 拒绝服务攻击和分布式拒绝服务(Distributed Dos,DDoS)攻击。

(2) 假冒攻击和中间人攻击等。

(3) 跨异构网络的网络攻击。

在物联网发展过程中,目前的互联网或者下一代互联网将是物联网的网络构建层的核心载体,多数信息要经过互联网传输。互联网遇到的拒绝服务攻击和分布式拒绝服务攻击仍然存在,因此需要有更好的防范措施和灾难恢复机制。考虑到物联网所连接的终端设备性能和网络需求的巨大差异,对网络攻击的防护能力也会有很大差别,因此很难设计通用的安全方案,而应针对不同网络性能和网络需求制订不同的防范措施。

在网络构建层,异构网络的信息交换将成为安全性的脆弱点,特别在网络认证方面,难免存在中间人攻击和其他类型的攻击(如异步攻击和合谋攻击等)。对于这些攻击都需要有更严密的安全防护措施。

如果仅考虑互联网和移动通信网以及其他一些专用网络,则物联网的网络构建层对安全的需求可以概括为以下几点:

(1) 数据机密性。需要保证数据在传输过程中不泄露其内容。

(2) 数据完整性。需要保证数据在传输过程中不被非法篡改,或者遭受非法篡改的数据容易被检测出。

(3) 数据流机密性。某些应用场景需要对数据流量信息进行保密,目前只能提供有限的数据流机密性。

(4) DDoS 攻击的检测与预防。DDoS 攻击是网络中最常见的攻击形式,在物联网中将会更突出。物联网中需要解决的问题还包括如何对脆弱节点的 DDoS 攻击进行防御。

(5) 移动通信网中认证与密钥协商(Authentication and Key Agreement,AKA)机制的一致性或兼容性、跨域认证和跨网络认证(基于 IMSI)。不同无线网络所使用的不同 AKA 机制对跨网认证带来不利。这一问题亟待解决。

1.5.2　网络构建层的安全机制

网络构建层的安全机制可分为端到端机密性和节点到节点机密性两方面。对于端到端机密性,需要建立如下安全机制:端到端认证机制、端到端密钥协商机制、密钥管理机制和机密性算法选取机制等。在这些安全机制中,根据需要可以增加数据完整性服务。对于节点到节点机密性,需要节点间的认证和密钥协商协议,这类协议要重点考虑效率因素。机密性算法的选取和数据完整性服务则可以根据安全需求选取或省略。考虑到跨网络架构的安全需求,需要建立不同网络环境的认证衔接机制。

另外,根据应用层的不同需求,网络传输模式可能区分为单播通信、多播通信和广播通信,针对不同类型的通信模式也应该有相应的认证机制和机密性保护机制。简言之,网络构建层的安全架构主要包括如下几个方面:

(1) 节点认证、数据机密性、数据完整性、数据流机密性、DDoS 攻击的检测与预防。

(2) 移动网中 AKA 机制的一致性或兼容性、跨域认证和跨网络认证[基于 IMSI (International Mobile Subscriber Identity,国际移动用户识别码)]。

(3) 相应的密码技术,包括密钥管理[公钥基础设施(Pubic Key Infrastructure,PKI)和密钥协商]、端到端加密和节点到节点加密、密码算法和协议等。

(4) 多播和广播通信的认证性、机密性和完整性安全机制。

1.6　管理服务层的安全需求和安全机制

管理服务层完成信息到达智能处理平台后的处理过程,包括如何从网络中接收信息。在从网络中接收信息的过程中,需要判断哪些信息是真正有用的信息,哪些是垃圾信息甚至是恶意信息。

在来自网络的信息中,有些属于一般性数据,用于某些应用过程的输入;而有些可能是操作指令,在这些操作指令中,又有一些可能是多种原因造成的错误指令(如指令发出者的操作失误、网络传输错误、受到恶意修改等)或者是攻击者的恶意指令。

如何通过密码技术等手段甄别出真正有用的信息,又如何识别并有效防范恶意信息和指令带来的威胁,是物联网的管理服务层的重大安全挑战。

1.6.1　管理服务层的安全需求

物联网的管理服务层的重要特征是智能。智能的技术实现少不了自动处理技术,其目的是使处理过程方便、迅速,而非智能的处理手段可能无法应对海量数据。但自动过程对恶意数据特别是恶意指令信息的判断能力是有限的,而智能也仅限于按照一定规则进行过滤和判断,攻击者很容易避开这些规则,正如垃圾邮件过滤一直是一个棘手的问题一样。因此,管理服务层的安全挑战包括如下几个方面:

(1) 来自超大量终端的海量数据的识别和处理。

(2) 智能变为低能。

(3) 自动变为失控(可控性是信息安全的重要指标之一)。

(4) 灾难控制和恢复。

(5) 非法人为干预(内部攻击)。

(6) 设备(特别是移动设备)的丢失。

物联网时代需要处理的信息是海量的,处理平台也是分布式的。当不同性质的数据通过处理平台进行处理时,实际上需要多个功能各异的处理平台协同处理。但首先应该知道将哪些数据分配到哪个处理平台,因此对数据进行分类是必要的。同时,安全的要求使得许多信息都是以加密形式存在的,因此,如何快速、有效地处理海量加密数据是智能处理阶段面临的一个重大挑战。

计算技术的智能处理过程与人类的智力相比有本质的区别,但计算机的智能判断在速度上是人类智力判断所无法比拟的,由此,期望物联网环境的智能处理在智能水平上不断提高,而且不能用人的智力去代替。只要智能处理过程存在,就可能让攻击者有机会绕开智能处理过程的识别和过滤,从而达到攻击目的。在这种情况下,智能与低能相当。因此,物联网的网络构建层需要高智能的处理机制。

如果智能水平很高,就可以有效识别并自动处理恶意数据和指令。但再高的智能也存在失误的情况,特别是在物联网环境中,即使失误概率非常小,由于自动处理过程的数据量非常庞大,所以失误的情况还是很多。在处理发生失误而使攻击者攻击成功后,如何将攻击所造成的损失降到最低限度,并尽快从灾难中恢复到正常工作状态,是物联网的管理服务层面临的另一重要问题,也是一个重大挑战,因为在技术上没有最好,只有更好。

管理服务层虽然使用智能的自动处理手段,但还是允许人为干预,而且这是必要的。人为干预可能发生在智能处理过程无法做出正确判断的时候,也可能发生在智能处理过程有关键中间结果或最终结果的时候,还可能发生在由于其他任何原因而需要人为干预的时候。人为干预的目的是为了管理服务层更好地工作,但也有例外,那就是实施人为干预的人试图实施恶意行为时。来自人的恶意行为具有很大的不可预测性,防范措施除了技术辅助手段外,更多地需要依靠管理手段。因此,物联网管理服务层的信息保障还需要科学管理手段。

智能处理平台的大小不同,大的可以是高性能工作站,小的可以是移动设备(如手机等)。工作站面临的最大威胁是内部人员恶意操作,而移动设备的一个重大威胁是丢失。由于移动设备不仅是信息处理平台，而且其本身通常携带大量重要机密信息，因此，如何降低作为智能处理平台的移动设备丢失所造成的损失是重要的安全挑战之一。

1.6.2　管理服务层的安全机制

为了满足物联网的智能管理服务层的基本安全需求，需要如下的安全机制：
（1）可靠的认证机制和密钥管理方案。
（2）高强度数据机密性和完整性服务。
（3）可靠的密钥管理机制，包括 PKI 和对称密钥的有机结合机制。
（4）可靠的高智能处理手段。
（5）入侵检测和病毒检测。
（6）恶意指令分析和预防，访问控制及灾难恢复机制。
（7）保密日志跟踪和行为分析，恶意行为模型的建立。
（8）密文查询、秘密数据挖掘、安全多方计算、安全云计算技术等。
（9）移动设备文件（包括秘密文件）的备份和恢复。
（10）移动设备识别、定位和追踪机制。

1.7　综合应用层的安全需求和安全机制

综合应用层实现的是综合的或有个体特性的具体应用业务，它所涉及的某些安全问题通过前面几个逻辑层的安全解决方案可能仍然无法解决。在这些安全问题中，隐私保护就是典型的一种。无论感知识别层、网络构建层还是管理服务层，都不涉及隐私保护的问题，但隐私保护却是一些特殊应用场景的实际需求，即综合应用层的特殊安全需求。物联网的数据共享有多种情况，涉及不同权限的数据访问。此外，综合应用层还涉及知识产权保护、计算机取证、计算机数据销毁等安全需求和相应技术。

1.7.1　综合应用层的安全需求

综合应用层的安全挑战和安全需求主要来自下述几个方面：
（1）如何根据不同访问权限对同一数据库内容进行筛选。
（2）如何既能对用户隐私信息加以保护，同时又能正确认证用户身份。
（3）如何解决信息泄露追踪问题。
（4）如何进行计算机取证。
（5）如何销毁计算机数据。
（6）如何保护电子产品和软件的知识产权。

物联网需要根据不同应用需求对共享数据分配不同的访问权限，而且不同权限访问同一数据可能得到不同的结果。例如，道路交通监控视频数据在用于城市规划时只需要很低的分辨率即可，因为城市规划需要的是交通堵塞的大概情况；当用于交通管制时就需要清晰一些，因为需要知道交通实际情况，以便能及时发现哪里发生了交通事故，以及交通事故的基本情况等;当用于公安侦查时需要更清晰的图像,以便能准确识别汽车牌照等信息。因此,如何以安全方式处理信息是应用中的一项挑战。

随着个人和商业信息的网络化,越来越多的信息被认为是用户隐私信息。需要进行隐私保护的应用至少包括如下几种:

(1)移动用户既需要知道(或被合法知道)其位置信息,又不愿意让非法用户获取该信息。

(2)用户既需要证明自己合法使用某种业务,又不想让他人知道自己在使用某种业务,如在线游戏。

(3)在对病人进行急救时需要及时获得该病人的电子病历信息,但又要保护该病历信息不被其他人(包括病历数据管理员)非法获取。事实上,病历数据管理员可能有机会获得电子病历的内容,但隐私保护采用某种管理和技术手段使病历内容与病人身份信息在电子病历数据库中无关联。

(4)许多业务需要保障匿名性,如网络投票。在很多情况下,用户信息是认证过程的必要信息,如何对这些信息提供隐私保护是一个具有挑战性的问题,又是必须解决的问题。例如,医疗病历的管理系统需要病人的相关信息来获取正确的病历数据,但又要避免该病历数据与病人的身份信息相关联。在应用过程中,主治医生知道病人的病历数据,这种情况下对隐私信息的保护有一定的困难,但可以通过密码技术手段获取医生泄露病人病历信息的证据。

在使用互联网的商业活动中,特别是在物联网环境的商业活动中,无论采取了什么技术措施,都难免恶意行为的发生。如果能根据恶意行为所造成后果的严重程度给予相应的惩罚,那么就有助于减少恶意行为的发生。在技术上,这需要搜集相关证据。因此,计算机取证就显得非常重要,当然这有一定的技术难度,主要是因为计算机平台种类太多,包括多种计算机操作系统、虚拟操作系统和移动设备操作系统等。

与计算机取证相对应的是数据销毁。数据销毁的目的是销毁那些在密码算法或密码协议实施过程中所产生的临时中间变量。一旦密码算法或密码协议实施完毕,这些中间变量将不再有用。但这些中间变量如果落入攻击者手里,就可能为攻击者提供重要的参数,从而增大成功攻击的可能性。因此,这些中间变量需要及时、安全地从计算机内存和外存中删除。计算机数据销毁技术不可避免地会被犯罪嫌疑人用作证据销毁工具,从而增大计算机取证的难度。因此,如何处理好计算机取证和计算机数据销毁这对矛盾是一项具有挑战性的技术难题,也是物联网应用中需要解决的问题。

物联网的主要市场将是商业应用,在商业应用中存在大量需要保护的知识产权产品,包括电子产品和软件等。在物联网的应用中,对电子产品的知识产权保护将会提高到一个新的高度,其技术实现也是一项新的挑战。

1.7.2 综合应用层的安全机制

基于物联网的综合应用层的安全挑战和安全需求,需要如下的安全机制:

(1)有效的数据库访问控制和内容筛选机制。

(2)不同场景的隐私信息保护技术。

(3)叛逆追踪和其他信息泄露追踪机制。

（4）有效的计算机取证技术。

（5）安全的计算机数据销毁技术。

（6）安全的电子产品和软件的知识产权保护技术。

针对这些安全机制，需要发展相关的密码技术，包括访问控制、匿名签名、匿名认证、密文验证（包括同态加密）、门限密码、叛逆追踪、数字水印和指纹技术等。

1.8 影响信息安全的非技术因素和存在的问题

1.8.1 影响信息安全的非技术因素

物联网的信息安全问题不仅是技术问题，还涉及许多非技术因素。下述几方面的因素很难通过技术手段来实现：

（1）教育。让用户意识到信息安全的重要性并学会正确使用物联网服务，以减少机密信息的泄露机会。

（2）管理。严谨的科学管理方法将使信息安全风险降到最低，特别应注意信息安全管理。

（3）信息安全管理。找到信息系统安全方面最薄弱的环节并采取加强措施，以提高系统的整体安全程度，包括资源管理、物理安全管理和人力安全管理等。

（4）口令管理。许多系统的安全隐患来自账户口令的管理。

在物联网的设计和使用过程中，除了需要加强技术手段以提高信息安全的保护力度外，还应重视对信息安全有影响的非技术因素，从整体上降低信息被非法获取和使用的概率。

1.8.2 存在的问题

物联网的发展，特别是物联网中的信息安全保护技术，需要学术界和企业界合作完成。许多学术界的理论成果看似很完美，但可能不很实用；而企业界设计的在实际应用中满足一些约束指标的方案又可能存在严重的安全漏洞。信息安全的保护方案和措施需要周密考虑和论证后才能实施，设计者对自己的信息安全保护方案不能盲目自信，而实践也证明攻击者往往比设计者想象的更聪明。

然而，现实情况是学术界与企业界几乎是独立的两种发展模式，其中交叉甚少，甚至双方互相鄙视：学术界认为企业界的设计没有新颖性；而企业界看学术界的设计是乌托邦，很难在实际系统中使用。这种现象的根源是：学术界与企业界的合作较少，即使有合作，也是目标导向很强的短期项目，学术研究人员大多不能深入理解企业需求；企业的研究人员在理论深度上有所欠缺，而在信息安全系统的设计中则需要很强的理论基础。

再者，信息安全常常被理解为政府和军事等重要机构才需要考虑的问题。随着信息化时代的发展，特别是电子商务平台的使用，人们已经意识到信息安全更大的应用在商业市场。尽管一些密码技术，特别是密码算法的选取，在流程上受到国家有关政策的管控，但作为信息安全技术，包括密码算法技术本身，则是纯学术的东西，需要公开研究才能提升密码强度和信息安全的保护力度。

1.9　未来的物联网安全与隐私技术

物联网的安全和隐私保护是物联网服务能否大规模应用的关键,物联网的多源异构性使其安全面临巨大的挑战。就单一网络而言,互联网、移动通信网等已建立了一系列行之有效的机制和方法,为人们的日常生活和工作提供了丰富的信息资源,改变了人们的生活和工作方式。

物联网需要面对两个至关重要的问题,那就是个人隐私与商业机密。而物联网发展的广度和可变性从某种意义上决定了有些时候它只具备较低的复杂度,因此,从安全和隐私保护的角度来看,未来的物联网中由物品所构成的云将是难以控制的。

对于安全性相关技术,仍有很多工作需要完成。首先,为了确保物联网的机密性,需要在加密算法的提速和能耗降低上下工夫。其次,为了保障物联网密码技术的安全与可靠,未来的物联网的任何加密与解密系统都需要获得一个或几个统一密钥分配机制的支持。

对于那些小范围的系统,密钥的分配可能是在生产过程中或者是在部署时进行的。即使对于这种情况,依托临时自组网络的密钥分配系统也只是在最近几年才被提出的。所以,工作难度和任务量可想而知。

对于隐私领域来说,情况就更加严峻了。从研究和关注度的角度来看,隐私性和隐私技术一直是整个技术和应用发展过程中的短板。其中一个原因当然是公众对于隐私保护的漠视。另一个原因是保护隐私的各种技术尚未成熟。首先,现有的各种系统并不是针对资源受限访问型设备而设计的;其次,人们对于隐私的整体科学认知仍处在起始阶段(例如对于一个人整个生命过程中的隐私的相关认知)。

从技术上,物联网物品的多样性和可变性将会增加工作的难度与复杂度。而且仅从法律的角度看,有些事情也还没有完全得到合理的解释。例如,隐私法规的合理范围及物品在物品协作云中的数据所有权等问题,会在相当长的时间内困扰着我们。

从安全与隐私技术领域现在的研究来看,可以相信网络和数据的匿名技术将为物联网的隐私提供某种程度的基础。但是,目前,由于计算能力和网络带宽的限制,这些技术只有那些功能强大的设备才能够支持。所以我们还要努力,不仅要更加深入地研究网络与数据的匿名技术,同时要考虑将同样的观点引入设备授权使用和信任机制建立中,以促进整个物联网安全及隐私技术领域的发展。

本领域中一些需要解决的问题和主要研究内容如下:

(1)基于事件驱动的代理机制的建立,从而帮助各种联网设备和物品实现智能的自主觉醒和自我认知能力。

(2)对于各种各样的不同设备所组成的集合的隐私保护技术。

(3)分散型认证、授权和信任的模型化方法。

(4)高效能的加密与数据保护技术。

(5)物品(对象)和网络的认证与授权访问技术。

(6)匿名访问机制。

(7)云计算的安全与信任机制。

(8)数据所有权技术。

习题 1

1. 简述物联网安全涉及的范围。
2. 简述物联网的安全特征。
3. 物联网从功能上来说具备哪几个特征？
4. 按照科学、严谨的表述，物联网结构应分成哪几层？
5. 简要说明物联网安全的逻辑层次。
6. 物联网面对的特殊安全问题有哪些？
7. 简述物联网中的业务认证机制。
8. 物联网中的加密机制是什么？
9. 简要说明物联网安全技术的分类。
10. 感知识别层可能遇到的安全挑战包括哪几种情况？
11. 网络构建层将会遇到哪些安全挑战？
12. 简要说明管理服务层的安全机制。
13. 综合应用层的安全挑战和安全需求主要来自哪几个方面？
14. 影响信息安全的非技术因素和存在的问题有哪些？

第2章 物联网安全技术框架

2.1 常用信息安全技术简介

目前,常用的信息安全技术主要有数据加密、身份认证、访问控制和口令、数据加密算法、数字证书、电子签证机关(Certificate Authority,CA)和数字签名等。为便于进一步学习,先在本节进行概念性解释。

2.1.1 数据加密与身份认证

1. 数据加密

数据加密是计算机系统对信息进行保护的一种最可靠的办法。它利用密码技术对信息进行转换,实现信息隐蔽,从而保护信息的安全。

攻击者可能试图旁路(bypass)系统,如物理地取走数据库,在通信线路上窃听。对这样的威胁,最有效的解决方法就是数据加密,即以加密格式存储和传输敏感数据。

2. 身份认证

身份认证是指通过一定的手段完成对用户身份的确认。身份认证的目的是确认当前声称为某种身份的用户确实是其所声称的用户。身份认证的方法有很多,基本上可分为基于共享密钥的身份认证、基于生物学特征的身份认证和基于公开密钥加密算法的身份认证。不同的身份认证方法,其安全性也各有高低。

2.1.2 访问控制和口令

1. 访问控制

按用户身份及其所归属的某预设的定义组限制用户对某些信息项的访问,或限制对某些控制功能的使用。访问控制通常用于系统管理员控制用户对服务器、目录和文件等网络资源的访问。

访问控制分为以下两种类型:

(1) 自主访问控制。是指用户有权对自己所创建的访问对象(文件、数据表等)进行访问,并可将对这些对象的访问权授予其他用户和收回已授予权限的用户的访问权限。

(2) 强制访问控制。是指由系统(通过专门设置的系统安全员)对用户所创建的对象进行统一的强制性控制,按照规定的规则决定哪些用户可以对哪些对象进行什么操作系统类型的访问。即使是对象的创建者,在创建一个对象后,也可能无权访问该对象。

2. 口令

通过用户 ID 和口令进行认证是操作系统或应用程序通常采用的方法。如果非法用户获得合法用户的口令，他就可以自由访问未授权的系统资源，所以需要防止口令泄露。易被猜中的口令或默认口令是一个很严重的问题，更严重的问题是有的账号根本没有口令。实际上，所有使用弱口令、默认口令和没有口令的账号都应从系统中清除。

目前各类计算资源主要靠固定口令的方式来保护。对口令的攻击包括以下几种：

（1）网络数据流窃听。攻击者窃听网络数据，如果口令使用明文传输，则会被非法截获，如图 2.1 所示。

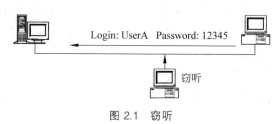

图 2.1　窃听

（2）认证信息截取/重放。有的系统会将认证信息简单加密后进行传输，如果攻击者无法用第一种方式获取密码，可以使用截取/重放方式，如图 2.2 所示。攻击者需要重新编写客户端软件，以使用加密的认证信息登录系统。

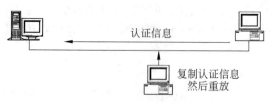

图 2.2　截取/重放

（3）字典攻击。根据调查结果可知，大部分人为了方便记忆而选用的口令都与自己身边的事物有关，如身份证号、生日、车牌号码、在办公桌上可以马上看到的标记或事物、其他有意义的单词或数字。某些攻击者会使用字典中的单词来尝试破解用户的口令。所以，大多数系统建议用户在口令中加入特殊字符，以增加口令的安全性。

（4）穷举攻击，也称蛮力破解。这是一种特殊的字典攻击，它使用字符串的全集作为字典。如果用户的口令较短，就很容易被穷举出来，因而很多系统都建议用户使用长口令。

（5）窥探。攻击者利用与被攻击系统接近的机会，安装监视器或亲自窥探合法用户输入口令的过程，以得到口令。

（6）社会工程。指采用非隐蔽方法盗用口令等。例如，冒充领导骗取管理员信任，得到口令；冒充合法用户发送邮件或打电话给管理人员，以骗取用户口令等。

（7）垃圾搜索。攻击者通过搜索被攻击者的废弃物，得到与系统有关的信息。如果用户将口令写在纸上，又随便丢弃，则很容易成为垃圾搜索的攻击对象。

为防止攻击者猜中口令，安全口令应具有以下特点：

（1）长度大于 6 位。

（2）大小写字母混合。如果只有一个大写字母，既不要放在开头，也不要放在结尾。

（3）可以把数字无序地加在字母中。

（4）系统用户一定用 8 位口令,而且包括～、!、@、♯、$ 、%、^、&、* 、<、>、?、:、"、｛、｝等特殊符号。

2.1.3　数据加密算法

1. 背景简介

长期以来,密码学几乎专指加密算法,它完成将普通信息(明文)转换成难以理解的信息(密文)的过程;解密算法则完成与其相反的过程,即由密文转换回明文。

密码机(cipher)包含了这两种算法,一般加密即同时指加密与解密的技术。密码机的具体运作由两部分决定:一个是算法,另一个是密钥。密钥是一个用于密码机算法的秘密参数,通常只有通信者拥有。

2. 密钥的定义

密钥是一种参数,它是在将明文转换为密文或将密文转换为明文的算法中输入的数据。

密钥的英文为 key。在密码学中,特别是在非对称密钥加密体系中,密钥的形象描述往往是房屋或者保险箱的钥匙。

3. 加密体系的分类

密钥技术提供的加密服务可以保证在开放式环境中网络传输的安全。通常大量使用的两种加密体系是对称密钥加密体系和非对称密钥加密体系。

1) 对称密钥加密体系

对称密钥加密,又称私钥加密或会话密钥加密,即信息的发送方和接收方用同一个密钥去加密和解密数据。它最大的优势是加密和解密速度快,适合对大量数据进行加密,但密钥管理困难。

2) 非对称密钥加密体系

非对称密钥加密,又称公钥加密,它需要使用不同的密钥分别完成加密和解密操作。一个公开发布,即公开密钥,简称公钥,另一个由用户自己秘密保存,即私用密钥,简称私钥。信息发送者用公钥加密信息,而信息接收者则用私钥解密信息。这种加密体系非常灵活,但加密和解密速度比对称密钥加密慢得多。

因此,在实际应用中,人们通常将两者结合在一起使用。例如,对称密钥加密体系用于存储大量数据信息,而非对称密钥加密体系则用于加密密钥。

4. 对称密钥加密体系

对称密钥又称为秘密密钥(secret key)技术,是指发送方和接收方依靠事先约定的密钥对明文进行加密和解密的算法,它的加密密钥和解密密钥相同,只有发送方和接收方才知道这一密钥。通常使用如图 2.3 所示的数据加密模型描述对称密钥加密的过程。

5. 非对称密钥加密体系

非对称密钥加密体系最主要的特点就是加密和解密使用不同的密钥,每个用户保存一

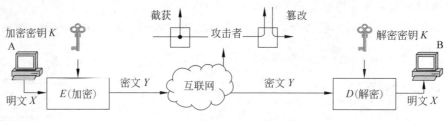

图 2.3　对称密钥加密的过程

对密钥：公钥 PK 和私钥 SK，因此，这种体系又称为双钥加密体系或公钥加密体系。

这种加密体系必须同时使用收、发双方的私钥和公钥才能获得原文，也能够完成发送方的身份认证和防止接收方伪造报文的功能。非对称密钥加密的过程如图 2.4 所示。

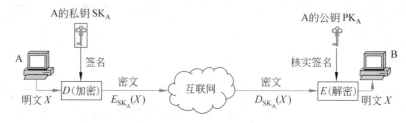

图 2.4　非对称密钥加密的过程

6. 数据加密算法的应用

对于对称密钥加密体系，加密运算与解密运算使用同样的密钥。通常，对称加密算法简便、高效，密钥简短，破译极其困难。由于系统的保密性主要取决于密钥的安全性，所以，在公开的计算机网络上安全地传送和保管密钥是一个严峻的问题。正是由于对称密钥加密体系中双方都使用相同的密钥，因此无法实现数字签名和不可否认性等功能。

20 世纪 70 年代以来，一些学者提出了非对称密钥加密体系，即运用单向函数的数学原理，以实现加密密钥和解密密钥的分离。加密密钥是公开的，解密密钥是保密的。这种新的加密体系引起了密码学界的广泛注意和探讨。

与普通的对称密钥加密技术中采用相同的密钥加密和解密数据不同，非对称密钥加密技术采用一对匹配的密钥进行加密和解密，具有两个密钥，一个是公钥，另一个是私钥，它们具有这种性质：每个密钥执行一种对数据的单向处理，两个密钥的功能恰恰相反，一个用于加密时，另一个就用于解密。用公钥加密的文件只能用私钥解密，而用私钥加密的文件只能用公钥解密。公钥是由其主人加以公开的，而私钥必须保密存放。

为发送一份保密报文，发送者必须使用接收者的公钥对数据进行加密。数据一旦加密，接收方只有用其私钥才能解密。相反，用户也能用自己的私钥对数据加以处理。换句话说，两个密钥的使用是很灵活的。

非对称密钥加密技术为数字签名提供了基础。如果一个用户用自己的私钥对数据进行了处理，别人可以用他提供的公钥对数据加以处理。由于仅仅拥有者本人知道自己的私钥，这种被处理过的报文就形成了一种电子签名——一种别人无法产生的文件。数字签名中包含了公钥信息，从而确认了拥有密钥对的用户的身份。

简单的公钥可以用素数表示：将素数相乘的算法作为公钥，将所得的乘积分解成原来的素数的算法就是私钥。加密就是将想要传递的信息在编码时加入素数,编码之后传送给收信人;任何人收到此信息后,若没有此收信人所拥有的私钥,则在解密的过程(实为寻找素数的过程)中,将会因为找素数(分解质因数)的过程过久而无法解读信息。

2.1.4　数字证书和电子签证机关

1. 数字证书

数字证书(digital certificate)又称为数字凭证,是用电子手段来证实一个用户的身份和对网络资源的访问权限。

互联网络的用户群绝不是几个人互相信任的小集体。在这个用户群中,从法律角度讲用户彼此都不能轻易信任。所以公钥加密体系采取了另一个办法,将公钥和公钥主人的名字联系在一起,再请一个大家都信得过的公正、权威机构确认,并加上这个权威机构的签名,这就形成了数字证书。

数字证书就是一个数字文件,通常由 4 部分组成:一是证书持有人的姓名和地址等关键信息;二是证书持有人的公开密钥;三是证书序号和证书的有效期限;四是发证单位的数字签名。

由于数字证书上有权威机构的签名,所以大家都认为数字证书的内容是可信任的;又由于数字证书上有主人的名字等身份信息,别人就很容易知道公钥的主人是谁。

2. 电子签证机关

电子签证机关(CA)是采用 PKI(Public Key Infrastructure,公钥基础设施)公开密钥技术,专门提供网络身份认证服务,负责签发和管理数字证书,且具有权威性和公正性的第三方机构,它的作用就像颁发证件的部门,如护照办理机构。

电子签证机关也拥有一个数字证书(内含公钥),当然,它也有自己的私钥,所以它有签名的能力。网上的用户通过验证 CA 的签名从而信任 CA。任何人都应该可以得到 CA 的数字证书(内含公钥),用以验证它所签发的数字证书。

如果用户想得到一个属于自己的数字证书,应先向 CA 提出申请。在 CA 判明申请者的身份后,便为他分配一个公钥,并且 CA 将该公钥与申请者的身份信息绑在一起,并为之签名后,便形成数字证书,发给那个用户(申请者)。

如果一个用户想鉴别另一个数字证书的真伪,他就用 CA 的公钥对那个数字证书上的签名进行验证(如前所述,CA 签名实际上是经过 CA 私钥加密的信息,签名验证的过程还伴随使用 CA 公钥解密的过程),一旦验证通过,该数字证书就被认为是有效的。

电子签证机关除了签发数字证书之外,它的另一个重要作用是数字证书和密钥的管理。

2.1.5　数字签名

数字签名(digital signature)是通过一个单向函数对传送的报文进行处理而得到的,是一个用以认证报文来源并核实报文是否发生变化的字母数字串。数字签名的作用就是鉴别文件或书信真伪,签名起到认证、使之生效的作用。

数字签名主要的功能是：保证信息传输的完整性,对发送者的身份进行认证,防止交易中的抵赖发生。

1. 数字签名技术

数字签名技术是不对称加密算法的典型应用。数字签名的应用过程是：数据发送方使用自己的私钥对数据校验和或其他与数据内容有关的变量进行加密处理,完成对数据的合法签名；数据接收方则利用对方的公钥来解读收到的数字签名,并将解读结果用于对数据完整性的检验,以确认发送方数字签名的合法性。

数字签名技术是将摘要信息用发送者的私钥加密,与原文一起发送给接收者。接收者只有用发送者的公钥才能解密被加密的摘要信息,然后用散列函数对收到的原文产生一个摘要信息,与解密的摘要信息对比,如果相同,则说明收到的信息是完整的,在传输过程中没有被修改,否则说明信息被修改过,因此数字签名能够验证信息的完整性,如图 2.5 所示。数字签名是一个加密的过程,数字签名验证是一个解密的过程。

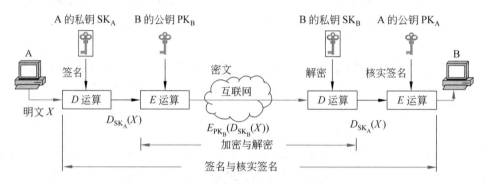

图 2.5　具有保密性的数字签名

2. 数字签名的使用

使用数字签名一般基于以下原因：

(1) 鉴权。非对称密钥加密系统允许任何人在发送信息时使用公钥进行加密,数字签名能够让信息接收者确认发送者的身份。鉴权的重要性在财务数据上表现得尤为突出。

(2) 验证完整性。传输数据的双方都希望确认消息在传输的过程中未被修改。加密使得第三方想要读取数据十分困难,然而第三方仍然能采取可行的方法在传输的过程中修改数据。

(3) 保证不可抵赖性。在密文背景下,抵赖这个词指的是不承认与消息有关的举动(即声称消息来自第三方)。消息的接收方可以通过数字签名来防止所有后续的抵赖行为,因为接收方可以出示签名来证明信息的来源。

数字签名算法依靠非对称密钥加密技术来实现。在非对称密钥加密技术中,每一个使用者有一对密钥：一个公钥和一个私钥。公钥可以自由发布,私钥则秘密保存。还有一个要求就是要让通过公钥推算出私钥的做法不可能实现。

2.2　物联网安全技术架构

作为一种多网络融合的网络,物联网安全涉及各个网络的不同层次,在这些独立的网络中已实际应用了多种安全技术,特别是移动通信网和互联网的安全研究已经历了较长的时间,但对物联网中的感知网络来说,由于资源的局限性,使安全研究的难度较大。本节主要针对物联网中的安全技术问题进行讨论。

2.2.1　物联网加密认证

物联网的安全和隐私保护是物联网服务能否大规模应用的关键,物联网的多源异构性使其安全面临巨大的挑战。就单一网络而言,互联网、移动通信网等已建立了一系列行之有效的机制和方法,为日常生活和工作提供了丰富的信息资源,改变了人们的生活和工作方式。

相对而言,物联网的安全研究仍处于初始阶段,还没有提供一个完整的解决方案,由于物联网的资源局限性,使其安全问题的研究难度增大,因此,安全研究将是物联网的重要组成部分。同时,如何建立有效的多网融合的安全架构,建立一个跨越多网的统一安全模型,形成有效的协同防御系统也是重要的研究方向之一。

目前在物联网网络安全方面,人们就密钥管理、安全路由、认证与访问控制、数据隐私保护、入侵检测与容错容侵以及安全决策与控制等方面进行了相关研究。密钥管理作为多个安全机制的基础一直是研究的热点,但人们并没有找到理想的解决方案,目前的方法要么寻求更轻量级的加密算法,要么提高传感器节点的性能,与实际应用还有一定的距离。特别是至今真正的大规模的物联网网络的实际应用仍然太少,多跳自组织网络环境下的大规模数据处理(如路由和数据融合)使很多理论上的小规模仿真失去意义,而在这种环境下的安全问题才是物联网安全的难点所在。

由于物联网必须兼容和继承现有的 TCP/IP 网络和移动通信网等,因此现有网络安全体系中的大部分机制仍然可以适用于物联网,并能够提供一定的安全性,如认证机制和加密机制等。但是还需要根据物联网的特征对安全机制进行调整和补充。

可以认为,物联网的安全问题同样也要走"分而治之"、分层解决的道路。传统 TCP/IP 网络针对网络中的不同层都有相应的安全措施和方法,这套比较完整的体系不能原样照搬到物联网领域,而要根据物联网的体系结构和特殊性进行调整。物联网感知识别层与主干网络接口以下的部分的安全防御技术主要依赖于传统的信息安全技术。

1. 物联网中的加密机制

密码学是保障信息安全的基础。在传统 TCP/IP 网络中加密的应用通常有两种形式:点到点加密和端到端加密。从目前学术界所公认的物联网基础架构来看,不论是点到点加密还是端到端加密,实现起来都有困难,因为在感知识别层的节点上要运行一个加密/解密程序不仅需要存储开销和高速的 CPU,而且要消耗节点的能量。因此,在物联网中实现加密机制在原理上有可能,但是在技术实施上难度大。

2. 节点的认证机制

认证机制是指通信中的数据接收方能够确认数据发送方的真实身份及数据在传输过程中是否遭到篡改。从物联网的体系结构来看，感知识别层的认证机制非常有必要。身份认证是确保节点的身份信息的真实性，加密机制通过对数据进行编码来保证数据的机密性，以防止数据在传输过程中被窃取。

PKI 是一种遵循既定标准的密钥管理平台，它能够为所有网络应用提供加密和数字签名等密码服务及必需的密钥和证书管理体系，简单来说，PKI 就是利用公钥理论和技术建立的提供安全服务的基础设施。PKI 技术是信息安全技术的核心，也是物联网安全的关键和基础技术。

PKI 的基础技术包括加密、数字签名、数据完整性机制、数字信封和双重数字签名等。

PKI 是利用公钥理论和技术建立的提供信息安全服务的基础设施，是解决信息的真实性、完整性、机密性和不可否认性这一系列问题的技术基础，是物联网环境下保障信息安全的重要方案。

3. 访问控制技术

访问控制在物联网环境下被赋予了新的内涵，从 TCP/IP 网络中主要对人进行访问授权变成了对机器进行访问授权，有限制的分配、交互共享数据在机器与机器之间将变得更加复杂。

4. 态势分析及其他

网络态势感知与评估技术是对当前和未来一段时间内的网络运行状态进行定量和定性的评价、实时监测和预警的一种新的网络安全监控技术。物联网的网络态势感知与评估的有关理论和技术是一个正在形成的研究领域。

深入研究这一领域的科学问题，从理论到实践意义上来看都非常值得期待。这是因为同传统的 TCP/IP 网络相比，物联网领域的态势感知与评估被赋予了新的研究内涵，不仅是网络安全单一方面的问题，还涉及物联网网络体系结构本身的问题，如传感智能节点的能量存储问题、节点布局过程中的传输延迟问题、汇聚节点的数据流量问题等。这些网络本身的因素对于传感器网络的正常运行都是极为关键的。

所以，在物联网领域中态势感知与评估已经超越了 TCP/IP 网络中单纯的网络安全的意义，从网络安全延伸到了网络正常运行状态的监控；另外，物联网结构更加复杂，网络数据是多源的、异构的，网络数据具有很强的互补性、冗余性和实时性。

在同时考虑外来入侵的前提下，需要对物联网网络数据进行深入的数据挖掘分析，从数据中找出统计规律性。通过建立传感器网络数据析取的各种数学模型，进行规则挖掘和融合、推理、归纳等，提出能客观、全面地对大规模物联网正常运行进行网络态势评估的指标，为传感器网络的安全运行提供分析报警等措施。

2.2.2　密钥管理机制

密钥系统是安全的基础，是实现感知信息隐私保护的手段之一。对互联网来说，由于不存在计算资源的限制,非对称和对称密钥系统都可以适用,互联网面临的安全主要来源于其最初的开放式管理模式的设计,互联网是一种没有严格管理中心的网络。移动通信网是一种相对集中管理的网络。而无线传感器网络和感知节点由于计算资源的限制,对密钥系统提出了更多的要求,因此,物联网密钥管理系统面临两个主要问题:

(1) 如何构建一个贯穿多个网络的统一密钥管理系统,并与物联网的体系结构相适应。

(2) 如何解决传感器网络的密钥管理问题,如密钥的分配、更新和多播等问题。

统一的密钥管理系统可以采用两种方式实现:

(1) 以互联网为中心的集中式管理方式。由互联网的密钥分配中心负责整个物联网的密钥管理,一旦传感器网络或其他感知网络接入互联网,通过密钥中心与传感器网络或其他感知网络汇聚点进行交互,实现对网络中节点的密钥管理。

(2) 以各自网络为中心的分布式管理方式。在此模式下,互联网和移动通信网的问题比较容易解决,但在传感器网络环境中对汇聚节点的要求就比较高。尽管可以在传感器网络中采用簇头选择方法,推选簇头,形成层次式网络结构,每个节点与相应的簇头通信,簇头间以及簇头与汇聚节点之间进行密钥的协商,但是多跳通信的边缘节点以及簇头选择算法和簇头本身的能量消耗,使传感器网络的密钥管理成为解决问题的关键。

无线传感器网络的密钥管理系统设计在很大程度上受到其自身特征的限制,因此在设计需求上与有线网络和传统的资源不受限制的无线网络有所不同,要充分考虑到无线传感器网络传感节点的限制和网络组网与路由的特征。它的安全需求主要体现在以下 5 点:

(1) 密钥生成或更新算法的安全性。利用该算法生成的密钥应具备一定的安全强度,不能被网络攻击者轻易地或者花很小的代价破解,即加密后要能够保障数据包的机密性。

(2) 前向私密性。中途退出传感器网络或者被俘获的恶意节点在周期性的密钥更新或者撤销后无法再利用先前所获知的密钥信息生成合法的密钥,继续参与网络通信,即无法参加与报文解密或者生成有效的可认证的报文。

(3) 后向私密性和可扩展性。新加入传感器网络的合法节点可利用新分发或者周期性更新的密钥参与网络的正常通信,即进行报文的加解密和认证等。应能够保障网络是可扩展的,即允许大量新节点加入。

(4) 抗同谋攻击。在传感器网络中,若干节点被俘获后,其所掌握的密钥信息可能会造成网络局部范围的泄密,但不应对整个网络的运行造成破坏性或损毁性的后果,即密钥系统要具有抗同谋攻击的能力。

(5) 源端认证性和新鲜性。源端认证要求确保发送方身份的可认证性和消息的可认证性,即任何一个网络数据包都能通过认证和追踪寻找到其发送源,而且是不可否认的。新鲜性则保证合法的节点在一定的延迟许可内能收到其需要的信息。新鲜性除了和密钥管理方案紧密相关外,与传感器网络的时间同步技术和路由算法也有很大的关联。

根据这些要求,对于密钥管理系统的实现,人们提出了基于对称密钥系统的方法和基于非对称密钥系统的方法。

在基于对称密钥的管理系统方面,从分配方式上也可分为以下 3 类:基于密钥分配中心方式、预分配方式和基于分组分簇方式。

典型的解决方法有 SPINS 协议、基于密钥池预分配方式的 E2G 方法和 q2Composite 方法、单密钥空间随机密钥预分配方法、多密钥空间随机密钥预分配方法、对称多项式随机密钥预分配方法、基于地理信息或部署信息的随机密钥预分配方法和低能耗的密钥管理方法等。

与非对称密钥系统相比，对称密钥系统在计算复杂度方面具有优势，但在密钥管理和安全性方面却有不足，例如，邻居节点间的认证难以实现，节点的加入和退出不够灵活等。特别是在物联网环境下，如何实现与其他网络的密钥管理系统的融合是值得探讨的问题。为此，人们将非对称密钥系统也应用于无线传感器网络，在使用 TinyOS 开发环境的节点上，采用 RSA 算法实现了传感器网络外部节点的认证以及 Tiny Sec 密钥的分发。

近几年，作为非对称密钥系统的基于身份标识的加密算法（Identity-Based Encryption，IBE）引起了人们的关注。该算法的主要思想是：加密的公钥不需要从公钥证书中获得，而是直接使用标识用户身份的字符串。最初提出基于身份标识加密算法的动机是为了简化电子邮件系统中证书的管理。例如，当 Alice 给 Bob 发送邮件时，她只需要使用 Bob 的邮箱 bob@company.com 作为公钥来加密邮件，从而省略了获取 Bob 公钥证书这一步骤；当 Bob 接收到加密后的邮件时，他联系私钥生成中心（Private Key Generator，PKG），同时向 PKG 验证自己的身份，然后就能够得到私钥，从而解密邮件。

然而，在 Shamir 提出 IBE 算法后的很长一段时间都没有能找到合适的实现方法。直到 2001 年，由 Boneh 等提出可实际应用的 IBE 算法，该算法利用椭圆曲线双线性映射（bilinear map）来实现。

基于身份标识加密算法具有一些特征和优势，主要体现在以下 3 点：

（1）它的公钥可以是任何唯一的字符串，如 E-mail、身份证或者其他标识，不需要 PKI 系统发放的证书，使用起来简单。

（2）由于公钥是身份标识，所以，基于身份标识的加密算法解决了密钥分配的问题。

（3）基于身份标识的加密算法具有比对称加密算法更高的加密强度。在同等安全级别条件下，该算法比其他公钥加密算法有更小的参数，因而具有更快的计算速度，需要更小的存储空间。

IBE 加密算法一般由 4 部分组成：系统参数建立、密钥提取、加密和解密。

表 2.1 为 EPC（Electronic Product Code，电子产品码）global 网络的节点身份标识的格式，共 96b，类似于网卡的 MAC 地址，而传感器网络的节点一般都有身份标识，采用基于身份的密钥系统，就可以以此为公钥，实现感知信息的加密和解密。IBE 算法的复杂性主要体现在计算双线性对上，简单适用的双线性对的计算方法是 IBE 算法能否广泛应用的关键。

表 2.1　EPC global 网络节点身份标识的格式

字段	Header	Filter Value	Partition	Company Prefix	Item Reference	Serial Number
长度	8b	3b	3b	20～40b	4～24b	38b
				合并后的长度为 44b		

2.2.3　数据处理与隐私性

物联网的数据要经过信息感知、获取、汇聚、融合、传输、存储、挖掘、决策和控制等处理环节，而末端的感知网络几乎要涉及上述信息处理的全过程，只是由于传感节点与汇聚节点的资源限制，在信息的挖掘和决策方面不占居主要的位置。物联网应用不仅要考虑信息采集的安全性，也要考虑信息传送的私密性，要求信息不能被篡改和被非授权用户使用，同时，还要考虑网络的可靠、可信和安全。物联网能否大规模推广应用,很大程度上取决于其是否能够保障用户数据和隐私的安全。

就传感器网络而言,在信息的感知采集阶段就要进行相关的安全处理,例如对 RFID 采集的信息进行轻量级的加密处理后,再传送到汇聚节点。这里要关注的是对光学标签的信息采集处理与安全,作为感知端的物品身份标识,光学标签显示了独特的优势,而虚拟光学的加密解密技术为基于光学标签的身份标识提供了手段,基于软件的虚拟光学密码系统由于可以在光波的多个维度进行信息的加密处理,具有比传统的对称加密系统更高的安全性。数学模型的建立和软件技术的发展极大地推动了该领域的研究和应用推广。

数据处理过程涉及基于位置的服务与隐私保护问题。ACM 于 2008 年成立了SIGSPATIAL(Special Interest Group on Spatial Information,空间信息特殊兴趣组),致力于空间信息理论与应用研究。基于位置的服务是物联网提供的基本功能,是定位、电子地图、基于位置的数据挖掘和发现、自适应表达等技术的融合。定位技术目前主要有 GPS 定位、基于手机的定位和无线传感器网络定位等。无线传感器网络定位主要采用射频识别、蓝牙及 ZigBee 等技术。基于位置的服务面临严峻的隐私保护问题,这既是安全问题,也是法律问题。欧洲通过了《隐私与电子通信法》,对隐私保护问题给出了明确的法律规定。

基于位置的服务中的隐私内容涉及两个方面,一是位置隐私,二是查询隐私。位置隐私中的位置指用户过去或现在的位置,而查询隐私指敏感信息的查询与挖掘,如果用户经常查询某区域的餐馆或医院,据此可以分析该用户的居住位置、收入状况、生活行为和健康状况等敏感信息,造成个人隐私信息的泄露。查询隐私就是数据处理过程中的隐私保护问题。

所以,这就面临一个困难的选择,用户一方面希望获得尽可能精确的位置服务,另一方面又希望个人的隐私得到保护。这就需要在技术上加以保证。目前的隐私保护方法主要有位置伪装、时空匿名和空间加密等。

2.2.4　安全路由协议

物联网的路由要跨越多类网络,有基于 IP 地址的互联网路由协议,有基于标识的移动通信网和传感器网络的路由算法,因此至少要解决两个问题,一是多网融合的路由问题,二是传感器网络的路由问题。前者可以考虑将身份标识映射成类似的 IP 地址,实现基于地址的统一路由体系;后者由于传感器网络的计算资源的局限性和易受到攻击的特点,要设计抗攻击的安全路由算法。

无线传感器网络路由协议常受到的攻击主要有虚假路由信息攻击、选择性转发攻击、污水池(sinkhole)攻击、女巫(sybil)攻击、虫洞(wormhole)攻击、Hello 洪泛攻击和确认攻击等。表 2.2 列出了一些针对路由的常见安全威胁。

表 2.2　路由协议的安全威胁

路由协议	安全威胁
TinyOS 信标	虚假路由信息攻击、选择性转发攻击、污水池攻击、女巫攻击、虫洞攻击、Hello 洪泛攻击
定向扩散	虚假路由信息攻击、选择性转发攻击、污水池攻击、女巫攻击、虫洞攻击、Hello 洪泛攻击

路 由 协 议	安 全 威 胁
地理位置路由	虚假路由信息攻击、选择性转发攻击、女巫攻击
最低成本转发	虚假路由信息攻击、选择性转发攻击、污水池攻击、女巫攻击、虫洞攻击、Hello 洪泛攻击
谣传路由	虚假路由信息攻击、选择性转发攻击、污水池攻击、女巫攻击、虫洞攻击
能量节约的拓扑维护（SPAN、GAF、CEC、AFECA）	虚假路由信息攻击、女巫攻击、Hello 洪泛攻击
聚簇路由协议（LEACH、TEEN）	选择性转发攻击、Hello 洪泛攻击

表 2.3 为抗击这些攻击可以采用的方法。

表 2.3 传感器网络攻击和抗攻击方法

攻 击 类 型	抗攻击方法
外部攻击和链路层安全问题	链路层加密和认证
女巫攻击	身份认证
Hello 洪泛攻击	双向链路认证
虫洞攻击和污水池攻击	很难防御，必须在设计路由协议时考虑，如基于地理位置路由
选择性转发攻击	多径路由技术
广播认证中的 Dos 攻击和洪泛攻击	广播认证，如 LTESLA

目前，国内外学者提出了多种无线传感器网络路由协议，这些路由协议最初的设计目标通常是以最小的通信、计算和存储开销完成节点间的数据传输，但是这些路由协议大都没有考虑到安全问题。实际上，由于无线传感器节点电量有限、计算能力有限、存储容量有限以及野外部署等特点，使得它极易受到各类攻击。

针对无线传感器网络中数据传输的特点，目前已提出许多较为有效的路由技术，可以按路由算法的实现方法划分为以下几类：

(1) 洪泛式路由，如 Gossiping 等。

(2) 以数据为中心的路由，如 Directed Diffusion、SPIN 等。

(3) 层次式路由，如 LEACH(Low Energy Adaptive Clustering Hierarchy，低功耗自适应集簇分层)、TEEN(Threshold Sensitive Energy Efficient Sensor Network，阈值敏感的高能效传感器网络)等。

(4) 基于位置信息的路由，如 GPSR(Greedy Perimeter Stateless Routing，贪心周界无状态路由)、GEAR (Geographic and Energy Aware Routing，地理和能量感知路由)等。

下面主要讨论两个路由协议。

1. TRANS

TRANS (Trust Routing for Location-aware Sensor Networks，位置感知传感器网络信任路由)是一个建立在地理路由(如 GPSR)之上的安全机制，它包含两个模块：信任路由模块(Trust Routing Module,TRM)和不安全位置避免模块(Insecure Location Avoidance Module,ILAM),其中信任路由模块安装在汇聚节点和感知节点上,不安全位置避免模块仅安装在汇聚节点上。

2. INSENS

另一种容侵的安全路由协议为 INSENS(Intrusion-tolerant Routing Protocol for Wireless Sensor Networks,无线传感器网络容侵路由协议),INSENS 包含路由发现和数据转发两个阶段。在路由发现阶段,基站通过多跳转发向所有节点发送一个查询报文,相邻节点收到报文后,记录发送者的 ID,然后发给那些还没收到报文的相邻节点,以此建立邻居关系。收到查询报文的节点同时向基站发送自己的位置拓扑等反馈信息。最后,基站生成到每个节点有两条独立路由的路由转发表。在数据转发阶段,数据包就可以根据节点的路由转发表进行转发。

2.2.5　认证与访问控制

认证指使用者采用某种方式来证明自己确实是自己宣称的某人。网络中的认证主要包括身份认证和消息认证。

身份认证可以使通信双方确信对方的身份并交换会话密钥。保密性和及时性是认证的密钥交换中两个重要的问题。为了防止假冒和会话密钥的泄露,用户标识和会话密钥这样的重要信息必须以密文的形式传送,这就需要事先已有能用于这一目的的主密钥或公钥。因为可能存在消息重放,所以及时性非常重要。在最坏的情况下,攻击者可以利用重放攻击威胁会话密钥或者成功假冒另一方。

消息认证主要是接收方希望能够保证其接收的消息确实来自真正的发送方。有时收发双方不同时在线。例如,在电子邮件系统中,电子邮件消息发送到接收方的电子邮箱中,并一直存放在邮箱中,直至接收方读取为止。广播认证是一种特殊的消息认证形式,在广播认证中,一方广播的消息被多方认证。

传统的认证是区分不同层次的,网络层的认证只负责网络层的身份鉴别,业务层的认证只负责业务层的身份鉴别,两者独立存在。但是在物联网中,业务应用与网络通信紧紧地绑在一起,认证有其特殊性。例如,当物联网的业务由运营商提供时,就可以充分利用网络层认证的结果,而不需要进行业务层的认证;当业务是敏感业务(如金融类业务)时,一般业务提供者会不信任网络层的安全级别,而使用更高级别的安全保护,这时就需要进行业务层的认证;而对于普通业务,如气温采集业务等,业务提供者认为网络认证已经足够,就不再需要业务层的认证了。

在物联网的认证技术中,传感器网络的认证机制是重要的研究方向。无线传感器网络中的认证技术主要包括基于轻量级公钥的认证、基于预共享密钥的认证、基于随机密钥预分布的认证、利用辅助信息的认证和基于单向散列函数的认证等。

(1)基于轻量级公钥的认证技术。鉴于经典的公钥算法计算量很大,在资源有限的无线传感器网络中不具有可操作性,当前有一些研究正致力于对公钥算法进行优化设计,使其能适应无线传感器网络。但这些方案在能耗和资源方面还存在很大的改进空间,如基于 RSA 公钥算法的 TinyPK 认证方案,以及基于身份标识的认证算法等。

（2）基于预共享密钥的认证技术。SNEP 方案中提出两种配置方法：一是节点之间共享密钥，二是每个节点和基站之间共享密钥。这类方案在每对节点之间共享一个主密钥，可以在任何一对节点之间建立安全通信。其缺点表现为扩展性和抗俘获能力较差，任意一个节点被俘获后就会暴露密钥信息，进而导致全网络瘫痪。

（3）基于单向散列函数的认证技术。该类技术主要用在广播认证中，由单向散列函数生成一个密钥链，利用单向散列函数的不可逆性来保证密钥不可预测。通过某种方式依次公布密钥链中的密钥，可以对消息进行认证。目前基于单向散列函数的广播认证方法主要是对 LTESLA 协议的改进。

LTESLA 协议以 TESLA 协议为基础，对密钥更新过程和初始认证过程进行了改进，使其能够在无线传感器网络中有效实施。

访问控制是对用户合法使用资源的认证和控制。目前信息系统的访问控制主要是基于角色的访问控制（Role-Based Access Control，RBAC）机制及其扩展模型。RBAC 机制主要由 Sandhu 于 1996 年提出的基本模型 RBAC96 构成，一个用户先由系统分配一个角色，如管理员或普通用户等。用户登录系统后，根据用户的角色所设置的访问策略实现对资源的访问，显然，同样的角色可以访问同样的资源。RBAC 机制是基于互联网的 OA 系统、银行系统和网上商店等系统的访问控制方法，是基于用户的。对物联网而言，末端是感知网络，可能是一个感知节点或一个物品，采用用户角色的形式进行资源的控制显得不够灵活。其不足主要表现为 3 点：①RBAC 在分布式的网络环境中已呈现出不适应的地方，如对具有时间约束资源的访问控制、访问控制的多层次适应性等方面需要进一步探讨；②节点不是用户，而是各类传感器或其他设备，且种类繁多，RBAC 机制中的角色类型无法一一对应这些节点，因此，RBAC 机制难以实现；③物联网表现的是信息的感知互动过程，包含了信息的处理、决策和控制等过程，特别是反向控制是物物互联的特征之一，资源的访问呈现动态性和多层次性，而在 RBAC 机制中，一旦用户被指定为某种角色，它的可访问资源就相对固定了。所以，寻求新的访问控制机制是物联网、也是互联网值得研究的问题。

基于属性的访问控制（Attribute-Based Access Control，ABAC）是近几年研究的热点。如果将角色映射成用户的属性，可以构成 ABAC 与 RBAC 的对等关系，而属性的增加相对简单，同时基于属性的加密算法可以使 ABAC 得以实现。ABAC 方法的问题是：对较少的属性来说，加密和解密的效率较高；但随着属性数量的增加，加密的密文长度增加，使算法的实用性受到限制。目前有两个发展方向：基于密钥的策略和基于密文的策略，其目标就是改善基于属性的加密算法的性能。

2.2.6　入侵检测与容侵容错技术

容侵就是指网络在存在恶意入侵的情况下仍然能够正常地运行。无线传感器网络的安全隐患在于网络部署区域的开放特性以及无线网络的广播特性，攻击者往往利用这两个特性阻碍网络中节点的正常工作，进而破坏整个传感器网络的运行，降低网络的可用性。无人值守的恶劣环境导致无线传感器网络缺少传统网络在物理上的安全性，传感器节点很容易被攻击者俘获、毁坏或者成为妥协节点（compromised node）。

现阶段无线传感器网络的容侵技术主要集中于网络的拓扑容侵、安全路由容侵及数据传输过程中的容侵 3 个方面。

无线传感器网络可用性的另一个要求是网络的容错性。一般意义上的容错性是指在故障存在的情况下系统不失效,仍然能够正常工作的特性。无线传感器网络的容错性指的是当部分节点或链路失效后,网络能够进行传输数据的恢复或者网络结构自愈,从而尽可能减小节点或链路失效对无线传感器网络功能的影响。传感器节点在能量、存储空间、计算能力和通信带宽等诸多方面都受限,而且通常工作在恶劣的环境中,经常会出现失效的状况。因此,容错性成为无线传感器网络中一个重要的设计因素,容错技术也是无线传感器网络研究的一个重要领域。目前相关领域的研究主要集中在 3 个方面:

(1) 网络拓扑中的容错。通过为无线传感器网络设计合理的拓扑结构,保证网络在出现断裂的情况下能正常进行通信。

(2) 网络覆盖中的容错。在无线传感器网络的部署阶段,主要研究在部分节点和链路失效的情况下,如何事先部署或事后移动、补充传感器节点,从而保证对监测区域的覆盖和保持网络节点之间的连通。

(3) 数据检测中的容错机制。主要研究在恶劣的网络环境中,当一些特定事件发生时,处于事件发生区域的节点如何能够正确获取数据。

典型的无线传感器网络中的容侵框架包括 3 个部分:

(1) 判定恶意节点。

主要任务是要找出网络中的受攻击节点或妥协节点。基站随机发送一个通过公钥加密的报文给节点。为了回应这个报文,节点必须能够利用其私钥对报文进行解密并回送给基站。如果基站长时间接收不到节点的回应报文,则认为该节点可能遭受入侵。

另一种判定机制是利用邻居节点的签名。如果节点发送数据包给基站,需要获得一定数量的邻居节点对该数据包的签名。当数据包和签名到达基站后,基站通过验证签名的合法性来判定数据包的合法性,进而判定节点为恶意节点的可能性。

(2) 发现恶意节点后启动容侵机制。

当基站发现网络中可能存在的恶意节点后,则发送一个信息包,告知恶意节点周围的邻居节点可能的入侵情况。因为还不能确定节点是否恶意节点,邻居节点只是将该节点的状态修改为容侵,即节点仍然能够在邻居节点的控制下进行数据的转发。

(3) 通过节点之间的协作,对恶意节点做出处理决定(排除或恢复)。

一定数量的邻居节点产生报警报文,并对报警报文进行正确的签名;然后将报警报文转发给恶意节点。邻居节点监测恶意节点对报警报文的处理情况。

正常节点在接收到报警报文后,会产生正确的签名;而恶意节点则可能产生无效的签名。邻居节点根据接收到的恶意节点的无效签名的数量来确定它是恶意节点的可能性。

根据无线传感器网络中不同的入侵情况,可以设计出不同的容侵机制,如无线传感器网络中的拓扑容侵、路由容侵和数据传输容侵等机制。

2.2.7　决策与控制安全

物联网的数据是一个双向流动的信息流:一是从感知端采集物理世界的各种信息,经过数据处理,存储在网络的数据库中;二是根据用户的需求进行数据的挖掘、决策和控制,实现与物理世界中任何互联物品的互动。

前面讨论了数据采集处理中的隐私性等安全问题,而决策控制又将涉及其他安全问题,如可靠性等。前面讨论的认证和访问控制机制可以对用户进行认证,使合法的用户才能使用相关的数据,并对系统进行控制操作。但接下来的问题是如何保证决策和控制的正确性和可靠性。

在传统的无线传感器网络中,由于侧重对感知端的信息获取,对决策控制的安全考虑不多。互联网的应用也是侧重于信息的获取与挖掘,较少应用对第三方的控制技术。而物联网中对物品的控制将是重要的组成部分,需要作深入的研究。

2.2.8　物联网安全技术发展现状

物联网的安全和隐私保护是物联网服务能否大规模应用的关键,物联网的多源异构性使其安全面临巨大的挑战。就单一网络而言,互联网和移动通信网等已建立了一些行之有效的机制和方法,为日常生活和工作提供了丰富的信息资源,改变了人们的生活和工作方式。而传感器网络以及扩大到物联网的安全研究仍处于初始阶段,还没有出现一个完整的解决方案,由于传感器网络的资源局限性,使其安全问题的研究难度很大,因此,传感器网络的安全研究将是物联网安全的重要组成部分。

目前在无线传感器网络安全方面,人们就密钥管理、安全路由、认证与访问控制、数据隐私保护、入侵检测与容错容侵以及安全决策与控制等方面进行了相关研究。密钥管理作为多个安全机制的基础一直是研究的热点,但人们并没有找到理想的解决方案,现有的方案要么寻求更轻量级的加密算法,要么提高传感器节点的性能。

目前的方法与实际应用还有一定的距离,特别是到目前为止,真正大规模的无线传感器网络的实际应用仍然太少,多跳自组织网络环境下的大规模数据处理(如路由和数据融合)使很多理论上的小规模仿真失去意义,而在这种环境下的安全问题才是传感器网络安全的难点所在。

此外,如何建立有效的多网融合的安全架构,建立一个跨越多网的统一安全模型,形成有效的协同防御系统也是物联网安全重要的研究方向之一。

习题 2

1. 常用的信息安全技术有哪几种?
2. 简要说明电子签证机关(CA)的概念。
3. 简述数字签名技术的基本原理与具体应用。
4. 物联网中的加密机制实施时的主要困难是什么?
5. 物联网的数据要经过哪几个处理环节?
6. 物联网密钥管理系统面临哪两个主要问题?
7. 什么是安全路由协议? 按路由算法的实现方法划分,通常有哪几种路由协议?
8. 传感器网络可能受到哪几种攻击? 对应的解决方案是什么?
9. 无线传感器网络中的认证技术有哪几种?
10. 简述物联网安全技术的发展现状。

第3章 密码与身份认证技术

3.1 密码学基本概念

3.1.1 密码学的定义和作用

密码学是主要研究通信安全和保密的学科,它包括两个分支:密码编码学和密码分析学。密码编码学主要研究对信息进行变换,以保护信息在传递过程中不被敌方窃取、解读和利用的方法;而密码分析学则与密码编码学相反,它主要研究如何分析和破译密码。这两者之间既相互对立又相互促进。

密码学的基本思想是对机密信息进行伪装。一个密码系统完成如下伪装:加密者对需要进行伪装的机密信息(明文)进行变换(加密变换),得到另外一种看起来似乎与原有信息不相关的表示(密文)。如果合法用户(接收者)获得了伪装的信息,可以通过事先约定的密钥,从伪装的信息中分析得到原有的机密信息(解密变换);而如果不合法的用户(密码分析者)试图从这种伪装的信息中分析得到原有的机密信息,这种分析过程要么是根本不可能的,要么代价过于巨大,以致无法进行。

图 3.1 给出了在互联网环境下使用加密技术的加密和解密过程。

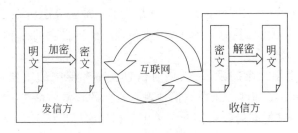

图 3.1 加密和解密过程

使用密码学可以达到以下目的:
(1)保密性。防止用户的标识或数据被读取。
(2)数据完整性。防止数据被更改。
(3)身份验证。确保数据发自特定的一方。

3.1.2 密码学的发展历程

人类有记载的通信密码始于公元前 400 年。密码学的起源可以追溯到人类刚刚出现并且尝试去学习如何通信的时候,为了确保通信的机密性,最先是有意识地使用一些简单的方法来加密信息,通过一些(密码)象形文字传达信息。随后,由于文字的出现和使用,确保通信的机密性就成为一种艺术,古代发明了不少加密信息和传达信息的方法。例如,我国古代的烽火是一种传递军情的方法,古代的兵符是用来传达信息的密令,闯荡江湖的侠士都有秘密的黑道行话,起义军在起义前约定地下联络的暗语,这都促进了密码学的发展。

而密码学真正成为科学是在 19 世纪末和 20 世纪初期,由于军事、数学和通信等相关技术的发展,特别是两次世界大战中对军事信息保密传递和破获敌方信息的需求,使密码学得到了空前的发展,并广泛地用于军事情报部门的决策。

太平洋战争中,美军破译了日本海军的密码,读懂了日本舰队司令官山本五十六发给各指挥官的命令,在中途岛彻底击溃了日本海军,导致了太平洋战争的决定性转折,而且不久后还击毙了山本五十六。德国在第二次世界大战的初期在密码破译方面占据着优势地位,德国于战争期间使用的密码机 Enigma 如图 3.2 所示。因此,可以说,密码学在战争中起着非常重要的作用。

图 3.2　德国密码机 Enigma

1883 年,Kerchoffs 第一次明确提出了编码的原则:加密算法应在算法公开时不影响明文和密钥的安全。这一原则已得到普遍承认,成为判定密码强度的标准,实际上也成为传统密码和现代密码的分界线。

随着信息化和数字化社会的发展,人们对信息安全和保密的重要性的认识不断提高。网络银行、电子购物和电子邮件等正在悄悄地融入人们的日常生活中,人们自然要关注其安全性。1977 年,美国国家标准局公布实施了美国数据加密标准(DES),军事部门垄断密码的局面被打破,民间力量开始全面介入密码学的研究和应用中。民用的加密产品在市场上大量出现,采用的加密算法有 DES、IDEA 和 RSA 等。

现有的密码体制类型繁多,各不相同。但是它们都可以分为私钥密码和公钥密码两类。前者的加密过程和解密过程相同,而且所用的密钥也相同;后者,每个用户都持有一对密钥。数据加密的模型如图 3.3 所示。

密码编码学主要致力于信息加密、信息认证、数字签名和密钥管理方面的研究。信息加密的目的在于将可读信息转变为无法识别的内容,使得截获这些信息的人无法阅读,同时信息的接收人能够验证接收到的信息是否被敌方篡改或替换过。数字签名就是信息的接收人能够确定接收到的信息是否确实是由所希望的发信人发出的。密钥管理是信息加密中最难的部分,因为信息加密的安全性取决于密钥。历史上,各国军事情报机构在猎取别国的密钥管理方法上要比破译加密算法成功得多。

密码分析学与密码编码学的方法不同,它不依赖于数学逻辑,必须凭经验,依赖客观世

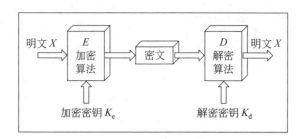

图 3.3　数据加密的模型

界觉察得到的事实。因而,密码分析更需要发挥人的聪明才智,更具有挑战性。

现代密码学是一门迅速发展的应用科学。随着互联网的迅速普及,人们依靠它传送大量的信息,但是这些信息在网络上的传输都是公开的。因此,对于关系到个人利益的信息必须经过加密之后才可以在网上传输,这离不开现代密码技术。

3.1.3　古典密码学

从密码学发展历程来看,可分为古典密码(以字符为基本加密单元的密码)和现代密码(以信息块为基本加密单元的密码)两个阶段。古典密码有着悠久的历史,从古代一直延续到计算机出现以前。古典密码学主要有两大基本方法:

(1) 代替密码。将明文的字符替换为密文中的另一种字符,接收者只要对密文做反向替换就可以恢复明文。

(2) 置换密码(又称易位密码)。明文的字母保持相同,但顺序被打乱了。

1. 代替密码

代替密码也称替换密码,是使用替换法进行加密所产生的密码。替换密码就是明文中每一个字符被替换成密文中的另一个字符,替换后的各字母保持原来的位置。接收者对密文进行逆替换就恢复了明文。

在代替密码加密体制中使用了密钥字母表。它可以由明文字母表构成,也可以由多个字母表构成。

在古典密码学中,有 4 种类型的代替密码:

(1) 单表(简单)代替密码。明文的一个字符用相应的一个密文字符替换。加密过程是从明文字母表到密文字母表的一一映射,例如恺撒(Caesar)密码。

(2) 同音(多名码)代替密码。与单表代替密码相似,唯一的不同是明文的一个字符可以映射成密文的几个字符之一,同音代替的密文并不唯一。

(3) 多字母组代替密码。字符块被成组加密,例如,ABA 可能对应 RTQ,ABB 可能对应 SLL,等等。Playfair 密码就是这类密码的实例。

(4) 多表代替密码。由多个单表代替密码构成,每个密钥加密对应位置的明文,例如维吉尼亚密码。

下面介绍恺撒密码。

恺撒密码又叫循环移位密码。它的加密方法就是把明文中所有字母都用它右边的第 k 个字母替换,并认为 Z 后边又是 A。例如,图 3.4 所示就是循环移动 3 位的恺撒加密法。

明文字母	a	b	c	d	e	f	g	h	i	j	k	l	m
密文字母	d	e	f	g	h	i	j	k	l	m	n	o	p

明文字母	n	o	p	q	r	s	t	u	v	w	x	y	z
密文字母	q	r	s	t	u	v	w	x	y	z	a	b	c

图 3.4 恺撒加密法

这种映射关系表示为如下函数：

$$F(a) = (a+k) \bmod 26$$

其中，a 表示明文字母，k 为密钥。

设 $k=3$，则有如图 3.4 所示的字母替代关系。

对于明文

$$P = \text{computer systems}$$

密文为

$$C = \text{frpsxwhu vbvwhpv}$$

显然，由密文 C 恢复明文非常容易，只要知道密钥 k，就可以构造一张映射表。其加密和解密均可根据此映射表进行。

恺撒密码的优点是密钥简单易记。但它的密文与明文的对应关系过于简单，故安全性很差。

2. 置换密码

置换密码算法的原理是不改变明文字符，而是按照某一规则重新排列消息中的比特或字符顺序，从而实现明文信息的加密。置换密码有时又称为易位密码。

矩阵换位法是实现置换密码的一种常用方法。它将明文中的字母按照给定的顺序安排在一个矩阵中，然后根据密钥提供的顺序重新排列矩阵中的字母，从而形成密文。

其解密过程是：以密钥的字母数作为列数，将密文按照行的顺序写出，再根据由密钥给出的顺序进行置换，产生新的矩阵，从而恢复明文。

下面介绍密钥短语密码。

选择一组有助于记忆的英文字符串，从中筛选无重复的字符，按原顺序记下字符串，作为密钥短语，写在明文字母表下，然后将未出现在字符串的字母按顺序依次写在密钥短语后。

例如选择密钥短语 network security，则

明文：a b c d e f g h i j k l m n o p q r s t u v w x y z

密文：n e t w o r k s c u i y a b d f g h j l m p q v x z

若明文为 data access，则密文为 wnln nttojj。

3.1.4　现代密码学

密码学者多认为，除了传统上的加解密算法以外，密码协议，即使用密码技术的通信协议，也一样重要，两者为密码学研究的两大课题。

根据密钥类型的不同可将现代密码技术分为两类：对称加密算法(秘密密钥加密)和非对称加密算法(公开密钥加密)。

在对称加密系统中,加密和解密均采用同一个密钥,而且通信双方都必须获得这个密钥,并保持密钥的秘密。

非对称加密系统采用的加密密钥(公钥)和解密密钥(私钥)是不同的。

对称密钥密码学指的是传送方与接收方拥有相同的密钥。

现代的密码学研究主要集中在分组密码与流密码及其应用方面。

1. 分组密码

取明文的一个分组和密钥,输出相同大小的密文分组。由于信息通常比单一分组长,因此可以用多种方式将连续的分组组织在一起。DES 和 AES 是美国政府批准的分组密码标准(AES 将取代 DES)。尽管将被废除,DES 目前依然很流行(Triple-DES 变形仍然相当安全),应用非常广泛,如自动交易机、电子邮件和远端存取等。

2. 流密码

制造一段任意长的密钥,与明文按位或字符结合,有点类似于一次性密码本。输出的串流根据加密时的内部状态而定。在一些流密码方案中,由密钥控制内部状态的变化。RC4 是相当有名的流密码方案。

3.1.5　加密技术分类

加密技术可以分为以下两类。

1. 对称加密技术

对称密码体制是一种传统密码体制,也称为私钥密码体制。在对称加密系统中,加密和解密采用相同的密钥。因为加密和解密的密钥相同,需要通信双方必须选择和保存他们共同的密钥,并且必须信任对方不会将密钥泄露出去,这样就可以实现数据的机密性和完整性。

对于具有 n 个用户的网络,需要 $n(n-1)/2$ 个密钥。在用户群不是很大的情况下,对称加密系统是有效的。但是对于大型网络,当用户群很大、分布很广时,密钥的分配和保存就成了问题。

对机密信息进行加密和验证是通过随报文一起发送报文摘要(或散列值)来实现的。比较典型的算法有 DES(Data Encryption Standard,数据加密标准)算法及其变体 3DES(三重DES)、GDES(广义 DES)、IDEA、FEALN 和 RC5 等。

DES 标准由美国国家标准局提出,主要应用于银行业的电子资金转账领域。DES 的密钥长度为 56 位。3DES 使用 3 个独立的 56 位密钥对交换的信息进行 3 次加密。

RC2 和 RC4 是 RSA 数据安全公司的对称加密专利算法,它们采用可变密钥长度的算法。通过规定不同的密钥长度,RC2 和 RC4 能够提高或降低安全的程度。对称加密算法的优点是计算开销小,加密速度快,是目前用于信息加密的主要算法。它的局限性在于通信双方难以确保密钥的安全交换。

此外，一个用户和几个人分别通信，就要维护几个专用密钥。对称加密系统也无法鉴别通信发起方或通信最终方，因为通信双方的密钥相同。另外，对称加密系统仅能用于对数据进行加解密处理，保障数据的机密性，而不能用于数字签名，因而人们迫切需要寻找新的密码体制。

对称加密系统的安全性依赖于以下两个因素：

(1) 加密算法必须是足够强的，仅仅基于密文本身去解密信息在实践上是不可能的。

(2) 加密方法的安全性依赖于密钥的秘密性，而不是算法的秘密性，因此，没有必要确保算法的秘密性，而需要保证密钥的秘密性。

对称加密系统的优点是：对称加密算法使用起来简单快捷，密钥较短，且破译困难。

对称加密系统的缺点如下：

(1) 密钥难以安全传送。

(2) 密钥量太大，难以进行管理。

(3) 无法满足互不相识的人进行私人谈话时的保密要求。

(4) 难以解决数字签名验证的问题。

2. 非对称加密技术

非对称加密技术也称公开密钥技术。该技术需要两个密钥：公钥和私钥。与对称加密技术相比，非对称加密技术最大的特点在于加密和解密使用不同的密钥。非对称加密技术模型如图 3.5 所示。

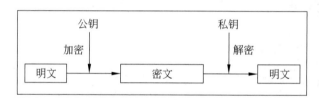

图 3.5 非对称密钥技术模型

非对称加密技术的优点是：易于实现，使用灵活，密钥较少。其缺点在于：要取得较好的加密效果和强度，必须使用较长的密钥。

公钥算法大多基于计算复杂度较高的数学难题，通常来自数论。例如，RSA 源于整数因子分解问题，DSA 源于离散对数问题。近年来快速发展的椭圆曲线密码学则基于与椭圆曲线相关的数学难题，与离散对数问题的难度相当。由于这些问题多涉及模数乘法或指数运算，因此，公开密钥系统通常是复合式的，内含一个高效率的对称密钥算法，用以加密信息，再以公钥加密对称密钥系统所使用的密钥，以提高效率。

在对称加密体系中，加密和解密使用相同的密钥，也许对不同的信息使用不同的密钥，但都面临密钥管理的难题。由于每对通信方都必须使用异于他组的密钥，当网络成员的数量增加时，密钥数量以指数级增加。更尴尬的难题是：当双方没有安全的通道时，如何建立一个共有的密钥以保证安全的通信？如果有通道可以安全地建立密钥，何不使用现有的通道？这个"鸡生蛋、蛋生鸡"的矛盾多年以来在密码学界一直无法解决。

非对称加密技术的特点如下：

(1) 密钥分配简单。由于加密密钥与解密密钥不同，且不能由加密密钥推导出解密密钥,因此,加密密钥表可以像电话号码本一样分发给各用户,而解密密钥则由用户自己掌握。

（2）密钥的数量少。网络中的每个通信成员只需秘密保存自己的解密密钥,n 个通信成员只需产生 n 对密钥,便于密钥管理。

（3）可以满足互不相识的人之间进行私人谈话时的保密性要求。

（4）可以完成数字签名和数字鉴别。发信人使用只有自己知道的私钥进行签名,收信人利用公钥进行检查,既方便又安全。

在实际应用中,非对称加密系统并没有完全取代对称加密系统,因为非对称加密系统计算非常复杂,虽然它的安全性更高,但实现速度却远远赶不上对称加密系统。在实际应用中可利用二者的各自优点,采用对称加密系统加密文件,采用非对称加密系统对加密文件的密钥进行加密,这就是混合加密系统。

非对称加密技术通常被用来加密关键性的、核心的机密数据,而对称加密技术通常被用来加密大量的数据。

3. 两种加密技术的比较

两种加密技术的比较如表 3.1 所示。

表 3.1 两种加密技术的比较

加密技术	代表标准	密钥关系	密钥传递	数字签名	加密速度	主要用途
对称加密	DES	加密密钥与解密密钥相同	不必要	容易	快	数据加密
非对称加密	RSA	加密密钥与解密密钥不同	必要	困难	慢	数字签名、密钥分配加密

3.2 现代加密算法

现代采用的加密算法有 DES、RSA、SHA 等。随着对加密强度要求的不断提高,后来又出现了 AES 和 ECC 等。

3.2.1 加密算法

1. 对称加密算法

在对称加密算法中,只用一个密钥来加密和解密信息,即加密和解密采用相同的密钥。常用的对称加密算法包括以下 3 种:

（1）DES(Data Encryption Standard,数据加密标准)。该算法速度较快,适用于加密大量数据。

（2）3DES。是基于 DES 的变体,对一块数据用 3 个不同的密钥进行 3 次加密,强度更高。

（3）AES(Advanced Encryption Standard,高级加密标准)。是下一代的加密算法标准,速度快,安全级别高。

2000 年 10 月，NIST（美国国家标准和技术协会）宣布了从 15 个候选算法中选出的一个新的密钥加密标准，由 Joan Daemen 和 Vincent Rijmen 设计的 Rijndael 密钥加密算法被选中，成为新的 AES。AES 正日益成为加密各种形式的电子数据的实际标准。NIST 于 2002 年 5 月 26 日制定了 AES 规范。

AES 算法基于排列和置换运算。排列是对数据的顺序重新进行安排，置换是将一个数据单元替换为另一个。AES 使用几种不同的方法来执行排列和置换运算。

AES 是一个迭代的、对称密钥分组的密码，它可以使用 128、192 和 256 位密钥，并且用 128 位（16B）分组加密和解密数据。通过分组密码返回的加密数据的位数与输入数据相同。迭代加密使用一个循环结构，在该循环中重复排列和置换输入数据。

AES 与 3DES 的比较如表 3.2 所示。

表 3.2　AES 与 3DES 的比较

算　法	算法类型	密钥长度/位	速度	解密时间/亿年 （每秒尝试 255 个密钥）	资源消耗
AES	对称 block 密码	128、192、256	高	1 490 000	低
3DES	对称 feistel 密码	112、168	低	46	中

2. 非对称加密算法

常见的非对称加密算法包括 RSA、DSA、ECC 和散列算法。

1) RSA

RSA 算法由 RSA 公司发明，是一个支持变长密钥的公钥算法，需要加密的文件块的长度也是可变的。

1976 年，由于对称加密算法已经不能满足需要，Diffie 和 Hellman 发表了一篇名为《密码学新动向》的文章，介绍了公钥加密的概念。

RSA 算法是 1978 年由 Ron Rivest、Adi Shamir 和 Leonard Adleman 发明的，该算法是以 3 个发明者姓氏的首字母命名的。RSA 是第一个既能用于数据加密也能用于数字签名的算法，但 RSA 的安全性一直未能得到理论上的证明。

RSA 的安全性依赖于大数分解。公钥和私钥是两个大素数（大于 100 个十进制位）的函数，从密钥和密文推断出明文的难度等同于分解两个大素数的积。

简言之，找两个很大的素数，一个作为公钥公开，另一个作为私钥秘密保存。这两个密钥是互补的，即用公钥加密的密文可以用私钥解密，反过来也可以。

2) DSA

DSA（Digital Signature Algorithm，数字签名算法）是一种数字签名标准。

除了加密外，公钥密码学最显著的成就是实现了数字签名。数字签名是手写签名的数字化，两者的特性都是他人难以仿冒。数字签名可以永久地与被签名的信息结合，无法从信息中移除。

数字签名主要包含两个算法：一个是签名算法，使用私钥处理信息或信息的散列值而产生签名；另一个是验证算法，使用公开密钥验证签名的真实性。RSA 和 DSA 是两种最流行的数字签名机制。数字签名是 PKI 以及许多网络安全机制的基础。

3) ECC

随着分解大整数方法的进步及完善、计算机速度的提高及计算机网络的发展，为了保障数据的安全，RSA 的密钥长度不断增加。但是，密钥长度的增加导致了其加解密的速度大为降低，硬件实现也变得越来越复杂，这给 RSA 的应用带来了很大的障碍，因此需要一种新的算法来代替 RSA。

1985 年，Koblitz 和 Miller 提出将椭圆曲线用于加密算法，其依据是有限域上的椭圆曲线上的点群中的离散对数问题。这类问题是比因子分解问题更难的问题，其难度是指数级的。这就是 ECC(Elliptic Curves Cryptography，椭圆曲线密码编码学)。

其基本原理为：基于椭圆曲线上的难题——椭圆曲线上离散对数问题，将椭圆曲线中的加法运算与离散对数中的模乘运算相对应，将椭圆曲线中的乘法运算与离散对数中的模幂运算相对应，就可以建立基于椭圆曲线的密码体制。

ECC 在许多方面都有绝对的优势，主要体现在以下几方面：

(1) 抗攻击能力强。

(2) 计算量小，处理速度快。

(3) 占用的存储空间小。ECC 的密钥长度和系统参数与 RSA、DSA 相比要小得多，意味着它所占的存储空间要小得多。这对于加密算法在 IC 卡上的应用具有特别重要的意义。

(4) 带宽要求低。当对长消息进行加解密时，这 3 类密码系统有相同的带宽要求，但应用于短消息时 ECC 的带宽要求却低得多。这使 ECC 在无线网络领域具有广泛的应用前景。

ECC 的这些特点使它必将取代 RSA，成为通用的公钥加密算法。例如，SET 协议的制定者已把 ECC 作为下一代 SET 协议中默认的公钥加密算法。

表 3.3 和图 3.6 是 RSA/DSA 和 ECC 的安全性和速度的比较。

表 3.3　RSA/DSA 和 ECC 的安全性比较

攻破时间（MIPS 年）	RSA/DSA 密钥长度（位）	ECC 密钥长度（位）	密钥长度比	攻破时间（MIPS 年）	RSA/DSA 密钥长度（位）	ECC 密钥长度（位）	密钥长度比
10^4	512	106	5∶1	10^{20}	2048	210	10∶1
10^8	768	132	6∶1	10^{78}	21 000	600	35∶1
10^{11}	1024	160	7∶1				

4) 散列算法

散列算法也叫哈希算法，通过散列算法可以把任意长度的输入(又叫作预映射，pre-image)变换成固定长度的输出，该输出就是散列值。这种变换是一种压缩映射，也就是说，散列值的空间通常远小于输入的空间，不同的输入可能会映射成相同的输出，而不可能从散列值唯一地确定输入值。简单地说，散列函数就是一种将任意长度的消息压缩到某一固定长度的消息摘要的函数。

散列算法主要用于信息安全领域中的信息加密，它把一些不同长度的信息转化成杂乱的 128 位的编码，这些编码就是散列值。也可以说，散列就是找到一种数据内容和数据存放地址之间的映射关系。散列值是信息的提炼，通常其长度要比信息小得多，且为一个固定长度。

加密性强的散列算法一定是不可逆的，这就意味着通过散列值无法推出任何一部分原始信息。任何输入信息的变化，哪怕仅一位，都将导致散列值的明显变化，这称为雪崩效应。

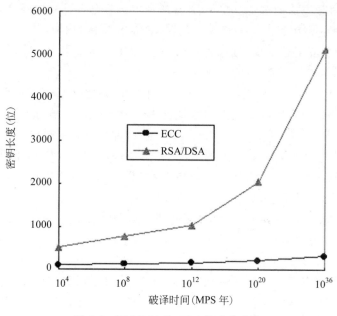

图 3.6　RSA/DSA 和 ECC 的速度比较

散列值还应该是防冲突的,即找不出具有相同散列值的两条信息。具有这些特性的散列值就可以用于验证信息是否被修改。

一般用于产生消息摘要和密钥加密等,常见的单向散列函数有以下两种:

(1) MD5(Message Digest Algorithm 5,信息摘要算法第 5 版)。是 RSA 公司开发的一种单向散列算法。

(2) SHA(Secure Hash Algorithm,安全散列算法)。可以对任意长度的数据进行运算,生成一个 160 位的数值。

1993 年,安全散列算法(SHA)由 NIST 提出,并作为联邦信息处理标准(FIPS PUB 180)公布。1995 年,NIST 又发布了一个修订版(FIPS PUB 180-1),通常称之为 SHA-1。SHA-1 是基于 MD4 算法的,并且它的设计在很大程度上是模仿 MD4 的。现在它已成为公认的最安全的散列算法之一,并被广泛使用。

SHA-1 算法的原理:接收一段明文,然后以一种不可逆的方式将它转换成一段(通常更小的)密文。也可以简单地理解为:取一串输入码(称为预映射或信息),并把它们转化为长度较短、位数固定的输出序列,即散列值(也称为信息摘要或信息认证代码)。

单向散列函数的安全性来源于其产生散列值的操作过程具有较强的单向性。如果在输入序列中嵌入密码,那么任何人在不知道密码的情况下都不能产生正确的散列值,从而保证了信息的安全性。SHA 将输入流按照每块 512b(64B)进行分块,并产生 20B 的散列值。

该算法输入报文的最大长度不超过 2^{64} b,产生的输出是一个 160b 的报文摘要。输入是按 512b 的分组进行处理的。SHA-1 是不可逆的、防冲突的,并具有良好的雪崩效应。

通过散列算法可实现数字签名。数字签名的原理是:将要传输的明文通过散列函数运算转换成报文摘要(不同的明文对应不同的报文摘要),将报文摘要加密后与明文一起传输给接收方;接收方利用接收的明文产生新的报文摘要,与发送方发来的报文摘要(需要解密)进行比较,如结果一致表示明文未被改动,如果不一致表示明文已被改动。

MAC（信息认证代码）就是一个散列值，其中部分输入信息是密码，只有知道这个密码的接收方才能再次计算和验证 MAC 的合法性。

SHA-1 和 MD5 均由 MD4 导出，因此二者很相似。相应地，它们的加密强度和其他特性也很相似，但两者有以下几点不同：

（1）抗强行攻击的安全性。最显著和最重要的区别是 SHA-1 摘要比 MD5 摘要长 32b。使用强行技术，产生任何一个报文使其摘要等于给定报摘要的难度对 MD5 是 2^{128} 数量级的操作，而对 SHA-1 则是 2^{160} 数量级的操作。这样，SHA-1 对强行攻击有更强的抵抗能力。

（2）抗密码分析的安全性。MD5 抗密码分析攻击的能力弱，SHA-1 抗密码分析攻击的能力强。

（3）速度：在相同的硬件上，SHA-1 的运行速度比 MD5 慢。

3.2.2 加密算法的选择与应用

1. 对称加密算法与非对称加密算法的比较

以上综述了对称加密算法与非对称加密算法的原理，总体来说，两者主要有以下几方面的不同：

（1）管理方面。非对称加密算法只需要较少的资源就可以实现目的，在密钥的数量上，两者之间相差很大（非对称加密算法是 n 级别的，对称加密算法是 n^2 级别的）。对称加密算法不适用于广域网，更重要的一点是它不支持数字签名。

（2）安全方面。非对称加密算法基于数学难题，在破解上几乎是不可能的。而对于对称加密算法，发展到 AES，虽然从理论上来看是不可能破解的，但从应用角度来看，非对称加密算法无疑更具有优越性。

（3）速度方面。如果用软件实现，AES 的加解密速度是非对称加密算法的 100 倍；而如果用硬件来实现，这个比值将提高到 1000 倍。

2. 加密算法的选择

前面已经介绍了对称加密算法和非对称加密算法。在实际使用中，应该根据应用需求来选择：

（1）由于非对称加密算法的运行速度比对称加密算法的速度慢很多，当需要加密大量的数据时，建议采用对称加密算法，以提高加密速度。

（2）对称加密算法不能实现签名，因此签名只能使用非对称加密算法。

（3）对称加密算法的密钥管理是一个复杂的过程。密钥的管理直接决定安全性，因此，当数据量很小时，可以考虑采用非对称加密算法。

在实际的操作过程中，通常采用非对称加密算法管理对称加密算法的密钥，然后用对称加密算法加密数据，这样就集成了这两种加密算法的优点，既体现了对称加密算法加密速度快的优点，又体现了非对称加密算法密钥管理安全、方便的优点。

在选定了加密算法后，应该采用多少位的密钥呢？一般来说，密钥越长，运行的速度就越慢，应该根据实际需要的安全级别来选择。RSA 建议采用 1024 位，ECC 建议采用 160 位，AES 采用 128 位即可。

3．密码学在现代的应用

随着密码学商业应用的普及，公钥密码学受到前所未有的重视。除传统的密码应用系统外，PKI 系统以公钥密码技术为主，提供以下功能。

1）保密通信

保密通信是密码学产生的动因。使用公钥密码体制进行保密通信时，信息接收者只有知道对应的密钥才可以解密该信息。

2）数字签名

数字签名技术可以代替传统的手写签名，而且从安全的角度考虑，数字签名具有很好的防伪造功能。它在政府机关、军事领域和商业领域有广泛的应用。

3）秘密共享

秘密共享技术是指将一个秘密信息利用密码技术拆分成 n 个称为共享因子的信息，分发给 n 个成员，只有利用 $k(k \leqslant n)$ 个合法成员的共享因子才可以恢复该秘密信息，其中任何一个或 $m(m \leqslant k)$ 个成员合谋，都无法知道该秘密信息。利用秘密共享技术可以控制任何需要多个人共同控制的秘密信息或命令等。

4）身份认证

在公开的信道上进行敏感信息的传输时，可以采用签名技术对消息的真实性和完整性进行验证，通过验证公钥证书实现对通信主体的身份认证。

5）密钥管理

密钥是保密系统中最为脆弱而重要的环节，公钥密码体制是密钥管理的有力工具。利用公钥密码体制协商和产生密钥，保密通信双方不需要事先共享秘密信息。可以利用公钥密码体制进行密钥分发、保护、密钥托管和密钥恢复等。

基于公钥密码体制除了可以实现以上通用功能以外，还可以实现以下的系统：安全电子商务系统、电子现金系统、电子选举系统、电子招投标系统和电子彩票系统等。

公钥密码体制的产生是密码学由传统的政府和军事等应用领域走向商用、民用的基础，同时互联网和电子商务的发展为密码学的发展开辟了更为广阔的前景。

4．加密算法的未来

随着计算方法的改进、计算机运行速度的加快和网络的发展，已经有越来越多的算法被破解。

历史上有 3 次对 DES 有影响的攻击实验。1997 年，有人利用当时各国 7 万台计算机，历时 96 天破解了 DES 的密钥。1998 年，电子边境基金会（EFF）用一台花费了 25 万美元制造的专用计算机历时 56 小时破解了 DES 的密钥。1999 年，EFF 用 22 小时 15 分完成了 DES 密钥破解工作。因此，曾经有过卓越贡献的 DES 也不能满足日益增长的网络安全需求了。

最近，一组研究人员成功地对一个 512 位的整数进行了因子分解，宣告了 RSA 的破解。

数据的安全是相对的，可以说，所有的加密算法都只在一定时期、一定条件下是安全的。随着硬件和网络的发展，目前的常用加密算法都有可能在短时间内被破解，那时就不得不使用更长的密钥或更加先进的算法，才能保证数据的安全。因此，加密算法依然需要不断发展和完善，提供更高的加密强度和运算速度。

纵观这两种加密算法，一个从 DES 到 3DES 再到 AES，另一个从 RSA 到 ECC，其发展都是从密钥的简单性、成本的低廉性、管理的简易性、算法的复杂性、保密的安全性及计算的快速性这几个角度去考虑的。因此,未来算法的发展也必定是从这几个角度出发的,而且在实际操作中往往把这两种加密算法结合起来。也许未来集两种加密算法优点于一身的新型算法将会出现,到那个时候,物联网各项应用必将更加快捷和安全。

3.3　对称密码技术

3.3.1　对称密码技术简介

最古老的加密方法已经用了几千年,这种方法被称为对称加密。在这种方法中,同一密钥既用于加密明文,也用于解密密文。

密钥使用的机制非常多样化,但它们共同的弱点是:因为需要共享密钥,所以如果密钥落入坏人之手将很危险。一旦未经授权的人得知了密钥,就会危及基于该密钥的安全系统。如果只涉及一条消息,可能不要紧;但是,同一个密钥很可能被重复使用,而通信双方未必知道密钥已不再是保密的。

这种简单方案的变体涉及使用一个任意排序的字母表,它和用于明文消息的字母表有同样的长度。在这种情况下,密钥可能是由数字组成的一个长序列,例如,5,19,1,2,11,…,表明 A 应该映射为 E,B 为 S,C 为 A,D 为 B,E 为 K……当然,这样的系统是极其脆弱的,而现代的系统则使用基于难解的数学问题的复杂算法,因而使系统极其强壮。

对于一个查看用对称密码加密的数据的人来说,如果对用于加密数据的密钥根本没有访问权,那么他完全不可能查看加密数据。如果这样的密钥落入坏人之手,那么就会马上彻底地危及使用该密钥加密的数据的安全性。因此,使用密钥方法的这个组中的所有系统所共享的内容是密钥管理的难点。

1. 密钥长度

通常提到的密钥都有特定的长度,如 56 位或 128 位,这些长度都是指对称密钥密码的长度,而非对称密钥中至少私钥是相当长的。而且,这两组密钥长度之间没有任何相关性,除非偶尔在使用某一给定系统的情况下,达到某一给定密钥长度提供的安全性级别。

在任何特定组中,所用密钥的长度通常是确定安全性的一个重要因素。而且,密钥空间并不是随着密钥长度线性增长的,而是密钥每增加一位,密钥空间就加倍。Giga Group 对此作了一个简单的比喻:如果一个茶匙足够容纳所有可能的 40 位的密钥组合,那么所有 56 位的密钥组合需要一个游泳池来容纳,而所有可能的 128 位的密钥组合的体积与地球的体积相当。一个用十进制表示的 128 位的值大概有 3.40×10^{38} 个。

2. 加密速度

对称密钥方法比非对称密钥方法快得多,因此加密大量文本时,对称密钥方法是首选机制。密钥密码最适合用于在单用户或小型组的环境中保护数据,通常都是通过使用密码实现的。实际上,正如在前面已提到的,广为散布或大规模实际使用的最令人满意的方法往往都同时组合了对称加密和非对称加密系统。

3. 对称密钥密码的类型

现在,通常使用分组密码(block cipher)或流密码(stream cipher)实现对称密码。下面讨论这两种密码。

1) 分组密码

分组密码根据"电码本密码"获得,其特点如下:

(1) 分组密码的密钥决定电码本。

(2) 每个密钥生成一个不同的电码本。

(3) 混淆和扩散都得到了利用。

2) 流密码

流密码根据一次一密获得,其特点如下:

(1) 密钥较短。

(2) 密钥被扩展为更长的密钥流(keystream)。

(3) 密钥流被用作一次一密的密钥。

(4) 只用到了混淆。

3.3.2 分组密码

分组密码将定长的明文块(称为分组)转换成等长的密文,这一过程在密钥的控制之下。使用逆向变换和同一密钥来实现解密。对于当前的许多分组密码,分组大小是 64b,但这很可能会增加。分组密码的基本模型如图 3.7 所示。

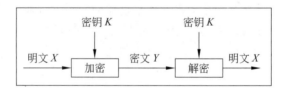

图 3.7　分组密码的基本模型

明文消息通常要比特定的分组大得多,而且使用不同的技术或操作方式对分组进行加密。这样的方式示例有电码本(ECB)、密码分组链接(CBC)或输出反馈(CFB)。

(1) ECB 使用同一个密钥简单地将每个明文块一个接一个地进行加密。

(2) 在 CBC 方式中,每个明文块在加密前先与前一密文块进行异或运算,从而提高了复杂程度,可以使某些攻击更难以实施。

(3) OFB 方式类似于 CBC 方式,但是它进行异或的量是独立生成的。

CBC 得到广泛使用,例如在 DES(qv)实现中。在有关密码技术的图书中深入讨论了各种方式。请注意:用户自己建立的密码系统的普遍弱点就是以简单的形式使用某些公开的算法,而不是以提供了额外保护的特定方式使用。

迭代的分组密码在加密过程中有多次循环,因此提高了安全性。在每次循环中,可以使用特殊的函数根据初始密钥派生出的子密钥进行适当的变换。该附加的计算需求必然会影响加密的速度,因此要在安全性需要和执行速度之间进行平衡。

分组密码方案包括 DES、IDEA、SAFER、Blowfish 和 Skipjack,最后一个方案是美国国家安全局限制器芯片中使用的算法。

3.3.3　流密码

与分组密码相比,流密码可以非常快速有效地运作。流密码作用于由若干位组成的一些小型组,通常使用称为密钥流的一个位序列作为密钥对它们逐位应用异或运算。有些流密码基于一种称作线形反馈移位寄存器(Linear Feedback Shift Register,LFSR)的机制,该机制生成一个二进制位序列。

流密码是由一种专业的密码——Vernam 密码(也称为一次性密码本)发展而来的。流密码的示例包括 RC4 和软件优化加密算法(Software optimized Encryption ALgorithm,SEAL)及 Vernam 密码的特殊情形。

3.3.4　对称密码的算法

1. 数据加密标准

数据加密标准(DES)源自 IBM 公司的研究工作,并在 1997 年被美国政府正式采纳为加密标准。它是使用最广泛的密钥系统,特别是在保护金融数据安全方面。最初开发的 DES 是嵌入硬件中的。通常,自动取款机(Automated Teller Machine,ATM)都使用 DES。

DES 使用一个 56 位的密钥以及附加的 8 位奇偶校验位,产生最大 64 位的分组。这是一个迭代的分组密码,使用称为 Feistel 的技术。DES 将加密的文本块分成两半,使用子密钥对其中一半应用循环功能,然后将输出结果与另一半进行异或运算,接着交换这两半。这一过程会继续下去,但最后一个循环不交换。DES 执行 16 次循环。

攻击 DES 的主要形式被称为蛮力破解或彻底密钥搜索,即重复尝试各种密钥,直到有一个正确为止。如果 DES 使用 56 位的密钥,则可能的密钥数量是 2^{56} 个。随着计算机系统能力的不断发展,DES 的安全性会逐渐减弱,然而,对于非关键性质的实际应用来说,仍可以认为它是足够安全的。DES 现在仅用于旧系统的鉴定,而当前的应用系统更多地选择新的加密标准——高级加密标准(Advanced Encryption Standard,AES)。

DES 的常见变体是 3DES,它使用 168 位的密钥对数据进行 3 次加密。它通常(但并非始终)具有极其强大的安全性。如果 3 个 56 位的子元素都相同,则 3DES 向后兼容 DES。

IBM 公司最初对 DES 拥有专利权,但是在 1983 年已到期。DES 目前处于公有领域,允许在特定条件下免除专利使用费而使用。

2. 国际数据加密算法

国际数据加密算法(International Data Encryption Algorithm,IDEA)是由苏黎世理工学院的两位研究员 Xuejia Lai 和 James L. Massey 开发的,由一家瑞士公司 Ascom Systec 拥有专利权。IDEA 是作为迭代的分组密码实现的,使用 128 位的密钥和 8 次循环。这比 DES 提供了更高的安全性,但是在选择用于 IDEA 的密钥时,应该排除那些被称为"弱密钥"的密钥。DES 只有 4 个弱密钥和 12 个次弱密钥,而 IDEA 中的弱密钥数相当可观,有 2^{51} 个。但是,如果密钥的总数非常大,达到 2^{128} 个,那么仍有大量密钥可供选择。

通过支付专利使用费（通常大约是每个副本 6 美元），可以在世界很多地区使用 IDEA。这种费用在某些区域适用，而其他区域并不适用。IDEA 被认为是极为安全的。使用 128 位的密钥，蛮力攻击需要进行的测试次数与 DES 相比会明显增大，甚至允许对弱密钥进行测试。而且，它尤其能抵抗专业形式的分析性攻击。

3. CAST

CAST 是以它的设计者 Carlisle Adams 和 Stafford Tavares 命名的。它是一个 64 位的 Feistel 密码，使用 16 次循环并允许密钥最长可达 128 位。其变体 CAST-256 使用 128 位的分组大小，而且允许使用最长 256 位的密钥。

虽然 CAST 非常快，但是它的主要优势是安全性，而不是速度。在 PGP 的最新版本及 IBM、Microsoft 等厂商的产品中都使用了它。

Entrust Technologies 公司拥有 CAST 的专利权。

4. 一次性密码本

一次性密码本（或 Vernam 密码）具有很高的安全性，所以在某些特殊情况中（通常是在战争中）有很高的应用价值。它使用与消息一样长的随机生成的密钥。通常使用位的异或运算，将其应用于明文，以产生加密文本。应用同一密钥和适当的算法，可以方便地解密消息。

一次性密码本加密和解密的简单例子如下：

00101100010…11011100101011　（原始明文消息）
01110111010…10001011101011　（与消息长度相等的随机生成的密钥）
01011011000…010100111000000　（加密后的消息）
01110111010…10001011101011　（重用于解密的密钥）
00101100010…11011100101011　（恢复的原始消息）

虽然一次性密码本是绝对安全的，但是它常常是不太实用的，因为需要以某种安全的方法将与消息长度相等的密钥传送给接收方用于解密。而且，密钥只使用一次，然后就被丢弃，虽然这明显对保证安全性有利，但加大了密钥管理的困难。目前使用一次性密码本的一个领域是 MAC。

5. 高级加密标准

DES 即将到了它的使用寿命尽头，预计高级加密标准（AES）会代替 DES 作为新的安全标准。1997 年，美国国家标准和技术协会（National Institute of Standards and Technology，NIST）组织了一项竞赛，最终的获胜者是比利时的 Joan Daemen 和 Vincent Rijmen 提交的一个名为 Rijndael 的产品（当前正在处于大规模试验和评估中）。

从技术上讲，Rijndael 结构复杂，而且有点不同寻常，却似乎非常安全且通用，因为它的执行速度很快，十分适合现代需求（如智能卡），而且能够使用的密钥大小范围很广。

3.4　非对称密码技术

非对称密码系统的解密密钥与加密密钥是不同的，一个称为公钥，另一个称为私钥，因此这种密码体系也称为公钥密码体系。公钥密码除可用于加密外，还可用于数字签名。

3.4.1　公钥密码算法概述

公钥密码系统体制采用了一对密钥——公钥和私钥,而且很难从公钥推导出私钥。公钥密码系统主要使用 RSA 公钥密码算法。

1. 公钥的起源

公钥密码体制于 1976 年由 W. Diffie 和 M. Hellman 提出,同时,R. Merkle 也独立提出了这一体制。这种密码体制采用了一对密钥——加密密钥和解密密钥(而且从解密密钥推出加密密钥是不可行的)。在这一对密钥中,一个可以公开(称为公钥),另一个为用户专用(称为私钥)。

公钥密码体制的产生主要有两个原因,一是常规密钥密码体制存在密钥分配问题,二是对数字签名的需求。

公钥密码体制算法的特点是:使用一个加密算法 E 和一个解密算法 D,它们彼此完全不同。对于已选定的 E 和 D,即使已知 E 的完整描述,也不可能推导出 D。

公钥密码体制如图 3.8 所示。

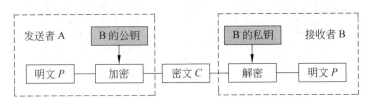

图 3.8　公钥密码体制

2. 单向陷门函数

公钥密码系统是基于单向陷门函数的概念提出的。

单向函数是易于计算但求逆困难的函数,而单向陷门函数是在不知道陷门信息时求逆困难,而在知道陷门信息时易于求逆的函数。

单向陷门函数是有一个陷门的特殊单向函数。它首先是一个单向函数,在一个方向上易于计算,而反方向却难以计算。但是,如果知道陷门,则也能很容易在另一个方向计算这个函数。即,已知 x,易于计算 $f(x)$;而已知 $f(x)$,却难以计算 x。然而,一旦给出 $f(x)$ 和一些秘密信息(即陷门)y,就很容易计算 x。在公钥密码系统中,计算 $f(x)$ 相当于加密,陷门 y 相当于私钥,而利用陷门 y 求 $f(x)$ 中的 x 则相当于解密。

在现实世界中,这样的例子是很普遍的。例如,将挤出的牙膏弄回管子里要比把牙膏挤出来困难得多;燃烧一张纸要比使它从灰烬中再生容易得多;把盘子打碎成数千个碎片很容易,把所有这些碎片再拼成一个完整的盘子则很难。

类似地,将许多大素数相乘要比对其乘积分解因式容易得多。数学上有很多函数具有单向函数的特点,人们能够有效地计算它们,但至今未找到有效的求逆算法。一般把离散对数函数和 RSA 函数作为单向函数来使用,但是,目前还没有严格的数学证明表明这些单向函数真正难以求逆,即单向函数是否存在还是未知的。

在密码学中最常用的单向函数有两类：一是公钥密码中使用的单向陷门函数，二是消息摘要中使用的单向散列函数。

单向函数不能用于加密。因为用单向函数加密的信息是无法解密的。但是，可以利用具有陷门信息的单向函数构造公钥密码。

3. 公钥密码系统的应用

公钥密码系统可用于以下 3 个方面。

1）通信保密

在通信保密中，将公钥作为加密密钥，将私钥作为解密密钥，通信双方不需要交换密钥就可以实现保密通信，如图 3.9 所示。

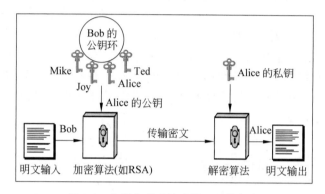

图 3.9　公钥密码系统应用于通信保密

2）数字签名

将私钥作为加密密钥，将公钥作为解密密钥，可实现由一个用户对数据进行加密，而多个用户可以解读数据，如图 3.10 所示。

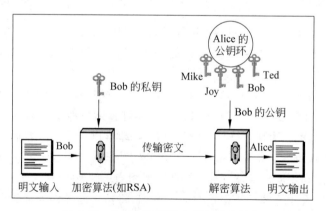

图 3.10　公钥密码系统应用于数字签名

3）密钥交换

通信双方交换会话密钥，以加密通信双方后续传输的信息。每次逻辑连接使用一个新的会话密钥，用完就丢弃。

4. 公开密钥算法的特点

公开密钥算法有如下特点：

(1) 发送者用加密密钥 PK 对明文 X 加密后，接收者用解密密钥 SK 解密，即可恢复出明文，或写为

$$D_{SK}(E_{PK}(X)) = X$$

解密密钥是接收者专用的私钥，对其他人都保密。

此外，加密和解密的运算可以对调，即

$$E_{PK}(D_{SK}(X)) = X$$

(2) 加密密钥是公开的，但不能用它来解密，即

$$D_{PK}(E_{PK}(X)) \neq X$$

(3) 在计算机上可以很容易地产生成对的 PK 和 SK。

(4) 从已知的 PK 实际上不可能推导出 SK，即从 PK 得到 SK 是在计算上不可行的。

(5) 加密和解密算法都是公开的。

3.4.2　RSA 算法

RSA 是一种基于公钥密码体制的优秀加密算法。

RSA 算法是一种分组密码算法，它的保密强度取决于具有大素数因子的合数的因子分解的难度，如表 3.4 所示。

表 3.4　具有大素数因子的合数因子分解的难度

整数的十进制位数	因子分解的运算次数	所需计算时间（每微秒一次）	整数的十进制位数	因子分解的运算次数	所需计算时间（每微秒一次）
50	1.4×10^{10}	3.9 小时	200	1.2×10^{23}	3.8×10^{9} 年
75	9.0×10^{12}	104 天	300	1.5×10^{29}	4.0×10^{15} 年
100	2.3×10^{15}	74 年	500	1.3×10^{39}	4.2×10^{25} 年

例如，整数的十进制位数达到 100 位时，进行因子分解的运算次数为 2.3×10^{15}，平均每微秒进行一次计算，求解所需要的时间为 74 年。而 74 年后几乎现在所有的资料都已经不具备保密的价值了。

公钥和私钥是一对大素数的函数，从一个公钥和密文中恢复出明文的难度等价于分解两个大素数之积。求一对大素数的乘积很容易，但要对这个乘积进行因子分解则非常困难，如图 3.11 所示。因此，可以把一对大素数的乘积公开作为公钥，而把素数作为私钥。

公钥密码系统一般都涉及数论的知识，如素数、欧拉函数和中国剩余定理等。

1. RSA 加密算法

若用整数 X 表示明文，用整数 Y 表示密文（X 和 Y 均小于 n），则加密运算为

$$Y = X \bmod n$$

解密运算为

$$X = Y \bmod n$$

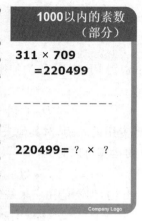

179 181 191 193 197 199 211 223 227 229
233 239 241 251 257 263 269 271 277 281
283 293 307 311 313 317 331 337 347 349
353 359 367 373 379 383 389 397 401 409
419 421 431 433 439 443 449 457 461 463
467 479 487 491 499 503 509 521 523 541
547 557 563 569 571 577 587 593 599 601
607 613 617 619 631 641 643 647 653 659
661 673 677 683 691 701 709 719 727 733
739 743 751 757 761 769 773 787 797 809
811 821 823 827 829 839 853 857 859 863
877 881 883 887 907 911 919 929 937 941
947 953 967 971 977 983 991 997 (168个)

1000以内的素数（部分）

311 × 709
=220499

― ― ― ― ― ― ―

220499= ？ × ？

Company Logo

图 3.11　公开密钥算法 RSA-1

2. RSA 密钥的产生

现在讨论 RSA 公钥密码体制中每个参数是如何选择和计算的。

（1）计算 n。

用户秘密地选择两个大素数 p 和 q，计算出 $n＝pq$。n 称为 RSA 算法的模数。

（2）计算 $\phi(n)$。

用户再计算出 n 的欧拉函数 $\phi(n)＝(p－1)(q－1)$。

（3）选择 e 作为加密指数。

用户从 $[1, \phi(n)－1]$ 中选择一个与 $\phi(n)$ 互素的数 e 作为公开的加密指数。

（4）计算 d 作为解密指数。

用户计算出满足下式的 d：

$$ed \equiv 1 \bmod \phi(n)$$

即

$$(ed－1) \bmod \phi(n)＝0$$

由此推出

$$ed ＝ t\phi(n)＋1$$

其中，t 是大于或等于 1 的正整数。

（5）得出所需的公钥和私钥：

$$PK＝\{e, n\}$$
$$SK＝\{d, n\}$$

其中，p、q、$\phi(n)$ 和 d 就是秘密的陷门（这 4 项并不是相互独立的），这些信息不可以泄露。

3. RSA 加密消息

RSA 加密消息 m 时（这里假设 m 是以十进制表示的），首先将消息分成大小合适的分组，然后对分组分别进行加密。每个分组的大小应该比 n 小。

设 c_i 为明文分组 m_i 加密后的密文，则加密公式为

$$c_i＝m_i \bmod n$$

解密时,对每一个密文分组进行如下运算:

$$m_i = c_i \bmod n$$

4. RSA 的加解密过程实例

选 $p=5,q=11$,则

$$n = pq = 55$$
$$\phi(n) = (p-1)(q-1) = 40$$

明文空间为在闭区间[1,54]内且不能被 5 和 11 整除的数。如果明文 m 同 n 不互素,就有可能出现消息泄露的情况,这样就可能通过计算 n 与加密以后的 m 的最大公约数来分解出 n。

一个明文同 n 有公约数的概率小于 $1/p+1/q$,因此,对于大素数 p 和 q 来说,这种概率是非常小的。选择 $e=7$,则 $d=23$。由加解密公式可以得到如表 3.5 所示的加密表。

表 3.5　加密表

明文	密文	明文	密文	明文	密文	明文	密文
1	1	14	9	28	52	42	48
2	18	16	36	29	39	43	32
3	42	17	8	31	26	46	51
4	49	18	17	32	43	47	53
6	41	19	24	34	34	48	27
7	28	21	21	36	31	49	14
8	2	23	12	37	38	51	6
9	4	24	29	38	47	52	13
12	23	26	16	39	19	53	37
13	7	27	3	41	46	54	54

5. RSA 密钥体制的特点

RSA 密钥体制有以下特点:

(1) 密钥配发十分方便。用户的公钥可以像电话本那样公开,使用方便。每个用户只需持有一对密钥即可实现与网络中任何一个用户的保密通信。

(2) RSA 加密原理基于单向函数,非法接收者利用公钥不可能在有限时间内推算出私钥。

(3) RSA 在用户身份认证和实现数字签名方面优于现有的其他加密机制。

RSA 得到了世界上最广泛的应用。ISO 在 1992 年颁布的国际标准 X.509 中将 RSA 算法正式纳入国际标准。

3.4.3　RSA 在数字签名中的应用

数字签名技术是公钥密码体制的一种应用。签名者使用自己的私钥对签名明文的摘要进行加密,就生成了该文件的数字签名。签名者将明文和数字签名一起发送给接收者,接收者用该签名者公布的公钥来解开数字签名,将其与明文的摘要进行比较,便可检验文件的真伪,并确定签名者的身份。

公钥密码的一个主要应用就是数字签名,这时用私钥加密而用公钥解密,如果解密得到的明文与原文相同,则签名验证通过。在实际应用中,通常不直接对消息进行签名,而是对消息的单向散列值进行签名,这具有很多优点。

数字签名的实现如图 3.12 所示。

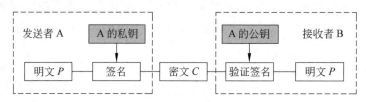

图 3.12　数字签名的实现

数字签名体制一般由签名算法和验证算法两部分组成。签名算法或签名密钥是秘密的,只有签名者掌握;验证算法应当公开,以便于他人对签名进行验证。

对消息的签名与对消息的加密有所不同。消息加密可能是一次性的,它只要求在解密之前是安全的;而一个签名的消息很可能在多年后仍需验证其签名,且可能需要多次验证此签名,因此,签名的安全性和防伪造的要求更高些,且要求验证速度比签名速度快,尤其是在线实时验证。

RSA 签名体制是一种比较普遍的数字签名方案,其安全性依赖于大整数因子分解的困难性。

1. 数字签名概述

在文件上手写签名长期以来被用作作者身份的证明,或表示同意文件的内容。签名为什么会如此引人注目呢? 这是因为签名有以下特点:

(1) 签名是可信的。
(2) 签名不可伪造。
(3) 签名不可重用。
(4) 签名的文件是不可改变的。
(5) 签名是不可抵赖的。

公钥密码学使得数字签名成为可能。用私钥加密信息,这时就称为对信息进行数字签名。将密文附在原文后,称为数字签名。其他人用相应的公钥去解密密文,将解出的明文与原文相比较,如果相同则验证成功,这称为验证签名。

现在,已有很多国家制定了电子签名法。《中华人民共和国电子签名法》已于 2004 年 8 月 28 日第十届全国人民代表大会常务委员会第十一次会议通过,并已于 2005 年 4 月 1 日开始施行。

2. 数字签名的方法

基本的数字签名协议是简单的。例如,Alice 和 Bob 在通信时,为保证文件的真实及不

60

可抵赖,使用如下的鉴定数字签名过程:

(1) Alice 用她的私钥对文件加密,从而对文件签名。

(2) Alice 将签名的文件传给 Bob。

(3) Bob 用 Alice 的公钥解密文件,从而验证签名。

这个协议不需要第三方签名和验证,甚至协议的双方也不需要第三方来解决争端。如果 Bob 不能完成第(3)步,那么他知道签名是无效的。

这个协议也满足通信双方期待的 5 个特点:

(1) 签名是可信的。当 Bob 用 Alice 的公钥成功解密时,他知道文件是由 Alice 签名的。

(2) 签名是不可伪造的。只有 Alice 知道她的私钥。

(3) 签名是不可重用的。签名是文件的函数,并且不可能转换成另外的文件。

(4) 被签名的文件是不可改变的。如果文件有任何改变,文件就不可能用 Alice 的公钥验证成功。

(5) 签名是不可抵赖的。Bob 不用 Alice 的帮助就能验证 Alice 的签名。

3. 单向散列函数

在实际的实现过程中,采用公钥密码算法对长文件签名效率太低。为了节约时间,数字签名协议经常和单向散列函数一起使用。Alice 并不对整个文件签名,只对文件的散列值签名,过程如下:

(1) Alice 产生文件的散列值。

(2) Alice 用她的私钥对散列值加密,凭此对文件签名。

(3) Alice 将文件和散列值签名发送给 Bob。

(4) Bob 用 Alice 发送的文件产生文件的散列值,然后用 Alice 的公钥对签名的散列值解密。如果解密的散列值与 Bob 自己产生的散列值相同,签名就是有效的。

采用单向散列函数,与多人的通信就变得很容易,过程如下:

(1) Alice 对文件的散列值签名。

(2) Bob 对文件的散列值签名。

(3) Bob 将他的签名交给 Alice。

(4) Alice 把文件、她的签名和 Bob 的签名发给 Carol。

(5) Carol 验证 Alice 和 Bob 的签名。

Alice 和 Bob 能同时或先后地完成(1)和(2),Carol 可以只验证其中一人的签名,而不用验证另一人的签名。

4. 带加密的数字签名

把公钥密码和数字签名结合起来,能够产生一个协议,可把数字签名的真实性和加密的安全性合起来。例如一封信,签名提供了写信者的证明,而信封提供了秘密性。下面以图 3.13 为例来说明。

(1) Alice 用她的私钥对信息进行签名:

$$S_A(M)$$

(2) Alice 用 Bob 的公钥对签名的信息加密,然后发送给 Bob:

图 3.13 带加密的数字签名

$$E_B(S_A(M))$$

（3）Bob 用他的私钥解密：

$$D_B(E_B(S_A(M)))=S_A(M)$$

（4）Bob 用 Alice 的公钥验证并且恢复出信息：

$$V_A(S_A(M))=M$$

5. 数字签名的算法

1991 年 8 月，美国国家标准和技术协会（NIST）公布了用于数字签名标准（Digital Signature Standard，DSS）的数字签名算法（Digital Signature Algorithm，DSA），1994 年 12 月 1 日，DSA 被正式采用为美国联邦信息处理标准。

前面提到 RSA 可以用于数字签名。根据以上的描述，可以获得私钥 d、公钥 e 和 n，则对消息 m 签名为

$$r = \text{sig}(m) = (H(m))d \bmod n$$

其中，$H(m)$ 计算消息 m 的消息摘要，可由散列函数 SHA-1 或 MD5 得到；r 为对消息的签名。

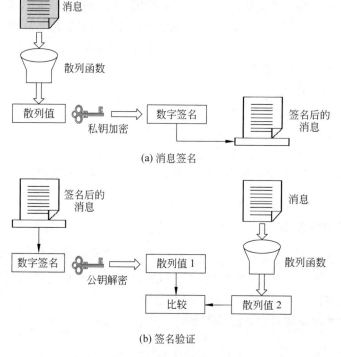

(a) 消息签名

(b) 签名验证

图 3.14 消息签名和签名验证

验证签名实际上是验证下式是否成立：

$$H(m) \equiv re \bmod n$$

若上式成立，则签名有效。

消息签名和签名验证的过程如图 3.14 所示。

3.5 认证与身份证明

3.5.1 认证与身份证明概述

网络系统安全要考虑两个方面：一方面是用密码保护传送的信息，使其不被破译；另一方面是防止对手对系统的主动攻击，如伪造或篡改信息等。

认证(authentication)是防止主动攻击的重要技术，它对于开放的网络中的各种信息系统的安全性有重要作用。

认证的主要目的有以下两点：

(1) 验证信息的发送者的身份是真实的，而不是冒充的，此为实体认证，包括信源和信宿等的认证和识别。

(2) 验证信息的完整性，此为消息认证，验证数据在传送或存储过程中未被篡改、重放或延迟等。

1. 保密和认证

保密和认证是信息系统安全的两个方面，但它们是两个不同属性的问题，认证不能自动地提供保密性，而保密也不能自然地提供认证功能。一个纯认证系统的模型如图 3.15 所示。

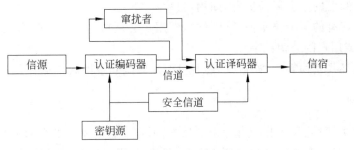

图 3.15 纯认证系统模型

2. 消息认证

消息认证是一种过程，它使得通信的接收方能够验证所收到的报文(发送者、报文内容、发送时间和序列等)在传输的过程中是否被假冒、伪造和篡改以及是否感染病毒等，即保证信息的完整性和有效性。

消息认证的目的在于让接收报文的目的站鉴别报文的真伪，消息认证的内容如下：

(1) 报文的源和宿。

（2）报文内容是否曾受到偶然的或有意的篡改。

（3）报文的序号和时间栏。

认证只在通信的双方之间进行，而不允许第三者进行上述认证。认证不一定是实时的。

3. 认证函数

认证的函数有 3 类：

（1）信息加密函数：用完整信息的密文作为对信息的认证。

（2）信息认证码（MAC）：对信源消息的一个编码函数。

（3）散列函数：一个公开的函数，它将任意长的信息映射成一个固定长度的信息。

3.5.2 身份认证系统

身份认证又称作识别（identification）、实体认证（entity authentication）或身份证实（identity verification）等。

身份认证与消息认证的区别在于：身份认证一般都是实时的，而消息认证本身不提供时间性；另外，身份认证通常证实身份本身，而消息认证除了认证消息的合法性和完整性外，还要知道消息的含义。

在一个充满竞争和斗争的现实社会中，身份欺诈是不可避免的，因此常常需要证明个人的身份。传统的身份认证一般是通过检验"物"的有效性来确认持该"物"者的身份。"物"可以为徽章、工作证、信用卡、身份证和护照等，一般有个人照片，并有权威机构的签章。

随着信息化和网络化业务的发展，这类依靠人工的识别工作已逐步由机器通过数字化方式来实现。在信息化社会中，随着信息业务的扩大，要求验证的对象集合也迅速扩大，大大增加了身份认证的复杂性和实现的困难性。

通常，身份认证是通过 3 种基本方式或其组合方式来完成的：

（1）用户所知道的某个秘密信息，如用户口令。

（2）用户所持有的某个秘密信息（硬件），即用户必须持有合法的随身携带的物理介质，如磁卡、智能卡或用户的公钥证书。

（3）用户的某些生物特征，如指纹、声音、DNA 图案和视网膜扫描等。

1. 口令认证

口令认证是最简单、最普遍的身份识别技术，通常在各类系统的登录时使用。口令具有共享秘密的属性，口令有时由用户选择，有时由系统分配。通常情况下，用户先输入某种标志信息，如用户名和 ID 号，然后系统询问用户口令，若口令与用户文件中的口令相匹配，用户即可进入系统。口令有多种，如一次性口令和基于时间的口令等。

这种方法的缺点如下：

（1）其安全性仅仅基于用户口令的保密性，而用户口令一般较短且容易猜测，因此这种方案不能抵御口令猜测攻击。

（2）大多数系统的口令是明文传送到验证服务器的，容易被截获。

（3）口令维护的成本较高。为保证安全性，口令应当经常更换。另外，为避免对口令的字典攻击，口令应当保证一定的长度，并且尽量采用随机的字符，但其缺点是难以记忆。

（4）口令容易在输入的时候被攻击者偷窥，而且用户无法及时发现。

2. 数字证书

数字证书是一种检验用户身份的电子文件，也是企业现在可以使用的一种认证工具。数字证书提供更强的访问控制功能，并具有很高的安全性和可靠性。非对称体制身份识别的关键是将用户身份与密钥绑定。

CA 通过为用户发放数字证书来证明用户公钥与用户身份的对应关系。证明过程如下：

（1）验证者向用户提供一个随机数。

（2）用户用私钥对随机数进行签名，将签名和自己的证书提交给验证方。

（3）验证者验证证书的有效性，从证书中获得用户公钥，用于验证用户签名的随机数。

3. 智能卡

网络通过用户拥有什么东西来识别的方法，一般是用智能卡或其他特殊形式的标志，这类标志可以用连接到计算机上的读取器读出来。访问这类系统时不但需要口令，也需要使用物理智能卡。

智能卡技术已成为用户接入和用户身份认证等安全要求的首选技术。用户将从持有认证执照的可信发行者手里取得智能卡安全设备，也可从其他公共密钥密码安全方案发行者那里获得，这样智能卡的读取器是用户接入和认证安全解决方案的一个关键部分。

4. 主体特征认证

目前已有的主体特征认证设备包括视网膜扫描仪、声音验证设备和手型识别器等。这种方式安全性高。

例如，系统中存储了用户的指纹，用户接入网络时，就必须在连接到网络的电子指纹机上提供其指纹（这就防止了用户以假的指纹或其他电子信息欺骗系统），只有指纹相符才允许用户访问系统。

更普通的是通过视网膜血管分布图来识别用户，其原理与指纹识别相同。声波纹识别也是商业系统常采用的一种识别方式。

3.5.3　个人特征的身份证明

传统的身份证明一般靠人工识别，现在正逐步由机器代替。以下讨论几种以数字化方式实现的安全、准确、高效和低成本的认证技术。

信息化社会要求实现安全、准确、高效和低成本的数字化、自动化和网络化的身份认证。

1. 身份证明系统的组成

身份证明系统一般由 4 个部分组成：

（1）示证者（prover）：出示证件的人，又称作申请者（claimant）。示证者提出某种要求。

（2）验证者（verifier）：检验示证者提供的证件的正确性和合法性，决定是否满足其要求。

（3）攻击者：窃听和伪装示证者以骗取验证者的信任。

（4）可信赖者：参与调解纠纷。可信赖者是必要时的第四方。

2. 对身份证明系统的要求

对身份证明系统一般有以下 10 个方面的要求：

（1）验证者正确识别合法示证者的概率极大化。

（2）不具可传递性（transferability），即验证者 B 不可能重用示证者 A 提供给他的信息来伪装示证者 A，而成功地骗取其他人的验证，从而得到信任。

（3）攻击者伪装示证者欺骗验证者成功的概率要小到可以忽略的程度，特别是要能抵抗已知密文攻击，即能抵抗攻击者在截获示证者和验证者多次（多次式表示）通信后伪装示证者的攻击手法。

（4）计算有效性，即为实现身份证明所需的计算量要小。

（5）通信有效性，即为实现身份证明所需通信次数和数据量要小。

（6）秘密参数能安全存储。

（7）交互识别，有些应用中要求双方能互相进行身份认证。

（8）第三方的实时参与，如在线公钥检索服务。

（9）第三方的可信赖性。

（10）可证明安全性。

3. 身份证明的基本分类

1）身份识别和身份证明的差异

身份证实（identity verification）要回答"你是否是你所声称的你"的问题，即只对个人身份进行肯定或否定。一般方法是输入个人信息，经公式和算法运算所得的结果与从卡上或库中存储的信息经公式和算法运算所得结果进行比较，得出结论。

身份识别（identity recognition）要回答"我是否知道你是谁"的问题，一般方法是输入个人信息，经处理提取成模板信息，试着在存储数据库中找出一个与之匹配的模板，而后给出结论，例如确定一个人是否曾有前科的指纹检验系统。

显然，身份识别要比身份证明难得多。

2）实现身份证明的基本途径

身份证明可以依靠下述 3 种基本途径之一或它们的组合实现：

（1）所知（knowledge）：个人所知道的或所掌握的知识，如密码和口令等。

（2）所有（possess）：个人所具有的东西，如身份证、护照、信用卡和钥匙等。

（3）个人特征（characteristics）：如指纹、笔迹、声纹、手型、脸型、血型、视网膜、虹膜、DNA 及个人一些动作方面的特征等。

在安全性要求较高的系统中，由口令和证件等所提供的安全保障不够完善。口令可能被泄露，证件可能丢失或被伪造。更高级的身份证明是根据被授权用户的个人特征来进行的验证，它是一种可信度高而又难以伪造的验证方法。这种方法在刑事案件侦破中早就采用了。自 1870 年开始沿用了 40 年的法国 Bertillon 体制对人的前臂、手指长度、身高和足长等进行测试，是根据人体测量学（anthropometry）进行身份证明，这比指纹还精确，使用以来未发现过两个人的数值完全相同的情况。伦敦市已于 1900 年采用了这一体制。

新的含义更广的生物统计学（biometrics）正在成为自动化世界所需的自动化个人身份证明技术中最简单、安全的方法，它利用个人的生理特征来实现身份证明。

个人特征有静态的和动态的,如容貌、肤色、发长、身材、姿势、手印、指纹、脚印、唇印、颅相、口音、脚步声、体味、视网膜、血型、遗传因子、笔迹、习惯性签字、打字韵律及在外界刺激下的反应等。当然验证的方式还要为被验证者所接受。有些检验项目,如唇印、足印等,虽然鉴别率很高,但难于为人们接受而不能广泛使用。有些可由人工鉴别;有些则须借助于仪器,当然不是所有场合都能采用。

个人特征都具有因人而异和随身携带的特点,不会丢失且难以伪造,极适用于个人身份认证。有些个人特征会随时间变化,因此验证设备须有一定的容差,若容差太小,可能使系统经常不能正确认出合法用户,造成虚警概率过大。在实际系统设计中要作最佳折中选择。有些个人特征则具有终生不变的特点,如 DNA、视网膜、虹膜和指纹等。

(1) 手书签字验证。

传统的协议、契约等都以手书签字生效。发生争执时则由法庭判决,一般都要经过专家鉴定。由于签字动作和字迹具有强烈的个性而可作为身份验证的可靠依据。

也可以使用机器自动识别手书签字。机器识别的任务有二:一是签字的文字含义,二是手书的字迹风格,后者对于身份验证尤为重要。识别可从已有的手迹和签字的动力学过程中的个人动作特征出发来实现。前者为静态识别,后者为动态识别。

静态验证根据字迹的比例、倾斜的角度、整个签字布局及字母形态等进行证实。动态验证是根据实时签字过程进行证实,要测量和分析书写时的节奏、笔画顺序、轻重、断点次数、环、拐点、斜率、速度和加速度等个人书写特征。动态验证可能成为软件安全工具的新成员,将在互联网的安全上起重要作用。

可能的伪造签字类型有两种:一是不知真迹时,按得到的信息(如银行支票上印的名字)随手签的字;二是已知真迹时的模仿签字或映描签字。前者比较容易识别,而后者的识别就困难得多。

(2) 指纹验证。

指纹验证早就用于契约签订和侦查破案。由于没有两个人的皮肤纹路图样完全相同(相同的可能性不到 10^{-10}),而且它的形状不随时间而变化,提取指纹作为永久记录存档又极为方便,这使它成为进行身份验证的准确而可靠的手段。每个指头的纹路可分为两大类,即环状和涡状,每类又根据其细节和分叉等分成 $50\sim200$ 个不同的图样。通常由专家来进行指纹鉴别。近来,许多国家都在研究计算机自动识别指纹的方法。

将指纹验证作为接入控制手段可大大提高其安全性和可靠性。但由于指纹验证常和犯罪联系在一起,人们从心理上不愿接受这种方式。此外,机器识别指纹的成本目前还很高,所以还未能广泛地用在一般系统中。

(3) 语音验证。

每个人的说话声音都有特点,人对于语音的识别能力是很强的,即使在强干扰下,也能分辨出某个熟人的话音。在军事和商业通信中,常常靠听对方的语音实现个人身份验证。美国 AT&T 公司为拨号电话系统研制了一种称作语音口令系统(Voice Password System, VPS)以及用于 ATM 系统中的智能卡系统的语音识别系统,它们都是以语音分析技术为基础的。

(4) 视网膜图样验证。

人的视网膜血管的图样(即视网膜脉络)具有良好的个人特征。基于视网膜图样的识别系统已在研制中。其基本方法是利用光学和电子仪器将视网膜血管图样记录下来,一个视网膜血管的图样可压缩为小于 35B 的数字信息。可根据对图样的节点和分支的检测结果进行分类识别。被识别人必须合作以允许采样。研究表明,其验证的效果相当好。当注册人数小于 200 万时,其Ⅰ型和Ⅱ型错误率都为 0,所需时间为秒级,在要求高可靠性的场合可以发挥作用,已在军事和银行系统中采用。但这种识别系统的成本比较高。

（5）虹膜图样验证。

虹膜是巩膜的延长部分,是眼球角膜和晶体之间的环形薄膜,其图样具有个人特征,可以提供比指纹更为细致的信息。可以在 35～40cm 的距离采样,比采集视网膜图样更方便,易为人所接受。存储一个虹膜图样需要 256B,所需的计算时间为 100ms。其Ⅰ型和Ⅱ型错误率都为 1/133 000。这种方法可用于安全入口、接入控制、信用卡、POS、ATM 和护照等的身份认证。

（6）脸型验证。

Harmon 等设计了一种从照片识别人脸轮廓的验证系统。对 100 个"好"对象识别结果正确率达 100%。但对"差"对象的识别要困难得多。对于不加选择的对象集合的身份验证几乎可达到完全正确,可作为司法部门的有力辅助工具。目前有多家公司从事脸型自动验证新产品的研制和生产。他们利用图像识别、神经网络和红外扫描探测人脸的"热点"进行采样、处理和提取图样信息。目前已有能存入 5000 个脸型,每秒可识别 20 个人的系统。将来可存入 100 万个脸型,但识别检索所需的时间将加大到 2min。True Face 系统将用于银行等的身份识别系统中。Visionics 公司的面部识别产品 FaceIt 已用于网络环境中,其软件开发工具（SDK）可以集成到信息系统的软件系统中,作为金融、接入控制、电话会议、安全监视、护照管理和社会福利发放等系统的应用软件。

3.6　物联网认证与访问控制

认证指使用者采用某种方式来证明自己确实是自己宣称的某人,网络中的认证主要包括身份认证和消息认证。身份认证可以使通信双方确信对方的身份并交换会话密钥。消息认证主要是接收方希望能够保证其接收的消息确实来自真正的发送方。

在物联网的认证过程中,传感器网络的认证机制是重要的研究部分,无线传感器网络中的认证技术主要包括基于轻量级公钥的认证、预共享密钥的认证、随机密钥预分布的认证、利用辅助信息的认证和基于单向散列函数的认证等。

访问控制是对用户合法使用资源的认证和控制,目前信息系统的访问控制主要是基于角色的访问控制（Role-Based Access Control,RBAC）机制及其扩展模型。RBAC 机制主要由 Sandhu 于 1996 年提出的基本模型 RBAC96 构成,一个用户先由系统分配一个角色,如管理员或普通用户等。用户登录系统后,根据用户的角色所设置的访问策略实现对资源的访问,显然,同样的角色可以访问同样的资源。RBAC 机制是基于互联网的 OA 系统、银行系统和网上商店等系统的访问控制方法,是基于用户的访问控制。

对物联网而言,末端是感知网络,可能是一个感知节点或一个物体,采用用户角色的形式进行资源的控制显得不够灵活,主要表现在以下 3 点：

（1）基于角色的访问控制在分布式的网络环境中已呈现出不相适应的地方,如对具有时间约束资源的访问控制、访问控制的多层次适应性等方面需要进一步探讨。

（2）节点不是用户，而是各类传感器或其他设备，且种类繁多，基于角色的访问控制机制中角色类型无法一一对应这些节点，因此，使 RBAC 机制难以实现。

（3）物联网表现的是信息的感知互动过程，包含了信息的处理、决策和控制等环节，特别是反向控制是物物互联的特征之一，资源的访问呈现动态性和多层次性。而在 RBAC 机制中，一旦用户被指定为某种角色，他的可访问资源就相对固定了。所以，寻求新的访问控制机制是物联网和互联网值得研究的问题。

基于属性的访问控制（Attribute-Based Access Control，ABAC）是近几年研究的热点，如果将角色映射成用户的属性，可以构成 ABAC 与 RBAC 的对等关系，而属性的增加相对简单，同时基于属性的加密算法可以使 ABAC 得以实现。ABAC 方法的问题是：对较少的属性来说，加密解密的效率较高；但随着属性数量的增加，加密的密文大小增加，使算法的实用性受到限制。目前有两个发展方向：基于密钥策略和基于密文策略，其目标就是改善基于属性的加密算法的性能。

3.6.1　电子 ID 身份识别技术

在各种信息系统中，身份识别通常是用户获得系统服务前必须通过的第一道关卡。例如，移动通信系统需要识别用户的身份以进行计费，一个受控安全信息系统需要基于用户身份进行访问控制，等等。因此，确保身份识别的安全性对系统的安全是至关重要的。

1. 电子 ID 的身份鉴别技术

目前常用的身份识别技术可以分为两大类：一类是基于密码技术的各种电子 ID 身份识别技术；另一类是基于生物特征的身份识别技术。以下主要介绍电子 ID 身份鉴别技术。

1）通行字识别方式

通行字（password）识别方式是使用最广泛的一种身份识别方式，例如中国古代调兵用的虎符和现代通信网的拨入协议等。

通行字一般是由数字、字母、特殊字符和控制字符等组成的长为 5～8 位的字符串。通行字选择规则为：易记，难于被别人猜中或发现，抗分析能力强。另外，还需要考虑它的选择方法、使用期、长度、分配、存储和管理等。

通行字识别方式为：用户 A 先输入其通行字，然后计算机确认它的正确性。A 和计算机都知道这个通行字，A 每次登录时，计算机都要求 A 输入通行字。要求计算机存储通行字，一旦通行字文件暴露，其他人就可获得通行字。为了克服这种缺陷，人们提出了采用单向函数的方法。此时，计算机存储的是通行字的单向函数值，而不是通行字本身。

2）持证识别方式

持证（token）是一种个人持有物，它的作用类似于钥匙，用于启动电子设备。

一般使用一种嵌有磁条的塑料卡，称为磁卡，磁条上记录了用于机器识别的个人信息。磁卡通常和个人识别号（PIN）一起使用。这类卡易于制造，而且磁条上记录的数据也易于转录，因此要设法防止仿制。为了提高磁卡的安全性，人们建议使用一种被称作智能卡（IC 卡）的磁卡来代替普通的磁卡，智能卡与普通磁卡的主要区别在于智能卡带有智能化的微处理器和存储器。

智能卡是一种芯片卡或 CPU 卡（需要电池），由一个或多个集成电路芯片组成，并封装成便于人们携带的卡片,在集成电路中有微型机 CPU 和存储器。智能卡具有暂时或永久的数据存储能力,其内容可供外部读取或供内部处理和判断,同时还具有逻辑处理功能,用于识别和响应外部提供的信息和芯片本身判定路线和指令执行的逻辑功能。

计算芯片镶嵌在一张名片大小的塑料卡片上,从而完成数据的存储与计算,并可以通过读卡器访问智能卡中的数据。日常使用的智能卡包括 IC 电话的 IC 卡、手机的 SIM 卡和银行卡等。由于智能卡具有安全存储和处理能力,因此它在个人身份识别方面有着得天独厚的优势。

2. 基于对称密码体制的身份识别

密码的身份识别技术从根本上来说是基于用户所持有的一个秘密,所以,秘密必须和用户的身份绑定。

1）用户名/口令识别技术

这是最简单、目前应用最普遍的身份识别技术,例如,在登录 Windows、UNIX 操作系统和信用卡等各类系统时,大量使用了用户名/口令识别技术。

这种技术的主要特征是：每个用户持有一个口令作为其身份的证明,在验证端保存一个数据库来实现用户名与口令的绑定。在进行用户身份识别时,用户必须同时提供用户名和口令。

用户名/口令具有实现简单的优点,但存在以下安全方面的缺点：

（1）大多数系统的口令是明文传送到验证服务器的,容易被截获。某些系统在建立一个加密链路后再进行口令的传输以解决此问题,如配置链路加密机。招商银行的网上银行就是以 SSL 建立加密链路后再传输用户口令的。

（2）口令维护的成本较高。为保证安全性,口令应当经常更换。另外,为避免口令受到字典攻击,口令应当保证一定的长度,并且尽量采用随机的字符。但是这样又带来难以记忆、容易遗忘的缺点。

（3）口令容易在输入的时候被攻击者偷窥,而且用户无法及时发现。

2）动态口令技术

为解决上述问题,RSA 公司在其产品 SecurID 中采用了动态口令技术。每个用户有一个身份令牌,该令牌以每分钟一次的速度产生新的口令。验证服务器会跟踪每一个用户的身份令牌产生的口令相位,这是一种时间同步的动态口令系统。该系统解决了口令容易被截获和难以记忆的问题,在国外得到了广泛的使用。很多大公司使用 SecurID 接入 VPN 和远程接入应用、网络操作系统、Intranet 和 Extranet、Web 服务器及应用,全球累计使用量达 800 万个。

在使用时,SecurID 与个人识别号（PIN）结合使用,也就是所谓的双因子认证。用户用其所知道的 PIN 和其所拥有的 SecurID 两个因子向服务器证明自己的身份,比单纯的用户名/口令识别技术有更高的安全性。

3）挑战-应答识别技术

挑战-应答技术（Challenge-Response）是最为安全的对称体制身份识别技术。它利用散列函数,在不传输用户口令的情况下识别用户的身份。系统与用户事先共享一个秘密 x。当用户要求登录系统时,系统产生一个随机数 Random 作为对用户的挑战,用户计算 Hash(Random, x)作为应答传给服务器。服务器从数据库中取得 x,也计算 Hash(Random, x),如果结果与用户传来的结果一致,说明用户持有 x,从而验证了用户的身份。

挑战-应答技术已经得到广泛使用。Windows NT 的用户认证就采用了该技术。IPSec 协议中的密钥交换(IKE)也采用了该技术。该技术的流程如图 3.16 所示。

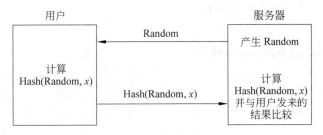

图 3.16   挑战-应答识别技术流程

3. 基于非对称密码体制的身份识别技术

采用对称密码体制识别技术的主要特点是必须拥有一个密钥分配中心(KDC)或中心认证服务器,该服务器保存所有系统用户的秘密信息。这样对于一个比较方便进行集中控制的系统来说是一个较好的选择,当然,这种体制对于中心数据库的安全要求是很高的,因为一旦中心数据库被攻破,整个系统就将崩溃。

随着网络应用的普及,对系统外用户的身份识别的要求不断增加。即,某个用户没有在一个系统中注册,但也要求能够对其身份进行识别。尤其是在分布式系统中,这种要求格外突出。这种情况下,非对称体制密码技术就显示出了它独特的优越性。

采用非对称体制的系统为每个用户分配一对密钥(也可由用户自己产生),称为公钥和私钥。其中私钥由用户妥善保管,而公钥则向所有人公开。由于这一对密钥必须配对使用,因此,用户如果能够向验证方证实自己持有私钥,就证明了自己的身份。

非对称体制身份识别的关键是将用户身份与密钥绑定。CA 通过为用户发放数字证书来证明用户公钥与用户身份的对应关系。

目前证书认证的通用国际标准是 X.509。证书中包含的关键内容是用户的名称和用户公钥,以及该证书的有效期和发放证书的 CA 名称。所有内容由 CA 用其私钥进行数字签名,由于 CA 是大家信任的权威机构,所以所有人可以利用 CA 的公钥验证其发放证书的有效性,进而确认证书中公钥与用户身份的绑定关系,随后可以用用户的公钥来证实其确实持有私钥,从而证实用户的身份。

采用数字证书进行身份识别的协议有很多,SSL(Secure Socket Layer,安全套接层)和 SET(Secure Electronic Transaction,安全电子交易)是其中的两个典型。采用数字证书向验证方证实自己身份的方式如图 3.17 所示。

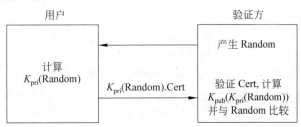

图 3.17   基于证书的身份识别过程

验证方向用户提供一个随机数；用户以其私钥对随机数进行签名，将签名和自己的证书提交给验证方；验证方验证证书的有效性，从证书中获得用户公钥，以用户公钥验证用户签名的随机数是否与自己产生的随机数相同。

3.6.2　基于零知识证明的识别技术

零知识证明是这样一种技术：当示证者 P 掌握某些秘密信息时，P 设法向验证者 V 证明自己掌握这些信息；验证者 V 可以验证 P 是否真的掌握这些秘密信息，但同时 P 又不想让 V 也知道那些信息（如果连 V 都不知道那些秘密信息，第三者想盗取那些秘密信息当然就更难了）。该技术比传统的密码技术更安全，并且使用更少的处理资源。但是它需要更复杂的数据交换协议，数据传输量大，因此会消耗大量通信资源。

一般来说，被示证者 P 掌握的秘密信息可以是某些长期没有解决的猜想问题，如大整数因式分解和求解离散对数问题等，还可以是一些单向函数等。但秘密信息的本质是可以验证的，即可通过具体的步骤来检测它的正确性。

安全的身份识别协议至少应满足两个条件：

（1）示证者 P 能向验证者 V 证明他的确是 P（生活中，有时要付出昂贵的代价，如王佐断臂、荆轲献樊於期之头；有时很简单，但要满足（2）很难。信息系统不同，难度也不同）。

（2）在示证者 P 向验证者 V 证明他的身份后，验证者 V 没有获得任何有用的信息，V 不能模仿 P 向第三方证明他是 P（不可传递，很难，如电影《追鱼》）。

常用的识别协议包括询问-应答协议和零知识证明协议。

（1）询问-应答协议是验证者提出问题（通常是随机选择一些随机数，称作口令），由示证者回答，然后验证者验证其真实性（如盘问或黑话）。

（2）零知识证明协议是示证者试图使验证者相信某个论断是正确的，却又不向验证者提供任何有用的信息。

零知识证明的基本思想是：向别人证明你知道某个事物或具有某个东西，而且别人并不能通过你的证明知道这个事物或这个东西，也就是不泄露你掌握的这些信息。

用 P 表示示证者，用 V 表示验证者。要求如下：

（1）示证者 P 几乎不可能欺骗验证者，若 P 知道证明，则可使 V 几乎确信 P 知道证明；若 P 不知道证明，则他使 V 相信他知道证明的概率几近于零。

（2）验证者几乎不可能得到证明的信息，特别是他不可能向其他人出示此证明。

（3）验证者从示证者那里得不到任何有关证明的知识。

Quisquater 等人给出了一个解释零知识证明的通俗例子，即零知识洞穴，如图 3.18 所示。

零知识证明的基本协议假设 P 知道咒语，可打开 C 和 D 之间的密门，不知道咒语者都将走向死胡同。下面的协议就是 P 向 V 证明他知道这个咒语，但又不让 V 知道这个秘密。验证协议如下：

（1）V 站在 A 点。

（2）P 进入洞中，到达 C 点或 D 点。

（3）P 进入洞中之后，V 走到 B 点。

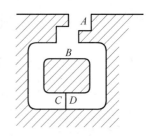

图 3.18　零知识洞穴

(4) V 叫 P 从左边出来或从右边出来。

(5) P 按照 V 的要求实现(因为 P 知道该咒语)。

(6) P 和 V 重复执行上面的过程 N 次。

如果每次 P 都走得正确,则认为 P 知道这个咒语。P 的确可以使 V 确信他知道该咒语,但 V 在这个证明过程中的确没有获得任何关于咒语的信息。该协议是一个完全的零知识证明。如果将关于零知识洞穴的协议中 P 掌握的咒语换为一个数学难题,而 P 知道如何解这个难题,就可以设计实用的零知识证明协议。

3.7　物联网密钥管理机制

密钥一般泛指生产和生活中所应用的各种加密技术,它能够对个人资料或企业机密进行有效的监管。密钥管理就是指对密钥进行管理的行为,如加密、解密和破解等。

密钥管理包括从密钥的产生到密钥的销毁的各个方面。主要表现于管理体制、管理协议和密钥的产生、分配、更换和注入等。对于军用计算机网络系统,由于用户机动性强,隶属关系和协同作战指挥等方式复杂,因此,对密钥管理提出了更高的要求。

3.7.1　密钥管理流程

1. 密钥生成

密钥应该足够长。一般来说,密钥越长,对应的密钥空间就越大,攻击者使用穷举猜测破解密钥的难度就越大。

选择好密钥,由自动处理设备生成的随机的比特串是好密钥。选择密钥时,应该避免选择一个弱密钥。

对公钥密码体制来说,密钥生成更加困难,因为密钥必须满足某些数学特征。

密钥生成可以通过在线或离线的交互协商方式实现,如密码协议等。

2. 密钥分发

采用对称加密算法进行保密通信,需要共享同一密钥。通常是系统中的一个成员先选择一个秘密密钥,然后将它传送另一个成员或别的成员。X9.17 标准描述了两种密钥:密钥加密密钥和数据密钥。密钥加密密钥对其他需要分发的密钥进行加密,而数据密钥只对信息流进行加密。密钥加密密钥一般通过手工分发。为增强保密性,也可以将密钥分成许多不同的部分,然后用不同的信道发送出去。

3. 密钥验证

密钥附加一些检错和纠错位再传输。当密钥在传输中发生错误时,能很容易地被检查出来,并且如果需要,密钥可被重传。

接收端也可以验证接收的密钥是否正确。发送方用密钥加密一个常数,然后把密文的前 2~4B 与密钥一起发送。在接收端用收到的密钥对密文进行解密,如果接收端解密后的常数与发送端的常数相同,则密钥传输无错。

4. 密钥更新

当密钥需要频繁地改变时,频繁进行新的密钥分发的确是困难的事,一种更容易的解决办法是从旧的密钥中产生新的密钥,称为密钥更新。可以使用单向函数更新密钥。如果双方共享同一密钥,并用同一个单向函数进行操作,就会得到相同的结果。

5. 密钥存储

密钥可以存储在人的大脑、磁卡或智能卡中。也可以把密钥平分成两部分,一半存入终端,另一半存入 ROM。还可采用类似于密钥加密密钥的方法对难以记忆的密钥进行加密保存。

6. 密钥备份

密钥的备份可以采用密钥托管、秘密分割和秘密共享等方式。

最简单的方法是使用密钥托管中心。密钥托管要求所有用户将自己的密钥交给密钥托管中心,由密钥托管中心备份保管密钥(如锁在某个地方的保险柜里,或用主密钥对它们进行加密保存)。一旦用户的密钥丢失(如用户遗忘了密钥),按照一定的规章制度,可向密钥托管中心索取该用户的密钥。

另一个备份方案是用智能卡作为临时密钥托管。例如,Alice 把密钥存入智能卡,当 Alice 不在时就把它交给 Bob,Bob 可以利用该卡进行 Alice 的工作;当 Alice 回来后,Bob 交还该卡,由于密钥存放在卡中,所以 Bob 不知道密钥是什么。

秘密分割是把秘密分成许多碎片,每一片本身并不代表什么,但把这些碎片放到一起,秘密就会重现。

一个更好的方法是采用一种秘密共享协议。将密钥 K 分成 n 块,每部分叫作它的"影子",知道任意 m 个或更多的块就能够计算出密钥 K,知道任意 $m-1$ 个或更少的块都不能够计算出密钥 K,这叫作 (m,n) 门限(阈值)方案。目前,人们基于拉格朗日内插多项式法、射影几何、线性代数和孙子定理等提出了许多秘密共享方案。

拉格朗日插值多项式方案是一种易于理解的秘密共享 (m,n) 门限方案。

秘密共享解决了两个问题:一是若密钥偶然或有意地被暴露,整个系统就易受攻击;二是若密钥丢失或损坏,系统中的所有信息就不能用了。

7. 密钥有效期

加密密钥不能无限期使用,这是由于以下几个原因:密钥使用时间越长,它泄露的机会就越大;如果密钥已泄露,那么密钥使用越久,损失就越大;密钥使用越久,人们花费精力破译它的诱惑力就越大,甚至采用穷举攻击法;对用同一密钥加密的多个密文进行密码分析一般比较容易。

不同的密钥应该有不同的有效期。

数据密钥的有效期主要取决于数据的价值和给定时间里加密数据的数量。价值与加密数据的量越大,所用的密钥更换就应该越频繁。

密钥加密密钥无须频繁更换,因为它们只是偶尔地用于密钥交换。在某些应用中,密钥加密密钥一月或一年更换一次即可。

　　用来加密保存数据文件的加密密钥不能经常更换。通常是每个文件用唯一的密钥加密,然后再用密钥加密密钥把所有密钥加密,密钥加密密钥要么被记忆下来,要么保存在一个安全地点。当然,丢失该密钥意味着丢失所有的文件加密密钥。

　　在公钥密码应用中,私钥的有效期是根据应用的不同而变化的。用于数字签名和身份识别的私钥必须持续数年(甚至终生),用作抛掷硬币协议的私钥在协议完成之后就应该立即销毁。即使期望密钥的安全性持续终生,两年更换一次密钥也是有必要的。旧密钥仍需保密,以备用户需要验证从前的签名时使用;而新密钥将用于为新文件签名,以减少密码分析者所能攻击的签名文件数目。

8. 密钥销毁

　　如果密钥必须更换,旧密钥就必须物理地销毁。

9. 密钥管理

　　公钥密码使得密钥较易管理。无论网络上有多少人,每个人都只有一个公钥。

　　使用一个公钥/私钥对是不够的。任何好的公钥密码的实现都需要把加密密钥和签名密钥分开。但单独一对加密密钥和签名密钥还是不够的。像身份证一样,私钥证明了一种关系,而人不止有一种关系。例如 Alice 可以分别以私人名义或公司副总裁的名义给某个文件签名。

3.7.2　密钥管理系统

　　网络系统安全中对密钥的安全控制和管理是应用系统安全的关键。例如,在国内银行间使用的 RT-KMS 密钥管理系统就遵循《中国金融集成电路(IC)卡规范(v 1.0)》和《银行IC 卡联合试点技术方案》,以方便各成员银行自主发卡,实现读卡机具共享,完成异地跨行交易。

1. 安全机制

　　在全国银行 IC 卡联合试点中,各级银行利用密钥管理系统来实现密钥的安全管理。密钥管理系统采用 3DES 加密算法以及中国人民银行总行、人民银行地区分行(商业银行总行)和成员银行三级管理体制,安全共享公共主密钥,实现卡片互通、机具共享。

　　整个安全体系结构主要包括 3 类密钥:全国通用的总行消费/取现主密钥 GMPK、发卡银行的消费/取现主密钥 MPK 和发卡银行的其他主密钥。根据密钥的用途,系统采用不同的处理策略。

2. 设计原则

　　密钥管理系统的设计应遵循以下原则:

　　(1) 密钥管理系统采用 3DES 加密算法及中国人民银行总行、人民银行地区分行(商业银行总行)和成员银行三级管理体制,实现公共主密钥的安全共享。

　　(2) 在充分保证密钥安全性的基础上,支持 IC 卡联合试点密钥的生成、注入、导出、备份、恢复、更新和服务等功能,实现密钥的安全管理。

（3）密钥受到严格的权限控制,不同机构或人员对不同密钥的读、写、更新和使用等操作具有不同的权限。

（4）用户可根据实际使用的需要,选择密钥管理系统的不同配置和不同功能。

（5）密钥服务一般以硬件加密机的形式提供,也可采用密钥卡的形式。

（6）密钥存储可以采用密钥卡或硬件加密机的形式,而密钥备份可以采用密钥卡或密码信封的形式。

3.7.3　密钥管理技术

密钥管理技术可分为以下 4 类。

1. 对称密钥管理技术

对称加密是基于通信双方共同保守秘密来实现的。采用对称加密技术的通信双方必须保证采用相同的密钥,要保证彼此密钥的交换是安全可靠的,同时还要设定防止密钥泄露和更改密钥的程序。这样,对称密钥的管理和分发工作将变成一件具有潜在危险的和烦琐的过程。

通过公钥加密技术实现对称密钥的管理,使相应的管理变得简单和更加安全,同时还解决了纯对称密钥模式中存在的可靠性问题和鉴别问题。

双方可以为每次交换的信息(如每次的 EDI 交换)生成唯一一个对称密钥并用公钥对该密钥进行加密,然后再将加密后的密钥和用该密钥加密的信息(如 EDI 交换)一起发送给相应的贸易方。由于对每次信息交换都对应生成了唯一一把密钥,因此各方就不再需要对密钥进行维护,也不必担心密钥的泄露或过期。这种方式的另一优点是,即使泄露了一个密钥,也只会影响一笔交易,而不会影响到双方之间所有的交易关系。这种方式还提供了贸易伙伴间发布对称密钥的一种安全途径。

2. 公开密钥管理技术/数字证书

贸易伙伴间可以使用数字证书(公钥证书)来交换公钥。国际电信联盟(ITU)制定的 X.509 标准对数字证书进行了定义,该标准等同于国际标准化组织(ISO)与国际电工委员会(IEC)联合发布的 ISO/IEC 9594-8:195 标准。数字证书通常包含唯一标识证书所有者(即贸易方)的名称、唯一标识证书发布者的名称、证书所有者的公钥、证书发布者的数字签名、证书的有效期及证书的序列号等。证书发布者一般称为证书管理机构(CA),它是贸易各方都信赖的机构。数字证书能够起到标识贸易方的作用,是目前电子商务广泛采用的技术之一。

3. 密钥管理相关的标准规范

目前国际有关的标准化机构都开始着手制定关于密钥管理的技术标准规范。ISO 与 IEC 下属的信息技术委员会(JTC1)已起草了关于密钥管理的规范。该规范主要由 3 部分组成:一是密钥管理框架,二是采用对称技术的机制,三是采用非对称技术的机制。该规范现已进入到国际标准草案表决阶段,并将很快成为正式的国际标准。

4. 数字签名技术

数字签名是公钥加密技术的另一类应用。它的主要方式是：报文的发送方从报文文本中生成一个 128 位的散列值（或报文摘要）。发送方用自己的私钥对这个散列值进行加密来形成数字签名。然后，这个数字签名将作为报文的附件和报文一起发送给接收方。接收方首先从收到的原始报文中计算出 128 位的散列值（或报文摘要），接着再用发送方的公钥对报文附加的数字签名进行解密。如果两个散列值相同，那么接收方就能确认该数字签名是发送方的。通过数字签名能够实现对原始报文的鉴别和不可抵赖性。

ISO/IEC JTC1 起草的国际标准的初步名称是《信息技术安全技术带附件的数字签名方案》，它由概述和基于身份的机制两部分构成。

习题 3

1. 简述密码学的定义和作用。
2. 古典密码学主要分为哪几种类型？请详述其中一种。
3. 对称密码系统的安全性依赖于哪些因素？对称密码体制的特点是什么？
4. 什么是非对称加密？
5. 简述或用表格说明对称加密和非对称加密的异同。
6. 加密算法的选择主要考虑哪些因素？
7. 什么是陷门单向函数？
8. RSA 算法的保密强度基于什么原理？
9. 简述数字签名的概念及应用。
10. 身份认证是通过哪几种基本方式或其组合方式来完成的？
11. 电子 ID 身份识别主要有哪几种方式？
12. 简述基于零知识证明的识别技术的原理。
13. 物联网密钥管理流程包括哪些步骤？
14. 物联网的密钥管理系统的设计需求是什么？

第二部分 物联网感知识别层安全

第 4 章　RFID 系统安全与隐私

信息采集是物联网感知识别层完成的功能。物联网感知识别层主要实现智能感知功能，包括信息采集、捕获和物体识别。感知识别层的关键技术包括传感器、RFID、自组织网络、短距离无线通信和低功耗路由等。感知识别层的安全问题主要表现为相关数据信息在机密性、完整性和可用性方面的要求，主要涉及 RFID、传感技术的安全问题。

4.1　RFID 安全与隐私概述

无线射频识别（Radio Frequency IDentification，RFID）是一种远程存储和获取数据的方法，其中使用了一个称为标签（tag）的小设备。在典型的 RFID 系统中，每个物品都装配了这样一个低成本的标签。RFID 系统的目的就是使标签发射的数据能够被读写器读取，并根据特殊的应用需求由后台服务器进行处理。标签发射的数据可能是身份、位置信息或携带标签的物品的价格、颜色及购买数据等。

RFID 标签被认为是条码的替代，具有体积小、易于嵌入物品中、无须接触就能大量地进行读取等优点。另外，RFID 标识符较长，可使每一个物品都有一个唯一的编码，唯一性使得物品的跟踪成为可能。该特征可帮助企业防止偷盗，改进库存管理，方便商店和仓库的清点。此外，使用 RFID 技术可极大地减少消费者在付款柜台前的等待时间。

但是，随着 RFID 能力的提高和标签应用的日益普及，安全问题，特别是用户隐私问题变得日益严重。用户如果携带了配有不安全的标签的产品，则可能在用户没有察觉的情况下被附近的读写器读取，从而泄露个人的敏感信息，例如金钱、药物（与特殊的疾病相关联）、书（可能包含个人的特殊喜好）等，特别是可能暴露用户的位置隐私，使得用户被跟踪。

因此，在应用 RFID 时，必须仔细分析存在的安全威胁，研究和采取适当的安全措施，既需要技术方面的措施，也需要政策、法规方面的制约。

4.1.1　RFID 系统的基本组成架构

1. 系统组成

RFID 系统一般由 3 部分构成：标签、读写器以及后台数据库，如图 4.1 所示。

1）标签

标签放置在要识别的物体上，携带目标识别数据，是 RFID 系统真正的数据载体，由耦合元件以及微电子芯片（包含调制器、编码发生器、时钟及存储器）组成。

2）读写器

读写器用于阅读或读写标签数据，它由射频模块（发送器和接收器）、控制单元及与标签

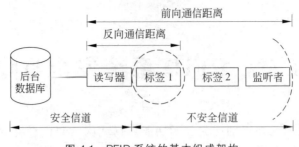

图 4.1　RFID 系统的基本组成架构

连接的耦合单元组成。

3）后台数据库

后台数据库包含数据库处理系统，负责存储和管理标签的相关信息，如标签标识、读写器定位和读取时间等。后台数据库接收来自可信的读写器获得的标签数据，将数据输入它自身的数据库里。

2. 工作原理

RFID 系统的基本工作原理是：读写器与标签之间通过无线信号建立双方通信的通道，读写器通过天线发出电磁信号，电磁信号携带了读写器向标签发送的查询指令。当标签处于读写器工作范围时，标签将从电磁信号中获得指令数据和能量，并根据指令将标签标识和数据以电磁信号的形式发送给读写器，或根据读写器的指令改写存储在标签中的数据。读写器可接收标签发送的数据或向标签发送数据，并能通过标准接口与后台服务器通信网络进行对接，实现数据的通信传输。

根据标签能量获取方式，RFID 系统工作方式可分为近距离的电感耦合方式和远距离的电磁耦合方式两种。

3. 标签与读写器之间的通信信道

标签是配备有天线的微型电路。标签通常没有微处理器，仅由数千个逻辑门电路组成，因此要将加密或者签名算法集成到这类设备中确实是一个不小的挑战。标签和读写器之间的通信距离受到多个参数（特别是通信频率）的影响。读写器是带有天线的无线发射与接收设备，它的处理能力比较强，存储空间比较大。后台数据库可以是运行于任意硬件平台的数据库系统中，可由用户根据实际的需要自行选择。通常假设后台数据库的计算和存储能力强大，同时它包含所有标签的信息。

目前主要有两种通信频率的 RFID 系统：一种使用 13.56MHz，另一种使用 860～960MHz（通信距离更长）。

标签依据能量来源可以分为 3 类：被动式标签、半被动式标签及主动式标签，其特点见表 4.1。

依据其功能可以将标签分为 5 类：Class0、Class1、Class2、Class3 和 Class4，其功能依次增强，见表 4.2。

表 4.1　标签分类及其特点

分　类	能量来源	发送器类型	最大距离/cm
被动式标签	被动式	被动	10
半被动式标签	内部电池	被动	100
主动式标签	内部电池	主动	1000

表 4.2　标签分类及其功能

分　类	能量来源	别　名	存　储	特　点
Class0	被动式	防盗窃标签	无	EAS 功能
Class1	任意	EPC	只读	仅用于识别
Class2	任意	EPC	读写	数据日志记录
Class3	内部电池	传感器标签	读写	环境传感器
Class4	内部电池	智能颗粒	读写	自组网络

读写器到标签的信道称为前向信道(forward channel)，而标签到读写器的信道则称为反向信道(backward channel)。读写器与标签的无线功率差别很大，前向信道的通信范围远远大于反向信道的通信范围。这种固有的信道非对称性自然会对 RFID 系统安全机制的设计和分析产生极大的影响。

一般对 RFID 系统作如下基本假设：标签与读写器之间的通信信道是不安全的，而读写器与后台数据库之间的通信信道则是安全的。这也是出于 RFID 系统设计、管理和分析方便性的考虑。

4.1.2　RFID 的安全和攻击模式

1. 信息及隐私泄露

信息及隐私泄露是指暴露标签发送的信息，该信息包括标签用户或识别对象的相关信息。例如，当 RFID 标签应用于图书馆管理时，图书馆信息是公开的，任何人都可以获得读者的借阅信息。当 RFID 标签应用于医院处方药物管理时，很可能暴露药物使用者的病历，隐私侵犯者可以通过扫描病人服用的药物推断出某人的健康状况。当个人信息(如电子档案或生物特征)添加到 RFID 标签里时，标签信息泄露问题便会极大地危害个人隐私。

隐私问题主要包括如下一些方面：
(1) 隐私信息泄露。有关姓名和医疗记录等个人隐私信息可能会泄露。
(2) 跟踪。对用户进行跟踪和监控，掌握用户的行为规律和消费喜好等，然后展开进一步攻击。
(3) 效率和隐私保护的矛盾。标签身份需要保密，但快速验证标签时需要知道标签身份，才能找到需要的信息，这形成了效率和隐私保护的矛盾。需要寻求两者的平衡，即要使用恰当的方式达到高效、可用的安全和隐私保护。

83

2. RFID 的隐私威胁

RFID 面临的隐私威胁包括标签信息泄露和利用标签的唯一标识符进行的恶意跟踪。

RFID 系统后台服务器提供了数据库，标签一般不需包含和传输大量的信息。通常情况下，标签只需要传输简单的标识符，然后，通过这个标识符访问数据库，获得目标对象的相关数据和信息。因此，可通过标签固定的标识符实施跟踪，即使标签进行加密后不知道标签的内容，仍然可以通过固定的加密信息跟踪标签。也就是说，人们可以在不同的时间和不同的地点识别标签，获取标签的位置信息。这样，攻击者可以通过标签的位置信息获取标签携带者的行踪，例如得出他的工作地点以及到达和离开工作地点的时间。

虽然利用其他的一些技术，如视频监视、全球移动通信系统(GSM)和蓝牙等，也可进行跟踪，但是，RFID 标签识别设备的价格相对低廉，特别是 RFID 进入人们日常生活以后，拥有读写器的人都可以扫描并跟踪他人。而且，被动标签信号不能切断，标签尺寸很小，极易隐藏，使用寿命长，可自动识别和采集数据，从而使恶意跟踪更加容易。

3. RFID 攻击模式

1）窃听

窃听(eavesdropping)的原意是偷听别人的谈话。随着科学技术的不断发展，窃听的含义早已超出隔墙偷听和截听电话的概念，它借助于技术设备和技术手段，不仅窃取语音信息，还窃取数据、文字和图像等信息。窃听技术是窃听行动所使用的窃听设备和窃听方法的总称，它包括窃听器，窃听信号的传输、保密和处理，窃听器的安装和使用及与窃听相配合的信号截收等。

在涉及 RFID 的安全和隐私问题时，由于标签和读写器之间通过无线射频通信，攻击者可以在设定通信距离外使用相关设备偷听信息。窃听的示意如图 4.2 所示。

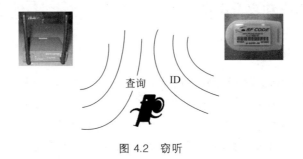

查询　ID

图 4.2　窃听

2）中间人攻击

中间人(Man-In-The-Middle，MITM)攻击是一种间接的入侵攻击，这种攻击模式是通过各种技术手段将由入侵者控制的一台读写器虚拟放置在网络连接中的标签和读写器之间，这台"敌意的读写器"就称为中间人。然后入侵者使中间人能够与原始 RFID 网络建立活动连接并允许其读取或修改传递的信息，然而原始 RFID 网络的两个用户却认为他们是在互相通信。通常，这种"拦截数据—修改数据—发送数据"的过程就称为会话劫持(session hijack)。

图 4.3 为传递、截取或修改通信消息的中间人攻击系统的示意。

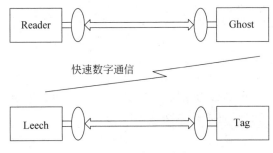

图 4.3　中间人攻击

3）欺骗、重放和克隆

在获取 RFID 射频信号后,敌方可以采用如下手段对系统进行攻击:

(1) 欺骗(spoofing):基于已掌握的标签数据,通过读写器进行欺骗。

(2) 重放(replaying):将标签的回复记录下来并回放。

(3) 克隆(cloning):形成原来标签的一个副本。

4）DoS 攻击

DoS 攻击是通过不完整的交互请求消耗系统资源,使系统不能正常工作,例如:

(1) 产生标签冲突,影响正常读取。

(2) 发起认证消息,消耗系统计算资源。

(3) 对标签的 DoS 攻击。

(4) 消耗有限的标签内部状态,使之无法被正常识别。

5）物理破解

物理破解(corrupt)采用如下步骤对 RFID 射频系统进行破坏:

(1) 由于标签容易获取的特性,首先获取标签样本。

(2) 通过逆向工程等技术破解标签。

(3) 破解之后可以发起进一步攻击。

(4) 推测此标签之前发送的消息内容。

(5) 推断其他标签的秘密。

6）篡改信息

篡改(modification)是指进行非授权的修改或擦除标签数据。

7）RFID 病毒

2006 年 3 月,荷兰 Vrije 大学的一组计算机研究员宣布,发现包括 EPC 标签在内的 RFID 标签可以携带病毒,并能攻击计算机系统。他们认为,使用可读写的电子标签存在安全隐患。

由于标签中可以写入一定量的代码,当读取标签时,代码将被注入系统,因而从 RFID 标签传来的数据能够用来攻击后端的软件系统。RFID 中间件开发商对此必须作适当的检查。

8）其他隐患

RFID 的安全和隐私问题涉及的隐患还包括电子破坏、屏蔽干扰和拆除等。

4.1.3 RFID 系统通信模型

1. RFID 系统通信模型

RFID 系统的通信模型可划分为 3 层：应用层、通信层和物理层。ISO/IEC 18000 标准定义了读写器与标签之间的双向通信协议，如图 4.4 所示。

图 4.4 RFID 系统的通信模型

由图 4.4 可以看出，物理层主要关心的是电气信号问题，例如频道分配、物理载波等，其中最重要的一个问题就是载波切割问题。通信层定义了读写器与标签之间双向交换数据和指令的方式，其中最重要的一个问题是解决多个标签同时访问一个读写器时的冲突问题。应用层用于解决和最上层应用直接相关的内容，包括认证、识别以及应用层数据的表示、处理逻辑等。通常情况下所说的 RFID 安全协议指的就是应用层协议，本章所讨论的所有 RFID 协议都属于这个范畴。

但是，也有学者认为，可追踪性问题必须针对 RFID 通信模型的各层来整体解决，任何单层的解决方案都是不全面的，都有可能导致 RFID 系统出现明显的安全弱点和漏洞。实际上，这一观点与信息安全中的"深度防御"策略不谋而合。除此之外，在部署和实施 RFID 系统的安全方案时，还应该综合考虑其他多种因素，例如可扩展性、系统开销和可管理性等。

2. 恶意跟踪问题的层次划分

对应于 RFID 系统通信模型 3 层的恶意跟踪可分别在此 3 层内进行。

1) 应用层

应用层处理用户定义的信息，如标识符。为了保护标识符，可在传输前变换该数据，或仅在满足一定条件时传送该信息。标签识别和认证等协议在该层定义。

通过标签标识符进行跟踪是目前的主要手段。因此，解决方案要求每次识别时改变由标签发送到读写器的信息，此信息或者是标签标识符，或者是它的加密值。

2) 通信层

通信层定义读写器和标签之间的通信方式。防碰撞协议和特定标签标识符的选择机制在该层定义。该层的跟踪问题来源于两个方面：一是基于未完成的单一化会话攻击，二是基于缺乏随机性的攻击。

防冲突协议分为两类：确定性防冲突协议和概率性防冲突协议。确定性防冲突协议基于标签唯一的静态标识符，对手可以轻易地追踪标签。为了避免跟踪，标识符应该是动态的。然而，如果标识符在单一化过程中被修改，便会破坏标签单一化。因此，标识符在单一化会话期间不能改变。为了阻止被跟踪，每次会话时应使用不同的标识符。但是，恶意的读写器可让标签的一次会话处于开放状态，使标签标识符不改变，从而进行跟踪。概率性防冲突协议也存在这样的跟踪问题。另外，概率性防冲突协议，如 Aloha 协议，不仅要求每次改变标签标识符，而且要求是完美的随机化，以防止恶意读写器的跟踪。

3) 物理层

物理层定义物理空中接口，包括频率、传输调制、数据编码和定时等。在读写器和标签之间交换的物理信号使对手在不理解所交换的信息的情况下也能区别标签或标签集。

无线传输参数遵循已知标准,使用同一标准的标签发送非常类似的信号,使用不同标准的标签发送的信号很容易区分。可以想象,几年后,人们可能携带嵌有标签的许多物品在大街上行走,如果使用几个标准,每个人可能带有特定标准组合的标签,这类标准组合使对人的跟踪成为可能。该方法特别有利于跟踪某些类型的人,如军人或安保人员。

类似地,不同无线指纹的标签组合也会使跟踪成为可能。

4.1.4　安全 RFID 系统的基本特征

射频识别技术在国内外发展非常迅速,射频识别产品种类繁多。在射频识别系统中,与安全相关的应用越来越多地出现在生活中,从而对安全功能提出了很高的要求。在与安全相关的应用中,必须采取安全措施以防止黑客的蓄意攻击,防止某些人试图通过射频识别系统进行非授权访问或骗取服务。现代的鉴别协议同样涉及对密钥的检测,可用适当的算法来防止密码被破解。

1. 射频识别系统的攻击防范范围

高度安全的射频识别系统对下列单项攻击应该能够予以防范:

(1) 为了复制或改变数据,未经授权地读出数据载体。

(2) 将外来的数据载体置入某个读写器的询问范围内,企图非授权出入建筑物或得到不付费服务。

(3) 为了假冒真正的数据载体,窃听无线电通信并重放数据。

在选择射频识别系统时,应该特别重视其密码功能。一些对安全功能没有要求的应用(例如工业自动化装置和工具识别等)会由于引入密码过程,使费用不必要地增加。与此相反,在对安全性要求高的应用中,省略密码过程,会由于攻击者使用假冒的电子标签来获取未认可的服务而产生严重的疏漏。

射频识别技术还有一些问题。例如,标签资源和计算能力有限,标签的存储空间极其有限(最便宜的标签只有 64～128b 的 ROM,仅可容纳唯一标识符),标签外形很小,标签电源供给有限,标签信息易被未授权读写器访问等。所有这些特点和局限性都对 RFID 系统安全机制的设计提出了特殊的要求,也使得设计者对密码机制的选择受到很多限制。

RFID 系统很容易受到各种攻击,主要是由于在它的通信过程中没有任何物理或者可见的接触(通过电磁波的形式进行)。因此,RFID 系统必须能够抵抗各种形式的攻击,如监听、主动攻击、跟踪及拒绝服务等。

2. 安全 RFID 系统的 5 个基本特征

一般来说,比较完善的 RFID 系统解决方案应当具备机密性、完整性、可用性、真实性和隐私性等基本特征。

1) 机密性

一个电子标签不应当向未授权读写器泄露任何敏感的信息。在许多应用中,电子标签所包含的信息关系到消费者的隐私,这些数据一旦被攻击者获取,消费者的隐私权将无法得到保障,因而一个完备的 RFID 安全方案必须能够保证电子标签所包含的信息仅能被授权读写器访问。事实上，目前读写器和标签之间的无线通信在多数情况下是不受保护的（除了采用 ISO 14443 标准的高端系统以外），因而未采用安全机制的电子标签会向邻近的读写器泄露标签内容和一些敏感信息。

由于对点对点加密和 PKI 密钥交换的功能缺乏支持，在 RFID 系统应用过程中，攻击者能够获取并利用电子标签上的内容。例如，商业间谍可以通过隐藏在附近的读写器周期性地统计货架上的商品以推断销售数据，抢劫犯能够利用读写器来确定贵重物品的数量及位置，等等。同时，由于从读写器到电子标签的前向信道具有较大的覆盖范围，因而它比从电子标签到读写器的反向信道更加不安全。攻击者可以采用窃听技术，分析微处理器正常工作过程中产生的各种电磁特征，以此获得标签和读写器之间或其他 RFID 通信设备之间的通信数据。

2）完整性

在通信过程中，数据完整性能够保证接收者收到的信息在传输过程中没有被攻击者篡改或替换。在基于公钥的密码体制中，数据完整性一般是通过数字签名来保障的，但资源有限的 RFID 系统难以支持这种代价昂贵的密码算法。在 RFID 系统中，通常使用消息认证码来进行数据完整性的检验，使用的是一种带有共享密钥的散列算法，即将共享密钥和待检验的消息连接在一起进行散列运算，对数据的任何细微改动都会使消息认证码的值产生较大变化。

事实上，除了采用 ISO 14443 标准的高端系统（这类系统使用了消息认证码）外，在读写器和电子标签的通信过程中，传输信息的完整性无法得到保障。如果不采用访问控制机制，可重写的电子标签存储器有可能被攻击者控制，攻击者通过软件，利用微处理器的通用通信接口，通过扫描标签和响应读写器的查询，寻求安全协议、加密算法及其实现机制上的漏洞，进而删除电子标签内容或篡改可重写标签的内容。在通信接口处使用校验和的方法也只能检测随机错误的发生。

3）可用性

RFID 系统的安全解决方案所提供的各种服务能够被授权用户使用，并能够有效防止非法攻击者企图中断 RFID 系统服务的恶意攻击。一个合理的安全方案应当具有节能的特点。各种安全协议和算法的设计不应当太复杂，并尽可能地避开公钥运算，计算开销、存储容量和通信能力也应当充分考虑 RFID 系统资源有限的特点，从而使得能量消耗最小化。

同时，安全性设计方案不应当限制 RFID 系统的可用性，并能够有效防止攻击者对电子标签资源的恶意消耗。事实上，由于无线通信本身固有的脆弱性，多数 RFID 系统极易受到攻击者的破坏。攻击者可以通过频率干扰的手段产生异常的应用环境，使合法处理器产生故障，进而在上层实现拒绝服务攻击。攻击者也可以使用阻塞信道的方法来中断读写器与所有或特定标签的通信。

4）真实性

电子标签的身份认证在 RFID 系统的许多应用中是非常重要的。攻击者可以利用获取的标签实体，通过物理手段在实验室环境中去除芯片封装，使用微探针获取敏感信息，进而重构标签，达到伪造电子标签的目的。攻击者可以利用伪造的电子标签代替实际物品，或通过重写合法的电子标签内容，使用低价物品标签的内容来替换高价物品标签的内容，从而获取非法利益。

同时，攻击者也可以通过某种方式隐藏标签，使读写器无法发现该标签，从而成功地实施物品转移。读写器只有通过身份认证才能确信消息是从正确的电子标签处发送过来的。在传统的有线网络中,通常使用数字签名或数字证书来进行身份认证,但这种公钥算法不适用于通信能力、计算速度和存储空间都相当有限的电子标签。

　　5) 隐私性

　　一个安全的 RFID 系统应当能够保护使用者的隐私信息或相关经济实体的商业利益。事实上,目前的 RFID 系统面临着位置保密或实时跟踪的安全风险。同个人携带物品的商标可能泄露个人身份一样,个人携带物品的标签也可能会泄露个人身份。通过读写器能够跟踪携带不安全标签的个人,并将这些信息进行综合和分析,就可以获取使用者个人喜好和行踪等隐私信息。同时,商业间谍也可能通过跟踪不安全的标签来获得有用的商业机密。

　　RFID 最初的应用设计是完全开放的,这是标签存在安全隐患的根本原因。另外,对标签加解密需要耗用过多的处理器资源,会使标签增加额外的成本,因此,一些优秀的安全工具未能嵌入标签的硬件中,这也是标签存在安全隐患的重要原因。

4.2　RFID 技术中的隐私问题及保护措施

　　RFID 系统在应用中主要面临两类隐私侵犯,分别是位置隐私和信息隐私。

4.2.1　位置隐私

　　携带 RFID 标签的任何人都能在公开场合被自动跟踪,尽管多数人并不关心自己是否在公开场合被跟踪,但是像艾滋病人、宗教信徒甚至成人商店零售商这些个人或者组织机构都需要防止被自动跟踪。

　　位置信息含有高度的个人隐私特征。读写器通过手推车上的 RFID 芯片可以方便地探知个人活动的位置,进而提供给消费者定位与指引的相关资料。而且,除被动地让消费者知道自己的位置外,利用位置信息主动提供购买信息给消费者,是不是属于一种“不请自来”的推销行为?

　　消费者因为在店内消费,可能因为手推车位置,也可能因为货品标签持续的电磁波发射,而暴露自身处于哪些商品区以及停滞的时间。利用这样的信息,商家可以推断消费者的使用习惯,进而结合对象数据库,立即或定期地提供一定的商品推销信息。

　　由此可见,由位置隐私的泄露而带来的一系列问题必须引起 RFID 技术研发部门的适度重视。

4.2.2　信息隐私

　　信息隐私包括关于个人信息,如纳税、医疗或者购买记录等,也叫作数据隐私。由于RFID 的特性,厂商可以通过标签与读写器间的互动感应,得知哪一种商品较为顾客所喜好。举例来说,对于不同颜色的衣服,可以通过标签感应得知同一款式的哪一种颜色最常被顾客拿起来观看或试穿。当然,这是商品本身的情报调查,但是,如果这样的信息与个人相连接,那么它也可以透露个人的消费偏好与习性。而如果通过这些资料,进而为顾客提供一定的

89

服务,例如从商品标签所接收的资料中得知顾客购买了某特定品牌的洗发水,便可向顾客推销相同品牌的化妆品或者给予一定的折扣以吸引消费者购买,这样的商品推销是不是一种潜在的隐私侵犯呢?

从上述分析来看,信息隐私也必须得到相关机构的广泛重视。

4.2.3　隐私保护

隐私保护已经成为 RFID 的一项重要挑战。RFID 的广泛应用在带来巨大的利润的同时,也带来了一定的负面效应。只有通过法律法规来约束对 RFID 技术的滥用,才能使得隐私权的保护与科技的高度发展尽可能地实现平衡与双赢。

作为解决 RFID 技术隐私问题的措施之一,在制定 RFID 技术标准时就应该考虑隐私保护问题。作为使用 RFID 技术营利的企业或组织,应当明确告知消费者:在什么地方安置了 RFID 的探头或者跟踪器,从消费者个人身上获取了什么样的信息,这些信息采取了什么样的处理方式,以及这些信息将用来干什么。但这种方案无法保证被别有用心的人或组织窃听和跟踪。

在商业零售中可以采用的方案是 RFID 标签可以自由除去,可以通过让顾客知道他所购买的商品中附有这样的一个标签,这样任何问题都可以得到解决。最简单的方法是要求 RFID 标签能被消费者清除,但是在大部分情况下,从商品中清除标签会导致商品损坏。

另一个解决办法是对识别权利进行限制,以使标签中的信息只有通过标签生产商才能进行阅读和解码。这不可能解决批发商对顾客隐私的威胁问题,因为批发商不愿放弃从顾客中收集到的数据库。但这样的隐私威胁是限制在局部的和小范围之内的,要比在公共场合任何人都可读取顾客的数据要好得多。

当然,如同现有的物品防窃标签一样,商店也可以在顾客离开时使 RFID 标签失效。只是这样虽然保护了顾客隐私,但顾客也失去了家庭记录和应用的便利。假如顾客冰箱里的食品上的电子标签未失效,安装在冰箱上的电子标签识别器就会自动显示冰箱中食品的种类、数量和有效期等信息,如果某种食品已过期或已用完,就会向顾客发出提示。

使电子标签失效的方法有两种。一种方法是使电子标签离开商店前永久失效。但这种方式将会使商品在召回或售后服务时无法再次进行身份确认,同时该商品的电子标签的延伸服务功能也就无法发挥。另一种方法是在商品离开商店前,店主根据顾客的选择来决定是否使商品上的电子标签失活(进入休眠状态),失活后的电子标签将不能被其他人读取或跟踪。一旦需要再次使用电子标签功能,例如在召回或进行售后服务时,只需重新激活(唤醒)电子标签即可。当然电子标签的失活与激活需采用专用设备,电子标签也应该为可读写式。这样虽然成本增加了,但是对消费者来说,消除了隐私安全的后顾之忧。目前这也是唯一能够保护顾客隐私,给他们安全感的做法。

4.3　电子产品代码的密码机制与安全协议

电子产品代码(EPC)是用于唯一标识物品的一种代码。基于 RFID 的 EPC 系统是信息化和物联网在传统物流业应用的产物和具体实现。EPC 系统的组成如图 4.5 所示。

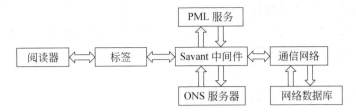

图 4.5　EPC 系统的组成

在物联网系统中,读写器在接收来自电子标签的载波信息并对接收信号进行解调和解码后,会将其信息送至计算机的 Savant 中间件进行处理,然后传送到通信网络,再在通信网络上利用对象名服务器(Object Name Server,ONS)找到这个物品信息所存储的位置,由 ONS 向 Savant 指明存储这个物品的有关信息的服务器,并将这个文件中关于这个物品的信息传递过来。

4.3.1　基于 RFID 技术的 EPC 系统安全问题

基于 RFID 技术的 EPC 系统安全问题分为 3 个方面。

1. 标签本身的访问缺陷

用户(合法用户和非法用户)都可以利用合法的读写器或者自购的读写器直接与标签进行通信,读取、篡改甚至删除标签内存储的数据。

同时,支持 EPC global 标准的无源标签大多数只允许写入一次,但支持其他标准(如 ISO 标准)的 RFID 标签却能够多次写入(或可重编程)。

多次写入功能在给 RFID 应用带来便捷的同时,也带来了更大的安全隐患。在没有足够可信任的安全策略的保护下,标签中的数据的安全性、有效性、完整性、可用性和真实性都得不到保障。

2. 通信链路上的安全问题

通信链路上的安全问题主要有以下几个:
(1) 黑客非法截取通信数据。
(2) 拒绝服务攻击。
(3) 利用假冒标签向读写器发送数据。
(4) RFID 读写器与后台系统间的通信信息安全。

3. 移动 RFID 系统安全

移动 RFID 系统利用植入 RFID 读写芯片的智能移动终端获取标签中的信息,并通过移动网络访问后台数据库,获取相关信息,常见的应用是手机支付。在移动 RFID 系统中存在的安全问题主要是假冒与非授权服务。

首先,在移动 RFID 系统中,读写器与后台数据库之间不存在任何固定的物理连接,通过射频信道传输其身份信息。攻击者截获一个身份信息时,就可以用这个身份信息来假冒该合法读写器的身份。

其次，通过复制他人读写器的信息，可以多次假冒他人消费。

再次，由于复制攻击的代价不高，且不需任何其他条件，所以成为攻击者最常用的手段。

最后，移动 RFID 系统还存在非授权服务、否认与拒绝服务等攻击。

4.3.2　EPC global 系统安全分析

RFID 应用广泛，可能引发各种各样的安全问题。在一些应用中，非法用户可利用合法读写器或者自购读写器对标签实施非法接入，造成标签信息的泄露。在一些金融和证件等重要应用中，攻击者可篡改标签内容，或复制合法标签，以获取个人利益或进行非法活动。在药物和食品等应用中，不法生产者和销售者可以伪造标签，进行伪劣商品的生产和销售。在实际应用中，应针对特定的 RFID 应用和安全问题分别采取相应的安全措施。

下面根据 EPC global 标准组织定义的 EPC global 系统架构和一条完整的供应链，从纵向和横向分别描述 RFID 面临的安全威胁和隐私威胁。

1. EPC global 系统的纵向安全威胁和隐私威胁分析

EPC global 系统架构主要由标签、读写器、电子产品代码（EPC）中间件、电子产品代码信息系统（EPCIS）、对象名服务器（ONS）以及企业的其他内部系统组成。其中，EPC 中间件主要负责从一个或多个读写器接收原始标签数据，过滤重复等冗余数据；EPCIS 主要保存一个或多个 EPCIS 级别的事件数据；ONS 主要负责提供一种机制，允许内部和外部应用查找 EPC 的相关 EPCIS 数据。

可将 EPC global 系统从下到上划分为 3 个安全域：标签和读写器组成的无线数据采集区域构成的安全域，企业内部系统构成的安全域，以及企业之间和企业与公共用户之间的数据交换和查询网络构成的安全域。个人隐私威胁主要集中在第一个安全域，即标签、空中无线传输和读写器之间的信息传输有可能导致个人信息泄露和被跟踪等。另外，个人隐私威胁还可能出现在第三个安全域，如果对 ONS 管理不善，也可能导致攻击者对个人隐私的非法访问或滥用。安全与隐私威胁存在于如下各安全域：

（1）标签和读写器组成的无线数据采集区域构成的安全域。可能存在的安全威胁包括标签的伪造、对标签的非法接入和篡改、通过空中无线接口的窃听、获取标签的有关信息及对标签进行跟踪和监控。

（2）企业内部系统构成的安全域。该安全域存在的安全威胁与现有企业网一样。在加强管理的同时，要防止内部人员的非法或越权访问与使用，还要防止非法读写器接入企业内部网络。

（3）企业之间和企业与公共用户之间的数据交换和查询网络构成的安全域。ONS 通过一种认证和授权机制，并根据有关的隐私法规，保证采集的数据不被用于其他非正常目的的商业应用或被泄露，并保证合法用户对有关信息的查询和监控。

2. EPC global 系统的横向安全威胁和隐私威胁分析

一个较完整的供应链及其面临的安全与隐私威胁包括供应链内、商品流通和供应链外 3 个区域，具体包括商品生产部门、运输部门、分发中心、零售商店、商店货架、收款台、外部世界和用户家庭等环节。其中，安全威胁和隐私威胁包括以下 4 种：

（1）工业间谍威胁。从商品生产出来到售出之前的各环节,竞争对手可以很容易地收集供应链数据,其中某些涉及产品的机密信息。例如,一个代理商可从几个地方购买竞争对手的产品,然后,监控这些产品的位置情况。在某些场合,可在商店内或在卸货时读取标签,因为携带标签的产品被唯一编号,竞争者可以非常隐蔽地收集大量的数据。

（2）竞争市场威胁。从商品到达零售商店直到用户在家使用等环节,携带着标签的产品使竞争者可以很容易地获取用户的喜好信息,并在竞争市场中使用这些数据。

（3）基础设施威胁。包括从商品生产到收款台售出的整个过程,这不是 RFID 特定的威胁,但当 RFID 成为一个企业基础设施的关键部分时,通过阻塞无线信号,可使企业遭受拒绝服务攻击。

（4）信任域威胁。包括从商品生产到收款台售出的整个过程,这也不是 RFID 特定的威胁,但是,因 RFID 系统需要在各环节之间共享大量的电子数据,某个不适当的共享机制将提供新的攻击机会。

3. 个人隐私威胁

个人隐私威胁包括以下 7 种。

（1）行为威胁。由于标签标识的唯一性,可以很容易地与一个人的身份相联系。可以通过监控一组标签的行踪而获取一个人的行为信息。

（2）关联威胁。在用户购买一个携带 EPC 标签的物品时,可将用户的身份与该物品的电子序列号相关联,这类关联可能是秘密的,甚至是无意的。

（3）位置威胁。在特定的位置放置秘密的读写器,可产生两类隐私威胁:如果监控代理知道那些与个人关联的标签,那么,携带这些标签的个人可被监控,他们的位置将被暴露;一个携带标签的物品的位置(无论哪个个人或什么东西携带它)易于未经授权地被暴露。

（4）喜好威胁。利用 EPC 网络,物品上的标签可唯一地识别生产者、产品类型和物品的唯一身份。这使竞争者(或好奇者)以非常低廉的成本就可获得宝贵的用户喜好信息。如果对手能够很容易地确定物品的金钱价值,这实际上也是一种价值威胁。

（5）星座(constellation)威胁。无论个人身份是否与标签关联,多个标签可在一个人的周围形成一个唯一的星座,对手可使用这个特殊的星座实施跟踪,而不必知道他们的身份,即前面描述的利用多个标准进行的跟踪。

（6）事务威胁。当携带标签的对象从一个星座移到另一个星座时,在与这些星座关联的个人之间可以很容易地推导出发生的事务。

（7）"面包屑"(breadcrumb)威胁。这属于关联结果的一种威胁。从个人收集携带标签的物品(称为"面包屑"),然后,在公司信息系统中建立一个与他们的身份关联的物品数据库。当拥有这些物品的个人丢弃这些"面包屑"时,在他们和物品之间的关联不会中断。使用这些丢弃的"面包屑"可实施犯罪或某些恶意行为。

标签复制也是 RFID 面临的一种严重的安全威胁。

4.3.3　实现 RFID 安全性机制与安全协议

目前,实现 RFID 安全性机制所采用的方法主要有物理方法、密码机制及二者相结合的方法。

1. 物理方法

保护 RFID 标签安全性的物理方法主要有如下几类。

1）静电屏蔽

通常采用一个法拉第笼（Faraday cage），它是由金属网或金属薄片制成的容器，使得某一频段的无线电信号（或其中一小段无线电信号）无法穿透。若 RFID 标签置于该笼中，即可保护标签不被激活，当然也就不能对其进行读写操作，从而保护了标签上的信息。这种方法的缺点是必须将贴有 RFID 标签的物品置于笼中，使用不方便。

2）阻塞标签

采用一种标签装置，发射假冒标签序列码的连续频谱，这样就能隐藏其他标签的序列码。这种方法的缺点是需要一个额外的阻塞标签，并且当标签和阻塞标签分离时，其保护效果也将失去。

3）主动干扰

用户可以采用一个能主动发出无线电信号的装置，以干扰或中断附近其他 RFID 读写器的操作。主动干扰带有强制性，容易干扰附近其他合法无线通信系统的正常通信。

4）改变读写器频率

读写器可使用任意频率，这样未授权的用户就不能轻易地探测或窃听读写器与标签之间的通信。

5）改变标签频率

特殊设计的标签可以通过一个保留频率（reserved frequency）传送信息。然而，方法 4）和 5）的最大缺点是需要复杂电路，容易造成设备成本过高。

6）kill 命令机制

这是采用从物理上销毁（kill）标签的办法。其缺点是一旦标签被销毁，便不可能再被恢复使用。另一个重要的问题就是难以验证是否真正对标签实施了销毁操作。

几种物理安全方法总结如下：

- 法拉第笼：屏蔽电磁波，阻止标签被扫描。
- 主动干扰：用户主动广播无线电信号，以阻止或破坏 RFID 读写器的读取。
- 阻塞标签：通过特殊的标签冲突算法以阻止非授权读写器读取阻塞标签预定保护的标签。
- 销毁：使标签丧失功能，不能响应攻击者的扫描。

总之，物理安全机制是通过牺牲标签的部分功能来满足隐私保护的要求。

2. 密码机制

采用密码机制解决 RFID 的安全问题已成为业界研究的热点，其主要研究内容是利用各种成熟的密码方案和机制来设计和实现符合 RFID 安全需求的密码协议。

讨论较多的 RFID 安全协议有 Hash-Lock 协议、随机化 Hash-Lock 协议、散列链协议、基于散列函数的 ID 变化协议、数字图书馆 RFID 协议、分布式 RFID 询问-应答认证协议、LCAP 协议和再次加密机制等。

与基于物理方法的硬件安全机制相比，基于密码技术的软件安全机制受到人们更多的青睐。其主要研究内容是利用各种成熟的密码方案和机制来设计并实现符合 RFID 安全需求的密码协议,这已经成为当前 RFID 安全研究的热点。目前,已经提出了多种 RFID 安全协议。但遗憾的是,现有的大多数 RFID 协议都存在着各种各样的缺陷。下面对几种主要的协议进行简单的介绍。

1) Hash-Lock 协议

Hash-Lock 协议是由 Sar 等人提出的,如图 4.6 所示。为了避免信息泄露和被追踪,它使用 metaID 来代替真实的标签 ID。该协议中没有 ID 动态刷新机制,并且 metaID 也保持不变,ID 是以明文的形式通过不安全的信道传送的,因此 Hash-Lock 协议非常容易受到假冒攻击和重传攻击,攻击者也可以很容易地对标签进行追踪。

图 4.6　Hash-Lock 协议

2) 随机化 Hash-Lock 协议

随机化 Hash-Lock 协议由 Weis 等人提出,如图 4.7 所示。它采用了基于随机数的询问-应答机制。在该协议中,认证通过后的标签 ID 仍以明文的形式通过不安全信道传送,因此攻击者可以对标签进行有效的追踪。同时,一旦获得了标签 ID,攻击者就可以对标签进行假冒。该协议也无法抵抗重传攻击。不仅如此,每一次标签认证时,后端数据库都需要将所有标签 ID 发送给读写器,二者之间的数据通信量很大。所以,该协议不仅不安全,也不实用。

图 4.7　随机化 Hash-Lock 协议

3) Hash 链协议

本质上,Hash 链协议(见图 4.8)也是基于共享秘密的询问-应答协议,但是,在 Hash 链协议中,当使用两个不同散列函数的读写器发起认证时,标签总是发送不同的应答。在该协议中,标签成为一个具有自主 ID 更新能力的主动式标签。同时,Hash 链协议是一个单向认证协议,只能对标签身份进行认证,不能对读写器身份进行认证。Hash 链协议非常容易受到重传攻击和假冒攻击。此外,每一次标签认证发生时,后端数据库都要对每一个标签进行一次杂凑运算。因此其计算载荷也很大。同时,该协议需要两个不同的散列函数,也增加了标签的制造成本。

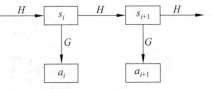

图 4.8　Hash 链协议

4) 基于散列函数的 ID 变化协议

基于散列函数的 ID 变化协议与 Hash 链协议相似,每一次会话中的 ID 交换信息都不相同。系统使用了一个随机数 R 对标签 ID 不断进行动态刷新,同时还对 TID(最后一次会话号)和 LST(最后一次成功的会话号)信息进行更新,所以该协议可以抵抗重传攻击。但是,在标签更新其 ID 和 LST 信息之前,后端数据库已经成功地完成相关信息的更新,如果在这个时间延迟内攻击者进行攻击(例如,攻击者可以伪造一个假消息,或者干脆实施干扰,使标签无法接收到该消息),就会在后端数据库和标签之间造成严重的数据不同步问题。这也就意味着合法的标签在以后的会话中将无法通过认证。因此,该协议并不适用于使用分布式数据库的普适计算环境,同时存在数据库同步的潜在安全隐患。

5) 数字图书馆 RFID 协议

David 等提出的数字图书馆 RFID 协议使用基于预共享秘密的伪随机函数来实现认证。到目前为止,还没有发现该协议有明显的安全漏洞。但是,为了支持该协议,必须在标签电路中包含实现随机数生成以及安全伪随机函数的两大功能模块,因此该协议完全不适用于低成本的 RFID 系统。

6) 分布式 RFID 询问-应答认证协议

分布式 RFID 询问-应答认证协议是一种适用于分布式数据库环境的 RFID 认证协议,它是典型的询问-应答型双向认证协议。到目前为止,还没有发现该协议有明显的安全漏洞或缺陷。但是,在该协议中,执行一次认证协议需要标签进行两次散列运算,标签电路中自然也需要集成随机数发生器和散列函数模块,因此它同样也不适合于低成本 RFID 系统。

7) LCAP 协议

LCAP 协议也是询问-应答协议,但是与前面的其他同类协议不同,它每次执行之后都要动态刷新标签 ID。但是,与基于散列函数的 ID 变化协议的情况类似,标签更新其 ID 之前,后端数据库已经成功完成相关 ID 的更新。因此,LCAP 协议也不适用于分布式数据库的普适计算环境,同时也存在数据库同步的潜在安全隐患。

8) 再次加密机制

RFID 标签的计算资源和存储资源都十分有限,因此极少有人设计使用公钥密码体制的 RFID 安全机制。到目前为止,公开发表的基于公钥密码机制的 RFID 安全方案只有两个:

(1) Juels 等人提出的用于欧元钞票上标签 ID 的建议方案。

(2) Golle 等人提出的用于实现 RFID 标签匿名功能的方案。

上述两种方案都采用了再次加密机制,但两者还是有显著的不同:方案(1)是基于一般的安全公钥加密/签名方案,同时给出了一种基于椭圆曲线体制的实现方案,在这一方案中,完成再次加密的实体知道被加密消息的所有知识(本方案中特指钞票的序列号);而方案(2)则采用了"通用再加密"技术,在这种方案中,完成对消息的再次加密时无须知道关于初次加密该消息所使用的公钥的任何知识。到目前为止,还没有发现 Juels 等人方案的明显安全漏洞和弱点,但是 Golle 等人提出的方案被指出存在安全弱点和漏洞。

将来的 RFID 安全研究将集中在 RFID 安全体系和标签天线技术等方面。

4.4 RFID 标签安全设置

RFID 电子标签在国内的应用越来越多,其安全性也开始受到重视。RFID 电子标签自身都是有安全设计的,但是 RFID 电子标签具备足够的安全性吗? 个人信息存储在电子标签中会泄露吗? RFID 电子标签的安全机制到底是怎样设计的? 以下围绕目前应用广泛的几类电子标签探讨 RFID 电子标签的安全属性,并对 RFID 电子标签在应用中涉及的信息安全问题提出建议。

RFID 技术最初源于雷达技术,借助于集成电路、微处理器和通信网络等技术的进步逐渐成熟起来。RFID 技术经美国军方在海湾战争中军用物资管理方面的成功应用,使其在交通管理、人员监控、动物管理、铁路和集装箱等方面得到推广。

全球几家大型零售商沃尔玛、Metro 和 Tesco 等出于对提高供应链透明度的要求相继宣布了各自的 RFID 计划,并得到供应商的支持,取得了很好的成效,为 RFID 技术打开了一个巨大的市场。随着成本的不断降低和标准的统一,RFID 技术还将在无线传输网络、实时定位、安全防伪、个人健康和产品全生命周期管理等领域得到广泛的应用。

可以预见,随着数字化时代的发展,以网络信息化管理、移动计算和信息服务等作为迫切需求和发展动力,RFID 这项革命性的技术将对人类的生产和生活方式产生深远的影响。

4.4.1　RFID 电子标签的安全属性

RFID 电子标签的安全属性与标签分类直接相关。一般来说,就安全性等级而言,存储型最低,CPU 型最高,逻辑加密型居中,目前广泛使用的 RFID 电子标签也以逻辑加密型居多。存储型 RFID 电子标签没有特殊的安全设置,标签内有一个厂商固化的不重复、不可更改的唯一序列号,内部存储区可存储一定容量的数据信息,不需要进行安全认证即可读出或改写。虽然所有的 RFID 电子标签在通信链路层都没有采用加密机制,并且芯片(除 CPU 型外)本身的安全设计也不是非常强大,但在应用方面因为采取了很多加密手段,仍然可以保证足够的安全性。

1. CPU 型的 RFID 电子标签安全属性

CPU 型的 RFID 电子标签在安全方面做得最多,因此有很大的优势。但从严格意义上来说,这种电子标签不应归属为 RFID 电子标签范畴,而应归属为非接触智能卡类。但是,由于使用 ISO 14443 Type A/B 协议的 CPU 非接触智能卡与应用广泛的 RFID 高频电子标签通信协议相同,所以通常也将其归属为 RFID 电子标签类。

2. 逻辑加密型的 RFID 电子标签安全属性

逻辑加密型的 RFID 电子标签具备一定强度的安全设置,内部采用了逻辑加密电路及密钥算法。可启用或关闭安全设置,如果关闭安全设置则等同于存储卡。例如,启用 OTP(一次性编程)功能,就可以实现一次写入、不可更改的效果,可以确保数据不被篡改。另外,还有一些逻辑加密型电子标签具备密码保护功能,这是逻辑加密型的 RFID 电子标签采用的主流安全模式,设置后可通过验证密钥实现对存储区内数据信息的读取或改写等。采用这种方式的 RFID 电子标签使用的密钥一般不会很长,为 4B 或 6B 数字密码。有了安全设置功能,逻辑加密型的 RFID 电子标签还可以具备一些身份认证及小额消费的功能,如第二代居民身份证、恩智浦公司的 Mifare 公交卡等。

CPU 型的广义 RFID 电子标签具备极高的安全性,芯片内部的 COS 采用了安全的体系设计,并且在应用方面设计了密钥文件和认证机制等,比以前的几种 RFID 电子标签的安全模式有了极大的提高。它还保持着目前唯一没有被人破解的纪录。这种 RFID 电子标签将会更多地被应用于带有金融交易功能的系统中。

4.4.2　RFID电子标签在应用中的安全设计

本节首先探讨存储型 RFID 电子标签在应用中的安全设计。存储型 RFID 电子标签的应用主要是通过快速读取标签 ID 来达到识别的目的，主要应用于动物识别和跟踪追溯等方面。这种应用要求的是应用系统的完整性，而对于标签存储数据的要求不高，多是应用唯一序列号的自动识别功能。

如果部分容量稍大的存储型 RFID 电子标签想在芯片内存储数据，对数据进行加密后写入芯片即可，这样，信息的安全性主要由应用系统密钥体系安全性的强弱来决定，与存储型 RFID 电子标签本身没有太大关系。

逻辑加密型的 RFID 电子标签应用极其广泛，并且其中还有可能涉及小额消费功能，因此它的安全设计是极其重要的。逻辑加密型的 RFID 电子标签内部存储区一般按块分布，并用密钥控制位设置每个数据块的安全属性。先来解释一下逻辑加密型的 RFID 电子标签的密钥认证功能流程，以 Mifare ONE 技术为例，其认证流程如图 4.9 所示。

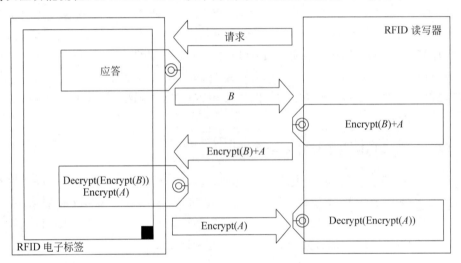

图 4.9　Mifare 认证流程

由图 4.9 可知，认证的流程可以分成以下几个步骤：

（1）应用程序通过 RFID 读写器向 RFID 电子标签发送认证请求。

（2）RFID 电子标签收到请求后，向读写器发送一个随机数 B。

（3）读写器收到随机数 B 后，向 RFID 电子标签发送使用要验证的密钥加密 B 的数据包，其中包含了读写器生成的另一个随机数 A。

（4）RFID 电子标签收到数据包后，使用芯片内部存储的密钥进行解密，解出随机数 B 并校验与自己发送的随机数 B 是否一致。

（5）如果是一致的，则 RFID 使用芯片内部存储的密钥对 A 进行加密并发送给读写器。

（6）读写器收到此数据包后，进行解密，解出 A 并与校验与自己发送的 A 是否一致。

如果上述每一个环节都能完成，则验证成功；否则验证失败。这种验证方式可以说是非常安全的,抗破解强度也是非常大的。例如,Mifare 的密钥为 6B,也就是 48b。Mifare 一次典型验证需要 6ms。如果在外部使用暴力破解,所需时间为 $2^{48} \times 6/3.6 \times 10^{6}$ h,结果是一个非常大的数字,常规破解手段将无能为力。

CPU 型 RFID 电子标签的安全设计与逻辑加密型 RFID 电子标签类似,但安全级别与强度要高得多。CPU 型 RFID 电子标签芯片内部采用了微处理器,而不是如逻辑加密型芯片那样在内部使用逻辑电路;并且 CPU 型芯片安装了专用操作系统,可以根据需求将存储区设计成不同大小的二进制文件、记录文件和密钥文件等,使用 FAC 设计每一个文件的访问权限。密钥验证的过程与上述过程相似,也是采用随机数＋密文传送＋芯片内部验证方式,但密钥长度为 16B。并且还可以根据芯片与读写器之间采用的通信协议使用加密传送的通信指令。

4.4.3　第二代 RFID 标准强化的安全功能

EPC global 在制定第二代 RFID 标准时,最终用户针对供应链应用,提出了一系列需求,这些成为制定第二代 RFID 标准的重要基础。

EPC 第二代 RFID 标准开发中最主要的部分是设计了第二代的 UHF(Ultra-High Frequency,超高频率)空中接口协议,该协议用于管理从标签到读写器的数据的移动,为芯片中存储的数据提供了一些保护措施。第二代 RFID 标准采用一个安全的链路,保护被动标签免受诸如 RF Dump 和在供应链的应用中被发现的大多数攻击行为。

第二代 RFID 标准规定,当数据被写入标签时,在经过空中接口时被伪装。从标签到读写器的所有数据都被伪装,所以,在读写器从标签中读或者写数据的过程中,数据不会被截取。数据一旦被写入标签,就会被锁定,这样只可以读取数据,而不能改写,即具有只读功能。

EPC 被动标签一般只包括物品的识别信息,如产品代码、产品部件数或者 SKU 数,也就是仅仅包括物品本身的信息。另外,EPC 被动标签不包括依据秘密保护规则涉及的物品个性化的识别信息。

物品的识别信息通常是指相对于个性化识别信息而言不太敏感的内容,通常伪装也只针对其中涉及的数据。数据并不被加密,但是读写器需要一个破解伪装的密钥。

4.5　RFID 系统面临的攻击手段、技术及其防范

4.5.1　RFID 系统面临的攻击手段

RFID 系统面临的攻击手段主要分为主动攻击和被动攻击两类。

1. 主动攻击

1) 主动攻击的手段

主动攻击可以采取如下的手段:

(1) 获得 RFID 标签的实体,通过物理手段在实验室环境中去除芯片封装,使用微探针

获取敏感信号,进行目标标签的重构。

（2）采用软件方法,利用微处理器的通用接口扫描 RFID 标签和响应读写器的探寻,寻求安全协议加密算法及其实现弱点,从而删除或篡改标签内容。

（3）通过干扰广播、阻塞信道或其他手段,产生异常的应用环境,使合法处理器产生故障,或者发动拒绝服务器攻击等。

2）主动攻击示例

TI 公司制造用于汽车防盗的数字签名收发器(DST)的内置加密功能的低频的 RFID 设备。2004 年某大学和 RSA 实验室的研究人员成功复制了 DST 钥匙并"盗取"了采用该防盗功能的汽车。

DST RFID 是隐藏在汽车发动机钥匙中的小芯片,通过钥匙孔旁边的读写器检测该芯片是否属于该车辆。DST 执行了一个简单的询问-应答协议。DST 芯片中含有一个密钥,芯片以该密钥为参数运行一个加密函数,对读写器发起的随机询问产生一个应答。TI 公司隐藏了加密算法的实现细节,增加了安全性能。

破解过程如下:

（1）逆向工程,即测定加密算法。从测评工具中得到 DST 读写器,获取空白的含有密钥的 DST 芯片,根据 TI 科学家在网络上发表的关于 DST 概要性加密算法的描述来测定加密算法。

（2）破解汽车钥匙。采用暴力攻击方式,搜索所有可能的 2^{40} 位密钥空间。

（3）仿真:建造了一个可编程的射频装置,用来模拟任意目标 DST 的输出。

总之,攻击并克隆 DST 芯片所需的仅仅是一些询问-应答对。

2. 被动攻击

被动攻击采用窃听技术,分析微处理器正常工作过程中产生的各种电磁特征,获得 RFID 标签和读写器之间的通信数据。美国某大学教授和学生利用定向天线和数字示波器监控 RFID 标签被读取时的功率消耗,从而推导出了密码。根据功率消耗模式可以确定何时标签接收到了正确或者不正确的密码位。

主动攻击和被动攻击都会使 RFID 应用系统承受巨大的安全风险。

4.5.2 RFID 芯片攻击技术

根据是否破坏芯片的物理封装,可以将标签的攻击技术分为破坏性攻击和非破坏性攻击两类。

1. 破坏性攻击

破坏性攻击初期与芯片反向工程一致:使用发烟硝酸去除包裹裸片的环氧树脂,用丙酮、去离子水、异丙醇清洗或氢氟酸超声浴进一步去除芯片的各层金属。去除封装后,通过金丝键合恢复芯片功能,将焊盘与外界的电器连接,最后手动用微探针获取感兴趣的信号。

破坏性攻击主要有以下两种技术。

1）版图重构

通过研究连接模式和跟踪金属连线穿越可见模块(如 ROM、RAM、EEPROM 或指令译码器)的边界,可以迅速识别芯片上的一些基本结构,如数据线和地址线。

版图重构技术也可以获得只读型 ROM 的内容。ROM 位于扩散层中,用氢氟酸去除芯片各覆盖层后,根据扩散层的边缘很容易辨认出 ROM。在基于微处理器的 RFID 设计中,ROM 可能不包含任何加密的密钥信息,但包含足够的 I/O、存取控制、加密程序等信息,因此推荐使用 Flash 或 EEPROM 等非易失性存储器存放程序。

2) 存储器读出技术

在安全认证过程中,对于非易失性存储器至少访问一次数据区,因此可以使用微探针监听总线上的信号,以获取重要数据。为了保证存储器数据的完整性,需要在每次芯片复位后计算并检验存储器的校验结果,这样就提供了快速访问全部存储器的攻击手段。

2. 非破坏性攻击

非破坏性攻击针对具有微处理器的产品,攻击手段有软件攻击、窃听技术和故障产生技术。软件攻击使用微处理器的通信接口,寻求安全协议、加密算法及其物理实现弱点;窃听技术采用高时域精度的方法分析电源接口在微处理器正常工作中产生的各种电磁辐射的模拟特征;故障产生技术通过产生异常的应用环境条件,使处理器发生故障,从而获得额外的访问路径。

微处理器本质上是成百上千个触发器、寄存器、锁存器和 SRAM 单元的集合,这些器件定义了处理器的当前状态,结合组合逻辑即可知道处理器在下一时钟周期的状态。

(1) 每个晶体管和连线都具有电阻和电容特性,其温度和电压等特性决定了信号的传输延时。

(2) 触发器在很短的时间间隔内采样并和阈值电压比较。

(3) 触发器仅在组合逻辑稳定后的前一状态上建立新的稳态。

(4) 在 CMOS 门的每次翻转变化中,P 管和 N 管都会开启一个短暂的时间,从而在电源上造成一次短路。如果没有翻转,则电源电流很小。

(5) 当输出改变时,电源电流会根据负载电容的充放电而变化。

常见的攻击手段主要有两种,即电流分析攻击和故障攻击。

习题 4

1. 简述 RFID 系统的基本组成,并绘图说明安全信道及不安全信道的范围。
2. 依据标签的能量来源可以将标签分为哪几大类?
3. RFID 面临的隐私威胁包括哪几方面?
4. RFID 攻击模式有哪几种?
5. 简要说明 RFID 系统的通信模型。
6. 恶意跟踪发生在哪几个层次?请详细说明。
7. 高度安全的射频识别系统能够对哪些单项攻击予以防范?
8. 安全 RFID 系统的基本特征是什么?
9. RFID 技术中有哪些隐私问题?保护措施是什么?
10. EPC 系统安全问题主要有哪几大类?

11. 对 EPC global 系统的纵向安全威胁和隐私威胁进行分析。

12. 针对 RFID EPC 标签的个人隐私威胁有哪些？

13. 保护 RFID 标签的安全性的物理方法有哪些？

14. 如何采用密码机制解决 RFID 的安全问题？举两三个例子对 RFID 安全协议进行说明。

15. 在应用中如何进行 RFID 电子标签的安全设计？

16. RFID 系统面临的攻击手段有哪些？

17. 举例说明 RFID 系统安全技术解决方案。

第5章 无线传感器网络安全

5.1 无线传感器网络安全概述

随着传感器、计算机、无线通信及微机电等技术的发展和相互融合,产生了无线传感器网络(Wireless Sensor Network,WSN),目前 WSN 的应用越来越广泛,已涉及国防军事、国家安全等敏感领域,安全问题的解决是这些应用得以实施的基本保证。WSN 一般部署广泛,节点位置不确定,网络的拓扑结构也处于不断变化之中。另外,WSN 节点在通信能力、计算能力、存储能力、电源能量、物理安全和无线通信等方面存在固有的局限性,WSN 的这些局限性直接导致了许多成熟、有效的安全方案无法顺利应用。正是这些矛盾使得 WSN 安全研究成为热点。

5.1.1 无线传感器网络安全问题

1. 无线传感器网络与安全相关的特点

WSN 与安全相关的特点主要有以下几个。

(1)资源受限,通信环境恶劣。WSN 单个节点能量有限,存储空间和计算能力差,直接导致了许多成熟、有效的安全协议和算法无法顺利应用。另外,节点之间采用无线通信方式,信道不稳定,信号不仅容易被窃听,而且容易被干扰或被篡改。

(2)部署区域的安全无法保证,节点易失效。传感器节点一般部署在无人值守的恶劣环境或敌对环境中,其工作空间本身就存在不安全因素,节点很容易受到破坏或被俘获,一般无法对节点进行维护,节点很容易失效。

(3)网络无基础框架。在 WSN 中,各节点以自组织的方式形成网络,以单跳或多跳的方式通信,由节点相互配合实现路由功能,没有专门的传输设备,传统的端到端的安全机制无法直接应用。

(4)部署前地理位置具有不确定性。在 WSN 中,节点通常随机部署在目标区域,各节点之间是否存在直接连接在部署前是未知的。

2. 无线传感器网络的条件限制

无线传感器网络安全要求是基于传感器节点和网络自身条件的限制提出的。其中传感器节点的限制是无线传感器网络所特有的,包括电池能量、充电能力、睡眠模式、内存储器、传输范围、干预保护及时间同步。

网络限制与普通的 Ad hoc 网络一样,包括有限的结构预配置、数据传输速率和信息包大小、通道误差率、间歇连通性、反应时间和孤立的子网络。这些限制对于网络的安全路由协议设计、保密性和认证性算法设计、密钥设计、操作平台和操作系统设计以及网络基站设计等方面都有极大的挑战。

3. 无线传感器网络的安全威胁

由于无线传感器网络自身条件的限制，再加上网络的运行多在敌手区域内（主要是军事应用），使得网络很容易受到各种安全威胁，其中一些与一般的 Ad hoc 网络受到的安全威胁相似：

(1) 窃听：一个攻击者能够窃听网络节点传送的部分或全部信息。

(2) 哄骗：节点能够伪装其真实身份。

(3) 模仿：一个节点能够表现出另一节点的身份。

(4) 危及传感器节点安全：若一个传感器及其密钥被俘获，存储在该传感器中的信息便会被攻击者读出。

(5) 注入：攻击者把破坏性数据加入到网络传输的信息中或加入广播流中。

(6) 重放：攻击者会使节点误认为加入了一个新的会话，再对旧的信息进行重新发送。重放通常与窃听和模仿混合使用。

(7) 拒绝服务(DoS)：通过耗尽传感器节点资源来使节点丧失运行能力。

除了上面的安全威胁外，无线传感器网络还有其独有的安全威胁：

(1) HELLO 扩散法：这是一种 DoS 攻击，它利用了无线传感器网络路由协议的缺陷，允许攻击者使用强信号和强处理能量让节点误认为网络有一个新的基站。

(2) 陷阱区：攻击者能够让周围的节点改变数据传输路线而经过一个被俘获的节点或一个陷阱。

在物联网中，RFID 标签是对物体静态属性的标识，而传感技术则用来标识物体的动态属性，构成物体感知的前提。从网络层次结构看，现有的传感器网络组网技术面临的安全问题如表 5.1 所示。

表 5.1　传感器网络组网技术面临的安全问题

网　络　层　次	受　到　的　攻　击
物理层	物理破坏、信道阻塞
链路层	制造冲突攻击、反馈伪造攻击、耗尽攻击、链路层阻塞等
网络层	路由攻击、虫洞攻击、女巫攻击、HELLO 泛洪攻击
应用层	去同步攻击、拒绝服务攻击等

4. 安全需求

WSN 的安全需求主要有以下几个方面。

1) 机密性

机密性要求对 WSN 节点间传输的信息进行加密，让任何人在截获节点间的物理通信信号后都不能直接获得其所携带的消息内容。

2) 完整性

WSN 的无线通信环境为恶意节点实施破坏提供了方便。完整性要求节点收到的数据在传输过程中未被插入、删除或篡改,即保证接收到的消息与发送的消息是一致的。

3) 健壮性

WSN 一般被部署在恶劣环境、无人区域或敌方阵地中,外部环境条件具有不确定性。另外,随着旧节点的失效或新节点的加入,网络的拓扑结构不断发生变化。因此,WSN 必须具有很强的适应性,使得单个节点或者少量节点的变化不会威胁整个网络的安全。

4) 真实性

WSN 的真实性主要体现在两个方面:点到点的消息认证和广播认证。点到点的消息认证使得某一节点在收到另一节点发送来的消息时,能够确认这个消息确实是该节点发送的,而不是其他节点假冒的;广播认证主要解决单个节点向一组节点发送统一通告时的认证安全问题。

5) 新鲜性

在 WSN 中,由于网络多路径传输延时的不确定性和恶意节点的重放攻击,使得接收方可能收到延后的相同数据包。新鲜性要求接收方收到的数据包都是最新的、非重放的,即体现消息的时效性。

6) 可用性

可用性要求 WSN 能够按预先设定的工作方式向合法的用户提供信息访问服务。然而,攻击者可以通过信号干扰、伪造或者复制等方式使 WSN 处于部分或全部瘫痪状态,从而破坏系统的可用性。

7) 访问控制

WSN 不能通过设置防火墙进行访问过滤,由于硬件受限,也不能采用非对称加密体制的数字签名和公钥证书机制。WSN 必须建立一套符合自身特点,综合考虑性能、效率和安全性的访问控制机制。

传感器网络安全目标如表 5.2 所示。

表 5.2　传感器网络安全目标

安全目标	意　　义	主　要　技　术
可用性	确保网络即使受到攻击(如 DoS 攻击)也能够完成基本的任务	冗余、入侵检测、容错、容侵、网络自愈和重构
机密性	保证机密信息不会暴露给未授权的实体	信息加密和解密
完整性	保证信息不会被篡改	MAC、散列、签名
不可否认性	信息发送者不能否认自己发送的信息	签名、身份认证、访问控制
新鲜性	保证用户在指定时间内得到需要的信息	网络管理、入侵检测、访问控制

5.1.2　无线传感器网络的安全机制

安全是系统可用的前提,需要在保证通信安全的前提下,降低系统开销,研究可行的安全算法。由于无线传感器网络受到的安全威胁和移动 Ad hoc 网络不同,所以现有的网络安全机制无法应用于本领域,需要开发专门协议。目前主要存在两种思路。

一种思路是从维护路由安全的角度出发,寻找尽可能安全的路由以保证网络的安全。

如果路由协议被破坏，导致传送的消息被篡改，那么对于应用层上的数据包来说就没有任何安全性可言。实现该思路的一种方法是"有安全意识的路由"（Security-Aware Routing，SAR），其思想是：找出真实值和节点之间的关系，然后利用这些真实值生成安全的路由。该方法解决了两个问题，即保证数据在安全路径中传送和路由协议中的信息安全性。在这种模型中，当节点的安全等级达不到要求时，就会自动地从路由选择中退出，以保证整个网络的路由安全。可以通过多径路由算法改善系统的稳健性（robustness），数据包通过路由选择算法在多径路由中向前传送，在接收端通过前向纠错技术得到重建。

另一种思路是把着重点放在安全协议方面，在此领域也出现了大量的研究成果。假定传感器网络的任务是为高级政要人员提供安全保护，提供一个安全解决方案将为解决这类安全问题带来一个合适的模型。在具体的技术实现上，先假定以下几点：基站总是正常工作的，并且总是安全的，满足必要的计算速度和存储器容量，基站功率满足加密和路由的要求；通信模式是点到点，通过端到端的加密保证了数据传输的安全性；射频层总是正常工作。基于以上假定，典型的安全问题可以总结为以下 4 点：

(1) 如何防止信息被非法用户截获。

(2) 当一个节点遭到破坏时如何处理。

(3) 如何识别伪节点。

(4) 如何向已有传感器网络添加合法的节点。

以下方案不采用任何路由机制。在此方案中，每个节点和基站分享一个唯一的 64 位密钥和一个公共的密钥。发送端会对数据进行加密；接收端接收到数据后，根据数据中的地址选择相应的密钥对数据进行解密。

无线传感器网络中的两种专用安全协议是安全网络加密协议（Sensor Network Encryption Protocol，SNEP）和基于时间的高效的容忍丢包的流认证协议（Timed Efficient Stream-Loss-tolerant Authen tication，TESLA）的改进协议——μTESLA。

SNEP 的功能是提供节点到接收机之间数据的鉴权、加密和刷新，μTESLA 的功能是对广播数据的鉴权。因为无线传感器网络可能是布置在敌对环境中的，为了防止供给者向网络注入伪造的信息，需要在无线传感器网络中实现基于源端认证的安全多播。但由于在无线传感器网络中不能使用公钥密码体制，因此源端认证的多播并不容易实现。

传感器网络安全协议 SP INK 中提出了基于源端认证的多播机制 μTESLA，该方案是对 TESLA 协议的改进，使之适用于传感器网络环境。其基本思想是：采用 Hash 链的方法在基站生成密钥链，每个节点预先保存密钥链最后一个密钥作为认证信息，整个网络需要保持松散同步，基站按时段依次使用密钥链上的密钥加密消息认证码，并在下一时段公布该密钥。

5.1.3 无线传感器网络的安全分析

由于传感器网络自身的一些特性，使其在各个协议层都容易遭受各种形式的攻击。下面着重分析对无线传感器网络的攻击形式。

1. 物理层的攻击和防御

物理层安全的主要问题就是如何建立有效的数据加密机制，由于传感器节点的限制，其有限的计算能力和存储空间使基于公钥的密码体制难以应用于无线传感器网络中。为了节省传感器网络的能量和提高整体性能,也尽量采用轻量级的对称加密算法。

Prasanth Ganesan 等人详细分析了对称加密算法在无线传感器网络中的负载,在多种嵌入式平台架构上分别测试了 RC4、RC5 和 IDEA 等 5 种常用的对称加密算法的计算开销。测试表明,在无线传感器平台上性能最优的对称加密算法是 RC4,而不是目前传感器网络中所使用的 RC5。

由于对称加密算法不能方便地进行数字签名和身份认证,给无线传感器网络安全机制的设计带来了极大的困难,因此高效的公钥算法是无线传感器网络安全亟待解决的问题。

2. 链路层的攻击和防御

链路层(或介质访问控制层)为邻居节点提供可靠的通信通道,在 MAC 协议中,节点通过监测邻居节点是否发送数据来确定自身是否能访问通信信道。这种载波监听方式特别容易遭到拒绝服务(DoS)攻击。在某些 MAC 层协议中使用载波监听的方法来与相邻节点协调使用信道。当发生信道冲突时,节点使用二进制值指数倒退算法来确定重新发送数据的时机,攻击者只需要产生一个字节的冲突,就可以破坏整个数据包的发送。

只要部分数据的冲突就会导致接收者对数据包的校验和不匹配,导致接收者发送数据冲突的应答控制信息 ACK,使发送节点根据二进制值指数倒退算法重新选择发送时机。这样经过反复冲突,使节点不断倒退,从而导致信道阻塞。恶意节点有计划地重复占用信道比长期阻塞信道要花更少的能量,而且相对于节点载波监听的开销,攻击者所消耗的能量非常小,对于能量有限的节点,这种攻击能很快耗尽节点有限的能量。所以,载波冲突是一种有效的 DoS 攻击方法。

虽然纠错码提供了消息容错的机制,但是纠错码只能处理信道偶然错误,而一个恶意节点可以破坏比纠错码所能恢复的错误更多的信息。纠错码本身也导致了额外的处理和通信开销。目前来看,对这种利用载波冲突实现的 DoS 攻击还没有有效的防范方法。

解决的方法就是对 MAC 的准入控制进行限速,网络自动忽略过多的请求,从而不必对每个请求都应答,节省了通信的开销。但是采用时分多路算法的 MAC 协议通常系统开销比较大,不利于传感器节点节省能量。

3. 网络层的攻击和防御

通常,在无线传感器网络中,大量的传感器节点密集地分布在一个区域里,消息可能需要经过若干节点才能到达目的地,而且由于传感器网络的动态性,没有固定的基础结构,所以每个节点都需要具有路由的功能。由于每个节点都是潜在的路由节点,因此更易于受到攻击。无线传感器网络的主要攻击种类较多,简单介绍如下。

1)虚假路由信息

通过欺骗,更改和重发路由信息,攻击者可以创建路由环,吸引或者拒绝网络信息流通量,延长或者缩短路由,形成虚假的错误消息,分割网络,增加端到端的时延。

2)选择性转发

恶意节点收到数据包后,有选择地转发或者根本不转发收到的数据包,导致数据包不能到达目的节点。恶意节点可以概率性地转发或者丢弃特定消息,而使网络陷入混乱状态。如果恶意节点抛弃所有收到的信息,将形成黑洞攻击。但是这种做法会使邻居节点认为该恶意节点已失效,从而不再经由它转发信息包,因此选择性转发更具欺骗性。其有效的解决方法是多径路由,节点也可以通过概率否决投票并由基站或簇头撤销恶意节点。

3）污水池攻击

恶意节点通过声称自己电源充足、性能可靠而且高效,使自己在路由算法上对周围节点具有特别大的吸引力,吸引周围的节点选择它作为路由中的节点,引诱该区域几乎所有的数据流通过该节点。

4）女巫攻击

在这种攻击中,单个节点以多个身份出现在网络中,使之具有更高概率被其他节点选作路由中的节点,然后和其他攻击方法结合使用,达到攻击的目的。它降低具有容错功能的路由方案的容错能力,并对地理路由协议产生重大威胁。

5）虫洞攻击

攻击者通过低延时链路将某个网络分区中的消息发往网络的另一分区重放。常见的形式是两个恶意节点相互串通,合谋进行攻击。

6）Hello 泛洪攻击

很多路由协议需要传感器节点定时发送 Hello 报文,以声明自己是其他节点的邻居节点。而收到该 Hello 报文的节点则会假定自身处于发送者正常无线传输范围内。而事实上,该节点离恶意节点的距离较远,以普通的发射功率传输的数据包根本到不了目的节点。如果 WSN 受到 Hello 泛洪攻击,后果会非常严重。

7）DoS 攻击

DoS 攻击是指任何能够削弱或耗尽 WSN 正常工作能力的行为或事件,对网络的可用性危害极大。攻击者可以通过拥塞、冲突、资源耗尽、方向误导和去同步等多种方法在 WSN 协议栈的各个层次上进行攻击。可以使用基于流量预测的传感器网络 DoS 攻击检测方案,从 DoS 攻击引发的网络流量异常变化入手,根据已有的流量观测值来预测未来流量,如果真实的流量与预测流量存在较大偏差,则判定发生了异常或攻击。在流量预测模型的基础上,设计基于阈值超越的流量异常判断机制,使路径中的节点在攻击发生后自发地检测异常。

传感器网络中的攻击和防御手段可总结为表 5.3。

表 5.3 传感器网络中的攻击和防御手段

网络层次	攻击手段	防御方法
物理层	拥塞攻击	调频、消息优先级、低占空比、区域映射、模式转换
链路层	物理破坏	伪装和隐藏
	冲突攻击	纠错码
	耗尽攻击	设置竞争门限
	非公平竞争	短帧和非优先级策略
网络层	丢弃和贪婪破坏	冗余路径探测机制
	汇聚节点攻击	加密和逐跳认证机制
	方向误导攻击	出口过滤、认证监视机制
	黑洞攻击	认证、监视、冗余机制
应用层	泛洪攻击	客户端谜题
	去同步攻击	认证

5.2 无线传感器网络的基本安全技术

传感器网络的基本安全技术包括基本安全框架、密钥分配、安全路由和入侵检测以及加密技术等。传感器网络安全体系结构如图 5.1 所示。构成传感器网络的整体安全框架是构建安全传感器网络的重要手段。

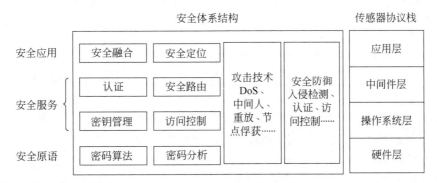

图 5.1 传感器网络安全体系结构

5.2.1 安全框架与密钥分配

1. 安全框架

现有的安全框架有 SPIN(包含 SNEP 和 μTESLA 两个安全协议)、Tiny Sec、参数化跳频、LisP 和 LEAP 协议等。

2. 密钥分配

传感器网络的密钥分配主要倾向于采用随机预分配模型的密钥分配方案,其主要思路是:在网络构建之前,每个节点从一个较大的密钥池中随机选择少量密钥构成密钥环,使得任意两个节点之间能以一个较大的概率共享密钥。

5.2.2 安全路由

由于传感器网络中许多路由协议相对简单,更易受到攻击,所以常常采用安全路由来增强网络的安全性,常用的方法如下:

(1) 在路由中加入容侵策略,可提高物联网的安全性。

(2) 用多径路由选择方法抵御选择性转发攻击。采用多径路由选择,允许节点动态地选择一个分组的下一跳节点,能进一步抑制攻击者控制数据流的计划,从而提供保护。

(3) 在路由设计中加入广播半径限制以抵御洪泛攻击。采用广播半径限制,每个节点都有一个数据发送半径限制,使它只能对落在这个半径区域内的节点发送数据,而不能对整个网络广播,这样就把节点的广播范围限制在一定的地理区域内。具体可以对节点设置最大广播半径(Rmax)参数。

(4) 在路由设计中加入安全等级策略以抵御虫洞攻击和陷洞攻击。

5.2.3 入侵检测技术

由于在物联网中完全依靠密码体制不能抵御所有攻击，故常采用入侵检测技术作为信息安全的第二道防线。入侵检测技术是一种检测网络中违反安全策略行为的技术，能及时发现并报告系统中未授权或异常的现象。

按照参与检测的节点是否主动发送消息，可将入侵检测技术分为被动监听检测和主动检测。被动监听检测主要是通过监听网络流量的方法展开；而主动检测是指检测节点通过发送探测包来反馈或者接收其他节点发来的消息，然后通过对这些消息进行一定的分析和检测。

根据检测节点的分布，被动检测可分为密集检测和稀疏检测两类。密集检测通过在所有节点上部署检测算法来最大限度地发现攻击。检测通常部署在网络层。

网络层的攻击检测方法主要有看门狗检测方法、基于 Agent 的方法、针对特别攻击的方法以及基于活动的监听方法等。链路层主要通过检测到达的发送请求的速率来发现攻击。

在物理层主要检测阻塞攻击，主要方法有：通过检测单个节点发送和接收成功率来判断是否遭受攻击，通过分析信号强度随时间的分布来发现阻塞攻击特有的模式，以及通过周期性检查节点的历史载波侦听时间来检测攻击。

稀疏检测则通过选择合适的关键节点进行检测，在满足检测需求的条件下尽量降低检测的花费。

主动检测主要有 4 种方法：

(1) 路径诊断的方法。

其诊断过程是：源节点向故障路径上选定的探测节点发送探测包，每个收到探测包的节点都向源节点发送回复，若某节点没有返回包，说明其与前一个节点间的子路径出现故障，需要在其间插入新的探测节点，展开新一轮检测。

(2) 邻居检测的方法。

单个节点通过从对应的不同物理信道向各个邻居节点发送信号，并获得反馈来发现不合法的节点 ID；也可以在链路层 CTS 包中加入一些预置要求，如发送延迟等，如果接收方没有采取所要求的行为，则被认定为非法节点。还有针对特定攻击的检测，基站向周围节点发送随机性的多播，然后通过消息反馈的情况检测针对多播协议的攻击。

(3) 通过向多个路径发送 ping 包的方式发现路径上的关键节点，从而部署攻击检测算法。

(4) 基于主动提供信息的检测。网络中部分节点向其他节点定期广播邻居节点信息，其他节点通过分析累积一定时间后的信息发现重复节点。

以上检测技术不可避免的问题是：由于物联网节点资源受限，且是高密度冗余撒布，不可能在每个节点上运行一个全功能的入侵检测系统(Intrusion Detection System，IDS)，因此，如何在传感器网络中合理地分布 IDS 的问题有待于进一步研究。

5.3　无线传感器网络安全研究重点

无线传感器网络技术是一项新兴的前沿技术,国外比国内研究得更早、更深入。国外近几年对无线传感器网络安全领域的研究可分为 5 大类,如表 5.4 所示。

表 5.4　无线传感器网络安全领域研究分类

大　类	子　类	大　类	子　类
密码技术	加密技术	路由安全	安全路由行程
	完整性检测技术		攻击
	身份认证技术		路由算法
	数字签名	位置意识安全	攻击
密钥管理	预先配置密钥		安全路由协议
	仲裁密钥		位置确认
	自动加强的自治密钥	数据融合安全	集合
	使用配置理论的密钥管理		认证

5.3.1　无线传感器网络安全技术

无线传感器网络也是无线通信网络的一种,两者有着基本相同的密码技术。密码技术是无线传感器网络安全的基础,也是所有网络安全实现的前提。涉及无线传感器网络的安全技术有如下 4 种。

1. 加密技术

加密是一种基本的安全机制,它把传感器节点间的通信消息利用加密密钥转换为密文,这些密文只有知道解密密钥的人才能识别。

加密密钥和解密密钥相同的密码算法称为对称密钥密码算法,加密密钥和解密密钥不同的密码算法称为非对称密钥密码算法。对称密钥密码系统要求保密通信双方必须事先共享一个密钥,因而也叫单钥(私钥)密码系统。相应的算法又分为分流密码算法和分组密码算法两种。而在非对称密钥密码系统中,每个用户拥有两个密钥,即公钥和私钥。公钥对所有人公开,而只有用户自己知道私钥。

2. 完整性检测技术

完整性检测技术用来进行消息的认证,其目的是检测因恶意攻击者窜改而引起的信息错误。为了抵御恶意攻击,完整性检测技术加入了秘密信息,不知道秘密信息的攻击者将不能产生有效的消息认证码。

消息认证码是一种典型的完整性检测技术。其实现过程如下:

（1）将消息通过一个带密钥的散列函数产生一个消息认证码，并将它附在消息后一起传送给接收方。

（2）接收方在收到消息后可以重新计算消息认证码，并将其与接收到的消息认证码进行比较：如果相等，接收方可以认为消息没有被窜改；如果不相等，接收方就知道消息在传输过程中被窜改了。

该技术实现简单，易于在无线传感器网络中实现。

3. 身份认证技术

身份认证技术通过检测通信双方拥有什么或者知道什么来确定通信双方的身份是否合法。采用这种技术时，通信双方中的一方通过密码技术验证另一方是否知道他们之间共享的密钥或者其中一方自有的密钥。这是建立在运算简单的对称密钥密码算法和散列函数基础上的，适合所有无线网络通信。

4. 数字签名

数字签名是用于提供不可否认性的服务安全机制。数字签名大多基于非对称密钥密码算法。用户利用其私钥对消息进行签名，然后将消息和签名一起传给验证方；验证方利用签名者的公钥来验证签名的真伪。

5.3.2　密钥确立和管理

密码技术是网络安全构架十分重要的部分，而密钥是密码技术的核心内容。密钥的确立需要在参与实体和密钥计算之间建立信任关系。这种信任关系可以通过公钥或者私钥技术来建立。无线传感器网络的通信不能依靠一个固定的基础组织或者一个中心管理员来实现，而要用分散的密钥管理技术。

密钥管理协议分为预配置密钥协议、仲裁密钥协议和自动加强的自治密钥协议。预配置密钥协议在传感器节点中预先配置密钥。这种方法不够灵活，特别是在动态无线传感器网络中增加或移除节点的时候。在仲裁密钥协议中，密钥分配中心（Key Distribution System，KDC）用来建立和保持网络的密钥，它可以集中于一个节点或者分散在一组信任节点中。自动加强的自治密钥协议把建立的密钥散布在节点组中。

1. 预配置密钥协议

预配置密钥协议采用以下3种方法实现：

（1）在全网络范围内预先配置密钥。无线传感器网络所有节点在配置前都要装载同样的密钥。在这种方法中，任何一个危险节点都会危及整个网络的安全。

（2）明确节点的预配置密钥。网络中的每个节点需要知道与其通信的所有节点的 ID，每两个节点共享一个独立的密钥。在这种方法中，尽管有少数危险节点互相串接，但整个网络不会受到影响。

（3）预先配置节点。这种方法提供组节点保护来对抗不属于该组的其他危险节点的威胁。

2. 仲裁密钥协议

仲裁密钥协议包含用于确立密钥的第三方信任部分。

3. 自动加强的自治密钥协议

自动加强的自治密钥协议分为以下两种：

1）非对称密钥协议

这种协议基于公钥密码技术。每个节点在配置之前，在其内部嵌入由认证权威授予的公钥证书。

2）组密钥协议

在无线传感器网络节点组中确立一个密钥，而不依赖于第三信任方。这种协议也是基于公钥密码技术的。

4. 使用配置理论的密钥管理

由于资源的限制，无线传感器网络中的密钥管理显得尤为重要。使用配置理论的密钥管理方案是密钥预配置方案的一种改进。它加入了配置理论，避免了不必要的密钥分配。配置理论的加入充分改进了网络的连通性、存储器的实用性以及抵御节点捕获的能力，与前面提到的密钥管理方案相比，更适用于大型无线传感器网络。配置理论假设传感器节点在配置后都是静态的。配置点是节点配置时的位置，但它并不是节点的最终位置，驻点才是传感器节点的最终位置。

5.3.3　无线传感器网络的路由安全

人们为无线传感器网络提出了许多路由协议，使得有限的传感器节点和网络特殊应用的结合达到最优化，但是这些协议都忽视了路由安全。由于缺少必要的路由安全措施，攻击者可以使用具有高能量和大通信范围的膝上电脑来攻击网络。因此，设计安全路由协议对保护路由和无线传感器网络安全非常重要。

1. 无线传感器网络路由协议受到的攻击

无线传感器网络路由协议有多种，它们受到的攻击种类也不同，如表2.2所示。了解这些攻击种类，才能在协议中加入相应的安全机制，保护路由协议的安全。

2. 攻击对策

针对以上攻击，人们提出了一系列措施，包括链路层加密和认证、多路径路由行程、身份确认、双向连接确认和广播认证。但这些措施只能在路由协议设计完成以前加入协议中，对攻击的抵御才有作用，这是实现路由安全的重要前提。无线传感器网络路由协议设计完成以后，就不可能在其中加入安全机制了。所以在设计路由协议时就要把安全因素加入路由协议中，这是保证网络路由安全唯一有效的方法。

5.3.4　数据融合安全

无线传感器网络中有大量的节点，会产生大量的数据。如何对这些数据进行分类，筛选出在网络中传输的有效数据，并进行数据身份认证，是数据融合安全所要解决的问题。

1. 数据集合

数据集合通过最小化多余数据的传输来提高带宽使用率和能量利用率。

当前流行的安全数据集合协议（SRDA）通过传输微分数据代替原始的感应数据来减少传输量。SRDA 利用配置估算且不实施任何在线密钥分配，从而建立传感器节点间的安全连通。它把数据集合和安全概念融入无线传感器网络，可以实施对目标的持续监控，实现传感器与基站之间的数据漂流。

2. 数据认证

数据认证是无线传感器网络安全的基本要求之一。网络中的消息在传输之前都要强制认证，否则敌手能够轻松地将伪造的消息包注入网络，从而耗尽传感器能量，使整个网络瘫痪。

数据认证可以分为 3 类：

（1）单点传送认证（用于两个节点间数据包的认证）。使用的是对称密钥协议，数据包中包含节点间共享的密钥作为双方的身份认证。

（2）全局广播认证（用于基站与网络中所有节点间数据包的认证）。适用于有严格资源限制的环境。

（3）局部广播认证（支持局部广播消息和消极参与）。局部广播消息是由时间或事件驱动的。Cisco 公司的 LEAP 中包括了一个有效的协议用于局部广播认证。

5.4　基于 ZigBee 技术的无线传感器网络的安全

ZigBee 是一种短距离、低速率的无线通信技术，是当前面向无线传感器网络的技术标准。其名字来源于蜂群使用的赖以生存和发展的通信方式。虽然存在多种无线网络技术与之竞争，但 ZigBee 因其优越特性脱颖而出，其主要特性有低速率、近距离、低功耗、低复杂度和低成本，目前主要应用在短距离无线网络通信方面。

ZigBee 技术已经广泛应用于自动控制、传感和远程控制等领域，包括工业控制、消费性电子设备、汽车自动化、农业自动化和医用设备控制等。在许多应用中，对传感器网络的安全性有很高的要求，因此，安全问题成为制约无线传感器网络发展的重要因素。

5.4.1　ZigBee 技术分析

ZigBee 技术是一种近距离、大规模、自组织、低复杂度、低功耗、低速率和低成本的无线组网技术。

1. ZigBee 设备分类

为了降低系统成本和应用需要,ZigBee 网络定义了两种设备。一种是全功能设备(Full Function Device,FFD),称为主设备,它具有网络协调者的功能,可与网络中任何类型的设备通信。在网络传输过程中,如果启用安全机制,网络协调者又可成为信任中心,参与密钥分配和认证服务等工作。另一种是简化功能设备(Reduced Function Device,RFD),称为从设备,只能与主设备通信。

2. ZigBee 的网络结构及协议栈

ZigBee 主要采用 3 种组网拓扑:星状结构(star)、网状结构(mesh)和簇状结构(cluster tree),如图 5.2 所示。

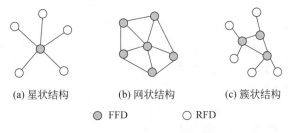

(a) 星状结构　　　(b) 网状结构　　　(c) 簇状结构

● FFD　　　　○ RFD

图 5.2　ZigBee 组网拓扑

在星状结构中,一个功能强大的主设备位于网络的中心,作为网络协调者,其他主设备或从设备分布在其覆盖范围内。网状结构是由主设备连接在一起形成的,网络中的主设备互为路由器。簇状结构是由星状结构和网状结构相结合形成的,各个子网内部以星状结构连接,各个子网的主设备又以对等的方式连接在一起。数据流首先传到同一个子网内的主设备,通过网关节点达到更高层的子网,随后继续上传,最后到达汇集中心设备。

ZigBee 技术的物理层和数据链路层协议主要采用 IEEE 802.15.4 标准,而网络层和应用层协议由 ZigBee 联盟负责建立。物理层提供基本的无线通信;数据链路层提供设备之间通信的可靠性及单跳通信的链接;网络层负责拓扑结构的建立和维护、命名和绑定服务,它们协同完成寻址、路由及安全等不可缺少的任务;应用层包括应用支持子层、ZigBee 设备对象(ZigBee Device Object,ZDO)和应用,ZDO 负责整个设备的管理,应用支持子层提供对ZDO 和 ZigBee 应用的服务。数据链路层、网络层和应用层负责在各自层中传输安全的数据。

3. 安全分析

ZigBee 技术在安全方面有如下特点。

(1) ZigBee 提供了刷新功能。

刷新检查能够阻止转发的攻击。ZigBee 设备有输入和输出刷新计数器,当有一个新的密钥建立时,计数器就重置。每秒通信一次的设备,它的计数器值不能超过 136 年。

(2) ZigBee 提供了数据包完整性检查功能。

在传输过程中,这种功能阻止攻击者对数据进行修改。数据包完整性选项有 0、32、64和 128,在数据保护和数据开销之间进行折中选择。

（3）ZigBee 提供了认证功能。

认证保证了数据的发起源的真实性，阻止攻击者修改一个设备并模仿另一个设备。认证可应用在网络层和设备层，网络层认证通过使用一个公共的网络密钥阻止外部的攻击，内存开销很小。设备层认证在两个设备之间使用唯一的链接密钥，能阻止内部和外部的攻击，但需要很大的内存开销。

（4）ZigBee 提供了加密功能，能够阻止窃听者侦听数据。它使用 128 位 AES 加密算法，这种加密保护可应用在网络层和设备层。网络层加密通过使用一个公共的网络密钥阻止外部的攻击，内存开销很小。设备层加密在两个设备之间使用唯一的链接密钥，能阻止内部和外部的攻击，但需要很大的内存开销。

ZigBee 技术在数据加密过程中可以使用 3 种基本密钥，分别是主密钥、链接密钥和网络密钥。主密钥是两个设备长期安全通信的基础，也可以作为一般的链接密钥使用，所以必须维护主密钥的保密性和正确性。链接密钥是在一个 PAN（Personal Area Network，个域网）中被两个设备共享的，它可以通过主密钥建立，也可以在设备制造时安装。它可应用在数据链路层、网络层和应用层。链接密钥和网络密钥不断地进行周期性的更新。当两个设备都拥有这两种密钥时，采用链接密钥进行通信。虽然网络密钥的存储开销小，但它降低了系统的安全性，因为网络密钥被多个设备所共享，所以不能阻止内部的攻击。

5.4.2　ZigBee 协议栈体系结构安全

ZigBee 协议是一种新兴的无线传感器网络技术标准，它是在传统无线协议无法适应无线传感器网络低成本、低能量、高容错性等要求的情况下产生的。ZigBee 是在 IEEE 802.15.4（无线个域网）协议标准的基础上扩展的，IEEE 802.15.4 标准只定义了物理层和数据链路层的 MAC 子层。物理层由射频收发器以及底层的控制模块构成，MAC 子层为高层访问物理信道提供点到点通信的服务接口。ZigBee 联盟负责制定网络层和应用层各高层规范。ZigBee 协议栈安全体系结构如图 5.3 所示。

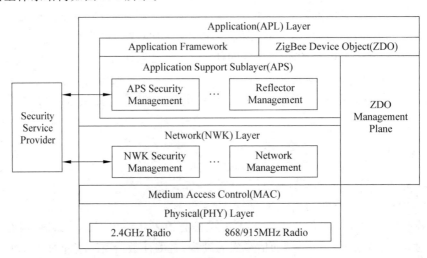

图 5.3　ZigBee 协议栈安全体系结构

ZigBee 协议栈由物理层、数据链路层、网络层和应用层组成。物理层负责基本的无线通信,由调制、传输、数据加密和接收构成。数据链路层提供设备之间单跳通信、可靠传输和通信安全。网络层主要提供通用的网络层功能(如拓扑结构的搭建和维护、寻址和安全路由)。应用层包括应用支持子层、ZigBee 设备对象和各种应用。

1. 数据链路层安全

数据链路层通过建立有效的机制保护信息安全。

数据链路层的 MAC 子层有 4 种类型的帧,分别是命令帧、信标帧、确认帧和数据帧。其安全帧格式如图 5.4 所示。

SYNC	PHY Header	MAC Header	Auxiliary Header	Encrypted MAC Payload	MIC

图 5.4　数据链路层的 MAC 子层安全帧格式

其中,Auxiliary Header 是携带的安全信息,MIC 提供数据完整性检查,其值有 0、32、64和 128 可供选择。对于数据帧,MAC 子层只能保证单跳通信安全,为了提供多跳通信的安全保障,必须依靠上层提供的安全服务。在 MAC 子层使用的是 AES 加密算法,根据上层提供的密钥的级别,可以保障不同水平的安全性。

IEEE 802.15.4 标准 MAC 子层使用的是 CCM 模式,CCM 是一种通用的认证和加密模式,被定义使用在类似于 AES 的 128 位的数据块上,它由 CTR 模式和 CBC-MAC 模式组成。CCM 主要包括认证和加密,认证使用 CBC-MAC 模式,而加解密使用 CTR 模式。而ZigBee 技术对数据保护采用了一种改进的模式,即 CMM* 模式,它通过执行 AES-128 加密算法来对数据进行保密。

2. 网络层安全

网络层对帧采取的保护机制同数据链路层一样,为了保证帧能正确传输,在安全帧格式中也加入了 Anxiliary Header 和 MIC。网络层的安全帧格式如图 5.5 所示。

SYNC	PHY Header	MAC Header	NWK Header	Auxiliary Header	Encrypted MAC Payload	MIC

图 5.5　网络层安全帧格式

网络层的主要思想是:首先广播路由信息,接着处理接收到的路由信息,例如判断数据帧来源,然后根据数据帧中的目的地址采取相应机制将数据帧传送出去。在传送的过程中,一般利用链接密钥对数据进行加密处理,如果链接密钥不可用,网络层将利用网络密钥进行保护。由于网络密钥在多个设备中使用,可能带来内部攻击,但是它的存储开销小。网络层对安全管理有责任,但由应用层控制安全管理。

3. 应用层安全

应用层安全是通过 APS 子层实现的,根据不同的应用需求采用不同的密钥,主要使用的是链接密钥和网络密钥。应用层的安全帧格式如图 5.6 所示。

应用支持子层提供的安全服务有密钥建立、密钥传输和设备服务管理。密钥建立是在两个设备间进行的,包括 4 个步骤:交换暂时数据,生成共享密钥,获得链接密钥,确认链接

SYNC	PHY Header	MAC Header	NWK Header	APS Header	Auxiliary Header	Encrypted MAC Payload	MIC

图 5.6　应用层安全帧格式

密钥。密钥传输服务负责在设备间安全传输密钥。设备服务管理包括更新设备服务和移除设备服务。更新设备服务提供一种安全的方式通知其他设备有第三方设备需要更新；移除设备服务则是通知有设备不满足安全需要，要被删除。

5.4.3　安全密钥

ZigBee 采用 3 种密钥，分别是网络密钥、链接密钥和主密钥，它们在数据加密过程中使用。其中，网络密钥可以在数据链路层、网络层和应用层中使用，主密钥和链接密钥则使用在应用层及其子层。

网络密钥可以在设备制造时安装，也可以在密钥传输中得到，它可应用于多个层。主密钥可以在信任中心设置或者在制造时安装，还可以是个人识别码（PIN）、口令等。为了保证传输过程中主密钥不遭到窃听，需要确保主密钥的保密性和正确性。链接密钥是在两个端设备通信时双方共享的，可以由主密钥建立，这是因为主密钥是两个设备通信的基础。链接密钥也可以在设备制造时安装。

5.4.4　ZigBee 网络结构

ZigBee 定义了 3 种设备，分别是 ZigBee 协调器、ZigBee 路由器和 ZigBee 终端设备。

ZigBee 协调器负责启动和配置网络，在一个 ZigBee 网络中只允许有一个 ZigBee 协调器。ZigBee 路由器是一种支持关联的设备，一个网络可以有多个路由器，它能够将消息转发到其他设备，但是在星状网络中不支持 ZigBee 路由器。ZigBee 终端设备可以执行相应的功能，并通过网络连接其他需要与其通信的设备。ZigBee 网络结构如图 5.7 所示。

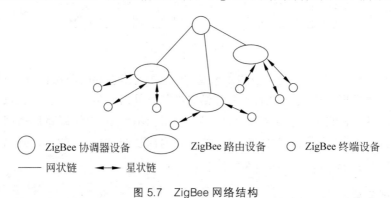

○ ZigBee 协调器设备　　◯ ZigBee 路由设备　　○ ZigBee 终端设备
—— 网状链　　◄—► 星状链

图 5.7　ZigBee 网络结构

5.4.5　信任中心

所谓信任中心是在网络中分配安全密钥的一种令人信任的设备，它允许设备加入网络，

并分配密钥,以确保设备之间端到端的安全性。在采用安全机制的网络中,网络协调者可成为信任中心。信任中心具有 3 种功能:

(1) 信任管理。任务是负责对加入网络的设备进行验证。

(2) 网络管理。任务是负责获取和分配网络密钥给设备。

(3) 配置管理。任务是确保端到端设备的安全。

信任中心有两种模式:住宅模式和商用模式。

对于住宅模式,信任中心要维护一个关于网络中所有设备和密钥的清单,并采取措施对网络访问和密钥进行控制管理。同样,对于商用模式,信任中心也要维护一个网络中所有设备和密钥的清单,并对网络密钥的更新和网络访问控制进行管理,但它还要在每个设备中维护一个计数器,此计数器会随着密钥的产生不断变化,目的是保证按顺序更新。

住宅模式的密钥分布如图 5.8 所示。

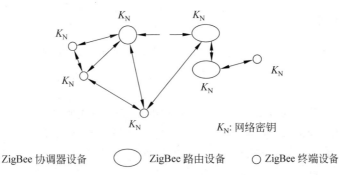

图 5.8　住宅模式密钥分布

住宅模式鉴权过程如图 5.9 所示。

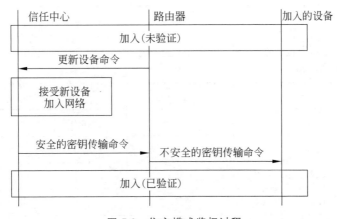

图 5.9　住宅模式鉴权过程

商用模式需要维护密钥并允许更新,具有良好的扩展性,但其要消耗相当多的存储空间;相比之下,住宅模式消耗资源少且不需要设置密钥,因而不需要更新,但其网络的扩展性不好。

对于商业模式,网络中密钥分布和鉴权过程比较复杂。为了满足安全性需要,ZigBee 标准提供不同的方法来确保安全,主要有以下 4 方面。

1. 加密技术

ZigBee 使用 AES-128 加密算法。网络层加密是通过共享的网络密钥来完成加密的,它可以阻止来自外部的攻击。而设备层是通过唯一的链接密钥在两端设备间完成加密的,它可以阻止内部和外部的攻击。加密技术的有无不会影响帧序更新、完整性和鉴权。

2. 鉴权技术

鉴权可以保证信息的原始性,使得信息不被第三方攻击。鉴权有网络层鉴权和设备层鉴权两种。网络层鉴权可以阻止外部攻击,但增加了内存开销,它通过共享的网络密钥完成。设备层鉴权通过设备间唯一的链接密钥完成,它可以阻止内部和外部攻击,内存开销较小。

3. 完整性保护

对信息的完整性保护有 4 种选择,分别是 0、32、64 和 128 位,默认采用 64 位。

4. 帧序更新

通过设置计数器来保证数据更新,通过使用有序编号来避免帧重发攻击。在接收到一个数据帧后,将新的编号和最后一个编号比较,如果新的编号比最后一个编号要新,则校验通过;反之,校验失败。这样可以保证收到的数据是最新的,但不提供严格的与上一帧数据之间的时间间隔信息。

ZigBee 标准定义了 8 种安全级别,具体如表 5.5 所示。

表 5.5 ZigBee 安全级别

安全级别	安全属性	数据加密	帧完整性	完整性代码/b
0	无	无	无	0
1	MIC-32	无	有	32
2	MIC-64	无	有	64
3	MIC-128	无	有	128
4	ENC	有	无	0
5	ENC＋MIC-32	有	有	32
6	ENC＋MIC-64	有	有	64
7	ENC＋MIC-128	有	有	128

5.4.6 存在问题及未来展望

ZigBee 用了多种措施来保证传输安全,采用 AES-128 加密算法、数据完整性检查和鉴权功能。这些措施在某种程度上对安全有一定保障,但是也存在一些问题。虽然有文献认为 AES-128 加密算法对大部分商业应用来说是足够安全的,而且 NIST 也预计 AES-128 加密至少用到 2036 年是安全的,但是单一的对称加密算法在数据加密和密钥交换中可能带来安全隐患,研究非对称加密在密钥分配中的应用具有前景。有学者建议将椭圆曲线加密方法作为公钥加密算法在 ZigBee 技术中应用。

在 ZigBee 组网方面,基于 ZigBee 技术组成的网状网只适合数据传输量较小的应用,例如工业控制领域,而不适合数据传输量较大的应用,因此需进一步加强 ZigBee 组网的研究,使其应用领域更为广泛。

在无线传感网络中的数据安全交换方面,ZigBee 联盟只在理论上对网络层安全协议进行描述,并没有对不同应用应采取的具体安全级别有具体的研究,因此针对不同应用的具体安全措施还有待进一步加强,同时对数据完整性和认证技术研究以及根据不同的应用情况进行安全属性的灵活配置研究也很重要。

由于 IPv6 拥有巨大的地址空间,能为每一个 ZigBee 节点分配一个全球唯一的网络地址,同时还能提供很好的服务质量(Quality of Service,QoS)和安全的通信保障,因此,IPv6 和 ZigBee 结合是未来发展的一个亮点,目前国内相应的产品也已经问世。总之,为了使 ZigBee 技术有更加广阔的应用空间,对 ZigBee 的安全技术,如密钥分配协议的需求与性能指标、密钥管理的方案等,还需进一步深入研究。

ZigBee 是一种新兴的无线网络通信技术,它因优越的特性在众多技术中脱颖而出,被业界认为是最适合无线传感器网络的新技术。在安全方面,ZigBee 技术对协议栈各层加强了安全保护,采用 AES 加密算法对数据加密,同时提供数据完整性检查和鉴权措施,还建立了信任中心机制,对安全密钥进行管理,这些安全措施的采用使无线网络通信具有良好的安全保护机制。随着许多应用对安全需求的提升,进一步加强 ZigBee 的安全研究是必要的。

习题 5

1. 无线传感器网络与安全相关的特点有哪些?
2. 简单分析无线传感器网络的安全威胁。
3. 无线传感器网络的攻击形式有哪几种?
4. 绘图描述传感器网络安全体系结构。
5. 如何采用安全路由来增强网络的安全性?有哪些常用的方法?
6. 简述涉及无线传感器网络的 4 种安全技术。
7. 什么是无线传感器网络中的数据融合安全和数据认证?
8. 简要说明 ZigBee 技术在安全方面的具体特点。
9. 什么是 ZigBee 信任中心?它能提供哪几种功能?
10. 为了满足安全性需要,ZigBee 标准使用哪几种方法来确保安全?

第三部分　物联网网络构建层安全

第 6 章　无线通信网络安全

6.1　物联网信息传输

物联网信息传输安全主要涉及物联网网络构建层安全,而物联网网络构建层主要实现信息的传送和通信,它包括接入层和核心层。网络构建层既可依托公众电信网和互联网,也可依托行业专用通信网络,还可同时依托公众网和专用网,如接入层依托公众网,核心层依托专用网,或接入层依托专用网,核心层依托公众网。物联网网络构建层的安全主要分为两类:

(1)来自物联网本身(主要包括网络的开放性架构、系统的接入和互联方式以及各类功能繁多的网络设备和终端设备的能力等)的安全隐患。

(2)源于构建和实现物联网网络构建层功能的相关技术(如云计算、网络存储和异构网络技术等)的安全弱点和协议缺陷。

其中,目前所涉及的网络包括无线通信网络 WLAN、WPAN、移动通信网络和下一代网络等。网络构建层存在的主要问题是业务流量模型、空中接口和网络架构安全问题。以下主要阐述无线网络的连接方式和各种安全措施。

6.1.1　无线和有线的区别

在有线网络中,网络的媒介是私有的,用户不需要关注有谁连接到网络上,因为在设想中未经过授权的使用者是不能够连接到网络上的。用户也不用确定信息是否是机密的,因为信息是在私有的电缆中传送的,未经过授权的使用者是不可能轻易接近的。

在无线网络中,网络的媒介是公有的,无论是谁,只要有适当的设备,在接收区域内就能够连接到网络上。网络的信息也必须被处理成机密的,因为未经过授权的使用者在接收的物理区域内也是可以得到信息的。

所谓无线网络,既包括允许用户建立远距离无线连接的全球语音和数据网络,也包括为近距离无线连接进行优化的红外线技术及射频技术。如今无线网络技术已经广泛应用到多个领域,然而,无线网络的安全性也是最令人担忧的,经常成为入侵者的攻击目标。图 6.1 是未经过授权的使用者从无线网络中非法收取信息的示意。

6.1.2　安全连接的 3 个要素

无线网络的安全连接包括以下 3 个要素。

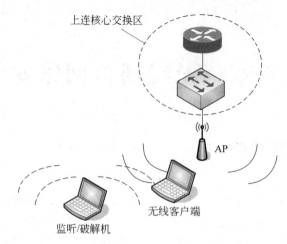

图 6.1　未经过授权的使用者非法收取信息

1. 鉴权

在数据信息被允许传送以前，无线网络的节点必须被识别，而且必须（依靠鉴权的方法）提交能够被认为有效的信任书。

2. 加密

在发送无线网络的数据包以前，无线网络的节点必须对数据进行加密，以确保数据的机密性。

3. 数据的完整性保证

在发送数据包以前，无线网络的节点必须确保数据包中包含有关数据完整性的信息，这样，数据的接收者才能确信数据在传送过程中没有被改动过。

6.1.3　设备局限性

WLAN 技术出现之后，"安全"就始终与"无线"这个词如影相随，针对无线网络技术中涉及的安全认证加密协议的攻击与破解层出不穷。

现在，互联网上有大量的文章介绍攻击与破解 WLAN 密钥的方法。对于 104 位 WEP，仅需捕获 40 000 个数据包，破解 WEP 的成功率就可达 50%；而若捕获 85 000 个数据包，成功率就可达到 95%。就算是 256 位的 WEP 加密，也只需要 30 万个数据包，这体现了设备和安全算法的局限性。

6.2　无线网络的结构

无线局域网（Wireless Local Area Network，WLAN）具有可移动性、安装简单、高灵活性和扩展能力，作为对传统有线网络的延伸，在许多特殊环境中得到了广泛的应用。随着无线数据网络解决方案的不断推出,"用户不论在任何时间、任何地点都可以轻松上网"这一目标被轻松实现了。无线网络的应用扩大了用户的自由度,并具有安装时间短,增加用户或更改网络结构方便、灵活、经济,可以提供无线覆盖范围内的全功能漫游服务等优势。然而,在无线网络技术为人们带来极大方便的同时,安全问题已经成为阻碍无线网络技术应用普及的一个主要障碍。

由于无线局域网采用公共的电磁波作为载体,任何人都有条件窃听或干扰信息,因此对越权存取和窃听的行为也更不容易防备。在 2001 年拉斯维加斯的黑客会议上,安全专家就指出,无线网络将成为黑客攻击的另一块热土。一般的黑客工具盒就包括带有无线网卡的微机和无线网络探测软件。因此,在应用无线网络时,应该充分考虑其安全性。

无线局域网由无线网卡、无线接入点(Access Point,AP)、计算机和有关设备组成,采用单元结构,将整个系统分成多个单元,每个单元称为一个基本服务组(Basic Service Set,BSS)。BSS 的组成有以下 3 种方式:无中心的分布对等方式、有中心的集中控制方式以及这两种方式的混合方式。在分布对等方式下,无线网络中的任意两站之间可以直接通信,无须设置中心控制站。这时,MAC 控制功能由各站分布管理。在集中控制方式下,无线网络中设置一个中心控制站,主要完成 MAC 控制以及信道的分配等任务,网络内的其他各站在该中心的协调下相互通信。第三种方式是分布式与集中式的混合方式,在这种方式下,网络中的任意两站均可以直接通信,而中心控制站完成部分无线信道资源的控制。

6.3　无线网络的安全隐患

无线通信网络之所以得到广泛应用,是因为无线通信网络的建设不像有线通信网络那样受地理环境的限制,无线通信用户也不像有线通信用户那样受通信电缆的限制,而是可以在移动中通信。无线通信网络的这些优势都来自它所采用的无线通信信道,而无线信道是一个开放的信道,它在赋予无线用户通信自由的同时,也给无线通信网络带来一些不安全因素,如通信内容容易被窃听、通信内容可以被更改、通信双方身份可能被假冒等。

无线通信网络中的不安全因素主要有以下几个方面。

1. 无线窃听

在无线通信网络中,所有网络通信内容(如移动用户的通话信息、身份信息、位置信息、数据信息以及移动站与网络控制中心之间的信令信息等)都是通过无线信道传送的。而无线信道是一个开放的信道,任何具有适当的无线设备的人均可以通过窃听无线信道而获得上述信息。虽然有线通信网络也可能会遭到搭线窃听,但这种搭线窃听要求窃听者能接触到被窃听的通信电缆,而且需要对通信电缆进行专门处理,这样就很容易被发现。而无线窃听相对来说比较容易,只需要适当的无线接收设备即可,而且很难被发现。

对于无线局域网和无线个域网来说,它们的通信内容更容易被窃听,因为它们都工作在全球统一的、公开的 ISM(Industrial,Scientific and Medical,工业、科学和医疗)频带,任何个人和组织都可以利用这个频带进行通信。而且,很多无线局域网和无线个域网采用群通信方式相互通信,即每个移动站发送的通信信息,其他移动站都可以接收,这些使得网络外部人员也可以接收到网络内部的通信内容。

无线窃听可以导致信息（如通话信息、身份信息、位置信息、数据信息以及移动站与网络控制中心之间的信令信息等）泄露。移动用户的身份信息和位置信息的泄露可以导致移动用户被无线跟踪。无线窃听除了可以导致信息泄露外，还可以导致其他一些攻击，如传输流分析，即攻击者可能并不知道真正的消息，但他知道这个消息确实存在，并知道这个消息的发送方和接收方地址，从而可以根据消息传输流的这些信息分析通信目的，并可以猜测通信内容。

2. 假冒攻击

在无线通信网络中，移动站（包括移动用户和移动终端）与网络控制中心以及其他移动站之间不存在任何固定的物理连接（如网络电缆），移动站必须通过无线信道传送其身份信息，以便于网络控制中心以及其他移动站能够正确鉴别它的身份。由于无线信道传送的任何信息都可能被窃听，当攻击者截获一个合法用户的身份信息时，他就可以利用这个身份信息来假冒该合法用户的身份加入网络，这就是所谓的身份假冒攻击。

在不同的无线通信网络中，身份假冒攻击的目的有所不同。例如，在移动通信网络中，其工作频带并不是免费使用的，移动用户必须付费才能进行通话。这时，用户需要通过无线信道传送其身份信息，以便网络端能正确鉴别用户的身份。然而，攻击者可以截获这些身份信息并利用截获的身份信息去假冒合法用户使用通信服务，从而逃避付费。

在无线局域网和无线个域网中，工作频带是免费的，但这些网络中的网络资源和通信信息则不是公开的。要访问这些信息，移动站必须证明它是一个合法用户。移动站的身份证明信息也是通过无线信道传送到网络控制中心或其他移动站的，因而非法移动站也可能窃听到合法移动站的身份信息，从而利用截获的身份信息假冒合法移动站访问网络资源。

另外，主动攻击者还可以假冒网络控制中心。例如，在移动通信网络中，主动攻击者可能假冒网络端基站来欺骗移动用户，以此手段获得移动用户的身份信息，从而假冒该移动用户身份。

3. 信息篡改

所谓信息篡改是指主动攻击者对窃听到的信息进行修改（如删除或替代部分或全部信息），再将信息传给原本的接收者。这种攻击的目的有两种：

（1）攻击者恶意破坏合法用户的通信内容，阻止合法用户建立通信连接。

（2）攻击者将修改的消息传给接收者，企图欺骗接收者相信该消息是由一个合法用户传给他的。

信息篡改攻击在一些存储-转发型有线通信网络中是很常见的，而在一些无线通信网络（如无线局域网）中，两个移动站之间的信息传递可能需要其他移动站或网络中心的转发，这些"中转站"就可能篡改转发的消息。对于移动通信网络，当主动攻击者比移动用户更接近基站时，主动攻击者发射的信号功率要比移动用户的高很多倍，使得基站忽略移动用户发射的信号，而只接收主动攻击者的信号。这样，主动攻击者就可以篡改移动用户的信号后再将其传给基站。在移动通信网络中，信息篡改攻击对移动用户与基站之间的信令传输构成很大威胁。

4. 交易后抵赖

所谓交易后抵赖是指交易双方中的一方在交易完成后否认其参与了此交易。这种威胁在电子商务中很常见,假设客户在网上商店选购了一些商品,然后通过电子支付系统向网上商店付费。这个电子商务应用中就存在着两种交易后抵赖的威胁:

(1) 客户在选购了商品后,否认他选择了某些或全部商品而拒绝付费。

(2) 商店收到了客户的货款,却否认已收到货款而拒绝交付商品。

5. 重传攻击

所谓重传攻击是指主动攻击者将窃听到的有效信息经过一段时间后再传给信息的接收者。攻击者的目的是企图利用曾经有效的信息在改变了的情形下达到同样的目的,例如攻击者利用截获的合法用户口令获得网络控制中心的授权,从而访问网络资源。

此外,无线通信网络与有线通信网络一样也面临着病毒攻击、拒绝服务等威胁,这些攻击的目的不在于窃取信息和非法访问网络,而是阻止网络的正常工作。

6.4　无线应用协议应用安全

6.4.1　WAP 协议

WAP(Wireless Application Protocol,无线应用协议)是一个开放式标准协议,利用它可以把网络上的信息传送到移动电话或其他无线通信终端上。

WAP 是由爱立信(Ericsson)、诺基亚(Nokia)和摩托罗拉(Motorola)等通信业巨头在1997 年成立的无线应用协议论坛(WAP Forum)制定的。它使用一种类似于 HTML 的标记语言——WML(Wireless Markup Language,无线标记语言),并可通过 WAP Gateway 直接访问一般的网页。通过 WAP,用户可以随时随地利用无线通信终端获取互联网上的即时信息或公司网站的资料,真正实现无线上网。它是移动通信与互联网结合的第一阶段的产物。

WAP 能够运行于各种无线网络(如 GSM、GPRS 和 CDMA 等)中。支持 WAP 技术的手机能浏览由 WML 描述的互联网内容。

WML 是以 XML 为基础的标记语言,用于规范窄频设备(如手机、呼叫器等)如何显示内容和使用者接口的语言。由于使用窄频,使得 WML 受到部分限制,如较小型的显示器、有限的使用者输入设备、窄频网络联机、有限的内存和资源等。

WML 支持文字和图片显示。在内容组织上,一个页面为一个 Card,而一组 Card 则构成一个 Deck。当使用者向服务器提出浏览要求后,WML 会将整个 Deck 发送至客户端的浏览器,使用者就可以浏览 Deck 中所有 Card 的内容,而不需要从网络上单独下载每个 Card。

通过 WAP 的这种技术,就可以将互联网的大量信息及各种各样的业务引入到移动电话、PALM 等无线终端之中。无论在何时、何地,只要需要信息,打开 WAP 手机,用户就可以享受无穷无尽的网上信息或者网上资源,如综合新闻、天气预报、股市动态、商业报道和货币汇率等;电子商务、网上银行也得以实现;通过 WAP 手机还可以随时随地获得体育比赛结果、娱乐圈趣闻等，为生活增添情趣；还可以利用网上预订功能把生活安排得有条不紊。

WAP 协议栈包括如下 5 层：

(1) 无线应用环境(Wireless Application Environment，WAE)。

(2) 无线会话协议(Wireless Session Protocol，WSP)。

(3) 无线事务协议(Wreless Transaction Protocol，WTP)。

(4) 无线传输层安全性(Wireless Transport Layer Security，WTLS)。

(5) 无线数据报协议(Wireless Datagram Protocol，WDP)。

其中，WAE 层含有微型浏览器、WML、WML Script 的解释器等功能，WTLS 层为无线电子商务及无线加密传输数据时提供安全方面的基本功能。

WAP 可提供的应用服务主要涉及以下几方面：

(1) 信息类。基于短信平台上的信息点播服务，如新闻、天气预报、折扣消息等信息。

(2) 通信类。利用电信运营商的短信平台为用户提供的 E-mail 等通信服务。

(3) 商务类。移动电子商务服务，包括在线的交易、购物支付等。

(4) 娱乐类。包括各种游戏、图片及音乐铃声下载等。

(5) 特殊服务类。如广告、位置服务等，可以把商家的广告信息定向发送到用户的手机里。

6.4.2　WAP 应用面临的安全威胁

WAP 应用面临的安全威胁与有线环境相似，主要包括如下几个方面：

(1) 假冒。攻击者装扮成另一合法用户，非法访问受害者的资源，以获取某种利益或达到破坏的目的。

(2) 窃听。攻击者通过对传输媒介的监听非法获取传输的信息。这是对通信网络最常见的攻击方法，这种威胁完全来源于无线链路的开放性。

(3) 非授权访问。攻击者违反安全策略，利用安全系统的缺陷非法占有系统资源或访问本应受保护的信息。

(4) 信息否认。交易的一方对交易过程中的信息(如电子合同和账单)抵赖或否认。

(5) WAP 应用模型本身存在的安全漏洞带来的安全问题，将在后面重点阐述。

6.4.3　WAP 的安全架构

1. WAP 的安全架构模型

WAP 安全架构由 WTLS、WIM(Wireless Identity Module，无线身份模块)、WPKI(WAP Public Key Infrastructure，WAP 公钥基础设施)和 WML Script(Wireless Markup Language Script，无线标记语言脚本)4 部分组成，其模型如图 6.2 所示。

2. WTLS 分析

WAP 的安全架构中保障通信安全的一个重要部分就是 WTLS。WTLS 工作在传输层

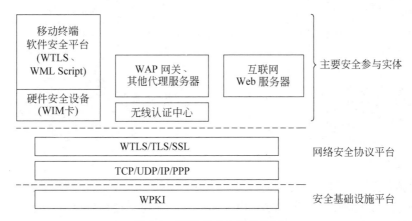

图 6.2　WAP 的安全架构模型

上,在针对窄带通信信道进行了优化后,为两个通信实体提供保密性、数据完整性、通信双方的身份认证和不可抵赖性服务。

WTLS 的主要安全目标如下:

(1) 数据完整性。WTLS 能确保用户和应用服务器间的数据不可改变和不被中断,对发送和接收间的报文内容变更进行检测并形成相应的报告。

(2) 保密性。WTLS 能确保在终端和应用服务间的数据传输是保密的,并且不会被任何窃取了数据的中间方所理解。

(3) 身份认证。WTLS 在终端和应用服务器建立起了认证,保证通信各方是他们所声称的人。

(4) 不可抵赖性。保证参与交易的各方不能抵赖他们曾参与该交易。WTLS 能检测和拒绝那些要求重传的数据或未成功检验的数据,它使许多典型的否认攻击更困难,并对其上层协议有所保护。

6.4.4　WAP 应用模型存在的安全漏洞

1. WAP 应用模型

WAP 应用模型包括 WAP 无线用户、WAP 网关和 WAP 内容服务器,如图 6.3 所示。其中,WAP 网关起着协议的翻译和转换作用,是联系无线通信网络与万维网的桥梁。WAP 网关与 WAP 内容服务器之间通过 HTTP 进行通信。WAP 内容服务器存储着大量的信息,供 WAP 无线用户访问、查询和浏览。

2. 安全漏洞分析

在传输层的安全保障上,WTLS 和 TSL 起到了非常关键的作用。WTLS 和 TLS 本身也是经过深思熟虑的协议,其本身的安全性也是很高的。但是由于 WTLS 与 TLS 不兼容,两者之间需要 WAP 网关的转换,WML 与 HTML 之间也需要通过 WAP 网关进行转换。无线用户与 WAP 内容服务器之间通过 WAP 网关建立间接的安全连接,该连接并不是点到点安全的,这样就带来一个被称为安全缺口(security gap)的安全漏洞。

用户的移动设备在使用一些无线应用的时候,需要向 WAP 内容服务器传送 ID 或是信

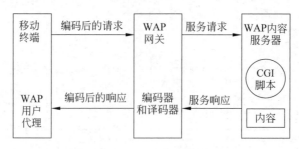

图 6.3　WAP 应用模型

用卡号等敏感信息。这些信息先通过 WTLS 加密传送到 WAP 网关，WAP 网关将这些信息解密后，再通过 TLS 加密传送到 WAP 内容服务器。从这个过程可以看出，用户的敏感信息在整个传送过程中并不都是加密的，其间会短暂地以明文形式存在于 WAP 网关上。虽然这个过程很短暂，但也会泄露一些敏感信息。WAP 网关是连接用户移动设备和 WAP 内容服务器的桥梁，也是两者之间安全缺口所在。

6.4.5　端到端的安全模型

为了应对这种安全漏洞，目前已经提出的端到端的安全模型主要有以下 3 种。

1. 专用 WAP 网关

WAP 内容服务器在安全网络内配置自己的专用 WAP 网关。无线用户通常直接连接到一个默认的 WAP 代理网关，WAP 代理网关将连接请求转向专用 WAP 网关，与专用 WAP 网关建立 WTLS 连接，这样即使在专用 WAP 网关内敏感信息以明文的形式暂时存在，那也是在 WAP 内容服务器的安全网络内部，保证了端到端的安全。但这种方案仅仅适用于对于安全性有特别高的要求的公司，如银行，其需要付出的代价不仅是额外的硬件投资，而且有日常维护带来的费用。

2. WAP 隧道技术

数据在传输前，在无线用户终端上对数据包进行 WTLS 加密，当加密数据包从无线用户传输到 WAP 网关上时，不进行 WTLS 的解密，而是直接进行 TLS 加密，传输给 WAP 内容服务器。在 WAP 内容服务器端进行 TLS 解密和 WTLS 解密后，获得明文数据。这种方案对 WAP 网关和 WAP 内容服务器的协议流程有一定的改动。

3. WAP 2.0 模型

WAP 2.0 模型采用 WAP 2.0 协议，无线用户终端拥有 HTTP 或者简化的 HTTP 功能，并提供 TLS 安全协议，这样，无线终端和 WAP 内容服务器之间没有协议转换的需求，就可以透明地穿过 WAP 网关，与 WAP 内容服务器建立端到端的安全通信。但是由于国内的 WAP 2.0 应用环境还不成熟，目前 WAP 2.0 还不是主流，没有很大的实用价值。

6.4.6　基于应用层的安全模型

6.4.5 节介绍的 3 种常用的安全模型都存在一些缺点,要么建设成本太高,要么对现有协议的改动过多,要么兼容性太差。有人提出一个较易实现的安全模型——基于应用层的端到端加密模型:在 WAP 的应用层先对数据进行一次加密,再通过 WAP 的安全传输层进行传输;数据到达 WAP 内容服务器后,应用层再对数据进行解密,得到明文。

这样,即使在 WAP 网关中暂时存在 WTLS 的解密数据,这个数据也只是一个密文数据(因为应用层先进行了一次加密),窃取者在不知道应用层加密密钥的情况下也无法得到明文。这种模型的关键就在于保证应用层加密密钥的安全性,这可以通过采用目前很成熟的密钥交换算法来实现,如 RSA 算法和 Diffie-Hellman 算法。

6.5　无线网络的安全措施

对于无线网络存在的诸多安全隐患,如何采取恰当的方法进行防范,使无线网络的安全隐患消灭在萌芽状态,尽量使无线网络受破坏的程度降到最低,以保证无线网络应用的普及? 针对这个问题,下面介绍无线网络安全技术实现的措施。

(1) 采用 128 位 WEP 加密技术,而不使用厂商自带的 WEP 密钥。

IEEE 802.11b、IEEE 802.11a 以及 IEEE 802.11g 中都包含有一个可选安全组件,名为无线等效协议(WEP),它可以对每一个企图访问无线网络的人的身份进行识别,同时对网络传输内容进行加密。尽管现有无线网络标准中的 WEP 技术遭到了批评,但如果能够正确使用 WEP 的全部功能,那么 WEP 仍然能在一定程度上实现比较合理的安全措施。这意味着需要更加注重密钥管理,避免使用默认选项,并确保在每个可能被攻击的位置上都进行加密。WEP 使用 RC4 加密算法,该算法是由著名的解密专家 Ron Rivest 开发的一种流密码算法。发送者和接收者都使用流密码,用一个双方都知道的共享密钥创建一致的伪随机字符串。整个过程需要发送者使用流密码对传输内容执行逻辑异或(XOR)操作,产生加密内容。尽管理论上的分析认为 WEP 技术并不保险,但是对于大多数入侵者而言,WEP 已经是一道难以逾越的鸿沟。大多数无线路由器都使用至少支持 40 位密钥的 WEP,通常还支持 128 位甚至 256 位选项。在试图同网络连接的时候,客户端的 SSID 和密钥必须同无线路由器的 SSID 和密钥匹配,否则将会失败。

(2) 使用 MAC 地址过滤策略。

MAC 地址是每块网卡固定的物理地址,它在网卡出厂时就已经设定好了。MAC 地址过滤的策略就是使无线路由器只允许拥有特定 MAC 地址的网络设备进行通信,或者禁止黑名单中的 MAC 地址访问。MAC 地址过滤策略是无线通信网络的基本措施,它唯一的不足是必须手动输入 MAC 地址过滤标准。启用 MAC 地址过滤,无线路由器获取数据包后,就会对数据包进行分析。如果此数据包是从被禁止的 MAC 地址发送来的,那么无线路由器就会丢弃此数据包,不进行任何处理。因此,恶意主机即使不断改变 IP 地址也没有用。

(3) 禁用 SSID 广播。

SSID 是无线网络用于定位服务的一项功能。为了能够进行通信,无线路由器和主机必须使用相同的 SSID。在通信过程中，无线路由器首先广播其 SSID，任何在此接收范围内的主机都可以获得这个 SSID，使用这个 SSID 对自身进行配置后就可以和无线路由器进行通信了。毫无疑问，SSID 的使用暴露了无线路由器的位置，这会带来潜在的安全问题，因此目前大部分无线路由器都已经禁用自动广播 SSID 功能。但是禁用 SSID 在提高安全性的同时，也在某种程度上带来了不便，进行通信的客户机必须手动进行 SSID 配置。总之，随着无线网络应用的普及，无线网络的安全问题会越来越受到重视，相应的安全技术和措施也会日益成熟。

（4）采用端口访问技术（IEEE 802.1x）进行控制，防止非法接入和访问。

（5）对于密度等级高的网络采用 VPN 进行连接。

（6）对 AP 和网卡设置复杂的 SSID，并根据应用需求确定是否需要漫游，以确定是否需要 MAC 绑定。

（7）禁止 AP 向外广播其 SSID。

（8）修改默认的 AP 密码。

（9）布置 AP 的时候要在公司办公区域以外进行检查，防止 AP 的覆盖范围超出办公区域（检查难度比较大），同时要让保安人员在公司附近巡查，防止外部人员在公司附近接入网络。

（10）禁止员工私自安装 AP，通过便携机配置无线网卡和无线扫描软件可以进行扫描。

（11）如果网卡支持修改属性时输入密码的功能，要开启该功能，防止网卡属性被修改。

（12）利用设备检查非法进入公司的 2.4GHz 电磁波发生器，防止无线网络被干扰和受到 DoS 攻击。

（13）制定无线网络管理规定，要求员工不得把网络设置信息告诉公司以外的人员，禁止设置 P2P 的 Ad hoc 网络结构。

（14）紧密跟踪无线网络技术的发展，特别是安全技术的发展，对网络管理人员进行知识培训。

6.6　无线局域网安全技术

6.6.1　无线局域网的开放性

无线局域网显示出以下优越性：可移动性、安装简单、高灵活性和扩展能力。无线局域网作为对传统有线网络的延伸，在许多特殊环境中得到了广泛的应用。但是无线局域网的安全性更值得注意。由于数据是利用无线电波在空中辐射传播的，无线电波可以穿透天花板、地板和墙壁，发射的数据可能到达预期范围之外的、安装在不同楼层甚至是发射机所在的大楼之外的接收设备，任何人都有条件窃听或干扰信息，因此数据安全就成为无线局域网最重要的问题。

早期的无线局域网标准的安全性并不完善，在技术上存在一些安全漏洞。但是另一方面，由于 WLAN 标准是公开的，随着使用的推广，更多的专家参与了无线局域网标准的制定，使其安全技术迅速成熟起来。现在 WLAN 不只在家庭、学校和中小企业得到广泛的应用，在对安全性极为敏感的大企业、大银行客户（例如全球财富 500 强企业）和政府机构，

WLAN 的安全性也得到了认可,并已经推广使用。

6.6.2　无线局域网所面临的安全威胁

下面介绍无线局域网所面临的安全威胁。知道了安全威胁为何存在,那么解决也就相对容易了。

1. 容易侵入

无线局域网非常容易被发现。为了能够使用户发现无线网络的存在,网络必须发送有特定参数的信标帧,这样就给攻击者提供了必要的网络信息。入侵者可以通过高灵敏度天线在公路边、楼宇中以及其他任何地方对无线局域网发起攻击,而不需要任何物理方式的侵入。

2. 非法 AP

无线局域网易于访问和配置简单的特性,使网络管理员和安全官员非常头痛。因为任何人都可以通过自己购买的 AP 不经过授权而连入网络。很多部门未经过公司IT 中心授权就自建无线局域网。用户通过非法 AP 接入网络给网络带来了很大的安全隐患。

3. 未经授权使用服务

大多数用户在使用 AP 时只是在其默认的配置基础上进行很少的修改。几乎所有的 AP 都按照默认配置开启 WEP 进行加密或者使用原厂提供的默认密钥。由于无线局域网的开放式访问方式,未经授权擅自使用网络资源不仅会增加带宽费用,更可能导致法律纠纷。未经授权的用户没有遵守互联网服务提供商(ISP)提出的服务条款,可能会导致 ISP 中断服务。

4. 服务和性能的限制

无线局域网的传输带宽是有限的,由于物理层的开销,使无线局域网的实际最高有效吞吐量仅为理论值的一半,并且该带宽是被 AP 所有用户共享的。无线带宽可以被以下方式吞噬:来自有线网络远远超过无线网络带宽的网络流量,如果攻击者从快速以太网发送大量的 ping 命令,就会轻易地吞噬 AP 有限的带宽。

5. 地址欺骗和会话拦截

由于 IEEE 802.11 无线局域网对数据帧不进行认证,攻击者可以通过欺骗帧重新定向数据流和使 ARP(Address Resolution Protocol,地址解析协议)表变得混乱,攻击者通过非常简单的方法就可以轻易获得网络中站点的 MAC 地址,这些地址可以在恶意攻击时使用。

6. 流量分析与流量侦听

IEEE 802.11 无法防止攻击者采用被动方式监听网络流量,而任何无线网络分析仪都可以不受任何阻碍地截获未加密的网络流量。目前,WEP 中存在可以被攻击者利用的漏洞,它仅能保护用户和网络通信的初始数据,并且管理和控制帧是不能被 WEP 加密和认证的,这样就给攻击者以欺骗帧破坏网络通信提供了机会。

7. 高级入侵

一旦攻击者进入无线网络,它将成为进一步入侵其他系统的起点。很多网络都有一套经过精心设置的安全设备作为网络的"外壳",以防止非法攻击,但是在受外壳保护的网络内部却非常脆弱,容易受到攻击。无线网络通过简单配置就可快速地接入网络主干,但这样会使网络暴露在攻击者面前,从而遭到攻击。

6.6.3 无线局域网的安全技术

无线局域网的安全技术在近几年得到了快速的发展和应用。下面是业界常见的无线网络安全技术:

(1) 服务区标识符(SSID)匹配。

(2) 无线网卡物理地址(MAC)过滤。

(3) 有线等效保密(WEP)。

(4) 端口访问控制技术(IEEE 802.1x)和可扩展认证协议(EAP)。

(5) WPA(WiFi 保护访问)技术。

(6) 高级的无线局域网安全标准——IEEE 802.11i。

具体来说,为了有效保障无线局域网的安全性,就必须实现以下几个安全目标:

(1) 提供接入控制。验证用户,授权他们访问特定的资源,同时拒绝为未经授权的用户提供接入。

(2) 确保连接的保密与完好。利用强有力的加密和校验技术,防止未经授权的用户窃听、插入或修改通过无线网络传输的数据。

(3) 防止拒绝服务攻击。确保不会有用户占用某个接入点的所有可用带宽,从而影响其他用户的正常接入。

1. SSID

SSID 将一个无线局域网分为几个不同的子网络,每一个子网络都有其对应的 SSID,只有无线终端设置了正确的 SSID,才能接入相应的子网络。所以可以认为 SSID 是一个简单的口令,提供了口令认证机制,实现了一定的安全性。但是这种口令极易被无线终端探测出来,企业级无线应用绝不能只依赖这种技术作为安全保障,而只能将其作为区分不同无线服务区的标识。

2. MAC 地址过滤

每个无线工作站网卡都由唯一的物理地址(MAC)标识,该物理地址的编码方式类似于以太网物理地址,是 48 位。网络管理员可在无线局域网 AP 中手工维护一组允许(或不允许)通过 AP 访问网络的 MAC 地址列表,以实现基于物理地址的访问过滤。

MAC 地址过滤有以下优点:

(1) 简化了访问控制。

(2) 接受或拒绝预先设定的用户。

（3）被过滤的 MAC 地址不能对网络进行访问。

（4）提供了第 2 层防护。

MAC 地址过滤有以下缺点：

（1）当 AP 和无线终端数量较多时，大大增加了管理负担。

（2）容易受到 MAC 地址伪装攻击。

3. WEP

IEEE 802.11.b 标准规定了一种称为有线等效保密（WEP）的可选加密方案，其目的是为 WLAN 提供与有线网络相同级别的安全保护。WEP 是采用静态的有线等同保密密钥的基本安全方式。静态 WEP 密钥是一种在会话过程中不发生变化，也不针对各个用户而变化的密钥。

WEP 在传输上提供了一定的安全性和保密性，能够阻止无线用户有意或无意地查看到在 AP 和 STA 之间传输的内容，其优点如下：

（1）全部报文都使用校验和加密，提供了一定的抵抗篡改的能力。

（2）通过加密来维护一定的保密性，如果没有密钥，就难以对报文解密。

（3）非常容易实现。

（4）为 WLAN 应用程序提供了基本的保护。

WEP 的缺点如下：

（1）静态 WEP 密钥对于 WLAN 上的所有用户都是通用的。这意味着如果某个无线设备丢失或者被盗，所有其他设备上的静态 WEP 密钥都必须进行修改，以保持相同等级的安全性。这将给网络的管理员带来非常费时费力的管理任务。

（2）缺少密钥管理。WEP 标准中并没有规定共享密钥的管理方案，通常是手工进行配置与维护。同时由于更换密钥费时费力，所以密钥通常长时间使用而很少更换。

（3）ICV 算法不合适。ICV 是一种基于 CRC-32 的用于检测传输噪音和普通错误的算法。CRC-32 是信息的线性函数，这意味着攻击者可以篡改加密信息，并很容易地修改 ICV，使信息表面上看起来是可信的。

（4）RC4 算法存在弱点。

在 RC4 中，人们发现了弱密钥。所谓弱密钥，就是密钥与输出之间存在相关性。攻击者收集到足够多的使用弱密钥的包后，就可以对它们进行分析，只需尝试很少的密钥就可以接入到网络中。

（5）认证信息易于伪造。基于 WEP 的共享密钥认证的目的就是实现访问控制；然而事实却截然相反，只要监听一次成功的认证，攻击者以后就可以伪造认证。启动共享密钥认证实际上降低了网络的总体安全性，使猜中 WEP 密钥变得更为容易。

（6）WEP 2 算法没有解决其机制本身的安全漏洞。为了提供更高的安全性，WiFi 工作组提供了 WEP 2 算法，该技术与 WEP 算法相比，只是将 WEP 密钥的长度由 40 位加长到 128 位，初始化向量（IV）的长度由 24 位加长到 128 位。然而 WEP 算法的安全漏洞是由于 WEP 机制本身引起的，与密钥的长度无关，即使增加 WEP 密钥的长度，也不可能增强其安全性。也就是说，WEP 2 算法并没有起到提高安全性的作用。

4. IEEE 802.1x 和 EAP

IEEE 802.1x 是针对以太网而提出的基于端口进行网络访问控制的安全性标准草案。基于端口的网络访问控制利用物理层特性对连接到 LAN 端口的设备进行身份认证。如果认证失败，则禁止该设备访问 LAN 资源。

尽管 IEEE 802.1x 标准最初是为有线以太网设计和制定的，但它也适用于符合 IEEE 802.11 标准的无线局域网，且被视为是 WLAN 的一种增强性网络安全解决方案。IEEE 802.1x 体系结构包括 3 个主要的组件：

(1) 请求方(Supplicant)。提出认证申请的用户接入设备，在无线网络中，通常指待接入网络的无线客户机 STA。

(2) 认证方(Authenticator)。允许客户机进行网络访问的实体，在无线网络中，通常指访问接入点(AP)。

(3) 认证服务器(Authentication Server)。为认证方提供认证服务的实体。认证服务器对请求方进行验证，然后告知认证方该请求者是否为授权用户。认证服务器可以是某个单独的服务器实体，也可以不是，后一种情况通常是将认证功能集成在认证方。

IEEE 802.1x 为认证方定义了两种访问控制端口，即受控端口和非受控端口。受控端口分配给那些已经成功通过认证的实体进行网络访问；而在认证尚未完成之前，所有的通信数据流从非受控端口进出。非受控端口只允许通过 IEEE 802.1x 认证数据，一旦认证成功通过，请求方就可以通过受控端口访问 LAN 资源和服务。图 6.4 给出了 IEEE 802.1x 认证前后的逻辑示意图。

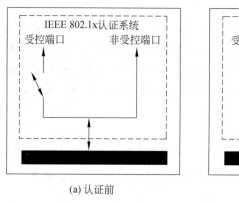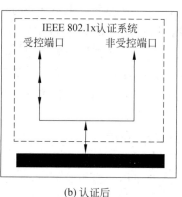

(a) 认证前　　　　　　　　　　　(b) 认证后

图 6.4　IEEE 802.1x 认证前后的逻辑示意图

IEEE 802.1x 技术是一种增强型的网络安全解决方案。在采用 IEEE 802.1x 的无线局域网中，无线用户端安装 IEEE 802.1x 客户端软件，作为请求方；无线访问点(AP)内嵌 IEEE 802.1x 认证代理，作为认证方。同时，AP 还作为 Radius 认证服务器的客户端，负责用户与 Radius 服务器之间认证信息的转发。

5. WPA 和 IEEE 802.11i

为了使 WLAN 技术从安全性得不到很好保障的困境中解脱出来，IEEE 802.11i 工作组致力于制定新一代 WLAN 安全标准，这种安全标准是为了增强 WLAN 的数据加密和认证性能。IEEE 802.11i 定义了 RSN(Robust Security Network,鲁棒安全网络)的概念,并且针对 WEP 加密机制的各种缺陷作了多方面的改进。

　　IEEE 802.11i 规定使用 IEEE 802.1x 认证和密钥管理方式,在数据加密方面,定义了 TKIP(Temporal Key Integrity Protocol)、CCMP(Counter-Mode/CBC-MAC Protocol)和 WRAP(Wireless Robust Authenticated Protocol)3 种加密机制。其中 TKIP 采用 WEP 机制中的 RC4 作为核心加密算法,可以通过在现有的设备上升级固件和驱动程序的方法达到提高 WLAN 安全性的目的。CCMP 机制基于 AES (Advanced Encryption Standard)加密算法和 CCM (Counter-Mode/CBC-MAC)认证方式,使得 WLAN 的安全性大大提高,是实现 RSN 的强制性要求。

　　然而,市场对于提高 WLAN 安全的需求是十分紧迫的,IEEE 802.11i 的进展并不能满足这一需要。在这种情况下,WiFi 联盟制定了 WPA(WiFi Protected Access)标准。WPA 是 IEEE 802.11i 的一个子集,其核心就是 IEEE 802.1x 和 TKIP。WPA 与 IEEE 802.11i 的关系如图 6.5 所示。

　　WPA 采用了 IEEE 802.1x 和 TKIP 来实现 WLAN 的访问控制、密钥管理与数据加密。

　　尽管 WPA 在安全性方面较 WEP 有了很大的改善和加强,但 WPA 只是一个临时的过渡性方案,在 WPA 2(即 IEEE 802.11i)中全面采用了 AES 加密机制。

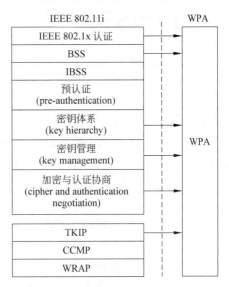

图 6.5　WPA 与 IEEE 802.11i 的关系

6.6.4　无线网络主流技术安全解决方案

1. 隐藏 SSID

　　SSID 可以让无线客户端识别不同的无线网络,类似手机识别不同的移动运营商的机制。SSID 在设备默认设定中是被无线 AP 广播出去的,客户端只有收到这个参数或者手动设定与 AP 相同的 SSID 才能连接到无线网络。而如果把这个广播禁止,一般的漫游用户在无法找到 SSID 的情况下是无法连接到网络的。

　　需要注意的是,如果黑客利用其他手段获取 SSID,仍可接入目标网络。因此,SSID 适合在一般 SOHO 环境中作为简单的口令认证机制。

2. MAC 地址过滤

　　顾名思义,这种方式就是通过对 AP 的设定,将指定的无线网卡的物理地址(MAC 地址)输入到 AP 中。而 AP 对收到的每个数据包都会作出判断,只有符合设定 MAC 地址的数据包才能被转发,否则将会被丢弃。

　　这种方式比较麻烦,而且不能支持大量的移动客户端。另外,如果黑客盗取合法的 MAC 地址信息,仍可以通过各种方法使用假冒的 MAC 地址登录网络。一般 SOHO 和小型企业工作室可以采用该安全手段。

3. WEP 加密

WEP 是 Wired Equivalent Privacy 的简称，所有经过 WiFi 认证的设备都支持该安全技术。WEP 采用 64 位或 128 位加密密钥的 RC4 加密算法，保证传输数据不会以明文方式被截获。

该技术需要在每套移动设备和 AP 上配置密码，部署比较麻烦。另外，由于它使用静态非交换式密钥，因此其安全性也受到了业界的质疑。但是它仍然可以阻挡一般的数据截获攻击，一般用于 SOHO 和中小型企业的安全加密。

4. AP 隔离

AP 隔离类似于有线网络的 VLAN，将所有的无线客户端设备完全隔离，使之只能访问 AP 连接的固定网络。

该方法用于酒店和机场等公共热点（hot spot）的架设，让接入的无线客户端保持隔离，提供安全的网络接入。

5. IEEE 802.1x

IEEE 802.1x 由 IEEE 定义，用于以太网和无线局域网中的端口访问与控制。IEEE 802.1x 引入了 PPP 定义的扩展认证协议（EAP）。EAP 可以采用 MD5、一次性口令、智能卡和公共密钥等更多的认证机制，从而提供更高级别的安全性。在用户认证方面，IEEE 802.1x 的客户端认证请求也可以由外部的 Radius 服务器处理。该认证方法属于过渡期方法，且各厂商的具体实现方法各有不同，直接造成了兼容问题。

该方法需要专业人员部署和 Radius 服务器支持，费用偏高，一般用于企业无线网络布局。

6. WPA

WPA 是下一代无线局域网标准 IEEE 802.11i 之前的过渡方案，也是 IEEE 802.11i 的一小部分。WPA 率先使用 IEEE 802.11i 中的加密技术——TKIP，这项技术可大幅解决 IEEE 802.11 使用 WEP 时隐藏的安全问题。

很多客户端和 AP 并不支持 WPA 协议，而且 TKIP 加密仍不能满足高端企业和政府的加密需求。该方法多用于企业无线网络部署。

7. WPA 2

WPA 2 与 WPA 后向兼容，支持更高级的 AES 加密，能够更好地解决无线网络的安全问题。

由于部分 AP 和大多数移动客户端不支持此协议，尽管微软公司已经提供了最新的 WPA 2 补丁，但是仍需要对客户端逐一部署。该方法适用于企业、政府及 SOHO 用户。

8. IEEE 802.11i

IEEE 802.11i 是 IEEE 正在开发的新一代的无线局域网标准，致力于彻底解决无线局域网的安全问题。该标准中包含 AES、TKIP 和 IEEE 802.1x。

尽管从理论上讲,该标准可以彻底解决无线网络安全问题,适用于所有企业网络的无线部署,但到目前为止尚未有支持此协议的产品问世。

综上所述,不同的无线网络用户面临安全隐患威胁的程度不同,需要的技术也就有所区别。因此,应根据不同用户的不同需求,采用不同的安全解决方案。

(1) 对于 SOHO 用户,可采用隐藏 SSID、MAC 地址过滤或 WEP 等方法进行简单防护。另外,如果设备支持,可以采用 WPA-PSK 方式部署,因为 PSK 方式比较简单。

(2) SMB 用户适合以上各种安全措施,包括 WPA、WEP、隐藏 SSID、MAC 地址过滤甚至 VPN 协议等。

(3) 对于公共热点或公共 WLAN,可以采用 Web 认证和 AP 无线客户端两层隔离的安全措施。

(4) 对于大型企业和政府,建议采用 WPA 2 安全加密方案,保证目前最好的加密效果。

自无线网络问世以来,关于其安全问题的讨论就不曾停止过,人们对无线网络的态度也各自不同。反对者认为,无线网络太不安全,应该尽量少用;而支持者认为,应该大力推广便捷、自由的无线网络,只要用户加强安全防范即可。在技术上,各网络设备厂商都在不遗余力地探索解决无线网络安全隐患的方法。例如,国内知名的网络通信设备厂商华硕便依托强大的自主研发队伍不断推陈出新,开发出适合各类用户的高安全无线网络设备,让用户在家庭、企业甚至政府应用方面都能做到得心应手。

6.7　蓝牙技术安全机制

蓝牙技术是一种新的无线通信技术,通信距离可达 10m 左右。它采用了跳频扩频技术(Frequency-Hopping Spread Spectrum,FHSS),在一次连接中,无线电收发器按一定的码序列不断地从一个信道跳到另一个信道,只有收发双方是按这个规律进行通信的,而其他的干扰方不可能按同样的规律进行干扰。蓝牙采用了数据加密和用户鉴别措施,蓝牙设备使用个人识别码(PIN)和蓝牙地址来识别其他蓝牙设备。

6.7.1　蓝牙的安全体系结构

蓝牙的安全体系结构如图 6.6 所示。蓝牙安全管理器存储着有关设备和服务的安全信息,安全管理器将决定是否接收数据、断开连接或是否需要加密和身份认证,它还初始化一个可信任的关系,以及从用户那里得到 PIN 码。

6.7.2　蓝牙的安全等级

蓝牙设备和服务有几种不同的与安全相关的级别。任何设备在第一次连接时都有一个默认的安全级别。

1. 设备信任级别

蓝牙设备有两种信任级别,即可信任和不可信任。可信任级别有一个固定的可信任关

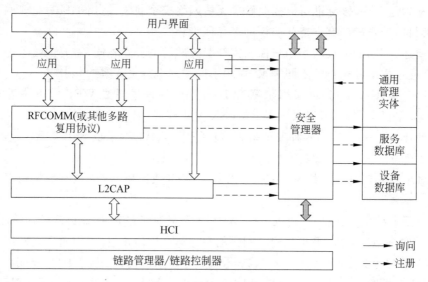

图 6.6　蓝牙技术的安全体系结构

系,可以得到大多数服务。可信任设备是预先得到鉴别的。而不可信任设备所得到的服务是有限的,它也可以有一个固定的关系,但不是可信任的。一个新连接的设备总是被认为是未知的、不可信任的。

2. 蓝牙的安全模式

蓝牙内置了 3 种安全模式:
- 安全模式 1：适用于现有的大多数基于蓝牙的设备,不采用信息安全管理,并且不执行安全保护及处理。
- 安全模式 2：蓝牙设备采用信息安全管理并执行安全保护和处理,这种安全机制建立在 L2CAP 和它之上的协议中。
- 安全模式 3：蓝牙设备采用信息安全管理并执行安全保护及处理,这种安全机制建立在芯片和 LMP(Link Management Protocol,链接管理协议)中。

鉴于蓝牙芯片的现状,采用安全模式 3 需要对现有的蓝牙芯片进行重新设计,并且要增加和增强芯片的功能,不利于降低芯片价格。目前蓝牙芯片的生产商主要采用安全模式 2。

3. 服务的安全级别

当建立一个连接时,用户有各种不同的安全级别可选,服务的安全级别主要由以下 3 个方面来保证:
(1) 授权要求：在授权之后,访问权限只自动赋给可信任设备或不可信任设备。
(2) 鉴别要求：在连接到一个应用之前,远程设备必须被鉴别。
(3) 加密要求：在访问服务可能发生之前,连接必须切换到加密模式。

当处在最低安全级别时,任何设备都可得到服务。当处在最高安全级别时,服务需要授权和鉴别,这时可信任设备可以访问服务,但不可信任设备则需要手工授权。

6.7.3　蓝牙的密钥管理

在蓝牙系统中,最重要的密钥是链路密钥,用于两个蓝牙设备相互鉴别。

1. 链路密钥

有 4 种链路密钥满足不同的应用,这 4 种链路密钥都是 128 位的随机数,分别如下:

(1) 单元密钥 K_A:K_A 在蓝牙设备安装时由单元 A 产生。它的存储只需要很少的内存,经常用在当设备有少量内存或此蓝牙设备可被一个大的用户组访问的场合。

(2) 联合密钥 K_{AB}:K_{AB} 由单元 A 和 B 产生。每一对设备有一个联合密钥,在需要更高的安全性时使用。

(3) 主密钥 K_{master}:此密钥在主设备需同时向多个从设备传输数据时使用,在本次会话过程中它将临时替代原有的链路密钥。

(4) 初始化密钥 K_{init}:在初始化过程中使用,用于保护初始化参数的传输。

2. 加密密钥

加密密钥由当前的链路密钥推算而来。每次需要加密密钥时它会自动更换。将加密密钥与鉴权密钥分离开的原因是可以使用较短的加密密钥而不减弱鉴权过程的安全性。

3. PIN

这是一个由用户选择或固定的数字,长度可以为 1～16B,通常为 4 位十进制数。用户在需要时可以改变它,这样就增强了系统的安全性。同时在两个设备输入 PIN 比其中一个使用固定的 PIN 要安全得多。

4. 密钥的初始化

密钥的交换发生在初始化过程中,在两个需要进行鉴权和加密的设备上分别完成。初始化过程包括以下步骤:

(1) 生成初始化密钥。
(2) 鉴权。
(3) 生成链路密钥。
(4) 交换链路密钥。
(5) 两个设备各自生成加密密钥。

在上述过程之后,链路或者建立成功,或者建立失败。

6.7.4　蓝牙的鉴权方案

蓝牙的鉴权方案是询问与响应策略。协议检查双方是否有相同的密钥,如果有,则鉴权通过。在鉴权过程中,生成一个 ACO 值并存储在两个设备中,用于以后加密密钥的生成。

鉴权方案按以下步骤进行:

(1) 被鉴权设备 A 向鉴权设备 B 发送一个鉴权请求。

（2）鉴权设备 B 利用鉴权函数对 A 进行鉴权。

（3）鉴权设备 B 将响应发往被鉴权设备 A，设备 A 判断响应是否匹配。

哪个设备将被鉴权由应用来决定，这意味着被鉴权设备不一定是主设备，有一些应用只需要单向鉴权而不需要双向鉴权。

如果鉴权失败，必须过一段时间（即等待时间）再进行新的鉴权，这段时间可因前次鉴权结果而或长或短。

6.7.5　蓝牙的加密体系

蓝牙加密体系系统地对每个数据包的净荷进行加密。这由 E0 流密码完成，对每个净荷 E0 都将被重新同步。E0 流密码包含 3 个部分：第一部分完成初始化工作，生成净荷密钥；第二部分为密钥流；第三部分完成加密与解密。净荷密钥的生成非常简单，它将输入的比特按一定顺序组合，而后将它们移位至流密钥生成器的四线性反馈移位寄存器中。

有几种加密模式可供使用（取决于设备使用半永久链路密钥还是主密钥）。如果使用了个体密钥或者联合密钥，广播的数据流将不进行加密，点对点的数据流可以加密也可以不加密。如果使用了主密钥，则有 3 种可能的模式：

（1）加密模式 1：不对任何数据流进行加密。

（2）加密模式 2：点对多点（广播）数据流不加密，点对点数据流用主密钥进行加密。

（3）加密模式 3：所有数据流均用主密钥进行加密。

由于加密密钥的长度从 8 位到 128 位不等，两个设备间使用的加密密钥长度必须经协商确定，任一种设备（主设备和从设备）都可以提议一个长度或拒绝另一方的提议。

在协商中也定义了一些界限。每个设备都有一个参数用于定义密钥长度的最大值。同样，在每个应用中都定义了密钥长度的最小值，如果协商的任一方不满足这个最小值，应用将放弃协商，加密将不被使用。由于可能会有一些怀有恶意的设备企图以较低的加密等级进行一些有害的行为，这种机制是必需的。

6.7.6　蓝牙的安全局限

尽管前面分析了蓝牙系统的内在的安全机制，但是，蓝牙技术的安全性并不总是令人满意的。例如，就鉴权而言，它只针对设备，而不针对用户。如果需要此特性，则不得不在应用的安全层次上完成。

目前蓝牙系统仅在建立连接时允许访问控制，这种访问控制是不对称的，一旦建立一个连接，数据的流动原则上是双向的，在目前的蓝牙技术体系结构下，数据单向流动是不可能的。

1. 鉴权和加密

鉴权和加密以双方共享链路密钥为前提，在该过程中使用的其他信息也是公共的，然而这将导致一个基本的问题，如图 6.7 所示。

（1）设备 A 与设备 B 使用 A 的个体密钥为链路密钥。

（2）然后，或者同时，设备 C 使用 A 的个体密钥为链路密钥与 A 通信。

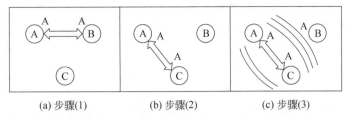

(a) 步骤(1)　　　　(b) 步骤(2)　　　　(c) 步骤(3)

图 6.7　链路密钥问题

(3) 设备 B 使用 A 的个体密钥解密 A 与 C 的通信信息。

如上所述,设备 B 早就得到设备 A 的个体密钥,它可以利用这个密钥以及一个伪蓝牙地址计算出加密密钥,从而监听数据流。它也可以以设备 C 的身份通过设备 A 的鉴权,或者以设备 A 的身份通过设备 C 的鉴权。

2. 安全技术方案

针对蓝牙系统内部只支持设备的鉴权,而不对用户进行鉴权的问题,下面提出的 RAS 算法可以有效地解决用户的身份认证和密钥的确立问题。

设 A 和 B 是蓝牙通信的用户,A 和 B 在同一个 CA(证书机构)拿到自己的电子证书,其中包括自己的公钥和公钥拥有者的信息。A 和 B 也拥有 CA 的证书。

A 和 B 的通信步骤如下:

(1) A 将自己的证书发送给 B,B 验证 A 的证书。

(2) 确认 A 的证书后,B 将自己的证书发送给 A。

(3) A 确认 B 的证书后,用 B 的公钥加密。用于数据加密的对称密钥的计算公式如下:

$$C = \text{PB mod } N$$

其中,$N = pq$(p 和 q 是两个大的素数),N 是模,PB 是 B 的公钥。

(4) B 收到 C 之后,进行以下运算:

$$\text{key} = C \times \text{RB mod } N$$

其中,RB 是 B 的私钥。

(5) 在第(4)步结束后,双方都拥有密钥,双方的通信就可以用密钥来加密。由于只有 A 和 B 知道密钥,所以加密后的 C 只有 A 和 B 可以解密。

蓝牙系统提供了几种内在的安全机制,从而在比较大的范围内保证了蓝牙系统的安全性。然而,随着蓝牙技术的逐步成功,它将扩展为更高的无线通信标准。而成为无线局域网标准的竞争者,就必须完善原有的安全体系或重建新的安全体系。总之,蓝牙技术是无线数据通信最为重大的进展之一,对蓝牙安全机制的研究和应用具有重要的意义。

6.8　超宽带物联网信息安全策略

超宽带(Ultra-WideBand, UWB)技术起源于 20 世纪 50 年代末,最初主要作为军事技术在雷达探测和定位等应用领域中使用。美国联邦通信委员会(Federal Communication Commission, FCC)于 2002 年 2 月准许该技术进入民用领域,用户不必申请即可使用,FCC

已将 3.1～10.6GHz 频带向 UWB 通信开放,IEEE 也专门制定了 IEEE 802.15.3 系列标准来规范 UWB 技术的应用。

6.8.1 超宽带的应用优势

UWB 作为一种重要的超宽带近距离通信技术,在需要传输宽带感知信息的物联网应用领域具有广阔的应用前景。与现有无线通信技术相比,UWB 通信技术有以下主要特点。

1. 低成本

UWB 产品不再需要复杂的射频转换电路和调制电路,它只需要用一种数字方式产生脉冲,并对脉冲进行数字调制,而这些电路都可以被集成到一个芯片上。因此,其收发电路的成本很低,在集成芯片上加上时间基和一个微控制器,就可构成一个超宽带通信设备。

2. 传输速率高

为确保提供高质量的多媒体业务的无线网络运转,其信息传输速率不能低于 50Mb/s。在民用商品中,一般要求 UWB 信号的传输范围为 10m 以内,再根据经过修改的信道容量公式,其传输速率可达 500Mb/s,是实现无线个域网的一种理想调制技术。UWB 以非常宽的频率来换取高速的数据传输,并且不单独占用现在的频率资源,而是共享其他无线技术使用的频带。

3. 空间容量大

UWB 无线通信技术的每平方米通信容量(称为空间容量)可超过 1000kb/s,而 IEEE 802.11b 仅为 1kb/s,蓝牙技术为 30kb/s,IEEE 802.11a 也只有 83kb/s,可见,现有的无线通信技术标准的空间容量都远低于 UWB 技术。随着技术的不断完善,UWB 系统的传输速率、传输距离及空间容量还将不断提高。

4. 低功耗

UWB 使用简单的传输方式,发出的是瞬间尖波形电波,即所谓的脉冲电波——直接发送 0 或 1 脉冲信号,脉冲持续时间很短,仅为 0.2～1.5ns,由于只在需要时发送脉冲电波,因此 UWB 系统的功耗很低,仅为 1～4mW,民用的 UWB 设备功率一般是传统移动电话或者无线局域网所需功率的 1/10～1/100,大大延长了电源的供电时间。UWB 设备在电池寿命和电磁辐射上相对于传统无线设备有着很大的优越性。

6.8.2 超宽带面临的信息安全威胁

由于 UWB 网络的独特性,致使其非常脆弱,更易受到各种安全威胁和攻击。而传统加密和安全认证机制等安全技术虽能在一定程度上避免 UWB 网络被入侵,但是面临的信息安全形势依然严峻。

1. 拒绝服务攻击

拒绝服务攻击是使节点无法向其他合法节点提供正常服务的攻击。在无线通信中,攻击者的攻击目标可以是任意的移动节点,且攻击可以来自各个方向,攻击可以发生在 UWB 网络的各个层。在物理层和媒体接入层,攻击者通过无线干扰来拥塞通信信道;在网络层,攻击者可以破坏路由信息,使网络无法互联;在更高层,攻击者可以攻击各种高层服务。拒绝服务攻击的后果取决于 UWB 网络的应用环境,在 UWB 网络中,使中心资源溢出的拒绝服务攻击威胁甚小,UWB 网络各个节点相互依赖的特点使得分布式的拒绝服务攻击威胁更为严重。如果攻击者有足够的计算能力和运行带宽,规模较小的 UWB 网络可能非常容易阻塞,甚至崩溃。在 UWB 网络中,剥夺睡眠攻击是一种特殊的拒绝服务攻击,攻击者通过合法方式与节点交互,其唯一目的就是消耗节点的有限电池能量,使节点无法正常工作。

2. 密钥泄露

在传统公钥密码体制中,用户采用加密、数字签名等来实现信息的机密性和完整性等安全服务。但这需要一个受信任的认证中心。而 UWB 网络不允许存在单一的认证中心,否则认证中心的崩溃将造成整个网络无法获得认证服务,而且被攻破的认证中心的私钥可能会泄露给攻击者,致使网络完全失去安全性。

3. 假冒攻击

假冒攻击在 UWB 网络的各个层次都可以进行。它可以威胁 UWB 网络的所有层。如果没有适当的身份认证,恶意节点就可以伪装成其他受信任的节点,从而破坏整个网络的正常运行,女巫攻击就是这样的一种攻击。如果没有适当的用户验证的支持,在网络层,泄密节点就可以冒充其他受信任节点攻击网络(如加入网络或发送虚假的路由信息)而不会暴露;在网络管理范围内,攻击者可作为超级用户获得对配置系统的访问;在服务层次,一个恶意用户甚至不需要适当的证书就可以拥有经过授权的公钥。成功的假冒攻击所造成的结果非常严重。一个恶意用户可以假冒任何一个友好节点,向其他节点发布虚假的命令或状态信息,并对其他节点或服务造成永久性的破坏。同时,UWB 网络的这些安全缺陷也导致在传统网络中能够较好地工作的安全机制(如加密和认证机制、防火墙以及网络安全方案)不能有效地适用于 UWB 网络。

4. 路由攻击

路由攻击包括内部攻击和外部攻击。内部攻击源于网络内部,这种攻击对路由信息将造成很大的威胁。外部攻击除了常规的路由表溢出攻击外,还包括隧道攻击、剥夺睡眠攻击和节点自私性攻击等针对移动自组网的攻击。

6.8.3　超宽带安全性规范

与传统有线网络相比,无线网络的安全问题往往是出乎预料的,而分布式无线网络更由于各种各样的应用和使用模式而使安全问题更加复杂。

1. 安全性要求

针对 UWB 应用过程中容易发生的信息安全问题，国际标准化组织（ISO）接受了由 WiMedia 联盟提出的《高速率超宽带通信的物理层和媒体接入控制层标准》，即 ECMA-368（ISO/IEC 26907），它规定了相应的安全性要求。

1）安全级别

ECMA-368（ISO/IEC 26907）标准定义了两种安全级别：无安全保护和强安全保护。安全保护包括数据加密、消息认证和重放攻击防护，安全帧提供对数据帧、选择帧和控制帧的保护。

2）安全模式

安全模式指是否一个设备被允许或者需要建立与其他设备进行数据通信的安全关系。ECMA-368（ISO/IEC 26907）标准定义了 3 种安全模式，用于控制设备间的通信。两台设备通过四次握手协议来建立安全关系。一旦两台设备建立了安全关系，它们将使用安全帧来作为帧传输形式，如果接收方需要接收安全帧，而发送方发送的不是安全帧，那么接收方将丢弃该帧。

安全模式 0 定义了数据传输时使用无安全帧的通信方式，并且与其他设备建立无安全关系的通信方式。在该模式下，如果接收到安全帧，MAC 层将直接丢弃该帧。

安全模式 1 定义了数据传输时与安全模式 0 下的设备进行数据通信，或者与未建立安全关系的处于安全模式 1 下的设备进行数据通信，或者在特定帧的控制下与处于安全模式 1 下并建立了安全关系的设备进行通信；否则将丢弃数据。

安全模式 2 规定不与其他安全模式的设备进行通信，将通过四次握手协议建立安全关系。

3）握手协议

四次握手协议使得两台具有共享主密钥的设备能够相互认证，同时产生 PTK（Pairwise Transient Key，成对临时密钥）来加密特定的帧。

4）密钥传输

在成功地四次握手并建立安全关系后，两个设备开始分发各自的 GTK（Group Transient Key，群临时密钥）。GTK 用于多播通信时对传输数据的加密。每个 GTK 在分发时通过四次握手中产生的 PTK 进行加密，然后再传送。

2. 信息接收与验证

在信息接收过程中 MAC 子层的信息处理流程如图 6.8 所示。

帧重发保护接收拥有有效的 FCS 和 MIC 的安全帧时，信息接收流程为：从接收帧中提取出 SFN，将其与此帧所用的临时密钥的重发计数器的值作比较。如果前者小于或等于后者，接收方的 MAC 子层丢弃此帧。MLME 提交 MLME-SECURITY-VIOLATION，它的 ViolationCode 设为 REPLAYED_RAME。否则，接收方将接收到的 SFN 赋给相应的重发计数器。不过，使用此 SFN 更新重发计数器前，接收者应确保此帧已通过 FCS 验证、重发预防和 MIC 确认。

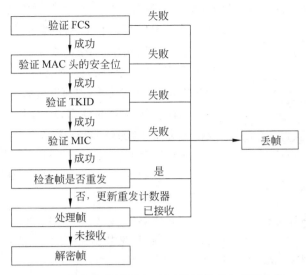

图 6.8　信息接收过程中 MAC 子层的信息处理流程

3. MAC 层的信息安全传输机制

在 UWB 系统中,MAC 层的信息安全传输功能主要包括以下几个方面:

(1) 通过物理层,在一个无线频道上与对等设备进行通信。

(2) 采用基于动态配置(reservation-based)的分布式信道访问方式。

(3) 基于竞争的信道访问方式。

(4) 采用同步的方式进行协调应用。

(5) 提供在设备移动和干扰环境下的有效解决方案。

(6) 以调度帧传送和接收的方式来控制设备功耗。

(7) 提供安全的数据认证和加密方式。

(8) 提供设备间距离计算方案。

UWB 的 MAC 层是一种完全分布式结构,没有一个设备处于中心控制的地位。同时,所有的设备都具有上述 8 种功能,并且根据应用的不同可以选择性地使用这 8 种功能。在分布式环境中,设备间通过信标帧的交换来识别。设备的发现、网络结构的动态重组和设备移动性的支持都是通过周期性的信标传输来实现的。

6.8.4　超宽带拒绝服务攻击防御策略

最初,拒绝服务攻击是针对计算机网络系统的,随着通信技术的发展,现在这种攻击已经有针对所有通信系统的发展趋势。由于 UWB 是一种开放的分布式网络,没有中央控制,所以基于 UWB 的物联网在运营过程中受到拒绝服务攻击的概率就大大增加了。

1. UWB 拒绝服务攻击原理

拒绝服务是指网络信息系统由于某种原因遭到不同程度的破坏,使得系统资源的可用性降低甚至不可用,从而导致不能为授权用户提供正常的服务。拒绝服务通常是由配置错误、软件弱点、资源毁坏、资源耗尽和资源过载等引起的。其基本原理是：利用工具软件，集中在某一时间段内向目标机发送大量的垃圾信息，或发送超过系统接收范围的信息，使对方出现网络堵塞或负载过重等状况，造成目标系统拒绝服务。由于在实际的网络中，由于网络规模和速度的限制，攻击者往往难以在短时间内发送过多的请求，因而多采用分布式拒绝服务攻击的方式。在这种攻击中，为提高攻击的成功率，攻击者需要控制大量的被入侵主机。为此攻击者一般会采用一些远程控制软件，以便在自己的客户端操纵整个攻击过程，其流程如图 6.9 所示。

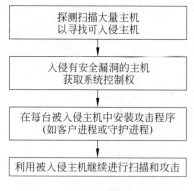

图 6.9　UWB 拒绝服务攻击流程

需要注意的是，在利用被入侵主机继续进行扫描和攻击的过程中，采用分布式拒绝服务攻击形式的客户端通常采用 IP 地址欺骗技术以逃避追查。

2. UWB 网络中拒绝服务攻击的类型

在 UWB 网络中，拒绝服务攻击主要有两种类型：MAC 层攻击和网络层攻击。

在 MAC 层实施拒绝服务攻击主要有两种方法：一是拥塞 UWB 网络中的目标节点设备使用的无线 UWB 信道，致使 UWB 网络中的目标节点设备不可用；二是将 UWB 网络中的目标节点设备作为网桥，让其不停地中继转发无效的数据帧，以耗尽 UWB 网络中的目标节点设备的可用资源。

在 UWB 网络层实施的攻击也称为 UWB 路由攻击，其主要攻击方法有以下几种：

(1) UWB 网络中的多个攻击节点通过与 UWB 网络中的被攻击目标节点设备建立大量的无效 TCP 连接来消耗目标节点设备的 TCP 资源，致使正常的连接不能进入，从而降低甚至耗尽系统的资源。

(2) UWB 网络中的多个攻击节点同时向 UWB 网络中的目标节点设备发送大量伪造的路由更新数据包，致使目标节点设备忙于频繁的无效路由更新，以此使系统的性能恶化。

(3) 利用 IP 地址欺骗技术，攻击节点通过向路由器的广播地址发送虚假信息，使得路由器所在网络上的每台设备向 UWB 网络中的目标节点设备回应该信息，从而降低系统的性能。

(4) 修改 IP 数据包头部的 TTL 域，使得数据包无法到达 UWB 网络中的目标节点设备。

3. UWB 网络中拒绝服务攻击的防御措施

针对 UWB 网络中基于数据报文的拒绝服务攻击，可以采用路径删除措施来防止 UWB 泛洪拒绝服务攻击。

当攻击者发动基于数据报文的 UWB 泛洪攻击行为时，发送大量攻击数据报文至所有 UWB 网络中的节点。邻居节点和沿途节点是难以判别攻击行为的，因为这些节点无法判断数据报文的用途；但数据报文的目标节点就比较容易判定了。当目标节点发现收到的报文都是无用报文的时候，它就可以认定源节点为攻击者。目标节点可通过路径删除的方法来阻止基于数据报文的 UWB 泛洪攻击行为。

　　具体实施步骤是：当 UWB 网络中的目标节点发现源节点是攻击者时，由目标节点生成一个路由请求（RRER）报文，该报文中标明目标节点不可达，目标节点将这个 RRER 报文发送给攻击者。当 RRER 到达攻击者时，它就会认为这条路由已经中断，从而将这条路由从本节点路由表中删除，这样它就无法向该目标节点继续发送攻击报文了。如果它还要发送攻击报文，就必须重新建立路由。此时，目标节点已经识别该节点为攻击者，对它发送的RREQ 报文不回答 RREP，这样就无法重新建立路由。通过这种方式，只要被攻击过的节点都会拒绝与攻击者建立路由。如果攻击者不断发动基于数据报文的 UWB 拒绝服务攻击，拒绝与其建立路由的节点就会越来越多，最终所有节点都拒绝与其建立路由，攻击者就会被隔绝于 UWB 网络之外，从而阻止了基于数据报文的 UWB 拒绝服务攻击。

　　随着物联网应用领域的不断拓展，对于物联网末端感知信息的需求会不断增加，在物联网末端的信息感知网络中应用 UWB 技术具有越来越重要的意义。当前对于 UWB 应用过程中的信息安全机制虽然有一定的研究，但是基本处于初级阶段，还需要针对物联网的运营环境和面临的新型信息安全威胁进行更加深入的研究，以满足物联网产业日新月异的发展需要。

6.9　物联网终端安全

　　物联网终端在物联网中位于感知识别层，实时采集数据并向网络构建层发送数据。它实现数据采集、初步处理、加密和传输等多种功能。

6.9.1　物联网终端

1. 物联网终端的基本原理及作用

1）原理

　　物联网终端主要由外围感知（传感）接口、中央处理模块和外部通信接口 3 个部分组成。外围感知接口与传感设备连接，如 RFID 读卡器、红外感应器和环境传感器等，对这些传感设备的数据进行读取，通过中央处理模块处理后，按照网络协议，通过外部通信接口，（如GPRS 模块、以太网接口或 WiFi 等方式）发送到以太网的指定中心处理平台。

2）作用

　　物联网终端属于感知识别层和网络构建层的中间设备，也是物联网的关键设备，通过它的转换和采集，才能将各种外部感知数据加以汇集和处理，并将数据通过各种网络接口传输到互联网中。如果没有它的存在，传感数据将无法送到指定位置，"物"的联网将不复存在。

2. 物联网终端的分类

　　物联网终端可以从不同角度分类。

1）从行业应用角度分类

　　物联网终端从行业应用角度来划分，主要包括工业设备检测终端、设施农业检测终端、物流 RFID 识别终端、电力系统检测终端和安防视频监测终端等。下面介绍前 3 种终端的主要特点。

（1）工业设备检测终端。该类终端主要安装在工厂的大型设备上或工矿企业的大型运动机械上，用来采集位移传感器、位置传感器、震动传感器、液位传感器、压力传感器和温度传感器等数据，通过终端的有线网络或无线网络接口发送到中心处理平台进行数据的汇总和处理，实现对工厂设备运行状态的及时跟踪和大型机械的状态确认，实现安全生产的目的。抗电磁干扰和防爆是此类终端考虑的重点。

（2）设施农业检测终端。该类终端一般被安放在设施农业的温室或大棚中，主要采集空气温湿度传感器、土壤温度传感器、土壤水分传感器、光照传感器和气体含量传感器的数据，将数据打包、压缩和加密后通过终端的有线网络或无线网络接口发送到中心处理平台进行数据的汇总和处理。这种系统可以及时发现农业生产中不利于农作物生长的环境因素，并在第一时间内通知使用者纠正这些因素，提高作物产量，降低病虫害发生的概率。防腐、防潮设计是此类终端考虑的重点。

（3）物流 RFID 识别终端。该类终端分固定式、车载式和手持式 3 种。固定式一般安装在仓库门口或其他货物通道，车载式安装在物流运输车中，手持式则由使用者手持使用。固定式一般只有识别功能，用于跟踪货物的入库和出库；车载式和手持式中一般具有 GPS 定位功能和基本的 RFID 标签扫描功能，用来识别货物的状态、位置和性能等参数，通过有线或无线网络将位置信息和货物基本信息传送到中心处理平台。通过该终端的货物状态识别，使物流管理变得顺畅和便捷，能够大大提高物流的效率。

2）从使用场合角度分类

物联网终端从使用场合角度来划分，主要包括以下 3 种：固定终端、移动终端和手持终端。

（1）固定终端。应用在固定场合，常年固定不动，具有可靠的外部供电和可靠的有线数据链路，用于检测各种固定设备、仪器或环境的信息。设施农业和工业设备用的检测终端均属于此类。

（2）移动终端。应用在终端与被检测设备一同移动的场合，该类终端因经常会发生运动，所以没有比较可靠的外部电源，需要通过无线数据链路进行数据的传输，主要用于检测图像、位置、运动设备的某些物理状态等。该类终端一般要具备良好的抗震和抗电磁干扰能力；此外，该类终端对供电电源的处理能力也较强，有的具备后备电源。车载仪器、车载视频监控系统和货车/客车 GPS 定位系统等均使用此类终端。

（3）手持终端。该类终端在移动终端的基础上进行了改造和升级，它一般小巧、轻便，使用者可以随身携带，有后备电池，一般可以断电连续使用 8h 以上。该类终端有可以连接外部传感设备的接口，采集的数据一般可以通过无线方式及时传输，或在积累一定量后采用有线方式传输。该类终端大部分应用在物流 RFID 识别、工厂参数表巡检和农作物病虫害普查等领域。

3）从传输方式角度分类

物联网终端从传输方式角度来划分，主要包括以太网终端、WiFi 终端、2G 终端和 3G 终端等。有些智能终端具有上述两种或两种以上的接口。

（1）以太网终端。该类终端一般应用在数据传输量较大、以太网条件较好的场合，现场很容易布线并具有连接互联网的条件。一般应用在工厂的固定设备检测、智能楼宇和智能家居等环境中。

（2）WiFi 终端。该类终端一般应用在数据传输量较大、以太网条件较好,但终端部分布线不容易或不能布线的场合,在终端周围架设 WiFi 路由或 WiFi 网关等设备实现。一般应用在无线城市和智能交通等需要无线传输大数据的场合,或其他应用中终端周围不适合布线,但传输数据量大的场合。

（3）3G 终端。该类终端应用在小数据量移动传输的场合或小数据量传输的野外工作场合,如车载 GPS 定位、物流 RFID 手持终端、水库水质监测等。该类终端因具有移动中或野外条件下的联网功能,所以为物联网的深层次应用提供了更加广阔的市场。

（4）4G 终端。该类终端是在上面几种终端基础上的升级,提高了上下行的通信速度,以满足移动图像监控和下发视频等应用场合,如警车巡警图像的回传、动态实时交通信息的监控等,在一些数据量大的传感应用(如震动量的采集或电力信号实施监测)中也可能用到该类终端。

4）从使用扩展性角度分类

物联网终端从使用扩展性角度来划分,主要包括单一功能终端和通用智能终端两种。

（1）单一功能终端。该类终端一般外部接口较少,设计简单,仅满足单一应用或单一应用的部分扩展,除了这种应用外,在不经过硬件修改的情况下无法应用在其他场合中。目前市场上此类终端较多,如汽车监控用的图像传输服务终端、电力监测用的终端和物流用的RFID 终端等,这些终端的功能单一,仅适用在特定场合,不能随应用的变化进行功能改造和扩充等。因功能单一,所以该类终端的成本较低,也比较容易标准化。

（2）通用智能终端。该类终端因考虑到行业应用的通用性,所以外部接口较多,设计复杂,能满足两种或更多场合的应用。它可以通过内部软件的设置、应用参数的修改或硬件模块的拆卸来满足不同的应用需求。该类模块一般涵盖了大部分应用对接口的功能需求,并具有网络连接的有线、无线多种接口方式,还扩展了蓝牙、WiFi 和 ZigBee 等接口,甚至预留一定的输出接口用于物联网应用中对物的控制等。该类终端开发难度大,成本高,未标准化,目前市面上该类终端很少。

5）从传输通路角度分类

物联网终端从传输通路角度来划分,主要包括数据透传终端和非数据透传终端。

（1）数据透传终端。该类终端在输入接口与应用软件之间建立数据传输通路,使数据可以通过模块的输入接口输入,通过软件原封不动地输出,表现给外界的方式相当于一个透明的通道,因此称为数据透传终端。目前,该类终端在物联网集成项目中得到大量采用。其优点是很容易构建符合应用的物联网系统,缺点是功能单一。在一些多路数据或多类型数据传输时,需要使用多个采集模块进行数据的合并处理,才可通过该终端传输;否则,每一路数据都需要一个数据透传终端,这样会加大使用成本和系统的复杂程度。目前市面上的大部分通用终端都是数据透传终端。

（2）非数据透传终端。该类终端一般将外部多接口的采集数据通过终端内的处理器合并后再传输,因此具有多路同时传输的优点,同时减少了终端数量。其缺点是只能根据终端的外围接口选择应用,如果要满足所有应用,该终端的外围接口种类就需要很多,在不太复杂的应用中会造成很多接口资源的浪费,因此接口的可插拔设计是该类终端的共同特点,前面提到的通用智能终端就属于该类终端。数据传输应用协议已集成在该类终端内,作为多功能应用,通常需要提供二次开发接口。目前市面上该类终端较少。

6.9.2　物联网终端安全

通过对无线网络安全问题的探讨发现，目前网络管理工作量最大的部分是客户端安全，对网络的安全运行威胁最大的也同样是客户端安全管理。只有解决网络内部的安全问题，才可以排除网络中最大的安全隐患，在内部网络终端安全管理方面，主要从终端状态、行为和事件 3 个方面进行防御。利用现有的安全管理软件加强对以上 3 个方面的管理是当前解决无线网络安全的关键所在。

1. 感知终端目前存在的主要问题

物联网的感知前端负责实时搜集数据，将数据通过网络上传到数据处理中心，数据处理中心将数据处理产生的信息或者决策提供给用户或者联动装置，而感知终端就是这些信息或者决策的呈现设备。常用的感知终端有 PC、PDA 和手机等。

感知终端目前存在的主要问题包括终端敏感信息泄露和篡改、SIM/UIM 卡信息泄露和复制、空中接口信息泄露和篡改以及终端病毒等问题。而常用的安全措施有身份认证、数据访问控制、信道加密、单向数据过滤和强审计等。

由于物联网终端主要使用嵌入式系统，所以以下主要探讨嵌入式系统所面临的安全问题。

2. 嵌入式系统所面临的安全问题

一套完整的嵌入式系统由相关的硬件及其配套的软件构成，硬件部分又可以划分为电路系统和芯片两个层次。在应用环境中，恶意攻击者可能从一个或多个设计层次对嵌入式系统展开攻击，从而达到窃取密码、篡改信息和破坏系统等非法目的。若嵌入式系统应用在金融支付、付费娱乐和军事通信等高安全敏感领域，这些攻击可能会为嵌入式系统的安全带来巨大威胁，给用户造成重大的损失。根据攻击层次的不同，这些针对嵌入式系统的恶意攻击可以划分为软件攻击、电路系统级的硬件攻击以及基于芯片的物理攻击 3 种类型，如图 6.10 所示。

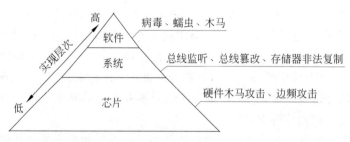

图 6.10　嵌入式系统所面临的安全威胁

在各个攻击层次上均存在一批非常典型的攻击手段。这些攻击手段针对嵌入式系统不同的设计层次展开攻击，威胁嵌入式系统的安全。下面对嵌入式系统不同层次上的攻击分别予以介绍。

3. 软件层次的安全性分析

在软件层次,嵌入式系统运行着各种应用程序和驱动程序。在这个层次上,嵌入式系统所面临的恶意攻击主要有病毒、蠕虫和木马等。从表现特征上看,这些不同的恶意软件有不同的攻击方式。病毒通过自我传播以破坏系统的正常工作,蠕虫以网络传播、消耗系统资源为特征,木马则通过窃取系统权限控制处理器。从传播方式上看,这些恶意软件都是利用通信网络进行扩散。在嵌入式系统中,最为普遍的恶意软件就是针对智能手机所开发的病毒和木马,这些恶意软件体积小巧,可以通过短信和软件下载等隐秘方式侵入智能手机系统,然后等待合适的时机发动攻击。

尽管在嵌入式系统中恶意软件的代码规模都很小,但是其破坏力却是巨大的。

2005 年,在芬兰赫尔辛基世界田径锦标赛上大规模爆发的手机病毒 Cabir 便是恶意软件的代表。截至 2006 年 4 月,全球仅针对智能手机的病毒就出现了近两百种,并且数量还在迅猛增加。恶意程序经常会利用程序或操作系统中的漏洞获取权限,展开攻击。最常见的例子就是由缓冲区溢出所引起的恶意软件攻击。攻击者利用系统中正常程序所存在的漏洞对系统进行攻击。图 6.11 就描述了一段具有安全隐患的程序代码。在主程序 f() 中调用了 g() 子程序,其中参数 x、y 以指针的形式进行传递,字符串 x 的内容将被复制到本地变量 b 中,然而在这一过程中程序并没有检查字符串 x 的大小,因此,恶意攻击者可以在程序运行的过程中利用该漏洞展开缓冲区溢出攻击。

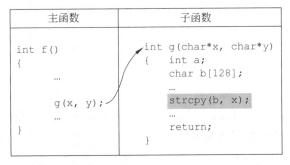

图 6.11 具有安全隐患的代码

攻击者所采取的具体攻击方法如图 6.12 所示。在系统运行过程中,当子程序调用系统

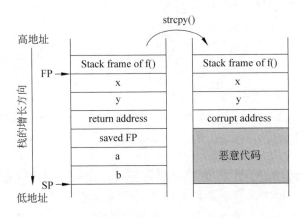

图 6.12 缓冲区溢出攻击

函数 strcpy()时,若攻击者输入的字符串 x 大于 b 的大小,则会在内存片段中发生溢出,程序会跳转到攻击者所设计的危险代码中,从而导致程序的控制权为恶意攻击者所获取。在这一过程中,攻击者必须了解处理器的体系结构与执行方式,掌握正常程序中所存在的漏洞,同时还要能够将危险的程序代码注入系统中,才能够完成软件攻击。

因而,随着嵌入式系统日益推广应用,嵌入式系统已经不像过去那么安全。恶意软件可以根据攻击者的意图对嵌入式系统实施干扰、监视甚至远程控制,对嵌入式系统的安全应用构成实质性的威胁。

4. 系统层次的安全性分析

在嵌入式设备的系统层次中,设计者需要将各种电容、电阻以及芯片等器件焊接在印刷电路板上,组成嵌入式系统的基本硬件,而后将相应的程序代码写入电路板上的非易失性存储器中,使嵌入式系统具备运行能力,从而构成整个系统。为了能够破解嵌入式系统,攻击者在电路系统层次上设计了多种攻击方式。这些攻击都是通过在嵌入式系统的电路板上施加少量的硬件改动,并配合适当的底层汇编代码,来达到欺骗处理器、窃取机密信息的目的。在这类攻击中,具有代表性的攻击方式主要有总线监听、总线篡改以及存储器非法复制等。

攻击者为了实现系统级攻击,首先需要在硬件层次上对嵌入式系统进行修改,增加必要的攻击电路,从而构成硬件攻击平台。图 6.13 描述了一个用于总线监听的攻击平台。恶意攻击者将一块 FPGA 电路板挂载在嵌入式系统的数据总线与地址总线上,通过配置 FPGA 电路板,攻击者可以构建攻击所需要的各种监控逻辑,从而捕获系统总线中的通信信息,为攻击者提供分析所需的数据。此外,FPGA 电路板还对嵌入式处理器的通用接口进行监听,当程序指令运行到通用接口时,FPGA 电路板可以在截获程序指令的同时捕获通用接口上的电平变化,从而为分析嵌入式系统的程序提供数据支持。FPGA 搜集到的所有信息都将上传到攻击者的 PC 中,帮助攻击者对嵌入式系统的运行方式进行解析。攻击者在侦测总线、监听通信的基础上,还可以对嵌入式处理器与外部设备之间的通信进行修改,从而破坏系统的正常运行,这种攻击称为总线篡改攻击。

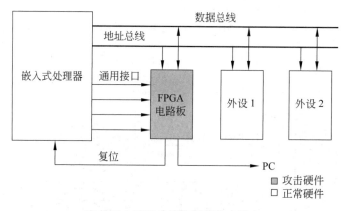

图 6.13 用于总线监听的攻击平台

在用于总线监听的攻击平台上,攻击者只需要进行少量的硬件改动即可实施总线篡改攻击。攻击者在硬件上的工作是在系统总线上插入多路选择器,使得攻击平台可以旁路嵌入式处理器在与外部设备之间的正常通信。除此以外,攻击者还需要对 FPGA 电路板进行重新配置,使其能够在系统运行时伪装成嵌入式系统中的正常外设,欺骗嵌入式处理器。当嵌入式处理器与外部设备进行通信时,由 FPGA 电路板对外部设备的应答进行篡改,或者直接伪造应答,从而诱导嵌入式处理器完成各种攻击者所需要的相关操作。

总线监听攻击可以帮助恶意攻击者盗取保存在片外存储器中的有价值信息。总线篡改攻击可以帮助恶意攻击者控制嵌入式系统的运行;在适当的软件配合下,总线篡改攻击还可以完成对加密系统的暴力攻击。在实际攻击中,这两种攻击方式经常结合起来,共同对嵌入式系统展开攻击。

5. 芯片层次的安全性分析

嵌入式系统的芯片是硬件实现中最低的层次,在这个层次上依然存在着面向芯片的硬件攻击。这些攻击主要期望能从芯片器件的角度寻找嵌入式系统安全漏洞,实现破解。根据实现方式的不同,芯片层次的攻击方式可以分为侵入式和非侵入式两种。其中,侵入式攻击方式需要将芯片的封装去除,然后利用探针等工具直接对芯片的电路进行攻击。在侵入式攻击方式中,以硬件木马攻击最具代表性。而非侵入式的攻击方式主要是指在保留芯片封装的前提下,利用芯片在运行过程中泄露的物理信息进行攻击的方式,这种攻击方式也称为边频攻击。硬件木马攻击是一种新型的芯片级硬件攻击。这种攻击方式通过逆向工程分析芯片的裸片电路结构,然后在集成电路的制造过程中,向芯片硬件电路中注入带有特定恶意目的的硬件电路,即硬件木马,从而达到在芯片运行的过程中对系统的运行予以控制的目的。硬件木马攻击包括木马注入、监听触发以及木马发作 3 个步骤。首先,攻击者需要分析芯片的内部电路结构,在芯片还在芯片代工厂制造时将硬件木马电路注入正常的功能电路中;待芯片投入使用后,硬件木马电路监听芯片内部电路中的特定信号;当特定信号达到某些条件后,硬件木马电路被触发,完成攻击者所期望的恶意攻击。经过这些攻击步骤,硬件木马甚至可以轻易地注入加密模块中,干扰其计算过程,从而降低加密的安全强度。在整个攻击过程中,硬件木马电路的设计与注入是攻击能否成功的关键。攻击者需要根据实际电路设计,将硬件木马电路寄生在某一正常的功能电路之中,使其成为该功能电路的旁路分支。

硬件木马攻击只需要植入规模很小的电路就可以对芯片的功能造成显著影响。基于侵入式的芯片级硬件攻击对整体系统的功能破坏非常大。

以不破坏芯片的物理封装为特点的边频攻击利用芯片在工作时的功耗、时间和电磁辐射等物理特性推断芯片的工作方式,猜测系统中的密文信息。在边频攻击中,以差分功耗分析最具代表性。

差分功耗分析根据嵌入式处理器芯片使用固定密钥对输入的多组不同明文数据进行加密操作时 CMOS 电路的功耗变化情况,猜测局部密钥位与可量测输出之间的区分函数,并将区分函数的输出与实际功耗曲线进行对比验证,从而分析出嵌入式处理器在加密操作中所使用的密钥。尽管攻击者无须在硬件平台上进行大量的改动,但是在攻击过程中,攻击者需要有处理器准确的功耗模型,并且在实施攻击的过程中,电路板的环境噪声、示波器的采样频率和数据深度等因素都对攻击的结果造成直接的影响,因而,在实际环境中的边频攻击存在着局限性。

这些攻击方式都各具特点。软件攻击的攻击范围广泛,实施容易,且不易发觉,但是其对攻击对象的平台依赖度高,传播需要借助网络等通信手段。嵌入式系统多种多样,并且不是所有的系统都采用相同的开放操作系统，还有大量的嵌入式设备处于离线工作状态中。此外，为满足不同的应用环境的需求，不少设备使用封闭的或者特别定制的软件系统，有的设备甚至没有操作系统。这样的软件环境大大降低了恶意软件的威胁。

而芯片层次的物理攻击在实际攻击中会受到各种约束条件的限制。对于侵入式的芯片层次硬件攻击来说，其攻击成本非常高昂，并且每次攻击都只能针对一块芯片。对攻击者来说，实现起来也困难，必须借助专门的实验环境才能完成有效攻击。然而最重要的一点是侵入式的芯片层次硬件攻击无法了解系统在运行过程中的情况。对于非侵入式的芯片层次硬件攻击需要有精确的芯片模型作为参考，并且对嵌入式系统的工作环境要求严格，环境误差对攻击结果的影响明显，因而也无法广泛地针对嵌入式系统展开攻击。

在实际攻击中，采用系统层次的硬件攻击最为现实。首先，系统层次的硬件攻击可以针对任何能够运行的嵌入式系统；其次，攻击者可以通过系统层次的硬件攻击确切地掌握嵌入式设备在运行时的数据信息；最后，系统层次的硬件攻击成本低廉的特点使得攻击者可以很容易地实施攻击。因此，就实际意义而言，系统层次的攻击，特别是总线监听以及篡改攻击，才是嵌入式系统在运行过程中所面临的最主要的安全威胁。

各种攻击方式的特性比较如表 6.1 所示。

表 6.1　各种攻击方式的特性比较

	软件攻击	系统层次硬件攻击	侵入式芯片层次硬件攻击	非侵入式芯片层次硬件攻击
技术难度	容易	容易	困难	困难
平台依赖性	高	一般	一般	一般
攻击范围	多个系统	单个系统	单个系统	单个系统
攻击破坏性	严重	低	低	低
攻击成本	廉价	昂贵	廉价	廉价

研究表明，嵌入式系统所面临的安全威胁主要源于嵌入式系统运行过程中程序以及数据的安全漏洞。

6. 嵌入式处理器的安全设计准则

对于以总线监听以及总线篡改攻击为代表的系统层次硬件攻击，以下的叙述假设：嵌入式处理器本身是安全可信的，攻击者无法获取来自嵌入式处理器内部的机密信息；而处理器以外的其他外部设备都是不可信任的，设计者无法确保来自这些设备的数据是否被攻击者监听或篡改。在这种安全前提下，嵌入式系统的攻击对象主要来自两个地方：数据总线和片外存储器。图 6.14 描述了针对嵌入式设备的系统层次硬件攻击模型。在现实条件下，程序被保存在嵌入式处理器外部的不可信的片外存储器中。攻击者可能将片外存储器芯片从电路板中取下，并通过物理的方法读取每一位的状态。

如果程序是以明文的形式保存的，那么攻击者将会得到对其有用的信息。此外，嵌入式处理器与片外存储器之间的数据总线也是不可信的。被访问的指令会受到总线监控的威胁。因此，为了避免这类攻击，在设计一个新的嵌入式处理器时必须对这些安全威胁予以细致考虑。在已知系统层次硬件攻击模型的基础上，若嵌入式处理器在设计规划之初就有相关的安全性指导，则可以有效地提高整体系统的安全性。因此，有必要为嵌入式处理器制定

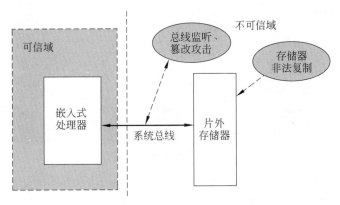

图 6.14   系统层次硬件攻击模型

合理的安全设计准则。针对已有的系统层次攻击,嵌入式处理器的安全设计准则归纳如下:

(1) 限制总线上的数据传输。处理器如果对总线上的数据传输进行有效的控制,则意味着暴露在电路板的金属导线上的信息更少,从而减小总线监听所带来的风险;此外,限制数据传输可以避免攻击者随意地操作总线,增加攻击者通过总线监听分析嵌入式系统的难度。

(2) 保护数据信息的机密性。安全的嵌入式处理器应当能确保片外存储器中保存的数据信息的机密性。经过加密操作使数据信息的真实内容隐藏在密文中。即使攻击者能够完全读取片外存储器中的内容或者捕获总线中的所有信息,在没有密钥的情况下,攻击者也无法获取其中的信息,这样才能保证攻击者不能通过系统级的攻击手段破解系统。

(3) 确保程序加密空间的独立性。不同的程序在嵌入式系统中应当具有相互独立的加密空间。使用单一密钥的系统存在着安全脆弱性。攻击者能够通过窃取某个程序的密钥,从而获取其他程序空间的指令数据。因而,安全的嵌入式处理器应当采取相应的保护机制,提高安全保护的健壮性。嵌入式处理器应当使用相互独立的密钥对片外存储器中的各个程序予以加密,从而保证每一程序被隔离在自己的空间中。

(4) 保护数据信息的完整性。面对总线篡改攻击,仅仅保护数据的加密性是不够的。攻击者可以通过篡改通信数据来修改嵌入式处理器的指令,并通过分析嵌入式处理器的行为来了解嵌入式处理器的内部运行机制。因此,为了能够辨别这些由攻击者伪造的数据,安全的嵌入式处理器应当确保运行过程中数据信息的完整性,从而保证在嵌入式处理器中运行的数据指令的合法性。

(5) 确保安全敏感信息的时效性。在安全的嵌入式处理器中运行的安全敏感信息应当具备时效性。在嵌入式处理器中,诸如密钥等机密信息保存的时间越长,被捕获的可能性就越大。如果嵌入式处理器根据程序指令行为以及系统的运行周期定期地对密钥进行更换,那么就可以有效地防止攻击者对密钥的暴力攻击,提高系统的整体安全性。

(6) 隔离安全信息与正常的数据信息。在嵌入式处理器内部,安全信息与正常的数据信息应当合理地隔离。如果将安全信息与正常的数据信息保存在相同的存储器空间内,既降低了嵌入式处理器运行时的性能,又可能给嵌入式处理器带来潜在的安全隐患。因此,嵌入式处理器在结构上应当将安全信息与正常的数据信息予以隔离。

通过以上的安全准则,安全的嵌入式处理器可以对系统中数据信息的机密性和完整性提供完善的保护,从而有效地避免攻击者通过总线监听和篡改等系统层次攻击方式分析系统，寻找系统的漏洞。

习题 6

1. 简要说明物联网网络构建层的安全分类。
2. 如何保证无线网络的安全连接？
3. 无线网络中的不安全因素主要有哪几个方面？
4. 简述 WAP 的形成与发展。
5. WAP 可提供哪几方面的服务？
6. 简述 WAP 应用面临的安全威胁。
7. 为了应对这些安全漏洞，目前已经提出的端到端的安全模型主要有哪几种？
8. 无线网络安全技术的实现措施有哪些？
9. 无线局域网所面临的危险有哪些？
10. 简述业界常见的无线网络安全技术。
11. 无线网络主流技术安全解决方案有哪几种？
12. 蓝牙服务的安全主要由哪几方面来保证？
13. 简述 UWB 面临的信息安全威胁。
14. 感知终端目前存在的主要安全问题是什么？

第7章 互联网网络安全

网络安全从其本质上来讲就是网络上的信息安全。从广义来说,凡是涉及网络上信息的保密性、完整性、可用性、真实性和可控性的相关技术和理论都是网络安全的研究领域。网络安全是一门涉及计算机科学、网络技术、通信技术、密码技术、信息安全技术、应用数学、数论和信息论等多种学科的综合性学科。

威胁网络安全因素包括自然灾害、意外事故、计算机犯罪、人为行为(如使用不当、安全意识差等)、黑客的行为(黑客的入侵或侵扰,如非法访问、拒绝服务计算机病毒和非法连接等)、内部泄密、外部泄密、信息丢失、电子谍报(如信息流量分析和信息窃取等)、信息战、网络协议中的缺陷(如 TCP/IP 的安全问题等)。

7.1 网络安全概述

从网络运行和管理者的角度来说,希望对本地网络信息的访问和读写等操作受到保护和控制,避免出现陷门、病毒、非法存取、拒绝服务、网络资源非法占用和非法控制等威胁,制止和防御网络黑客的攻击。对安全保密部门来说,希望对非法的、有害的或涉及国家机密的信息进行过滤和防堵,避免机密信息泄露,避免对社会产生危害,给国家造成巨大损失。从社会教育和意识形态角度来说,网络上不健康的内容会对社会的稳定和人类的发展造成阻碍,必须对其进行控制。

随着计算机技术的迅速发展,在系统处理能力提高的同时,系统的连接能力也在不断提高。但是,基于网络连接的安全问题也日益突出,整体的网络安全主要表现在以下几个方面:网络物理安全、网络拓扑结构安全、网络系统安全、应用系统安全和网络管理的安全等。

通常,系统安全与性能和功能是一对矛盾。如果某个系统不向外界提供任何服务(断开),外界是不可能对系统构成安全威胁的。但是,企业接入互联网,提供网上商店和电子商务等服务,等于将一个内部封闭的网络建成了一个开放的网络环境,各种安全问题(包括系统级的安全问题)也随之产生。

构建网络安全系统,一方面由于要进行认证、加密、监听、分析和记录等工作,由此影响网络效率,并且降低客户应用的灵活性;另一方面也增加了管理费用。

但是,来自网络的安全威胁是实际存在的,特别是在网络上运行关键业务时,网络安全是首先要解决的问题。选择适当的技术和产品,制定灵活的网络安全策略,在保证网络安全的情况下,提供灵活的网络服务通道。采用适当的安全体系设计和管理计划,能够有效降低网络安全对网络性能的影响并降低管理费用。

7.1.1 网络安全威胁分析

1. 物理安全

网络的物理安全是整个网络系统安全的前提。在网络工程建设中,由于网络系统属于弱电工程,耐压值很低,因此,在网络工程的设计和施工中,必须优先考虑保护人和网络设备不受电、火灾和雷击的侵害;考虑布线系统与照明电线、动力电线、通信线路、暖气管道及冷热空气管道之间的距离;考虑布线系统和绝缘线、裸体线以及接地与焊接的安全;必须建设防雷系统,不仅考虑建筑物防雷,还必须考虑计算机及其他弱电耐压设备的防雷。

总体来说,物理安全的风险主要有:地震、水灾和火灾等环境事故;电源故障;人为操作失误或错误;设备被盗、被毁;电磁干扰;线路截获;高可用性的硬件;双机多冗余的设计;机房环境及报警系统、安全意识等,因此要尽量避免网络的物理安全风险。

2. 网络拓扑结构的安全

网络拓扑结构设计也直接影响网络系统的安全性。在外部和内部网络进行通信时,内部网络的机器安全就可能受到威胁,同时也可能影响在同一网络上的许多其他系统。通过网络传播,还会影响到接入互联网/内联网的其他网络;影响所及,还可能涉及法律和金融等安全敏感领域。

因此,在设计时有必要将公开服务器(Web 服务器、DNS 服务器、E-mail 服务器等)和外网及内部其他业务网络进行必要的隔离,避免网络结构信息外泄;同时还要对外网的服务请求加以过滤,只允许正常通信的数据包到达相应主机,其他的服务请求在到达主机之前就应该遭到拒绝。

3. 系统的安全

所谓系统的安全是指整个网络操作系统和网络硬件平台是否可靠且值得信任。目前没有绝对安全的操作系统,无论是 Microsoft 公司的 Windows 操作系统还是其他任何商用UNIX 操作系统,其开发厂商必然有其后门(back-door)。可以得出如下结论:没有完全安全的操作系统。不同的用户应从不同的方面对其网络作详尽的分析,选择安全性尽可能高的操作系统。因此,不但要选用尽可能可靠的操作系统和硬件平台,并对操作系统进行安全配置,而且必须加强登录过程的认证,确保用户的合法性。同时,应该严格限制登录者的操作权限,将其完成的操作限制在最小的范围内。

4. 应用系统的安全

应用系统的安全与具体的应用有关,它涉及面广。应用系统的安全是动态的、不断变化的。应用系统的安全也涉及信息的安全,它包括很多方面。

(1) 应用系统的安全是动态的、不断变化的。

应用系统的安全涉及的方面很多。以目前互联网上应用最为广泛的 E-mail 系统来说,其解决方案有 Send Mail、Netscape Messaging Server、Office、Lotus Notes、Exchange Server、SUN CIMS 等二十多种,其安全手段涉及 LDAP、DES 和 RSA 等各种方式。应用系统是不断发展的,而且应用类型是不断增加的。在应用系统的安全性上,主要考虑尽可能建立安全的系统平台,而且通过专业的安全工具不断发现漏洞,修补漏洞,提高系统的安全性。

(2) 应用系统的安全涉及信息和数据的安全。

信息的安全涉及机密信息泄露、未经授权的访问、破坏信息完整性、假冒和破坏系统的可用性等。在某些网络系统中涉及很多机密信息,如果一些重要信息遭到窃取或破坏,它的经济、社会和政治影响将是很严重的。因此,对用户必须进行身份认证,对于重要信息的通信必须授权,传输时必须加密。采用多层次的访问控制与权限控制手段,实现对数据的安全保护;采用加密技术,保证网上传输的信息(包括管理员账户与口令、上传信息等)的机密性与完整性。

5. 网络管理的安全风险

网络管理的安全是网络安全中最重要的方面。责权不明、安全管理制度不健全及缺乏可操作性等都可能引起网络管理的安全风险,表现为:当网络出现攻击行为或网络受到其他一些安全威胁(如内部人员的违规操作等)时,无法进行实时的检测、监控、报告与预警;当事故发生后,也无法提供黑客攻击行为的追踪线索及破案依据,即缺乏对网络的可控性与可审查性。这就要求网络管理员必须对站点的访问活动进行多层次的记录,及时发现非法入侵行为。

建立全新的网络安全机制,必须深刻理解网络并能提供直接的解决方案,因此,最可行的做法是制定健全的管理制度和严格管理相结合。保障网络的安全运行,使其成为一个具有良好的安全性、可扩充性和易管理性的信息网络,是网络管理安全的首要任务。一旦上述安全隐患成为事实,对整个网络造成的损失是难以估计的。

7.1.2 网络安全服务的主要内容

1. 安全技术手段

网络安全技术手段包括以下 4 类:

(1) 物理措施。例如,保护网络关键设备(如交换机、大型计算机等),制定严格的网络安全规章制度,采取防辐射、防火以及安装不间断电源(UPS)等措施。

(2) 访问控制。对用户访问网络资源的权限进行严格的认证和控制。例如,进行用户身份认证,对口令进行加密、更新和鉴别,设置用户访问目录和文件的权限,控制网络设备配置的权限,等等。

(3) 数据加密。加密是保护数据安全的重要手段。加密的作用是使攻击者截获信息后不能读懂其含义。防范计算机网络病毒,安装网络防病毒系统。

(4) 其他措施。包括信息过滤、容错、数据镜像、数据备份和审计等。

近年来,围绕网络安全问题提出了许多解决办法,例如数据加密技术和防火墙技术等。数据加密是对网络中传输的数据进行加密,到达目的地后再解密,还原为原始数据,目的是防止非法用户截获并盗用信息。防火墙技术是通过对网络的隔离和限制访问等方法来控制网络的访问权限。

2. 安全防范意识

拥有网络安全防范意识是保证网络安全的重要前提。许多网络安全事件的发生都和缺乏安全防范意识有关。

7.1.3 互联网安全隐患的主要体现

互联网安全隐患主要体现在以下几个方面：

（1）互联网是一个开放的、无控制机构的网络，黑客经常会侵入网络中的计算机系统，或窃取机密数据和盗用特权，或破坏重要数据，或使系统功能得不到充分发挥，直至系统瘫痪。

（2）互联网的数据传输是基于 TCP/IP 进行的，这些协议缺乏使传输过程中的信息不被窃取的安全措施。

（3）互联网上的通信业务多数使用 UNIX 操作系统来支持，UNIX 操作系统中明显存在的安全脆弱性问题会直接影响安全服务。

（4）在计算机上存储、传输和处理的电子信息没有传统的邮件通信那样的信封保护和签字、盖章措施。信息的来源和去向是否真实，内容是否被改动，以及是否泄露等，在应用层支持的服务协议中是凭着"君子协定"来维系的。

（5）电子邮件存在着被拆看、误投和伪造的可能性。使用电子邮件来传输重要机密信息会存在着很大的危险。

（6）计算机病毒通过互联网的传播给上网用户带来极大的危害，病毒可以使计算机和计算机网络系统瘫痪，数据和文件丢失。病毒在网络上既可以通过公共匿名 FTP 传播，也可以通过邮件和邮件的附加文件传播。

7.1.4 网络安全攻击的方式

网络安全攻击主要有 4 种方式：截获、中断、篡改和伪造，如图 7.1 所示。其中，截获属于被动攻击，而中断、篡改和伪造属于主动攻击。

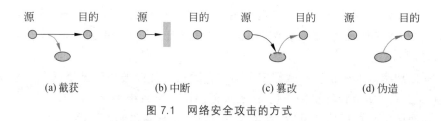

图 7.1 网络安全攻击的方式

1. 截获

截获以数据保密性作为攻击目标，非授权用户通过某种手段获得对系统资源的访问。

2. 中断

中断以数据可用性作为攻击目标,它破坏系统资源,使网络不可使用。

3. 篡改

篡改以数据完整性作为攻击目标,非授权用户不仅可以访问数据,而且可以对数据进行修改。

4. 伪造

伪造以数据完整性作为攻击目标,非授权用户将伪造的数据插入正常传输的数据中。

7.1.5　网络安全案例

1. 概况

随着计算机技术的飞速发展,信息网络已经成为社会发展的重要保证。网络中的信息有很多是敏感信息,甚至是国家机密。所以难免会吸引来自世界各地的各种人为攻击(例如信息泄露、信息窃取、数据篡改和计算机病毒等)。同时,网络实体还要经受诸如水灾、火灾、地震和电磁辐射等方面的考验。

计算机犯罪案件也急剧上升,计算机犯罪已经成为普遍的国际性问题。据美国联邦调查局的报告,计算机犯罪是商业犯罪中危害最大的犯罪类型之一,每个案件的平均涉案金额为45 000 美元,每年由于计算机犯罪造成的经济损失高达 50 亿美元。

2. 国外案例

1996 年初,据美国旧金山的计算机安全协会与联邦调查局的一次联合调查统计,有53%的企业受到过计算机病毒的侵害,42%的企业的计算机系统在过去的 12 个月被非法使用过。而五角大楼的一个研究小组称,美国一年中遭受的攻击就达 25 万次之多。

1994 年末,俄罗斯黑客弗拉基米尔·利文与其同伙从圣彼得堡的一家小软件公司的联网计算机向美国 CITYBANK 银行发动攻击,通过电子转账方式,从 CITYBANK 银行在纽约的计算机主机里窃取了 1100 万美元。

1996 年 8 月 17 日,美国司法部的网络服务器遭到黑客入侵,黑客将主页中的"美国司法部"改为"美国不公正部",将司法部部长的照片换成了阿道夫·希特勒,将司法部徽章换成了纳粹党徽,并加上一幅色情女郎的图片作为所谓司法部部长的助手,此外,还留下了很多攻击美国司法政策的文字。

1996 年 9 月 18 日,黑客又攻击了美国中央情报局的网络服务器,将其主页中的"中央情报局"改为"中央愚蠢局"。

1996 年 12 月 29 日,黑客侵入美国空军网站并将其主页肆意改动,其中有关空军介绍、新闻发布等内容被替换成一段黄色录像,且声称美国政府所说的一切都是谎言。这一事件迫使美国国防部一度关闭了其他 80 多个军方网站。

3. 国内案例

1996年2月，刚开通不久的Chinanet受到攻击，且攻击得逞。

1997年初，北京某ISP被黑客成功侵入，并在清华大学"水木清华"BBS站的"黑客与解密"讨论区张贴有关如何免费通过该ISP进入互联网的文章。

1997年4月23日，美国得克萨斯州内查德逊地区西南贝尔互联网络公司的某个PPP用户侵入中国互联网络信息中心的服务器，破译该系统的shutdown账户，把中国互联网信息中心的主页换成了一个笑嘻嘻的骷髅头。

1996年初，Chinanet受到某高校的一个研究生的攻击。

1996年秋，北京某ISP和它的用户发生了一些矛盾，此用户便攻击该ISP的服务器，致使服务中断了数小时。

2010年，Google公司发布公告退出中国市场，公告中称：造成此决定的重要原因是Google公司被黑客攻击。

7.2　防火墙技术

古时候，人们常在寓所之间砌起一道砖墙，一旦火灾发生，它能够防止火势蔓延到别的寓所，这种墙被命名为"防火墙"。为安全起见，可以在本网络和互联网之间插入一个中介系统，阻断来自外部的攻击者通过互联网对本网络的威胁和入侵，这种中介系统叫作防火墙。图7.2为Cisco ACE Web应用防火墙。

图7.2　Cisco ACE Web应用防火墙

7.2.1　防火墙的基本概念

防火墙是由软件和硬件构成的系统，是一种特殊编程的路由器，用来在两个网络之间实施接入控制策略。接入控制策略是由使用防火墙的单位自行制定的，以适合本单位的需要。

互联网防火墙是增强机构内部网络安全性的系统，防火墙系统决定了哪些内部服务可以被外界访问，外界的哪些人可以访问内部的哪些服务，以及哪些外部服务可以被内部人员访问。要使一个防火墙有效，所有来自和去往互联网的信息都必须经过防火墙，接受防火墙的检查。防火墙只允许授权的数据通过，并且防火墙本身也必须能够免于渗透。

1. 互联网防火墙与安全策略的关系

防火墙不仅是路由器、堡垒主机或任何网络安全的设备的组合，还是安全策略的一个部分。

安全策略用于建立全方位的防御体系，包括：告诉用户应有的责任，公司规定的网络访问、服务访问、本地和远地的用户认证、拨入和拨出、磁盘和数据加密、病毒防护措施以及雇员培训等。所有可能受到攻击的地方都必须以相应的安全级别加以保护。仅仅设立防火墙系统，而没有全面的安全策略，防火墙就形同虚设。

通常，防火墙采用的安全策略有如下两个基本准则：

（1）一切未被允许的访问就是禁止的。

（2）一切未被禁止的访问就是允许的。

2. 防火墙的好处

防火墙负责管理互联网和机构内部网络之间的访问。在没有防火墙时，内部网络上的每个节点都暴露给互联网上的其他主机，极易受到攻击。这就意味着内部网络的安全性要由每一个主机的坚固程度来决定，并且安全性取决于其中最弱的系统。

3. 防火墙的作用

防火墙允许网络管理员定义一个中心"扼制点"来防止非法用户，例如防止黑客和网络破坏者等进入内部网络。禁止存在安全脆弱性的服务进出网络，并抗击来自各种路线的攻击。互联网防火墙能够简化安全管理，网络的安全性是在防火墙系统上得到加固，而不是分布在内部网络的所有主机上。

1）防火墙的功能

防火墙的功能有两个：阻止和允许。"阻止"就是禁止某种类型的通信量通过防火墙（从外部网络到内部网络，或反过来）。"允许"的功能与"阻止"恰好相反。不过在大多数情况下防火墙的主要功能是阻止。

防火墙必须能够识别通信量的各种类型。

2）联网监控

在防火墙上可以很方便地监视网络的安全性，并产生报警。（注意：对一个与互联网相连的内部网络来说，重要的问题并不是网络是否会受到攻击，而是何时受到攻击，谁在攻击。）网络管理员必须审计并记录所有通过防火墙的重要信息。如果网络管理员不能及时响应报警并审查常规记录，防火墙就形同虚设。

互联网防火墙是审计和记录互联网使用量的一个最佳地方。网络管理员可以在此向管理部门提供互联网连接的费用情况，查出潜在的带宽瓶颈的位置，并根据机构的核算模式提供部门级计费。

4. 防火墙在互联网中的位置

防火墙内的网络称为可信赖的网络（trusted network），而将外部的互联网称为不可信赖的网络（untrusted network），如图 7.3 所示。

防火墙可用来解决内联网和互联网的安全问题。

7.2.2　防火墙的技术类别

防火墙大致可划分为 3 类：包过滤防火墙、代理服务器防火墙和状态监视器防火墙。

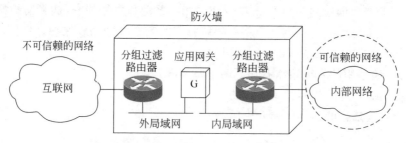

图 7.3　防火墙在互联网中的位置

1. 包过滤防火墙

1）包过滤防火墙的工作原理

采用这种技术的防火墙产品在网络中的适当位置对数据包进行过滤，检查数据流中每个数据包的源地址、目的地址、所有的 TCP 端口号和 TCP 链路状态等，然后依据一组预定义的规则，以允许符合规则的数据包通过防火墙进入内部网络，而将不符合规则的数据包加以删除。

2）包过滤防火墙的优缺点

包过滤防火墙的优点是：价格较低，对用户透明，对网络性能的影响很小，速度快，易于维护。但它也有一些缺点：包过滤防火墙配置起来比较复杂，对 IP 地址欺骗式攻击比较敏感，没有用户的使用记录，这样就不能从访问记录中发现黑客的攻击记录。而攻击一个单纯的包过滤防火墙对黑客来说是比较容易的。

2. 代理服务器防火墙

1）代理服务器防火墙的工作原理

代理服务器防火墙运行在两个网络之间，它对于客户机来说像是一台真正的服务器，而对于外界的服务器来说又是一台客户机。当代理服务器防火墙接收到用户的请求后，会检查用户请求的站点是否符合公司的要求，如果公司允许用户访问该站点，代理服务器防火墙会像一个客户机一样去该站点取回所需信息，再转发给用户。

2）代理服务器防火墙的优缺点

优点：可以将被保护的网络内部结构屏蔽起来，增强网络的安全性；可用于实施较强的数据流监控、过滤、记录和报告等措施。

缺点：使访问速度变慢，因为它不允许用户直接访问网络；应用级网关需要针对每一个特定的互联网服务安装相应的代理服务器软件，这会带来兼容性问题。

3. 状态监视器防火墙

1）状态监视器防火墙的工作原理

这种防火墙安全特性较好，它采用了一个在网关上执行网络安全策略的软件引擎，称为检测模块。检测模块在不影响网络正常工作的前提下，采用抽取相关数据的方法对网络通信的各层实施监测，抽取部分数据，即状态信息，并动态地保存起来，作为以后指定安全策略的参考。

2）状态监视器防火墙的优缺点

优点：检测模块支持多种协议和应用程序，并可以很容易地实现应用和服务的扩充；它会监测 RPC 和 UDP 之类的端口信息，而包过滤防火墙和代理服务器防火墙都不支持此类端口；其防范攻击能力比较强。

缺点：配置非常复杂，会降低网络的速度。

7.2.3　防火墙的结构

在防火墙与网络的配置上，有以下 3 种典型结构：双宿/多宿主机模式、屏蔽主机模式和屏蔽子网模式。

在介绍这几种结构前，先了解一下堡垒主机（bastion host）的概念。堡垒主机是一种配置了较为全面的安全防范措施的网络上的计算机，从网络安全上来看，堡垒主机是防火墙管理员认为最强壮的系统。通常情况下，堡垒主机可作为代理服务器的平台。

1. 双宿/多宿主机模式

双宿/多宿主机防火墙（dual-homed/multi-homed firewall）是一种拥有两个或多个连接到不同网络上的网络接口的防火墙，通常用一台装有两块或多块网卡的堡垒主机作为防火墙，两块或多块网卡分别与受保护网和外部网相连。这种防火墙的特点是：主机的路由功能是被禁止的，两个网络之间的通信通过应用层代理服务来完成。如果黑客侵入堡垒主机并使其具有路由功能，那么防火墙将变得无用。

双宿主机的防火墙体系结构是围绕具有双重宿主的计算机而构筑的，该计算机至少有两个网络接口。这样的主机可以充当与这些接口相连的网络之间的路由器，它能够从一个网络到另一个网络发送 IP 数据包。然而，实现双宿主机的防火墙体系结构禁止这种发送功能。因而，IP 数据包并不是从一个网络（例如外部网）直接发送到其他网络（例如内部的被保护的网络）。防火墙内部的系统能与双宿主机通信，同时防火墙外部的系统也能与双宿主机通信，但是这些系统不能直接互相通信，它们之间的 IP 通信被完全阻止。

双宿主机的防火墙体系结构是相当简单的，双宿主机位于外部网络（互联网）和内部网络之间，并且与两者相连，如图 7.4 所示。

图 7.4　双宿主机的防火墙体系结构

2. 屏蔽主机模式

屏蔽主机防火墙（screened host firewall）由包过滤路由器和堡垒主机组成。在这种模式的防火墙中，堡垒主机安装在内部网络上，通常在路由器上设立过滤规则，并使这个堡垒主机成为外部网络唯一可直接到达的主机，这保证了内部网络不会受到未经授权的外部用户的攻击。屏蔽主机防火墙实现了网络层和应用层的安全，因而比单独的包过滤防火墙或应用网关代理更安全。在这一模式下，过滤路由器是否配置正确是防火墙安全与否的关键，如果路由表遭到破坏,堡垒主机就可能被越过,使内部网络完全暴露。

双宿主机防火墙体系结构提供来自与多个网络相连的主机的服务(但是路由关闭),而屏蔽主机防火墙体系结构使用一个单独的路由器提供来自仅仅与内部网络相连的主机的服务。在这种防火墙体系结构中,主要的安全由数据包过滤提供(例如,数据包过滤用于防止人们绕过代理服务器防火墙直接相连),如图7.5和图7.6所示。

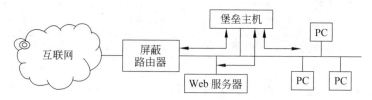

图 7.5　单地址堡垒主机防火墙体系结构

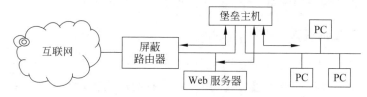

图 7.6　双地址堡垒主机防火墙体系结构

多数情况下,屏蔽主机防火墙体系结构提供了比双宿主机防火墙体系结构更好的安全性和可用性。

3. 屏蔽子网模式

屏蔽子网防火墙(screened subnet firewall)的配置如图7.7所示,采用了两个包过滤路由器和一个堡垒主机,在内外网络之间建立了一个被隔离的子网,定义为“非军事区”(demilitarized zone)网络,有时也称作周边网(perimeter network)。网络管理员将堡垒主机、Web服务器和E-mail服务器等公用服务器放在非军事区网络中。内部网络和外部网络均可访问屏蔽子网,但禁止它们穿过屏蔽子网通信。在这一配置中,即使堡垒主机被入侵者控制,内部网仍受到内部包过滤路由器的保护。

屏蔽子网防火墙体系结构通过添加额外的安全层次到被屏蔽主机体系结构,即通过添加周边网络更进一步地把内部网络与互联网隔离开。在这种结构下,即使攻破了堡垒主机,也不能直接侵入内部网络(仍然必须通过内部路由器),如图7.7所示。

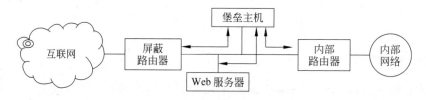

图 7.7　屏蔽子网防火墙体系结构

屏蔽子网防火墙体系结构最简单的形式为:两个屏蔽路由器,每一个都连接到周边网络,一个位于周边网络与内部网络之间,另一个位于周边网络与外部网络之间(通常为互联网)。为了侵入用这种类型的体系结构构筑的内部网络,侵入者必须通过两个路由器。即使侵入者设法侵入堡垒主机,将仍然必须通过内部路由器。

建造防火墙时,一般很少采用单一的技术,通常是解决不同问题的多种技术的组合。这种组合主要取决于网管中心向用户提供什么样的服务,以及网管中心能接受什么等级的风险。采用哪种技术主要取决于经费、投资的大小或技术人员的技术、时间等因素。

通常建立防火墙的目的在于保护内部网络免受外部网络的侵扰,但内部网络中每个用户所需要的服务和信息经常是不一样的,它们对安全保障的要求也不一样。例如,财务部分与其他部分分开,人事档案部分与办公管理分开等。还需要对内部网络的部分站点再加以保护,以免受内部的其他站点的侵袭,即在同一组织结构的两个部分之间,或者在同一内部网的两个不同组织结构之间再建立防火墙,也就是内部防火墙。许多用于建立外部防火墙的工具与技术也可用于建立内部防火墙。

7.2.4　防火墙产品选购策略和使用

1. 常见防火墙产品

随着国内安全市场的兴旺,防火墙产品也层出不穷。国外较好的有 Checkpoint Firewall(美国知名品牌)和 Net Screen(完全基于硬件的产品),国内产品中较好的有天融信网络卫士、东大阿尔派网眼(适用于交换路由双环境)和清华紫光 Unis Firewall(定位于大型 ISP)等。

2. 防火墙的选购策略

在购买防火墙时要注意以下策略:
(1) 要知道防火墙最基本的性能。
(2) 选购防火墙前,还应认真考虑安全策略,也就是要制订一个周密计划。
(3) 在满足实用性和安全性的基础上,还要考虑经济性。

3. 防火墙的使用

不同类型的防火墙在不同网络系统中所起的作用也不同,一些防火墙在同一网络系统中的不同位置所起的作用也不同,所以防火墙的安装要由产品提供商来指导,并对网络管理员进行培训。防火墙的部署如图 7.8 所示。

在日常的使用中,要注意实施定时的扫描和检查,发现系统有问题及时排除故障和恢复系统,保证系统监控及防火墙之间的通信线路能够畅通无阻,全天候对主机系统进行监控、管理和维护。

4. 防火墙技术的发展方向

目前防火墙在安全性、效率和功能方面还存在一定矛盾。从防火墙的技术结构角度来看,一般来说安全性高的防火墙效率较低,或者效率高的防火墙安全性较差。未来的防火墙应该既有高安全性又有高效率。重新设计技术架构,例如,在包过滤中引入鉴别授权机制、复变包过滤、虚拟专用防火墙和多级防火墙等将是未来可能发展的方向。

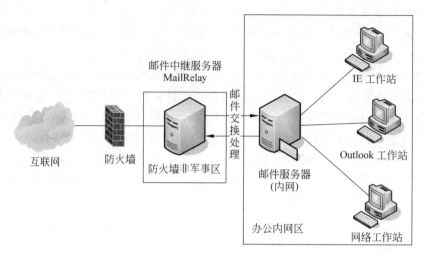

图 7.8　防火墙的部署

7.3　入侵检测

入侵检测(intrusion detection)是对入侵行为的检测。它通过收集和分析网络行为、安全日志、审计数据、其他网络上可以获得的信息以及计算机系统中若干关键点的信息,检查网络或系统中是否存在违反安全策略的行为和被攻击的迹象。入侵检测作为一种积极主动的安全防护技术,提供了对内部攻击、外部攻击和误操作的实时防御,在网络系统受到危害之前拦截和阻止入侵。常见的入侵检测系统设备如图 7.9 所示。

图 7.9　入侵检测系统设备

入侵检测被认为是防火墙之后的第二道安全闸门,在不影响网络性能的情况下能对网络进行监测。入侵检测是防火墙的合理补充,帮助系统对付网络攻击,扩展了系统管理员的安全管理能力(包括安全审计、监视、进攻识别和响应),增强了信息安全基础结构的完整性。它从计算机网络系统中的若干关键点收集信息,并分析这些信息,以判断网络中是否有违反安全策略的行为和遭到袭击的迹象。

7.3.1　入侵检测技术

入侵检测技术是为保证计算机系统的安全而设计与配置的一种能够及时发现并报告系统中未授权或异常现象的技术,是一种用于检测计算机网络中违反安全策略行为的技术。进行入侵检测的软件与硬件的组合便是入侵检测系统。

入侵检测系统所采用的技术可分为基于特征检测与异常检测两种。

1. 基于特征检测

基于特征检测(signature-based detection)又称为误用检测(misuse detection),这一检测技术假设入侵者活动可以用一种模式来表示,入侵检测系统的目标是检测主体活动是否符合这些模式。它可以将已知的入侵方法检查出来,但对新的入侵方法无能为力。其难点在于如何设计入侵者的活动模式,使其既能够表达入侵现象,又不会将正常的活动包含进来。

2. 异常检测

异常检测(anomaly detection)的假设是入侵者活动异于正常主体的活动。根据这一理念建立主体正常活动的活动简档(activity profile),将当前主体的活动状况与活动简档相比较,当违反其统计规律时,就认为该活动可能是入侵行为。异常检测的难题在于如何建立活动简档以及如何设计统计算法,从而不会把正常的操作作为入侵活动或忽略了真正的入侵行为。

7.3.2　入侵检测系统

入侵检测系统(Intrusion Detection System,IDS)是一种对网络传输进行即时监视,在发现可疑传输时发出警报或者采取主动反应措施的网络安全设备。它与其他网络安全设备的不同之处在于,它是一种积极主动的安全防护技术。

1. IDS 概述

IDS 最早出现在 1980 年 4 月 James P. Anderson 为美国空军做的一篇题为 *Computer Security Threat Monitoring and Surveillance* 的技术报告中,在其中他提出了 IDS 的概念。20 世纪 80 年代中期,IDS 逐渐发展成为入侵检测专家系统(Intrusion Detection Expert System,IDES)。1990 年,IDS 分化为基于网络的 IDS 和基于主机的 IDS。以后又出现了分布式 IDS。目前,IDS 发展迅速,已有人宣称 IDS 可以完全取代防火墙。

做一个形象的比喻:假如防火墙是一幢大楼的门卫,那么 IDS 就是这幢大楼里的监视系统。一旦小偷爬窗进入大楼,或内部人员有越界行为,只有实时监视系统才能发现情况并发出警告。IDS 根据信息来源的不同和检测方法的差异分为几类。根据信息来源(或检测对象)可分为基于主机的 IDS 和基于网络的 IDS,根据检测方法又可分为异常入侵检测和滥用入侵检测。

不同于防火墙的是,IDS 是一个监听设备,没有跨接在任何链路上,无须网络流量流经它便可以工作。IDS 的结构如图 7.10 所示。

因此,对 IDS 部署的唯一要求是:IDS 应当挂接在所有其关注的流量都必须流经的链路上。在这里,"关注的流量"指的是来自高危网络区域的访问流量和需要进行统计和监视的网络报文。在如今的网络拓扑中已经很难找到以前的集线器式的共享介质冲突域的网络,绝大部分网络区域都已经全面升级到交换式的网络结构。因此,IDS 在交换式网络中一般部署在以下位置:

(1) 尽可能靠近攻击源。

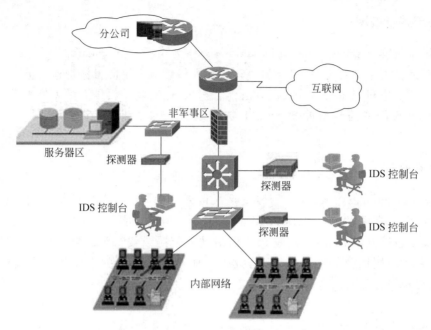

图 7.10　IDS 的结构

（2）尽可能靠近受保护资源。

这些位置通常是：

（1）服务器区域的交换机上。

（2）Internet 接入路由器之后的第一台交换机上。

（3）重点保护网段的局域网交换机上。

2. 系统组成

一个入侵检测系统分为 4 个组件：事件产生器（event generator）、事件分析器（event analyzer）、响应单元（response unit）和事件数据库（event database）。

事件产生器的功能是从整个计算环境中获得事件，并向系统的其他部分提供此事件。事件分析器分析得到的数据，并产生分析结果。响应单元则是对分析结果作出反应的功能单元，它既可以切断连接、改变文件属性等，也可以只是简单地报警。事件数据库是存放各种中间数据和最终数据的地方的统称，它可以是复杂的数据库，也可以是简单的文本文件。

7.3.3　入侵检测系统的工作步骤

对一个成功的入侵检测系统来讲，它不但可使系统管理员时刻了解网络系统（包括程序、文件和硬件设备等）的任何变更，还能给网络安全策略的制定提供指南。更为重要的是，它应该管理、配置简单，从而使非专业人员非常容易地获得网络安全。而且，入侵检测的规模还应根据网络威胁、系统构造和安全需求的改变而改变。入侵检测系统在发现入侵后，会及时做出响应，包括切断网络连接、记录事件和报警等。

1. 信息收集

入侵检测的第一步是信息收集,内容包括系统、网络、数据及用户活动的状态和行为。而且,需要在计算机网络系统中的若干不同关键点(不同网段和不同主机)收集信息,这除了尽可能扩大检测范围的因素外,还有一个重要的因素就是从一个关键点来的信息有可能看不出疑点,但从几个关键点来的信息的不一致性却是可疑行为或入侵的最好标识。

当然,入侵检测很大程度上依赖于收集信息的可靠性和正确性,因此,很有必要只利用真正的和精确的软件来报告这些信息。因为黑客经常替换软件以搞混合移走这些信息,例如替换被程序调用的子程序、库和其他工具。黑客对系统的修改可能使系统功能失常,看起来却跟正常的一样。例如,UNIX 系统的 PS 指令可以被替换为一个不显示入侵过程的指令,或者编辑器被替换成一个读取不同于指定文件的文件(黑客隐藏了初始文件并用另一版本代替)。这需要保证用来检测网络系统的软件的完整性,特别是入侵检测系统软件本身应具有相当强的坚固性,防止被篡改而收集到错误的信息。

1) 系统和网络日志文件

黑客经常在系统和网络日志文件中留下他们的踪迹,因此,充分利用日志文件信息是检测入侵的必要条件。日志中包含发生在系统和网络上的不寻常和不期望的活动的证据,这些证据可以指出有人正在入侵或已成功入侵了系统。通过查看日志文件,能够发现成功的入侵或入侵企图,并很快地启动相应的应急响应程序。日志文件中记录了各种行为类型,每种类型又包含不同的信息,例如,记录"用户活动"类型的日志,就包含登录、用户 ID 改变、用户对文件的访问、授权和认证信息等内容。很显然,对用户活动来讲,不正常的或系统不期望的行为就是重复登录失败、登录到不期望的位置以及非授权的企图访问重要文件等。

2) 目录和文件中的不期望的改变

网络环境中的文件系统包含很多软件和数据文件。包含重要信息的文件和私有数据文件经常是黑客修改或破坏的目标。目录和文件中的不期望的改变(包括修改、创建和删除),特别是那些正常情况下限制访问的,很可能就是一种入侵产生的指示和信号。黑客经常替换、修改和破坏他们获得访问权的系统中的文件,同时为了隐藏系统中有关他们的表现及活动的痕迹,都会尽力去替换系统程序或修改系统日志文件。

3) 程序执行中的不期望的行为

网络系统中执行的程序一般包括操作系统、网络服务、用户起动的程序和特定目的的应用,例如数据库服务器。每个在系统中执行的程序由一到多个进程来实现。每个进程执行在具有不同权限的环境中,这种环境控制着进程可访问的系统资源、程序和数据文件等。一个进程的执行行为由它运行时执行的操作来表现,操作执行的方式不同,它利用的系统资源也就不同。操作包括计算、文件传输以及设备和其他进程或网络中其他进程的通信。

一个进程出现了不期望的行为可能表明黑客正在入侵系统。黑客可能会将程序或服务的运行进行分解,从而导致它失败,或是以非用户或管理员意图的方式操作。

4) 物理形式的入侵信息

这包括两个方面的内容:一是对网络硬件的未授权连接,二是对物理资源的未授权访问。黑客会想方设法去突破网络的周边防卫,如果他们能够在物理上访问内部网,就能安装他们自己的设备和软件。这样,黑客就可以知道网络中有哪些由用户加上去的不安全(未授权)设备,然后利用这些设备访问网络。例如,用户在家里可能安装了调制解调器以访问远程办公室,与此同时,黑客正在利用自动工具来识别在公共电话线上的调制解调器,如果一个拨号访问流量经过了这些自动工具,那么这一拨号访问就成为威胁网络安全的后门,黑客就会利用这个后门来访问内部网,从而越过内部网原有的防护措施,然后捕获网络流量,进而攻击其他系统,并偷取敏感的私有信息等。

2. 信号分析

IDS 对收集到的上述 4 类有关系统、网络、数据及用户活动的状态和行为等信息,一般通过 3 种技术手段进行分析:模式匹配、统计分析和完整性分析。其中,前两种方法用于实时的入侵检测,而第 3 种方法则用于事后分析。

1) 模式匹配

模式匹配就是将收集到的信息与已知的网络入侵和系统误用模式数据库进行比较,从而发现违反安全策略的行为。该过程可以很简单(如通过字符串匹配以寻找一个简单的条目或指令),也可以很复杂(如利用正规的数学表达式来表示安全状态的变化)。一般来说,一种进攻模式可以用一个过程(如执行一条指令)或一个输出(如获得权限)来表示。该方法的一大优点是只需收集相关的数据集合,能够显著减轻系统负担,且技术已相当成熟。它与病毒防火墙采用的方法一样,检测准确率和效率都相当高。该方法存在的弱点是需要不断地升级以对付不断出现的黑客攻击手法,不能检测到以往从未出现过的黑客攻击手段。

2) 统计分析

统计分析方法首先给系统对象(如用户、文件、目录和设备等)创建一个统计描述,统计正常使用时的一些测量属性(如访问次数、操作失败次数和延时等)。测量属性的平均值将被用来与网络或系统的行为进行比较,对于任何观察值在正常值范围之外的情况,都认为有入侵发生。例如,统计分析可能标识一个不正常行为,因为它发现一个在晚 8 点至次日早 6 点没有登录的账户却在凌晨 2 点试图登录。其优点是可检测到未知的入侵和更为复杂的入侵,缺点是误报和漏报率高,且不适应用户正常行为的突然改变。具体的统计分析方法有基于专家系统的方法、基于模型推理的方法和基于神经网络的方法等,目前已成为研究热点,正处于迅速发展之中。

3) 完整性分析

完整性分析主要关注某个文件或对象是否被更改,这经常包括文件和目录的内容及属性,它在发现被更改的、被病毒侵入的应用程序方面特别有效。完整性分析利用强有力的加密机制,称为消息摘要函数(例如 MD5),它能识别非常微小的变化。其优点是:不管模式匹配方法和统计分析方法能否发现入侵,只要是成功的攻击导致了文件或其他对象的任何改变,完整性分析方法都能够发现。其缺点是一般以批处理方式实现,不能用于实时响应。尽管如此,完整性分析方法仍然是网络安全产品的必要组成部分之一。例如,可以在每一天的某个特定时间内开启完整性分析模块,对网络系统进行全面的扫描检查。

7.3.4 入侵检测系统的典型代表

入侵检测系统的典型代表是 ISS 公司的 Real Secure。它是计算机网络上自动、实时的入侵检测和响应系统。它全面监控网络传输并自动检测和响应可疑的行为,在系统受到危害之前截取和响应安全漏洞和内部误用,从而最大限度地为企业网络提供安全保障。由于入侵检测系统的市场在近几年中飞速发展,许多公司投入这一领域中来。启明星辰、ISS、思科和赛门铁克等公司都推出了自己的产品。

入侵检测作为一种积极主动的安全防护技术,提供了对内部攻击、外部攻击和误操作的实时保护,能够在网络系统受到危害之前拦截和响应入侵。从网络安全立体纵深、多层次防御的角度出发,入侵检测理应受到人们的高度重视,这从国外入侵检测产品市场的蓬勃发展就可以看出。在国内,随着上网的关键部门和关键业务越来越多,迫切需要具有自主版权的入侵检测产品。但现状是入侵检测仅仅停留在研究和实验样品(缺乏升级和服务)阶段,或者仅在防火墙中集成较为初级的入侵检测模块。可见,入侵检测产品仍具有较大的发展空间,从技术途径来讲,除了完善常规的、传统的技术(模式识别和完整性检测)外,应重点加强统计分析的相关技术研究。

7.4　身份验证

7.4.1　身份验证的基本概念

身份验证是指通过一定的手段完成对用户身份的确认。

身份验证的目的是确认当前声称为某种身份的用户确实是其所声称的用户。在日常生活中,身份验证并不罕见,例如,通过检查对方的证件,人们一般可以确认对方的身份,但"身份验证"一词更多地被用在计算机和通信等领域。

身份验证的方法有很多,基本上可分为基于共享密钥的身份验证、基于生物学特征的身份验证和基于公钥加密算法的身份验证。不同的身份验证方法的安全性也各有高低。

1. 基于共享密钥的身份验证

基于共享密钥的身份验证是指服务器端和用户共同拥有一个或一组密码。当用户需要进行身份验证时,用户直接输入密码或通过保管密码的设备提交由用户和服务器共同拥有的密码。服务器在收到用户提交的密码后,检查它是否与服务器端保存的密码一致。如果两者一致,就判断该用户为合法用户;如果两者不一致,则身份验证失败。

使用基于共享密钥的身份验证的服务有很多,如绝大多数的网络接入服务、BBS 以及维基百科等。

2. 基于生物学特征的身份验证

基于生物学特征的身份验证是指基于每个人身体上独一无二的特征,如指纹或虹膜等,进行身份验证。

3. 基于公钥加密算法的身份验证

基于公钥加密算法的身份验证是指通信双方分别持有公钥和私钥,由其中的一方采用私钥对特定数据进行加密,而对方采用公钥对数据进行解密,如果解密成功,就认为用户是合法用户,否则判定身份验证失败。

使用基于公钥加密算法的身份验证的服务有 SSL 和数字签名等。

7.4.2 访问控制和口令

1. 访问控制

按用户身份及其所归属的某预设的定义组限制用户对某些信息项的访问，或限制对某些控制功能的使用。访问控制通常用于系统管理员控制用户对服务器、目录和文件等网络资源的访问。

访问控制的主要功能如下：

(1) 防止非法的主体访问受保护的网络资源。

(2) 允许合法用户访问受保护的网络资源。

(3) 防止合法用户对受保护的网络资源进行非授权的访问。

访问控制实现的策略主要有以下几种：

(1) 入网访问控制。

(2) 网络权限限制。

(3) 目录级安全控制。

(4) 属性安全控制。

(5) 网络服务器安全控制。

(6) 网络监测和锁定控制。

(7) 网络端口和节点的安全控制。

(8) 防火墙控制。

2. 动态口令

动态口令作为最安全的身份认证技术之一，目前已经被越来越多的行业所应用。由于它使用便捷，且具有与平台无关性，随着移动互联网的发展，它已成为身份认证技术的主流，被广泛应用于企业、网游和金融等领域，国内外从事动态口令相关研发和生产的企业也越来越多。

1) 基本概况

动态口令是根据专门的算法生成一个不可预测的随机数字组合，每个口令只能使用一次，目前被广泛运用在网银、网游、电信运营商、电子政务和企业等应用领域。

2) 核心价值

(1) 使最终用户能够安全地访问企业核心信息。

(2) 降低与口令相关的 IT 管理费用。

(3) 降低用户遗忘口令的概率，用户无须记忆复杂的口令。

3) 生成终端

目前用于生成动态口令的主流终端有短信口令、硬件令牌和手机令牌 3 种。

(1) 短信口令。以手机短信形式请求包含 6 位随机数的动态口令，身份认证系统以短信形式发送随机的 6 位或 8 位口令到客户的手机上，客户在登录或者交易认证时输入此动态口令，从而确保系统身份认证的安全性。短信口令应用最多的是 DKEY SMS ID 短信密码身份认证解决方案。

(2) 硬件令牌。是当前主流的生成动态口令的终端，如图 7.11 所示。硬件令牌基于时间同步,每 60s 变换一次动态口令,动态口令一次有效,它产生 6 位或 8 位动态数字。

（3）手机令牌。是用来生成动态口令的手机客户端软件。在生成动态口令的过程中,不会产生任何通信及费用,不存在口令通信信道中被截获的可能性。手机作为动态口令生成的载体,欠费和无信号对其不产生任何影响。由于其具有高安全性、零成本、无须携带和获取以及无物流等优势,与硬件令牌相比,手机令牌更符合互联网的本质。由于以上优势,手机令牌可能会成为动态口令身份认证令牌的主流形式。手机令牌如图 7.12 所示。

图 7.11　硬件令牌

图 7.12　手机令牌

表 7.1 为硬件令牌与短信口令的技术特性比较。

短信口令的优点是费用低、无须携带、无须更换。硬件令牌的优点是在产品质量可靠的情况下可以在任何地方进行接入办公。

表 7.1　硬件令牌与短信口令技术特性比较

技 术 特 性	硬 件 令 牌	短 信 口 令
安全性	最高	较高
便捷性	高	最高
表现形式	硬件,随身携带	发送手机短信
移动办公	100%解决方案	需短信网关支持
实时性	高	较高（依赖网关速率）

7.5　IPSec 协议

7.5.1　IPSec 协议简介

IPSec(IP Security)是 IETF 制定的三层隧道加密协议,它为在互联网上传输的数据提供了高质量、可互操作、基于密码学的安全保证。特定的通信方之间在 IP 层通过加密与数据源认证等方式提供了以下的安全服务。

1. IPSec 协议的特点

IPSec 协议具有以下特点:

（1）数据机密性(confidentiality)。IPSec 发送方在通过网络传输包前对包进行加密。

（2）数据完整性(data integrity)。IPSec 接收方对发送方发送来的包进行认证,以确保数据在传输过程中没有被篡改。

（3）数据来源认证（data authentication）。IPSec 接收方可以认证发送 IPSec 报文的发送方是否合法。

（4）防重放（anti-replay）。IPSec 接收方可检测并拒绝接收过时或重复的报文。

2. IPSec 协议的优点

IPSec 协议具有以下优点：

（1）支持 IKE（Internet Key Exchange，互联网密钥交换），可实现密钥的自动协商功能，减少了密钥协商的开销。可以通过 IKE 建立和维护 SA（Security Association，安全联盟）的服务，简化了 IPSec 的使用和管理。

（2）所有支持通过 IP 协议进行数据传输的应用系统和服务都可以直接使用 IPSec，而不必对这些应用系统和服务本身做任何修改。

（3）对数据的加密以数据包为单位，而不是以整个数据流为单位，这不仅灵活，而且有助于进一步提高 IP 数据包的安全性，可以有效防范网络攻击。

7.5.2 IPSec 协议的组成和实现

1. IPSec 协议的组成

IPSec 协议不是一个单独的协议，它给出了应用于 IP 层上网络数据安全的一整套协议和算法，包括网络认证协议 AH（Authentication Header，认证头）、ESP（Encapsulating Security Payload，封装安全载荷）、IKE 和用于网络认证及加密的一些算法等。其中，AH 协议和 ESP 协议用于提供安全服务，IKE 协议用于密钥交换。关于 IKE 的详细介绍请参见 7.5.5 节的介绍。

2. IPSec 协议的安全机制

IPSec 协议提供了两种安全机制：认证和加密。认证机制使 IP 通信的数据接收方能够确认数据发送方的真实身份以及数据在传输过程中是否遭篡改。加密机制通过对数据进行加密运算来保证数据的机密性，以防数据在传输过程中被窃听。

IPSec 协议中的 AH 协议定义了认证的应用方法，提供数据源认证和完整性保证；ESP 协议定义了加密和可选认证的应用方法，提供数据可靠性保证。

1）AH 协议

AH 协议（IP 协议号为 51）提供数据源认证、数据完整性校验和防报文重放功能，它能保护通信免受篡改，但不能防止窃听，适合用于传输非机密数据。AH 协议的工作原理是：在每一个数据包上添加一个身份验证报文头，此报文头插在标准 IP 报文头后面，对数据提供完整性保护。可选择的认证算法有 MD5、SHA-1 等。

2）ESP 协议

ESP 协议（IP 协议号为 50）提供加密、数据源认证、数据完整性校验和防报文重放功能。ESP 协议的工作原理是：在每一个数据包的标准 IP 报文头后面添加一个 ESP 报文头，并在数据包后面添加一个 ESP 尾。与 AH 协议不同的是，ESP 协议将需要保护的用户数据进行加密后再封装到 IP 报文中，以保证数据的机密性。常见的加密算法有 DES、3DES 和 AES

等。同时,作为可选项,用户可以选择 MD5 和 SHA-1 算法以保证报文的完整性和真实性。

　　3) 安全协议的使用

　　在进行 IP 通信时,可以根据实际安全需求同时使用这两种协议或选择使用其中的一种。AH 和 ESP 都可以提供认证服务,不过,AH 提供的认证服务要强于 ESP。同时使用 AH 和 ESP 时,设备支持的 AH 和 ESP 联合使用的方式为:先对报文进行 ESP 封装,再对报文进行 AH 封装,封装之后的报文从内到外依次是原始 IP 报文、ESP 报文头、AH 报文头和外部的 IP 报文头。

7.5.3　IPSec 封装模式与算法

1. 安全联盟

　　IPSec 在两个端点之间提供安全通信,端点被称为 IPSec 对等体(peer)。

　　安全联盟(SA)是 IPSec 的基础,也是 IPSec 的本质。SA 是通信对等体间对某些要素的约定,例如,使用哪种协议(AH、ESP 还是两者结合使用)、协议的封装模式(传输模式和隧道模式)、加密算法(DES、3DES 和 AES)、特定流中保护数据的共享密钥以及密钥的生存周期等。建立 SA 的方式有手工配置和 IKE 自动协商两种。

　　SA 是单向的,在两个对等体之间的双向通信最少需要两个 SA,分别对两个方向的数据流进行安全保护。同时,如果两个对等体希望同时使用 AH 协议和 ESP 协议进行安全通信,则每个对等体都会针对每一种协议来构建一个独立的 SA。

　　SA 由一个三元组来唯一标识,这个三元组包括 SPI(Security Parameter Index,安全参数索引)、目的 IP 地址和安全协议号(AH 或 ESP)。

　　SPI 是用于唯一标识 SA 的一个 32 位数值,它在 AH 和 ESP 报文头中传输。在人工配置 SA 时,需要指定 SPI 的取值。使用 IKE 协商产生 SA 时,SPI 将随机生成。

　　通过 IKE 协商建立的 SA 具有生存周期,人工方式建立的 SA 永不老化。IKE 协商建立的 SA 的生存周期有两种定义方式:

　　(1) 基于时间的生存周期,定义了一个 SA 从建立到失效的时间。

　　(2) 基于流量的生存周期,定义了一个 SA 允许处理的最大流量。

　　生存周期到达指定的时间或指定的流量,SA 就会失效。SA 失效前,IKE 将为 IPSec 协商建立新的 SA,这样,在旧的 SA 失效前,新的 SA 就已经准备好。在新的 SA 开始协商而没有协商好之前,继续使用旧的 SA 保护通信;在新的 SA 协商好之后,则立即采用新的 SA 保护通信。

2. 封装模式

　　IPSec 有如下两种工作模式:

　　(1) 隧道(tunnel)模式。用户的整个 IP 数据包被用来计算 AH 或 ESP 报文头,AH 或 ESP 报文头以及 ESP 加密的用户数据被封装在一个新的 IP 数据包中。通常,隧道模式应用在两个安全网关之间的通信中。

　　(2) 传输(transport)模式。只是传输层数据被用来计算 AH 或 ESP 报文头,AH 或 ESP 报文头以及 ESP 加密的用户数据被放置在原 IP 报文头后面。通常,传输模式应用在两台主机之间或一台主机和一个安全网关之间的通信中。

不同的安全协议在隧道模式和传输模式下的数据封装形式如图 7.13 所示，其中 Data 为传输层数据。

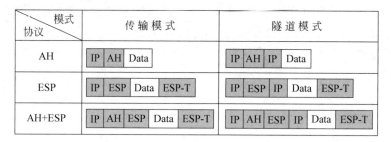

图 7.13　安全协议数据封装格式

3. 认证算法与加密算法

1）认证算法

认证算法的实现主要是通过散列函数。散列函数是一种能够接受任意长的消息输入，并产生固定长度输出的算法，该输出称为消息摘要。IPSec 对等体计算摘要，如果两个摘要是相同的，则表示报文是完整的、未经篡改的。IPSec 使用两种认证算法：

（1）MD5。通过输入任意长度的消息，产生 128b 的消息摘要。

（2）SHA-1。通过输入长度小于 2^{64} b 的消息，产生 160b 的消息摘要。

MD5 算法的计算速度比 SHA-1 算法快，而 SHA-1 算法的安全强度比 MD5 算法高。

2）加密算法

加密算法的实现主要通过对称密钥系统，它使用相同的密钥对数据进行加密和解密。目前设备的 IPSec 实现 3 种加密算法：

（1）DES。使用 56b 的密钥对 64b 的明文块进行加密。

（2）3DES。使用 3 个 56b 的 DES 密钥（共 168b）对明文进行加密。

（3）AES。使用 128b、192b 或 256b 的密钥对明文进行加密。

这 3 个加密算法的安全性由高到低依次是 AES、3DES 和 DES，安全性高的加密算法实现机制复杂，运算速度慢。对于普通的安全要求，DES 算法就可以满足需要。

4. 协商方式

有如下两种协商方式可用于建立 SA：

（1）人工方式配置比较复杂，创建 SA 所需的全部信息都必须人工配置，而且不支持一些高级特性（例如定时更新密钥），但优点是可以不依赖 IKE 而单独实现 IPSec 的功能。

（2）IKE 自动协商方式比较简单，只需要配置好 IKE 协商安全策略的信息，利用 IKE 自动协商来创建和维护 SA。

当与之进行通信的对等体设备数量较少时，或是在小型静态环境中，人工配置 SA 是可行的。对于中、大型的动态网络环境，推荐使用 IKE 协商建立 SA。

5. 安全隧道

安全隧道是建立在本端和对端之间可以互通的通道，它由一对或多对 SA 组成。

6. 加密卡

IPSec 在设备上可以通过软件实现,还可以通过加密卡实现。通过软件实现,复杂的加解密和认证算法会占用大量的 CPU 资源,从而影响设备整体处理效率;而通过加密卡实现,复杂的算法处理在硬件上进行,从而提高了设备的处理效率。

通过加密卡进行加解密处理的过程是:设备将需要加解密处理的数据发给加密卡;加密卡对数据进行处理,将处理后的数据发送回设备,再由设备进行转发处理。

7.5.4　IPSec 虚拟隧道接口

1. 概述

IPSec 虚拟隧道接口是一种支持路由的 3 层逻辑接口,它可以支持动态路由协议,对所有路由到 IPSec 虚拟隧道接口的报文都进行 IPSec 保护,同时还可以支持对多播流量的保护。使用 IPSec 虚拟隧道接口建立 IPSec 隧道具有以下优点:

(1) 简化配置。通过路由来确定对哪些数据流进行 IPSec 保护。与通过 ACL 指定数据流范围的方式相比,这种方式简化了用户在部署 IPSec 安全策略时配置上的复杂性,使得 IPSec 的配置不会受到网络规划的影响,增强了网络规划的可扩展性,降低了网络维护成本。

(2) 减少开销。在保护远程接入用户流量的组网应用中,在 IPSec 虚拟隧道接口处进行报文封装,与 IPSec over GRE 或者 IPSec over L2TP 方式的隧道封装相比,无须额外为入隧道流量封装 GRE 头或者 L2TP 头,减少了报文封装的层次,节省了带宽。

(3) 业务应用更灵活。IPSec 虚拟隧道接口在实施过程中明确地区分出加密前和加密后两个阶段,用户可以根据不同的组网需求灵活选择其他业务(例如 NAT 和 QoS 策略)实施的阶段。例如,如果用户希望对 IPSec 封装前的报文应用 QoS 策略,则可以在 IPSec 虚拟隧道接口上应用 QoS 策略;如果希望对 IPSec 封装后的报文应用 QoS 策略,则可以在物理接口上应用 QoS 策略。

2. 工作原理

IPSec 隧道对报文的加封装/解封装发生在虚拟隧道接口上。用户流量到达实施 IPSec 配置的设备后,需要 IPSec 处理的报文会被转发到 IPSec 虚拟隧道接口上进行加封装/解封装。

1) IPSec 虚拟隧道接口对报文进行加封装的过程

IPSec 虚拟隧道接口对报文进行加封装的过程如图 7.14 所示。

IPSec 虚拟隧道接口对报文进行加封装的过程如下:

(1) 路由器将从入接口接收到的 IP 明文送到转发模块进行处理。

(2) 转发模块依据路由查询结果,将 IP 明文发送到 IPSec 虚拟隧道接口进行加封装:原始 IP 报文被封装在一个新的 IP 报文中,新 IP 报文头中的源地址和目的地址分别为 IPSec 虚拟隧道接口的源地址和目的地址。

(3) IPSec 虚拟隧道接口完成对 IP 明文的加封装处理后,将 IP 密文送到转发模块进行处理。

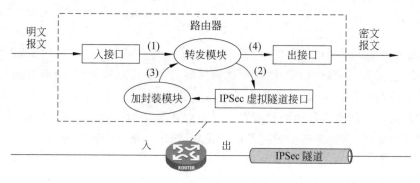

图 7.14　IPSec 虚拟隧道接口加封装的过程

（4）转发模块进行第二次路由查询后，将 IP 密文通过 IPSec 隧道的实际物理接口（出接口）转发出去。

2）IPSec 虚拟隧道接口对报文进行解封装的过程

IPSec 虚拟隧道接口对报文进行解封装的过程如图 7.15 所示。

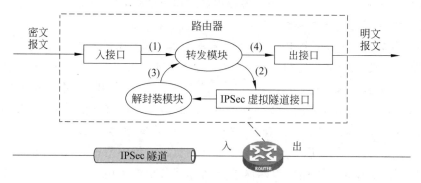

图 7.15　IPSec 虚拟隧道接口解封装原理图

IPSec 虚拟隧道接口对报文进行解封装的过程如下：

（1）路由器将从入接口接收到的 IP 密文送到转发模块进行处理。

（2）转发模块识别到此 IP 密文的目的地为本设备的 IPSec 虚拟隧道接口地址且 IP 协议号为 AH 或 ESP 时，会将 IP 密文送到相应的 IPSec 虚拟隧道接口进行解封装：将 IP 密文的外层 IP 头去掉，对内层 IP 报文进行解密处理。

（3）IPSec 虚拟隧道接口完成对 IP 密文的解封装处理之后，将 IP 明文重新送回转发模块处理。

（4）转发模块进行第二次路由查询后，将 IP 明文从 IPSec 隧道的物理接口（出接口）转发出去。

从上面描述的加封装/解封装过程可见，IPSec 虚拟隧道接口将报文的 IPSec 处理过程区分为两个阶段：加密前和加密后。需要应用到加密前的明文上的业务（例如 NAT 和 QoS 策略）可以应用到 IPSec 虚拟隧道接口上，需要应用到加密后的密文上的业务则可以应用到 IPSec 隧道对应的物理接口上。

3. 使用 IPSec 保护 IPv6 路由协议

使用 IPSec 保护 IPv6 路由协议是指，使用 AH 或 ESP 协议对 IPv6 路由协议报文进行加封装/解封装处理,并为其提供认证和加密的安全服务,目前这种保护技术支持 OSPFv3、IPv6 BGP 和 RIPng 路由协议。

IPSec 对 IPv6 路由协议报文进行保护的处理方式和目前基于接口的 IPSec 处理方式不同,是基于业务的 IPSec,即 IPSec 保护某一业务的所有报文。在该方式下,对设备产生的所有需要 IPSec 保护的 IPv6 路由协议报文都要进行加封装处理,而设备接收到的不受 IPSec 保护的以及解封装(解密或验证)失败的 IPv6 路由协议报文都要被丢弃。

在基于接口的 IPSec 处理方式下,设备对配置了 IPSec 安全功能的接口上发送的每个报文都要判断是否进行 IPSec 处理。目前,该方式有两种实现:一种是基于 ACL 的 IPSec,只要到达接口的报文与该接口的 IPSec 安全策略中的 ACL 规则匹配,就会受到 IPSec 保护;另一种是基于路由的 IPSec,即 IPSec 虚拟隧道接口方式,只要被路由到虚拟隧道接口上的报文都会受到 IPSec 保护。

相对于基于接口的 IPSec,基于业务的 IPSec 既不需要 ACL 来限定要保护的流的范围,也不需要指定 IPSec 隧道的起点与终点,IPSec 安全策略仅与具体的业务绑定,不管业务报文从设备的哪个接口发送出去,都会被 IPSec 保护。

由于 IPSec 的密钥交换机制仅仅适用于两点之间的通信保护,在广播网络一对多的情形下,IPSec 无法实现自动交换密钥,因此必须使用人工配置密钥的方式。同样,由于广播网络一对多的特性,要求各设备对于接收和发送的报文均使用相同的 SA 参数(相同的 SPI 及密钥)。因此,目前仅支持人工安全策略生成的 SA 对 IPv6 路由协议报文进行保护。

7.5.5　互联网密钥交换协议

1. 互联网密钥交换协议简介

在实施 IPSec 的过程中,可以使用 IKE 协议来建立 SA,该协议建立在由 ISAKMP (Internet Security Association and Key Management Protocol,互联网安全联盟和密钥管理协议)定义的框架上。IKE 为 IPSec 提供了自动协商交换密钥和建立 SA 的服务,能够简化 IPSec 的使用、管理、配置和维护工作。

IKE 不是在网络上直接传输密钥,而是通过一系列数据的交换,最终计算出双方共享的密钥,并且即使第三者截获了双方用于计算密钥的所有交换数据,也不足以计算出真正的密钥。

2. IKE 的安全机制

IKE 具有一套自保护机制,可以在不安全的网络上安全地认证身份、分发密钥和建立 IPSec SA。

1) 数据认证

数据认证有如下两方面的概念:

(1) 身份认证。确认通信双方的身份。IKE 支持两种认证方法:预共享密钥认证和基于 PKI 的数字签名认证。

(2) 身份保护。身份数据在密钥产生之后加密传送,实现了对身份数据的保护。

2) 交换及密钥分发

DH(Diffie-Hellman,交换及密钥分发)算法是一种公共密钥算法。通信双方在不传输密钥的情况下通过交换一些数据计算出共享的密钥。即使第三者(如黑客)截获了双方用于计算密钥的所有交换数据,由于其复杂度很高,也不足以计算出真正的密钥。所以,DH交换技术可以保证双方能够安全地获得信息。

3) 完善的前向保密

PFS(Perfect Forward Secrecy,完善的前向保密)是一种安全特性,指一个密钥被破解并不影响其他密钥的安全性,因为这些密钥间没有派生关系。对于IPSec,PFS是通过在IKE协商的第二阶段中增加一次密钥交换来实现的。PFS是由DH算法保障的。

3. IKE 的交换过程

IKE使用了两个阶段进行密钥协商并建立SA：

(1) 第一阶段,通信各方彼此间建立一个已通过身份认证和安全保护的通道,即建立一个ISAKMP SA。第一阶段有主模式(main mode)和野蛮模式(aggressive mode)两种IKE交换方法。

(2) 第二阶段,利用在第一阶段建立的安全通道协商安全服务,即协商具体的SA,建立用于最终的IP数据安全传输的IPSec SA。

如图7.16所示,第一阶段主模式的IKE协商过程中包含3对消息：

(1) 第一对消息叫SA交换,是协商确认有关安全策略的过程。

(2) 第二对消息叫密钥交换,交换DH公共值和辅助数据(如随机数),密钥在这个阶段产生。

(3) 最后一对消息是ID信息和认证数据交换,进行身份认证和对整个第一阶段交换内容的认证。

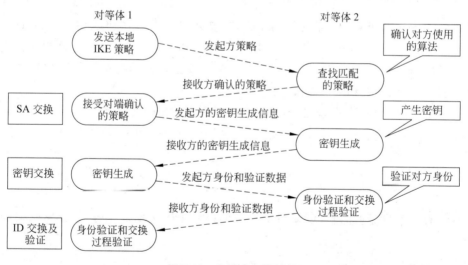

图7.16 主模式交换过程

野蛮模式交换与主模式交换的主要差别在于,野蛮模式不提供身份保护,只交换3条消息。在对身份保护要求不高的场合,使用交换报文较少的野蛮模式可以提高协商的速度;在对身份保护要求较高的场合,则应该使用主模式。

4. IKE 在 IPSec 中的作用

IKE 在 IPSec 中的作用如下：

（1）因为有了 IKE，IPSec 的很多参数（如密钥）都可以自动建立，降低了人工配置的复杂度。

（2）在 IKE 协议中的 DH 交换过程中，每次的计算和产生的结果都是不相关的。每次 SA 的建立都运行 DH 交换过程，保证了各个 SA 所使用的密钥互不相关。

（3）IPSec 使用 AH 或 ESP 报文头中的序列号实现防重放功能。此序列号是一个 32b 的值，此序列号溢出后，为实现防重放，SA 需要重新建立序列号，这个过程需要 IKE 协议的配合。

（4）对安全通信的各方身份的认证和管理将影响到 IPSec 的部署。IPSec 的大规模使用必须有 CA 或其他集中管理身份数据的机构的参与。

（5）IKE 提供端与端之间的动态认证。

5. IPSec 与 IKE 的关系

从图 7.17 中可以看出，IKE 和 IPSec 有以下关系：

（1）IKE 是 UDP 之上的一个应用层协议，是 IPSec 的信令协议。

（2）IKE 为 IPSec 协商建立 SA，并把建立的参数及生成的密钥交给 IPSec。

（3）IPSec 使用 IKE 建立的 SA 对 IP 报文进行加密或认证处理。

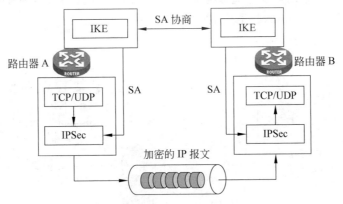

图 7.17　IPSec 与 IKE 的关系

7.6　虚拟专网

虚拟专网（Virtual Private Network，VPN）指依靠 ISP 和其他 NSP（网络服务提供者）在公用网络（如互联网、Frame Relay 和 ATM）建立专用的数据通信网络的技术。在虚拟专网中，任意两个节点之间的连接并没有传统专网所需的端到端的物理链路。

VPN 适用于大中型企业的总公司和各地分公司或分支机构的网络互联和企业同商业合作伙伴之间的网络互联。目前 VPN 能实现的功能有：企业员工及授权商业伙伴共享企业的商业信息，在网上进行信息及文件安全快速的交换，通过网络安全地发送电子邮件，通过网络实现无纸办公和无纸贸易。

VPN 的访问方式多种多样，包括拨号模拟方式、ISDN、DSL、专线、IP 路由器或线缆调制解调器。现在一般所说的 VPN 更多是指构建在公用 IP 网络上的专用网，也可称之为 IP VPN（以 IP 为主要通信协议）。

7.6.1　虚拟专网技术基础

1．VPN 功能简介

VPN 可以通过特殊的加密的通信协议在连接在互联网上的位于不同地方的两个或多个企业内部网之间建立一条专有的通信线路，就像架设了一条专线一样，但是它并不需要真正地去铺设光缆之类的物理线路。这就好比去电信局申请专线，但是不用支付铺设线路的费用，也不用购买路由器等硬件设备。VPN 技术原是路由器具有的重要技术之一，在交换机、防火墙设备或 Windows 等软件里也都支持 VPN 功能。总之，VPN 的核心就是在利用公共网络建立虚拟私有网。

VPN 被定义为通过一个公用网络（通常是互联网）建立一个临时的、安全的连接，是一条穿过混乱的公用网络的安全、稳定的隧道。VPN 是对企业内部网的扩展。VPN 可以帮助远程用户、公司分支机构、商业伙伴及供应商同公司的内部网建立可信的安全连接，并保证数据的安全传输。VPN 可用于不断增长的移动用户的全球互联网接入，以实现安全连接；可用于实现企业网站之间安全通信的虚拟专用线路，用于经济有效地连接到商业伙伴和用户的安全外联网 VPN。VPN 的结构如图 7.18 所示。

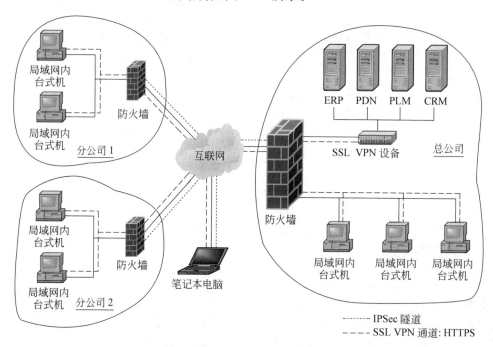

图 7.18　VPN 的结构

2．VPN 网络协议

常用的 VPN 协议是 IPSec，是保护 IP 协议安全通信的标准，它主要对 IP 协议分组进行加密和认证。

3．VPN 安全技术

由于传输的是私有信息，VPN 用户对数据的安全性都比较关心。目前 VPN 主要采用 4 项技术来保证安全，这 4 项技术分别是隧道技术、加解密技术、密钥管理技术和使用者与设备身份认证技术。

1）隧道技术

隧道技术是 VPN 的基本技术，类似于点对点连接技术。它在公用网建立一条数据通道（隧道），让数据包通过这条隧道传输。隧道是由隧道协议形成的，分为第二、三层隧道协议。第二层隧道协议是先把各种网络协议封装到 PPP 中，再把整个数据包装入隧道协议中。这种双层封装方法形成的数据包靠第二层协议进行传输。第二层隧道协议有 L2F、PPTP 和 L2TP 等。L2TP 协议是目前 IETF 的标准，由 IETF 融合 PPTP 与 L2F 而形成。

第三层隧道协议是把各种网络协议直接装入隧道协议中，形成的数据包依靠第三层隧道协议进行传输。第三层隧道协议有 VTP 和 IPSec 等。IPSec 由一组 RFC 文档组成，定义了一个提供安全协议选择、安全算法，确定服务所使用密钥等服务的系统，从而在 IP 层提供安全保障。

2）加解密技术

加解密技术是数据通信中一项较成熟的技术，VPN 可直接利用现有加解密技术。

3）密钥管理技术

密钥管理技术的主要任务是如何在公用数据网上安全地传递密钥而不被窃取。现行密钥管理技术又分为 SKIP 与 ISAKMP/OAKLEY 两种。SKIP 主要是利用 DH 算法在网络上传输密钥；在 ISAKMP 中，双方都有两把密钥，分别为公钥和私钥。

4）使用者与设备身份认证技术

使用者与设备身份认证技术最常用的是用户名称与密码或卡片式认证等方式。

7.6.2 IPSec VPN

IPSec 是一套比较完整、成体系的 VPN 技术，它规定了一系列的协议标准。如果不深入探究 IPSec 的过于详细的内容，对于 IPSec 可以大致按照以下几个方面理解。

1．导入 IPSec 协议的原因

导入 IPSec 协议的原因有两个。一个原因是原来的 TCP/IP 体系中没有包括基于安全的设计，任何人，只要能够搭入线路，即可分析所有的通信数据。IPSec 引进了完整的安全机制，包括加密、认证和数据防篡改功能。另一个原因是，互联网迅速发展，接入越来越方便，很多客户希望能够利用这种上网的带宽实现异地网络的互通。

IPSec 协议通过包封装技术，能够利用互联网可路由的地址封装内部网络的 IP 地址，实现异地网络的互通。

2. 包封装协议

设想现实中的一种通信方式。假定发信和收信需要有身份证（成年人才有），儿童没有身份证，不能发信收信。有2个儿童——小张和小李，他们的老爸是老张和老李。现在小张和小李要写信互通，怎么办？

一种合理的实现方式是：小张写好一封信，在信封上写上"小张→小李"，然后给他爸爸；老张在外面加一个信封，写上"老张→老李"，发给老李；老李收到信以后，打开信封，发现这封信是给儿子的，就转给小李了。小李回信也一样，通过他父亲的名义发给小张。

这种通信实现方式要依赖以下几个因素：

（1）老李和老张可以收信和发信。

（2）小张发信，把信件交给老张。

（3）老张收到儿子的来信以后，能够正确地处理（写好另外一个信封），并且重新封好的信能够正确送出去。

（4）在另外一端，老李收到信拆开以后，能够正确地交给小李。

（5）反过来的流程一样。

把信封的收发人改成互联网上的IP地址，把信件的内容改成IP的数据，这个模型就是IPSec的包封装模型。小张和小李就是内部私网的IP主机，他们的老爸就是VPN网关，本来不能通信的两个异地的局域网通过出口处的IP地址封装就可以通信。

引进这种包封装协议实在是有点不得已。理想的组网方式当然是全路由方式，即任意节点之间可达（就像理想的现实通信方式是任何人之间都可以直接写信互通一样）。

互联网协议最初设计的时候，IP地址是32位，当时是足够了，没有人能够预料到互联网会发展到现在的规模（相同的例子发生在电信短消息上面，由于160B的限制，很大地制约了短消息的发展）。按照2^{32}计算，理论上最多能够容纳40亿个左右IP地址。这些IP地址的利用是很不充分的，大约有70%的IP地址被美国使用了，所以对于中国来说，可供分配的IP地址资源非常有限。

既然IP地址有限，又要实现异地局域网之间的通信，包封装自然是最好的方式了。

3. 安全协议（加密）

依然使用上述的通信例子。

假定老张给老李的信件要通过邮政系统传递，而中间有很多好事之徒，很想偷看小张和小李通信的内容。

要解决这个问题，就要引进安全措施。安全可以让小李和小张自己来完成，文字用暗号来表示；也可以让他们的老爸代劳完成，写好信，交给老爸，告诉他传出去之前重新用暗号写一下。

IPSec协议的加密技术和上述例子采用的方式是一样的，既然能够把数据封装起来，自然也可以对数据进行变换，只要到达目的地的时候能够把数据恢复成原来的样子就可以了。这个加密工作在互联网出口的VPN网关上完成。

4. 安全协议（数据认证）

还是以上述通信为例，仅仅有加密是不够的。

把数据加密,对应于上述例子,是把信件的文字用暗号表示。

好事之徒无法破解信件的真实内容,但是可以伪造一封信,或者胡乱把信件改一通。这样,信件到达目的地以后,内容就面目全非了,而且收信一方不知道这封信是被修改过的。

为了防止这种结果,就要引入数据防篡改机制。万一数据被非法修改,能够很快识别出来。这在现实通信中可以采用类似如下的算法:计算信件特征(例如统计这封信件的笔画数或字数等),然后把这些特征用暗号标在信件后面。收信人会检验这个信件特征,由于信件改变,特征也会变。所以,如果好事之徒修改了信件内容,数据特征值就不匹配了,收信人可以看出来。

实际的 IPSec 通信的数据认证也是这样的,使用 MD5 算法计算报文特征。报文被还原以后,接收方就会重新计算这个特征码,看它与原来的特征码是否匹配,以验证数据在传输过程中是否被篡改。

5. 安全协议(身份认证)

还是以上述通信为例。

由于老张和老李不在一个地方,他们互相不能见面,为了保证他们儿子通信的安全,老张和老李必须相互确认对方是否可信,这就是身份认证问题。

假定老李和老张以前见过面,他们事先就约定了通信暗号,例如 1234567890 对应abcdefghij,那么 255 对应的就是 bee。

常见的 VPN 身份认证可以包括预共享密钥,通信双方约定加解密的密钥,直接通信就可以了。能够通信就是朋友,不能通信就是陌生人,区分起来很简单。

其他复杂的身份认证机制包括证书(电子证书,如 X.509 等),这里不做具体介绍。

有了身份认证机制,密钥的经常更换就成为可能。

6. 其他

解决了上述几个问题,基本可以保证 VPN 通信模型能够建立起来了。但这只是最简单的 VPN,即通过对端两个静态的 IP 地址实现异地网络的互联。美国的很多 VPN 设备就做到这一级,因为美国 IP 地址充裕,分配静态 IP 地址没有问题。而对于中国用户,两端都需要静态 IP 地址,相当于两根互联网专线接入。

VPN 要在中国应用,还要解决很多相关问题。

1) IPSec 通过包封装的方法

通过互联网建立了一个通信的隧道,通过这个通信的隧道就可以建立网络的互联。但是这个模型并非完美,仍然有很多问题需要解决。

在讲述其他问题以前,先对 VPN 的几个概念进行定义。

(1) VPN 节点。一个 VPN 节点可能是一个 VPN 网关,也可能是一个客户端软件。在VPN 中属于组网的一个通信节点。它应该能够连接互联网。有可能是直接连接,如 ADSL和电话拨号等,也可能是通过 NAT 方式,如小区宽带、CDMA 和铁通线路等。

(2) VPN 隧道。在两个 VPN 节点之间建立一个虚拟链路通道。两个设备内部的网络能够通过这个虚拟的数据链路到达对方。与此相关的信息是两个 VPN 节点的 IP 地址、隧道名称和双方的密钥。

(3) 隧道路由。一个设备可能和很多设备建立隧道,这就存在隧道选择的问题,即到什么目的地，走哪一个隧道。

用前面的通信例子来说，老李和老张就是隧道节点，他们通过邮政系统建立的密码通信关系就是一个隧道。小张和小李把信发给他们老爸的时候，他们老爸要作出抉择：这封信怎么封装？封装以后送给谁？假如还有一个老王和他的儿子也要通信，这时隧道路由比较好理解：送给小王的数据就在封装后发给老王，送给小李的数据就在封装后发给老李。如果节点非常多，那么隧道路由就会比较复杂。

理解了以上的问题，我们就知道，IPSec 要解决的问题可以描述如下：找到对方的 VPN 节点设备，如果对方是动态 IP 地址，那么必须能够通过有效途径及时发现对方 IP 地址的变化。例如，老李和老张如果经常搬家，就必须有一个有效的机制能够及时发现老李和老张地址的变化。

2）建立隧道

如果两个设备都有合法的公网 IP 地址，那么建立一个隧道是比较容易的。如果一方在 NAT 防火墙之后，则比较麻烦。一般通过内部的 VPN 节点发起一个 UDP 连接，再封装成 IPSec 包发送给对方，因为 UDP 可以通过防火墙进行记忆，因此通过 UDP 再封装的 IPSec 包可以通过防火墙来回传递。

建立隧道以后，就要确定隧道路由，即到哪里去，走哪个隧道。很多 VPN 在隧道配置的时候就定义了保护的网络关系，这样，隧道路由就根据保护的网络关系来决定。但是这丧失了一定的灵活性。

3）IPSec VPN 的类型

常见的 IPSec VPN 类型有站到站（site to site 或 LAN to LAN）、easy VPN（远程访问 VPN）、DM VPN（动态多点 VPN）和 GET VPN（Group Encrypted Transport VPN）等。

4）怎样找到 VPN 节点设备

假如设备都采用动态拨号方式，那么一定需要一个合适的静态的第三方来进行解析。相当于两个总是不停搬家的人要想找到对方，一定需要一个双方都认识的朋友，这个朋友不搬家，两个人都能够联系上他。

静态的第三方有以下 3 种常见的实现方式：

（1）通过网页。这是深信服公司发明的一种技术，通过 Web 页解析 IP 地址。登录 http://www.123cha.com/，就可以查找到当前的 IP 地址。因此，动态 IP 地址的设备可以通过这种方式提交自己当前的 IP 地址。其他设备可以通过网页查询。这样，设备之间就可以通过这个网页互相找到。因为网页是相对固定的，所以这种方式能够很有效地解决这个问题。这种方式能够有效地分散集中认证的风险，而且很容易实现备份，属于比较巧妙的一种解决方案。当然，Web 页可能受到比较多的攻击，因此，要注意安全防范。

（2）通过一个集中的服务器实现统一解析，然后对用户进行分组。每个 VPN 设备只能看到同组的其他设备，不能跨组访问。这种方式也可以通过目录服务器实现。这种方式适合集中式的 VPN，在企业总部部署服务器，实现全局设备的统一认证和管理。它不太适合零散用户的认证，因为存在信任问题，客户会担心，管理服务器如果出现了问题，有可能其他设备就能够连接到自己的 VPN 域中。国内外很多 VPN 厂商都有专门的大型的集中式 VPN 管理设备或软件，除了能够进行动态 IP 地址解析，还能够实现在线认证等功能。如果管理中心功能比较强，可以集中制定通信策略，VPN 设备的配置参数相应地比较少。

（3）通过 DDNS（动态域名系统）。动态域名是一种相对平衡的技术。VPN 设备拨号以后,把自己当前的 IP 地址注册给一级域名服务器,并且更新自己的二级域名 IP 地址,互联网中的其他用户通过这个二级域名就可以查找到它。例如,动态域名服务器的名称是 99ip. net,二级域名是 abc. 99ip. net,则 VPN 设备通过一个软件提交给服务器,把 abc. 99ip. net 漂移成当前的 IP 地址。但是,有时也会遇到 DNS 缓存问题。VPN 厂商如果自身提供 DDNS 服务,就可以通过内部协议把查询速度加快,并且避免 DNS 缓存带来的问题。

解决了动态 IP 地址问题,按照之前的通信模型,在 VPN 设备不是很多的情况下就可以组网了。

5) 如何建立隧道

UDP 和 TCP 是可以穿越防火墙的。IPSec 封装报文不能穿越防火墙,因为防火墙需要更改端口信息,这样回来的数据包才能转到正确的内部主机。用 UDP 穿越防火墙显然比较合适,因为使用 TCP 不仅三次握手时间很长,而且还有来回的确认。而实际上,这些工作属于 IPSec 内部封装的报文要完成的事情,放在这里完成是不合适的。因此,用 UDP 来封装 IPSec 报文,以穿越 NAT,几乎是唯一可以选择的方案。

用 UDP 穿越 NAT 防火墙只解决了问题的一半,因为这要求至少有一方处于互联网中,有可路由的 IP 地址。而有时会发生两个 VPN 节点都在 NAT 防火墙之后的情景,这只能通过第三方转发来完成,即两个设备都可以与第三方设备互通,第三方设备为双方进行转发。这可以通过之前的通信例子解释,老张和老李不能直接通信,他们都可以与老王通信,老王就可以在中间进行转发。凡是小李和小张的通信,在交给他们老爸以后,由老王最后进行转交。这时隧道路由的概念就很清晰了,不能通过一个隧道直接到达时,可以在几个隧道之间转发。

所以,IPSec VPN 并不神秘。所有核心的工作都是围绕以下问题展开的。

6) 如何找到与本 VPN 节点相关的其他节点

通信双方协商出一个可以通信的隧道,建立隧道路由表,确定不同的目标地址走不同的隧道。

假定以上的问题都得到了解决,通过某种方式,动态 IP 地址的 VPN 节点可以相互找到对方,并且能够建立隧道,因此也能够实现隧道路由通信。

至此,是不是一个完整的 VPN 就实现了呢?

答案仍然是否定的,解决了以上问题,并不代表一个很好用的 VPN 产品,仍然有很多其他问题。此后的问题是围绕着复杂性展开的,在简单的原理实现之后,剩下的工作就是要解决全部相关的边缘问题,才能够实现一个好用的东西。能用是一回事,好用是另外一回事。

7.6.3　MPLS VPN 和 IPSec VPN

1. VPN 的分类

当前,由于侧重点不同,VPN 可以分为两类。

一类侧重于网络层的信息保护,提供各种加密安全机制,以便灵活地支持认证、完整性、访问控制和密码服务,保证信息传送过程中的保密性和不可篡改性。这类协议包括 IPSec、PPTP 和 L2TP 等。其中,IPSec 已经成为国际标准的协议,并得到几乎所有主流安全厂商的支持,如 Cisco、CheckPoint 和 NetScreen 等。主要的应用领域为各种涉及信息安全和加密的应用，如金融、证券、地税、财政、工商、商检、信息中心和科研机构等，以及上下级机构传送敏感信息、建设安全 OA 系统、召开保密视频会议和保证业务流程中数据的机密性与完整性等。

另一类 VPN 以 MPLS 技术为代表，主要考虑的问题是如何保证网络的服务质量（QoS）。通过定义资源预留协议、QoS 协议和主机行为来保证网络的服务质量，如时延和带宽等。

VPN 服务目的是在共享的基础网络设施上向用户提供安全的网络连接。合理和实用的 VPN 解决方案应能够抗拒非法入侵，防范网络阻塞，而且应能保证安全、稳定的网络通信。同时，VPN 还应该具有良好的可管理性和可伸缩性等特征。目前，MPLS VPN 和 IPSec VPN 两种技术架构正逐渐被应用于电信服务的基础网络领域。

在理论上，MPLS VPN 是 RFC 2547 定义的允许服务提供商使用其 IP 骨干网为用户提供 VPN 服务的一种机制。RFC 2547 也被称为 MPLS VPN，是因为 BGP 被用来在服务提供商的主干网中发布 VPN 路由信息，而 MPLS 被用来将 VPN 业务从一个 VPN 站点转发至另一个站点。MPLS VPN 能够利用公用主干网强大的传输能力降低企业内部网/互联网的建设成本，极大地提高用户网络运营和管理的灵活性，同时能够满足用户对信息传输安全性、实时性、带宽和方便性的需要。

IPSec 是由 IETF 的 IPSec 工作组定义的一种开放源代码框架。IPSec 工作组对数据源认证、数据完整性、重放保护、密钥管理以及数据机密性等方面设计了特定协议。IPSec 通过激活系统所需要的安全协议、确定用于服务的算法及所要求的密钥来提供安全服务。由于这些服务在 IP 层提供，能被更高层的协议（如 TCP、UDP、ICMP 和 BGP 等）所利用，并且对于应用程序和终端用户来说是透明的，所以，应用和终端用户不需要更改程序和进行安全方面的专门培训，同时对现有网络的改动也最小。

2. MPLS VPN 和 IPSec VPN 的比较

两种 VPN 在技术上可以互相补充、相互融合。一般采用 IPSec 技术建设基于互联网的安全内联网或外联网，当用户对网络带宽、QoS 有更高要求时，可以进一步部署 MPLS VPN，以提升应用的稳定性。

IPSec VPN 和 MPLS VPN 的一个关键差异是 MPLS 在性能、可用性以及服务等级上提供了 SLA（Service Level Agreement，服务等级协定）。而它对于建立在 IPSec 设备上的 VPN 来说则是不可用的，因为 IPSec 设备利用互联网接入服务直接挂接在互联网上。

同时，IPSec VPN 与 MPLS VPN 两者所面向的应用领域是不同的。当安全性是 VPN 设计时考虑的首要因素时，应当采用 IPSec VPN，这是因为 MPLS VPN 不提供加密、认证等安全服务。IPSec VPN 可以使分布在不同地方的专用网络在不可信任的公共网络上安全地通信，采用复杂的算法来加密传输的信息，使得敏感的数据不会被窃听。

MPLS VPN 主要是用于建设全网状结构的数据专线，保证局域网互联时的带宽与服务质量。总部与下面的分支机构互联时，如果使用公网，则带宽、时延等在很大程度上受公网的网络状况制约。而部署 MPLS VPN 后，可以保证网络服务质量，从而保证一些对时延敏感的应用（如分布异地的实时交易系统、视频会议和 IP 电话等）稳定运行。

VPN 的服务目的就是在基础公共网络上向用户提供网络连接,不仅如此,VPN 连接应使得用户获得等同于专有网络的通信体验。合理和实用的 VPN 解决方案应能够抗拒非法入侵,防范网络阻塞,而且应能安全、及时地交付用户的重要数据,在实现这些功能的同时,VPN 还应该具有良好的可管理性。在站点与站点之间实施 VPN 时,网络管理者应该综合比较 MPLS VPN 和 IPSec VPN 两种方案。下面的参数用来比较这两种解决方案。

1) 数据机密性

IPSec VPN 通过强大的加密算法来保障数据的机密性;而 MPLS VPN 通过在服务提供商物理站点间定义一条唯一的数据通道来加强数据的机密性,这可以禁止攻击者非法获得数据副本,除非他们在服务提供商的网络上放置镜像器。尽管 MPLS VPN 使数据被窃取的机会最小化,但 IPSec VPN 通过加密可以提供更好的数据机密性。第三种方案是采用 IPSec over MPLS VPN,这样显然可以保证更高水平的数据机密性。

2) 数据完整性

IPSec VPN 使用散列算法来保证数据的完整性。对于 MPLS VPN 来说,没有什么根本的方法来保障数据的完整性。然而,通过地址空间隔离和路由信息,防止不熟练的攻击者对数据的添加和删改还是有一定的效果的。

3) 数据有效性

IPSec VPN 基于互联网进行数据传输。尽管攻击者不能读取数据,但攻击者可以通过在互联网路由表中加入错误路由来旁路数据。MPLS VPN 基于 LSP 来传输数据,因 LSP 仅有本地意义,欺骗攻击很难实现。BGP 用于在 VPN 中传递路由信息,然而,BGP 扩展共同体属性使错误路由的引入相当困难,因此,从这一点上说,MPLS VPN 能够提供更好的数据有效性。

4) 互联网接入

大多数 IPSec VPN 基于互联网传输数据,因此,大多数 IPSec VPN 体系结构允许 VPN 接入所连的站点。在 MPLS 体系结构中却很难实现这一点,在 MPLS VPN 接入互联网方案中,通常选择分离的互联网连接来保障整个 VPN 的安全性。

5) 远程接入

尽管很多服务提供商支持远程接入,但对 MPLS VPN 来说并不是本来就这样的,并且,这种 VPN 要么要求远程接入的用户在相同的服务提供商网络中,要么服务提供商必须实施相同级别的 MPLS VPN。从这一点来看,IPSec VPN 在提供远程接入方面有优越性。

6) 可扩展性

IPSec VPN 难以扩展。因配置方面的要求,IPSec VPN 通常是点到点的连接。MPLS VPN 由服务提供商配置,能够轻易地实现全网状的网络结构,并且,MPLS VPN 还允许网络管理者利用 MPLS 的特性,如 QoS,因此在企业环境中 MPLS VPN 比 IPSec VPN 更具扩展性。MPLS VPN 和 IPSec VPN 各有优点。MPLS VPN 扩展性好,能够提供更好的数据有效性,而 IPSec VPN 能够保障更好的数据机密性和完整性。

两种 VPN 都难以配置,每一种方案都应考虑应用简便。然而,对于点到点连接,两种方案都成立。用户在实施时应仔细分析两种方案的优缺点,选择最适合自己的方案。表 7.2 给出了 MPLS VPN 和 IPSec VPN 的比较。

表 7.2　MPLS VPN 和 IPSec VPN 的比较

比 较 要 点	MPLS VPN	IPSec VPN
客户组网复杂程度(实际工程设计和实施复杂程度)	低	低
安全性(不同级别的安全性,包括隧道、加密、认证和访问控制)	高	中
扩展性(具备扩展性,易于升级)	高	高
QoS(对关键任务或时延敏感的流量分配不同的优先级别)	高	无法保证
用户成本(投资 VPN 的直接和间接成本)	中	低

7.6.4　虚拟专网需求及解决方案

VPN 可以帮助远程用户、公司分支机构、商业伙伴及供应商同公司的内部网建立可信的安全连接,并保证数据的安全传输。通过将数据流转移到低成本的 IP 网络上,一个企业的 VPN 解决方案将大幅度地减少用户花费在城域网和远程网络连接上的费用。同时,这将简化网络的设计和管理,加速连接新的用户和网站的过程。

另外,VPN 还可以保护现有的网络投资。随着用户的商业服务不断发展,企业的 VPN 解决方案可以使用户将精力集中到自己的业务上,而不是网络上。VPN 可用于不断增长的移动用户的全球互联网接入,以实现安全连接;还可用于实现企业网站之间安全通信的虚拟专用线路,以经济有效地连接到商业伙伴和用户的安全外联网 VPN。

1. 需求及解决方案

目前很多单位都面临着这样的挑战：分公司、经销商、合作伙伴、客户和外地出差人员要求随时经过公用网访问公司的资源,这些资源包括公司的内部资料、OA 系统、ERP 系统、CRM 系统和项目管理系统等。现在很多公司通过使用 IPSec VPN 来保证公司总部和分支机构以及移动工作人员之间的安全连接。

针对不同的用户要求,VPN 有 3 种解决方案：远程访问虚拟专网(Access VPN)、企业内部虚拟专网(Intranet VPN)和企业扩展虚拟专网(Extranet VPN),这 3 种类型的 VPN 分别与传统的远程访问网络、企业内部的内联网以及企业网和相关合作伙伴的企业网所构成的外联网相对应。

1) 远程访问虚拟专网

如果企业的内部人员有移动办公或远程办公的需要,或者商家要提供 B2C 的安全访问服务,就可以考虑使用 Access VPN。它通过一个采有与专用网络相同策略的共享基础设施,提供对企业内部网或外部网的远程访问。Access VPN 能使用户随时、随地以其所需的方式访问企业资源。Access VPN 包括模拟、拨号、ISDN、数字用户线路(xDSL)、移动 IP 和电缆技术,能够安全地连接移动用户、远程工作者或分支机构。

Access VPN 适用于公司内部经常有流动人员远程办公的情况。出差员工利用当地 ISP 提供的 VPN 服务,就可以和公司的 VPN 网关建立私有的隧道连接。Radius 服务器可对员工进行验证和授权,保证连接的安全,同时使负担的电话费用大大降低。

2) 企业内部虚拟专网

如果要进行企业内部各分支机构的互联，使用 Intranet VPN 是很好的方式。

越来越多的企业需要在全国乃至世界范围内建立各种办事机构、分公司和研究所等，各个分公司之间传统的网络互联方式一般是租用专线。显然，在分公司增多、业务开展得越来越广泛时，网络结构趋于复杂，费用昂贵。利用 VPN 的特性可以在互联网上组建世界范围内的 Intranet VPN。利用互联网的线路保证网络的互联性，而利用隧道、加密等 VPN 特性可以保证信息在整个 Intranet VPN 上安全传输。Intranet VPN 通过一个使用专用连接的共享基础设施，连接企业总部、远程办事处和分支机构。Intranet VPN 拥有与专用网络相同的政策，包括安全、服务质量、可管理性和可靠性。

3）企业扩展虚拟专网

如果企业提供 B2B 的安全访问服务，则可以考虑 Extranet VPN。

随着信息时代的到来，各个企业越来越重视各种信息的处理。希望可以提供给客户最快捷、方便的信息服务，通过各种方式了解客户的需要，同时各个企业之间的合作关系也越来越多，信息交换日益频繁。互联网为这样的发展趋势提供了良好的基础。而如何利用互联网进行有效的信息管理，是企业发展中不可避免的一个关键问题。利用 VPN 技术可以组建安全的外联网，既可以向客户和合作伙伴提供有效的信息服务，又可以保证自身内部网络的安全。

Extranet VPN 通过使用专用连接的共享基础设施，将客户、供应商、合作伙伴或兴趣群体连接到企业内部网。Extranet VPN 拥有与专用网络相同的政策，包括安全、服务质量、可管理性和可靠性。

2. 实际 VPN 案例

常州某医疗器械有限公司由于业务上的扩大，公司内部及各分支机构网络运行多种企业应用，如内部文档共用服务、ERP 系统以及 PDM 数据库服务器。由于信息化系统对于经营竞争力有显著的提升，估计公司未来可能开发更多的内部应用，如客户/服务器模式的应用软件（TCP、UDP 或 TCP/UDP 的应用），所以允许不同的用户对于应用系统的访问有其必要。

现在公司总部通过防火墙接入互联网，总部至少 200 台计算机接入互联网，还要考虑到随着公司以后的发展增加接入信息点，同时实现各分公司通过相关设备连接到总部网络。公司总部还内建 SQL Server 数据库服务器以提供相关数据服务，建立 ERP 服务器以提供公司人事管理查询、添加和修改相关信息等功能。

常州分厂保证至少 20 台计算机接入互联网，实现办公网络自动化。上海分公司至少 10 台计算机接入互联网，还要考虑到随着公司以后的发展增加接入信息点，同时与总公司实现互联。访问公司总部 SQL Server 服务器、PDM 服务器，提交、查询和修改数据库相关信息，连接公司金蝶 K3 ERP 系统等要求。在各分支机构和总公司之间创造一个集成化的办公环境，为工作人员提供多功能的桌面办公环境，解决办公人员处理不同事务需要使用不同工作环境的问题。

在了解了该公司整个网络状况和企业领导要求后，考虑到下一代网络业务（网络视频会议）对带宽的要求，决定采用侠诺 Qno FVR9208 作为公司总部的 VPN 网关，接入电信的百兆光纤一条；鉴于分支机构的规模，上海分公司和常州分厂均采用 Qno QVM100 作为接入端的 VPN 网关，接入电信的 ADSL 宽带一条。Qno FVR9208 和 Qno QVM100 都具有双

WAN 口，为以后公司的 VPN 链路备援提供了升级条件，保障了客户的投资回报。该 VPN 的拓扑结构如图 7.19 所示。

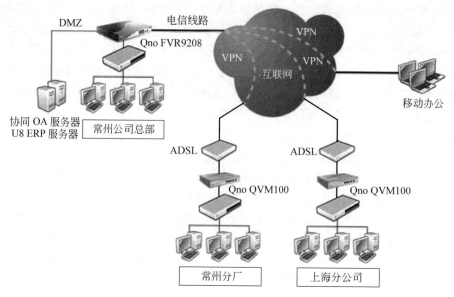

图 7.19　本案例 VPN 的拓扑结构

本方案达到以下设定目标：

（1）位于常州的公司总部与上海分公司、常州分厂通过 VPN 联机采用 IPSec 协定，确保传输数据的安全。

（2）多 WAN 口的设计可满足不同带宽的需求，也可同时满足 VPN 备援功能的要求，提供了更多的安全保障。公司领导要求 VPN 联机高度稳定，即使断线也要立即接回或可经由备援接回，不影响正常运作。

（3）管理内部网用户上网行为，限制内部网用户使用 BT、点点通，对内部网用户使用 MSN、QQ 或上网设置限定时间。

（4）通过路由器的设置解决了因黑客攻击而使网速受影响或内部网用户常被病毒侵扰的问题。

7.7　黑客

黑客源自英文单词 hacker，这个词早期在美国的计算机界是带有褒义的，原指热心于计算机技术、水平高超的计算机专家，尤其是程序设计人员。但到了今天，黑客一词已被用于泛指专门利用计算机网络搞破坏或恶作剧的人。

黑客大体上应该分为"正""邪"两派。正派黑客依靠自己掌握的知识帮助系统管理员找出系统中的漏洞并加以完善，而邪派黑客则是通过各种黑客技能对系统进行攻击、入侵或者做其他有害于网络的事情。

7.7.1　网络黑客攻击方法

黑客通常使用如下攻击方法寻找计算机中的安全漏洞。只有了解了他们的攻击方法，才能采取准确的对策对付他们。

1. 获取口令

获取口令有 3 种方法：

(1) 通过网络监听得到用户口令。这类方法有一定的局限性，但危害性极大，监听者往往能够获得其所在网段的所有用户账号和口令，对局域网安全威胁巨大。

(2) 在知道用户的账号(如电子邮件账号@前面的部分)后，利用一些专门软件强行破解用户口令。这种方法不受网段限制，但黑客要有足够的耐心和时间。

(3) 在获得一个服务器上的用户口令文件(称为 Shadow 文件)后，用暴力破解程序破解用户口令，使用该方法的前提是黑客获得口令的 Shadow 文件。此方法在所有方法中危害最大，因为它不需要像第二种方法那样一遍又一遍地尝试登录服务器，而是在本地将加密后的口令与 Shadow 文件中的口令相比较，就能非常容易地破获用户口令，尤其对那些弱口令，在短短的一两分钟甚至几十秒内就可以破解。

2. 特洛伊木马程序

特洛伊木马程序简称木马，它可以直接侵入用户的计算机并进行破坏。它常被伪装成工具程序或者游戏等，诱使用户打开带有特洛伊木马程序的邮件附件或从网上直接下载程序。一旦用户打开了这些邮件的附件或者执行了这些程序，木马就会留在计算机中，并在计算机系统中隐藏一个可以在 Windows 启动时悄悄执行的程序。当用户连接到互联网时，木马就会向黑客报告用户的 IP 地址以及预先设定的端口。黑客在收到这些信息后，再利用这个潜伏在其中的木马，就可以任意修改用户计算机的参数设定，复制文件，窥视用户计算机硬盘中的内容等，从而达到控制用户计算机的目的。

3. WWW 的欺骗技术

网上用户可以利用 IE 等浏览器访问各种各样 Web 站点，如阅读新闻组、咨询产品价格、订阅报纸和电子商务等。然而用户正在访问的网页可能已经被黑客篡改过，网页上的信息是虚假的。例如，黑客将用户要浏览的网页的 URL 改写为指向黑客自己的服务器，当用户浏览目标网页的时候，实际上是向黑客服务器发出请求，那么黑客就可以达到欺骗的目的了。

4. 电子邮件攻击

电子邮件攻击主要表现为两种方式：一是电子邮件轰炸，也就是通常所说的邮件炸弹，即用伪造的 IP 地址和电子邮件地址向同一信箱发送数以千计、万计甚至更多内容相同的垃圾邮件，致使受害人邮箱被"炸"，严重者可能会给电子邮件服务器操作系统带来危险，甚至瘫痪；二是电子邮件欺骗，攻击者佯称自己为系统管理员(邮件地址和系统管理员完全相同)，给用户发送邮件，要求用户修改口令(口令可能为指定字符串)，或在貌似正常的附件中加载病毒或其他木马程序（例如，某些单位的网络管理员定期向用户免费发送防火墙升级程序，这为黑客利用该方法实施电子邮件攻击提供了可乘之机）。对这类欺骗，只要用户提高警惕，一般危害性不是太大。

5. 通过一个节点来攻击其他节点

黑客在突破一台主机后，往往以此主机作为根据地，攻击其他主机（以隐蔽其入侵路径，避免留下蛛丝马迹）。黑客可以使用网络监听方法尝试攻破同一网络内的其他主机，也可以通过 IP 欺骗和主机信任关系攻击其他主机。这类攻击很狡猾，但由于某些技术（如 IP 欺骗）很难掌握，因此较少被黑客使用。

6. 网络监听

网络监听是主机的一种工作模式，在这种模式下，主机可以接收到本网段在同一条物理通道上传输的所有信息，而不管这些信息的发送方和接收方是谁。此时，如果两台主机进行通信的信息没有加密，只要使用某些网络监听工具，例如 NetXray for Windows 95/98/NT，Sniffit for Linux/Solaries 等，就可以轻而易举地截取包括口令和账号在内的信息。虽然通过网络监听获得的用户账号和口令具有一定的局限性，但监听者往往能够获得其所在网段的所有用户账号及口令。

7. 寻找系统漏洞

许多系统都有这样或那样的安全漏洞，其中某些是操作系统或应用软件本身具有的，这些漏洞在补丁未被开发出来之前一般很难防御黑客的攻击，除非将网线拔掉。还有一些漏洞是由于系统管理员配置错误引起的，如在网络文件系统中将目录和文件以可写的方式调出，将用户密码文件以明码方式存放在某一目录下。这些都会给黑客带来可乘之机，应及时加以修正。

8. 利用账号进行攻击

有的黑客会利用操作系统提供的默认账户和口令进行攻击，例如许多 UNIX 主机都有 FTP 和 Guest 等默认账户（其口令和账户名相同），有的甚至没有口令。黑客用 UNIX 操作系统提供的命令（如 finger 和 ruser）等收集信息，不断提高自己的攻击能力。对这类攻击，只要系统管理员提高警惕，将系统提供的默认账户关掉，或提醒无口令用户增加口令，一般都能抵御。

9. 偷取特权

偷取特权是利用各种木马程序、后门程序和黑客自己编写的导致缓冲区溢出的程序进行攻击，前者可使黑客非法获得对用户计算机的完全控制权，后者可使黑客获得超级用户的权限，从而拥有对整个网络的绝对控制权。这种攻击手段一旦奏效，危害性极大。

7.7.2 黑客常用的信息收集工具

信息收集是突破网络系统的第一步。黑客使用下面几种工具来收集所需信息。

1. SNMP 协议

使用 SNMP 协议查阅非安全路由器的路由表,从而了解目标网络拓扑的内部细节。

2. Trace Route 程序

Trace Route 程序能够得出到达目标主机所经过的网络数和路由器数,是能深入探索 TCP/IP 的方便工具。它能给出数据报从一台主机传到另一台主机所经过的路由。它还可以让用户设置 IP 源路由选项,让源主机指定发送路由。

3. Whois 协议

Whois 协议是一种信息服务,能够提供有关所有 DNS 域和负责各个域的系统管理员的数据。使用 Whois 协议先与服务器的 TCP 端口 43 建立一个连接,发送查询关键字,即可接收服务器的查询结果。

4. DNS 服务器

DNS(域名系统)为互联网上的主机分配域名和 IP 地址。用户使用域名,该系统就会自动把域名转为 IP 地址。域名服务是运行域名系统的 Internet 工具。执行域名服务的服务器称为 DNS 服务器。

5. Finger 协议

Finger 协议能够提供特定主机上用户的详细信息(注册名、电话号码和最后一次注册的时间等)。

6. Ping 实用程序

Ping 实用程序本来是用来检查网络是否通畅或者网络连接速度的命令,但也可以用来确定一个指定的主机的位置并确定其是否可达。把这个简单的工具用在扫描程序中,可以尝试连接网络上每个可能的主机地址,从而构造出实际驻留在网络上的主机清单。它所利用的原理是这样的:网络上的计算机都有唯一确定的 IP 地址,给目标 IP 地址发送一个数据包,对方就要返回一个同样大小的数据包,根据返回的数据包可以确定目标主机的存在,并可以初步判断目标主机的操作系统等。当然,它也可用来测定连接速度和丢包率。

7.7.3　黑客防范措施

对于黑客攻击,通常可以采用以下防范措施:

(1) 为经常利用 Telnet、FTP 等传送重要机密信息的主机单独设立一个网段,以避免某台主机被攻破,被攻击者装上嗅探器(sniffer),造成整个网段通信全部暴露。在有条件的情况下,重要主机装在交换机上,这样可以避免嗅探器偷听密码。

(2) 专用主机只开专用功能,如运行网管、数据库重要进程的主机上不应该运行如 sendmail 这种漏洞比较多的程序。网管网段路由器中的访问控制权限应该限制在最小限度内,研究清楚各进程必需的进程端口,关闭不必要的端口。

（3）对用户开放的各个主机的日志文件全部定向到 syslogd 服务器上集中管理。该服务器可以由一台拥有大容量存储设备的 UNIX 或 Windows NT 主机承担。定期检查备份日志主机上的数据。

（4）网管不得访问互联网。并建议设立专门的计算机使用 FTP 或 WWW 下载工具和资料。

（5）提供电子邮件、WWW 和 DNS 服务的主机不安装任何开发工具，避免攻击者在其上编译攻击程序。

（6）网络配置原则是"用户权限最小化"。例如，关闭不必要或者不了解的网络服务，不用电子邮件传送密码。

（7）下载并安装最新的操作系统及其他应用软件的安全和升级补丁，安装几种必要的安全加强工具，限制对主机的访问，加强日志记录，对系统进行完整性检查，定期检查用户的弱口令，并通知用户尽快修改。重要用户的口令应该定期修改（不长于 3 个月），不同主机使用不同的口令。

（8）定期检查系统日志文件，在备份设备上及时备份。制订完整的系统备份计划，并严格实施。

（9）定期检查关键配置文件（最长不超过 1 个月）。

（10）建立详尽的入侵应急措施以及汇报制度。发现入侵迹象，立即打开进程记录功能，同时保存内存中的进程列表以及网络连接状态，保护当前的重要日志文件。若有条件，可立即打开网段上另一台主机监听网络流量，尽力定位入侵者的位置。如有必要，断开网络连接。在服务主机不能继续服务的情况下，应该有能力从备份磁带中恢复服务到备份主机上。

7.8　互联网安全协议和机制

互联网存在大量安全性弱点。你正在与之通信的组织或个人可能是不认识的，甚至可能是伪装的。不必过分担心这类问题，但有必要采取适当的预防措施来防止因为各种方式造成的损失，这些方式包括资金转移、错误认证的结果、机密信息丢失和毁约等。互联网安全协议和机制就是用来处理这类风险的，这些协议和相关机制与互联网活动（包括电子邮件）有特定的相关性。

与互联网相关的协议和机制如下。

1. 请求注释

征求意见稿（Request For Comment，RFC）是由因特网工程任务组（IETF）管理的正式互联网文档，它是传播有关互联网工程咨询和意见信息的一种方式。RFC 描述了开放标准，使那些可能希望或需要使用那些标准进行通信的人受益。它们是由参与不同工作组的志愿者编写的，发布在不同位置上，主要是在 IETF 站点上。有关 TLS 的详细信息（请参阅下面的描述）就是以这种格式表示的。

2. IPSec

IPSec 是由 IETF 的 IP 安全性协议工作组制定的 IP 安全性协议,它是为 IP 数据报提供认证、完整性和保密性服务的规范。在几个 RFC 中对它都有描述,虽然 IPSec 是专门用于 IPv6 的,但也可以用于 IPv4(IPv4 是当前标准,使用点分 4 组形式的地址,如192.168.1.3)。它对互联网通信(例如,为 VPN 和封装隧道等)提供安全性的基础。一些供应商和软件组织开发或提供集成了 IPSec 的产品。例如,芬兰的 SSH Communications Security 有一种称为 IPSec Express 的产品,它是为方便符合 IPSec 的电子商业应用程序开发而设计的,而从 1999 年 6 月开始,NetBSD Foundation 已经将 IPSec 代码合并到了NetBSD 分发版中。

IPSec 已经成为互联网安全性实现的一个事实上的标准。

3. 安全 HTTP

安全 HTTP(Secure HTTP,S-HTTP)是在应用层运行的 HTTP 安全性扩展。它在支持不可抵赖性以及允许使用多种密码算法和密钥管理机制的同时,提供保密性和认证。虽然可以在会话之前获得经 Kerberos 服务器同意的初始密钥,或者可以在一个会话中生成下一个会话要使用的密钥,但通常将 RSA 用于初始密钥协商。

4. 安全套接字层

安全套接字层(Secure Sockets Layer,SSL)是由 Netscape Communications 公司开发的用来向互联网会话提供安全性和保密性的握手协议。它支持服务器和客户机认证,并且被设计成协商加密密钥以及在交换任何数据之前认证服务器。它使用加密、认证和 MAC 来维护传输信道的完整性。

虽然 SSL 最适合用于 HTTP,但它也可以用于 FTP 或其他相关协议。它在传输层运行并且是独立于应用程序的,因此 FTP 或 HTTP 等相关协议可以放在该层之上。SSL 使用初始握手对服务器进行认证。在这一过程中,服务器把证书提交到客户机并指定要使用的首选密码。然后,客户机生成在即将进行的会话期间使用的密钥,接着将它提交给服务器,并相应地用服务器的公钥对它加密。服务器使用其私钥解密消息,恢复密钥,然后通过向客户机发送一条使用该密钥加密的消息来向客户机认证自己。此后即使用这一达成协议的密钥对加密的数据进行进一步的交换。

可以用第二阶段(可选)来进一步增加安全性。这里,服务器发送一个质询,客户机对此作出响应,向服务器返回该质询的数字签名和客户机的公钥证书。

质询阶段通常是使用带有用于消息摘要的 MD5 的 RSA 密钥执行的。也可以使用各种对称密钥,包括 DES、3DES、IDEA、RC2 和 RC4。公钥证书符合 X.509 标准。SSL 目前的版本为 3.0。

5. 传输层安全性

传输层安全性(Transport Layer Security,TLS)协议是 IETF 标准草案,它基于 SSL 并与之相似。TLS 的主要目标是在两个正在通信的应用程序之间提供保密性和数据完整性。TLS 由两层构成。较低的层称为 TLS Record 协议,且位于某个可靠的传输协议(例如

TCP)上面。这一层有两个基本特性：该连接是专用的，并且是可靠的。它用于封装各种更高级协议，但也可以不加密地使用。通常在加密时生成的密钥专用于每个连接，这些密钥基于由另一个协议（例如更高级别的 TLS 握手协议）协商的密钥。

TLS 握手协议提供了具有 3 个基本特性的连接安全性：可以使用非对称密钥技术来认证对等方的身份，共享密钥的协商是安全的，以及协商是可靠的。

与 SSL 一样，TLS 是独立于应用程序协议的，其使用的加密算法的种类与 SSL 相似。然而，TLS 标准把如何启动 TLS 握手和如何解释认证证书的决定权留给其上层协议的设计者和实现者来判断。

TLS 协议的目标是密码安全性、互操作性和可扩展性。最后一个目标意味着 TLS 提供了一种框架，当新的和改进的非对称加密以及其他加密方法可用时，便可以将它们引入该框架。

6. 无线传输层安全性

无线应用程序协议（Wireless Application Protocol，WAP）体系结构中的安全性层协议称为无线传输层安全性（Wireless Transport Layer Security，WTLS）。它在传输协议层之上操作。它是模块化的，是否使用它取决于给定应用程序所需求的安全性级别。WTLS 为 WAP 的上一层提供了保护其下的传输服务接口的安全传输服务接口。另外，它为管理安全连接提供了一个接口。

WTLS 与 TLS 非常相似，但它最适合用于等待时间较长的窄带传输网络。同时，它添加了一些新特性，例如数据报支持、经过最优化的握手和密钥刷新。与使用 TLS 一样，它的主要目标是在两个正在通信的应用程序之间提供保密性、数据完整性和认证服务。

7. 安全电子交易

安全电子交易（Secure Electronic Transaction，SET）协议是由 VISA 和 MasterCard 国际财团开发的作为在开放网络上进行安全银行卡交易的方法。它支持 DES 和 3DES 以实现成批数据加密，并支持用 RSA 对密钥和银行卡号的公钥进行加密。

虽然 SET 被认为是非常安全的，但它的速度很慢。另外，不能像 SSL 或 TLS 那样以一种简单的方式来使用 SET。由于这些原因，以及许多银行将风险和银行卡安全性漏洞的后果转嫁给其商业客户，所以 SET 的采用远远没有达到预期。

8. 安全广域网

安全广域网（Secure Wide Area Network，S/WAN）倡议是由 RSA Data Security 公司推动的，旨在促进基于互联网的虚拟专网（Internet-based Virtual Private Networks）的广泛部署。S/WAN 支持 IP 级的加密，因此它比 SSL 或 TLS 提供了更基本的、更低级别的安全性。VPN 是一种机制，当用户使用互联网时，允许在用户之间建立安全隧道。例如，可以连接远程办公室，而不会增加成本，或者避免使用专门租用线路造成点对点通信的不便。对通过通道传递的消息进行了加密，因此它们是安全的，可以避免第三方的截获。S/WAN 倡议是技术和产品规范化的一种尝试。

在 Linux Free S/WAN 和虚拟专网协会（Virtual Private Network Consortium）倡议与 S/WAN 倡议非常相似。Free S/WAN 是 IPSec 在 Red Hat Linux 中的实现，并有效地在

GNU GPL 下提供了 Linux 的 VPN 实现。

9. 安全 Shell

安全 Shell(SSH)是由 IETF 的 SECSH 工作组制定的协议。它允许在网络上进行安全远程访问。SSH 可以使用多种方法来认证客户机和服务器,并在支持 SSH 的系统之间建立加密的通信通道。然后,这个连接可以用于许多方面,例如,建立 VPN,或者在服务器上创建安全远程登录以代替 telnet、rlogin 或 rsh。

10. 加密的电子邮件

发送明文电子邮件等于发送一张任何人都可读的明信片。电子邮件在一条不确定的分段路由上传输,并且在沿途的许多点可以毫不费力地查看它。它保存在网络邮件服务器的半公开区域或 ISP 的存储器中。

电子邮件还可能被错误地路由或错误地成批发送。

许多产品提供安全电子邮件服务。MIME(Multipurpose Internet Mail Extensions,多用途互联网邮件扩展)是一种互联网邮件格式标准,它允许以标准化的格式在电子邮件消息中包含增强文本、音频、图形、视频等信息。然而,MIME 不提供任何安全功能。S/MIME 添加了安全功能,已经得到了许多软件商的认可,包括 Netscape、Qualcomm、Microsoft、Lotus、Novell 等。

然而,将加密的电子邮件引入大型组织会引起一些新问题。反病毒产品可能无法识别加密的危险附件。扫描程序和防火墙也可能有相似的问题。

一种解决方案是在外部网关上加密和解密,但这会使电子邮件在通过公司网络传输时保持未加密状态。

另一种解决方案通常是笨拙和耗费资源的,但在某些环境中却是适当的,即首先将电子邮件的副本发送到集中式邮箱以进行解密和检查,然后才允许使用加密的电子邮件。该方案的困难包括流量剧增、消息传递延迟、需要实时告知用户实际情况以及可能给用户带来的不便。Giga Group 提出的解决方案是:加密电子邮件,然后发送到中继器,在那里对其解密并进行检查,以确定其是否符合安全性策略以及有无病毒。

习题 7

1. 互联网面临哪 5 个方面的网络安全威胁?
2. 网络安全攻击有哪几种形式?
3. 防火墙采用的安全策略有哪两个基本准则?
4. 分别简述包过滤防火墙、代理服务器防火墙和状态监视器防火墙的技术原理。
5. 防火墙与网络的配置有哪 3 种典型结构?
6. 简述入侵检测系统的工作步骤。
7. 什么是身份验证? 身份验证的方法有哪几类?
8. 什么是 IPSec 协议? 它的特点是什么?
9. 简要说明 IKE 协议。

10. VPN 主要采用哪 4 项技术来保证安全？

11. 举例说明 VPN 包封装协议。

12. 对 MPLS VPN 和 IPSec VPN 技术进行比较。

13. 网络黑客攻击方法主要有哪几种？

14. 为防止黑客攻击，通常可以使用哪几种防范措施？

第四部分　物联网管理服务层安全

第 8 章　中间件与云计算安全

第8章 中间件与云计算安全

信息处理安全主要体现在物联网的应用/中间件层(即管理服务层和综合应用层)。其中,中间件层主要实现网络层与物联网应用服务间的接口和功能调用,包括对企业的分析整合、共享、智能处理和管理等,具体体现为一系列的业务支持平台、管理平台、信息处理平台、智能计算平台和中间件平台等;应用层则主要包含各类应用,例如监控服务、智能电网、工业监控、绿色农业、智能家居、环境监控和公共安全等。

本层的安全问题主要来自各类新兴业务及应用的相关业务平台。恶意代码以及各类软件系统自身的漏洞和设计缺陷是物联网应用系统的主要威胁之一。同时由于涉及多领域、多行业,物联网海量数据信息处理和业务控制策略目前在安全性和可靠性方面仍存在较多技术瓶颈,其中业务控制和管理、业务逻辑、中间件、业务系统关键接口等环境安全问题尤为突出。本章主要从中间件技术和云计算技术两方面讨论本层的安全问题。

8.1 中间件技术安全

中间件(middleware)是基础软件的一大类,属于可复用软件的范畴。顾名思义,中间件处于操作系统软件与用户的应用软件的中间。中间件在操作系统、网络和数据库的上层,应用软件的下层,其总的作用是为处于其上层的应用软件提供运行与开发的环境,帮助用户灵活、高效地开发和集成复杂的应用软件。

目前,中间件发展很快,已经与操作系统和数据库管理系统并列为3大基础软件。

8.1.1 中间件概述

中间件是一类连接软件组件和应用的计算机软件,它包括一组服务,以便运行在一台或多台计算机上的多个软件通过网络进行交互。该技术所提供的互操作性推动了一致分布式体系架构的演进,这种架构通常用于支持分布式应用程序并降低其复杂度,如图8.1所示。

简单地讲,中间件是一种独立的系统软件或服务程序,分布式应用软件借助这种软件在不同的技术之间共享资源。中间件位于客户机服务器的操作系统之上,管理计算资源和网络通信。

中间件的产生与迅速发展的原因从表8.1可以清楚地看出。由于网络环境的日益复杂,为了支持不同的交互模式,产生了适应不同应用系统的中间件。

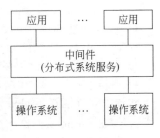

图 8.1 中间件

表 8.1　操作系统、数据库管理系统与中间件的比较

基础软件类型	操作系统	数据库管理系统	中间件
产生动因	硬件过于复杂	数据操作过于复杂	网络环境过于复杂
主要作用	管理各种资源	组织各类数据	支持不同的交互模式
主要理论基础	各种调度算法	各种数据模型	各种协议、接口定义方式
产品形态	不同的操作系统功能类似	不同的数据库管理系统功能类似，但类型比操作系统多	存在大量不同种类的中间件产品，它们的功能差别较大

中间件的核心作用是通过管理计算资源和网络通信，为各类分布式应用软件共享资源提供支撑。

8.1.2　中间件的体系框架与核心模块

在物联网中采用中间件技术，以实现多个系统和多种技术之间的资源共享，最终组成一个资源丰富、功能强大的服务系统。中间件的体系框架与核心模块如图 8.2 所示。

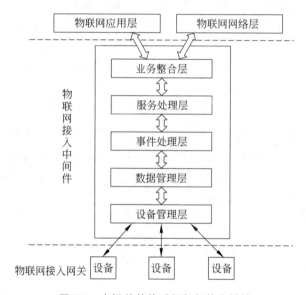

图 8.2　中间件的体系框架与核心模块

8.1.3　中间件的分类

1. 软件开发环境中的中间件分类

在通常的软件开发环境中使用的中间件主要分为以下 3 类。

1) 通信处理（消息）中间件

此类中间件能在不同平台之间通信，实现分布式系统中可靠的、高效的、实时的跨平台数据传输（如 Tong LINK、BEA eLink、MQ Series 等）。这是中间件中唯一不可缺少的种类，是销售额最大的中间件产品。

2）事务处理中间件

在分布式事务处理系统中要处理大量事务，常常在系统中要同时处理上万笔事务。

在联机事务处理系统（On-Line Transaction Processing，OLTP）中，每笔事务常常要多台服务器上的程序顺序地协调完成，一旦中间发生某种故障，不但要完成恢复工作，而且要自动切换系统，使系统永不停机，实现高可靠性运行；同时要使大量事务在多台应用服务器能实时并发运行，并进行负载平衡的调度，实现和大型计算机系统同等的功能。为了实现这个目标，要求系统具有监视和调度整个系统的功能。

BEA 的 Tuxedo 由此而著名，使它成为销售增长率最高的厂商。根据 X/OPEN 的参数模型规定，一个事务处理平台由事务处理中间件、通信处理中间件和数据存取管理中间件 3 部分组成。

3）数据存取管理中间件

在分布式系统中，重要的数据都集中存放在数据服务器中，它们既可以是关系型、复合文档型或具有各种存放格式的多媒体型，也可以是经过加密或压缩存放的。数据存取管理中间件为在网络上虚拟缓冲存取、格式转换和解压等带来方便。

2. 网络中间件分类

在网络环境下，进一步按网络功能子系统细分，网络中间件可分为 8 类：

（1）企业服务总线（Enterprise Service Bus，ESB）。是一种开放的、基于标准的分布式同步或异步信息传递中间件。通过 XML 和 Web 服务接口以及标准化的、基于规则的路由选择文档等的支持，ESB 为企业应用程序提供安全互用性。

（2）事务处理（Transaction Processing，TP）监控器。为发生在对象间的事务处理提供监控功能，以确保操作成功实现。

（3）分布式计算环境（Distributed Computing Environment，DCE）。指创建运行在不同平台上的分布式应用程序所需的一组技术服务。

（4）远程过程调用（Remote Procedure Call，RPC）。指客户机向服务器发送关于运行某程序的请求时所需的标准。

（5）对象请求代理（Object Request Broker，ORB）。为用户提供与其他分布式网络环境中对象通信的接口。

（6）数据库访问中间件（database access middleware）。支持用户访问各种操作系统或应用程序中的数据库。SQL 是该类中间件的一种。

（7）信息传递（message passing）。电子邮件系统是该类中间件的一种。

（8）基于 XML 的中间件（XML-based middleware）。XML 允许开发人员为实现在互联网中交换结构化信息而创建文档。

8.1.4　物联网中间件的设计

在物联网中，中间件一般处于物联网的集成服务器端和感知层、传输层的嵌入式设备中。其中，服务器端中间件被称为物联网业务基础中间件，一般都是基于传统的中间件（应用服务器、ESB/MQ 等）构建，加入设备连接和图形化组态展示等模块；嵌入式中间件是一些支持不同通信协议的模块和运行环境。

中间件的特点是固化了很多通用功能，不过在具体应用中大多需要二次开发，以实现个性化的行业业务需求，因此所有物联网中间件都要提供快速应用开发（Rapid Application Develop，RAD）工具。

目前，物联网中间件最主要的代表是 RFID 中间件，其他的还有嵌入式中间件、数字电视中间件、通用中间件和 M2M 物联网中间件等。下面重点介绍 RFID 中间件。

RFID 中间件扮演 RFID 标签和应用程序之间的中介角色，在应用程序端使用中间件可以提供一组通用的应用程序接口（Application Programming Interface，API），即能连到 RFID 读写器，读取 RFID 标签数据。这样一来，即使存储 RFID 标签数据的数据库软件或后端应用程序被其他软件取代或者 RFID 读写器种类增加等情况发生时，应用端也不需修改，省去多对多连接的维护复杂性问题。

要实现每个小的应用环境或系统的标准化及它们之间的通信，必须设置一个通用的平台和接口，也就是中间件。以 RFID 中间件为例，图 8.3 描述了中间件在系统中的位置和作用。

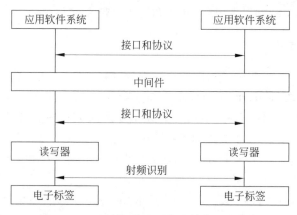

图 8.3　RFID 中间件在系统中的位置和作用

8.1.5　安全中间件

安全中间件在分布式网络应用环境中提供了网络安全技术，屏蔽了操作系统和网络协议的差异。在研制开发安全中间件时，可以采用现有比较成熟和主流的分布式计算技术平台。

目前主要有 OMG 公司的 CORBA、Sun 公司的 J2EE 和 Microsoft 公司的 DNA 2000，它们各有其特点：

（1）CORBA 的特点是大而全，互操作性和开放性非常好；缺点是庞大而复杂，并且技术和标准的更新较慢。

（2）DNA 2000 是在 Windows 2000 系列操作系统平台基础上扩展的分布计算模型，适用于 Microsoft 公司的操作系统平台。但是，由于其对开发系统平台的依赖性强，因而在其他开发系统平台（如 UNIX 和 Linux）上不能发挥作用。

（3）J2EE 给出了完整的基于 Java 语言开发面向企业分布应用的规范。Java 的很多重要特性使它非常适合中间件开发。因为是与平台无关的，所以在 Windows NT 上利用 Java

开发的组件不需转换就可以应用于 UNIX 和 Linux 平台。另外，Java 还提供了一个功能丰富的类库，利用这个类库能够防止开发者重蹈错误的覆辙。这种安全性对于关键任务的应用系统是至关重要的。J2EE 将会对进行信息安全中间件开发起到重要的推动作用。

安全中间件产品一般基于 PKI 体系思想，对 PKI 的基本功能，如对称加密与解密、非对称加密与解密、信息摘要、单向散列函数、数字签名、签名验证、证书认证以及密钥的生成、存储和销毁，进一步扩充组合，形成新的 PKI 功能逻辑，进而形成系统安全服务接口、应用安全服务接口、存储安全服务接口和通信安全服务接口。

由于事关国家信息安全、网上金融秩序和经济安全，一般由国家扶持国内企业形成具有自主知识产权的安全中间件产品。我国目前有代表性的安全中间件产品主要有东方通科技公司的 Tong SEC、清华紫光顺风信息安全有限公司的 Unis MMW 安全中间件以及上海华腾软件系统有限公司的安全服务管理中间件 Top Secure。

安全中间件是近几年才发展起来的中间件产品，属于中间件产品的新成员，据易观国际推出的《IT 产品和服务——中国应用服务器中间件软件市场季度数据监测报告》中的数据显示，目前安全中间件只占中间件产品市场的 2.79%。随着电子商务的发展，对认证与加密技术的需求会快速增长，安全中间件的未来市场将非常广阔。

1. Tong SEC 安全平台

Tong SEC 安全平台是以 PKI 为核心的、建立在一系列相关国际安全标准之上的一个开放式应用开发平台。Tong SEC 向上为应用系统提供开发接口，向下提供统一的密码算法接口及各种 IC 卡和安全芯片等设备的驱动接口。基于 Tong SEC 可以开发、构造各种安全产品或具有安全机制的用户应用系统，如用于文件加解密的安全工具、安全网关、公证系统和虚拟专网等。

Tong SEC 无论在企业内部、企业之间、最终消费者还是互联网电子支付的应用系统中，都能够提供用户对证书的生成、分发和管理以及互联网上数据的加解密、完整性的有效保护。Tong SEC 可以很容易地与现有各类应用系统集成，如财务软件、工作流软件、ERP 系统、各种中间件软件（如 MQ、TLQ、TE 和 TI 等）以及多种 Web 服务器（如 Web Sphere、Tong Web、IIS、Web Logic、Apache 和 IPlanet 等），从而具有广泛的兼容性，使用更加方便灵活。

2. Unis MMW 安全中间件

Unis MMW 安全中间件是清华紫光顺风信息安全有限公司在综合了企业信息系统、电子商务系统、OA 系统等各种应用系统的安全需求的基础上所提炼出的安全支撑体系。该安全中间件在网络和操作系统与应用系统之间形成了"安全垫层"，以保护关键业务系统的安全。

Unis MMW 安全中间件具有统一设计的安全机制，不会成为信息共享的障碍，可以在各种应用系统和信息系统之间构建统一的安全平台；各个应用系统共享一套安全平台，减少了重复投资；由安全专家进行设计和建设的安全系统独立于具体的应用系统，减少了安全漏洞，便于系统升级。

Unis MMW 安全中间件面向网络/系统支撑平台提供与业务无关的适配接口，面向中间件系统或具体的业务系统提供与网络/系统无关的适配接口来实现各种安全功能。Unis

MMW 安全中间件通过与业务系统或其他中间件系统的紧密结合，提供了强大的安全功能和特色服务。

3. Top Secure 安全服务管理中间件

为满足网上信息安全问题的需求，方便应用产品的开发，上海华腾软件系统有限公司自主开发了安全服务管理中间件 Top Secure。该中间件遵循美国 RSA 实验室的 PKCS♯11 接口标准，具备一整套用户、密码设备、软件密码引擎、密码算法、通信连接和服务种类的安全控制和访问机制，向联机事物处理、认证中心、文件分发和网络远程访问等上层应用提供统一标准的安全密码服务，即提供信息保密、完整性、不可否认性和认证 4 方面的安全服务，并使得底层密码设备、密码算法、通信方式和设备资源与应用无关。该中间件使用了安全、简洁的标准接口，本身并不涉及各种具体的安全算法的实现，符合软件开发的标准化要求。

作为一个在应用系统开发中解决安全问题的通用开发平台，Top Secure 能够让应用开发人员基于不同的安全硬件设备开发设计各种安全应用系统，包括用于文件加密的安全工具、电子商务应用系统、证书管理中心、支付网关和其他具备安全机制的应用系统。

8.2　云计算安全概述

随着网络进入更加自由和灵活的 Web 2.0 时代，云计算的概念风起云涌。所谓云计算，就是利用虚拟化技术建立统一的基础设施、服务、应用及信息的资源池，以分布式技术对各种基础设施资源池进行有效组织和运用的一种运行模式。

云计算的出现使得公众客户获得低成本、高性能、快速配置和海量化的计算服务成为可能。但正如一件新鲜事物在带给人们好处的同时也会带来问题一样，云计算在带来规模经济和高应用可用性的同时，其核心技术特点（虚拟化、资源共享和分布式等）也决定了它在安全性上存在着天然隐患。例如，当数据和信息存储在物理位置不确定的云端时，服务安全、数据安全与隐私安全如何保障？这些问题是否会威胁到个人、企业以至国家的信息安全？虚拟化模式下业务的可用性如何保证？为此，现阶段云安全研究成为云计算应用发展中最为重要的研究课题之一，得到越来越多的关注。

8.2.1　云计算简介

1. 概述

云计算（cloud computing）是一种基于互联网的计算方式，通过这种方式，共享的软硬件资源和信息可以按需提供给计算机和其他设备。整个运行方式很像电网。

云计算是继 20 世纪 80 年代大型计算机到客户/服务器的大转变之后计算机领域的又一巨变。用户不需要了解云中基础设施的细节，不必具有相应的专业知识，也无须直接进行控制。云计算描述了一种基于互联网的新的 IT 服务使用和交付模式，通常涉及通过互联网来提供动态易扩展而且经常是虚拟化的资源。

通俗的理解是，云计算的云就是存在于互联网上的服务器集群上的资源，它包括硬件资源(服务器、存储器和 CPU 等)和软件资源(如应用软件和集成开发环境等),本地计算机只需要通过互联网发送一个需求信息,云端就会有成千上万的计算机组成的计算机群提供需要的资源并将结果返回到本地计算机,这样,本地计算机几乎不需要做什么,所有的处理都由云计算提供商所提供的计算机群来完成。云计算网络拓扑如图 8.4 所示。

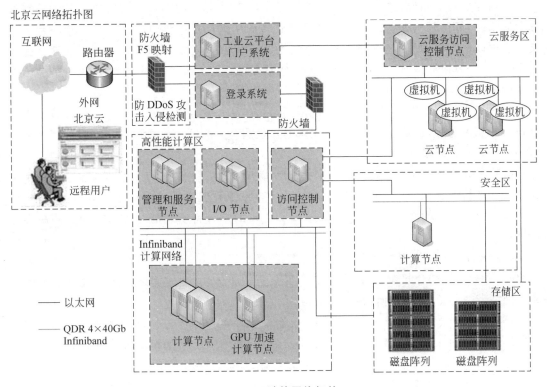

图 8.4　云计算网络拓扑

在国内,云计算被定义为:将计算任务分布在大量计算机构成的资源池上,使各种应用系统能够根据需要获取计算力、存储空间和各种软件服务。

狭义的云计算指的是厂商通过分布式计算和虚拟化技术搭建数据中心或超级计算机,以免费或按需租用方式向技术开发者或者企业客户提供数据存储、分析以及科学计算等服务,如亚马逊数据仓库出租业务。

广义的云计算指厂商通过建立网络服务器集群,向各种不同类型的客户提供在线软件服务、硬件租借、数据存储和计算分析等不同类型的服务。广义的云计算包括了更多的厂商和服务类型,例如国内用友、金蝶等管理软件厂商推出的在线财务软件,谷歌公司发布的 Google 应用程序套装等。

2. 云计算的技术发展

云计算是结合网格计算(grid computing)、分布式计算(distributed computing)、并行计算(parallel computing)、效用计算(utility computing)、网络存储(network storage)、虚拟化(virtualization)和负载均衡(load balance)等传统计算机和网络技术发展融合的产物。

云计算常与网格计算(分布式计算的一种,由一群松散耦合的计算机组成的一个超级虚拟计算机,常用来执行大型任务)、效用计算(IT 资源的一种打包和计费方式,例如按照计算和存储分别计量费用，像传统的电力等公共设施一样）和自主计算（具有自我管理功能的计算机系统）相混淆。

事实上，许多云计算部署依赖于计算机集群，也吸收了自主计算和效用计算的特点。通过使计算分布在大量的分布式计算机上而非本地计算机或远程服务器中，企业数据中心的运行将与互联网更相似，这使得企业能够将资源切换到需要的应用上，根据需求访问计算机和存储系统，好比是从古老的单台发电机模式转向了电厂集中供电的模式。它意味着计算能力也可以作为一种商品进行流通，就像煤气、水和电一样，取用方便，费用低廉。两者最大的不同在于，云计算是通过互联网进行的。它从硬件结构上说是多对一的，从服务的角度或从功能的角度说是一对多的。

云计算将对互联网应用、产品应用模式和 IT 产品开发方向产生影响。云计算技术是信息技术的发展趋势，也是包括 Google 在内的互联网企业前进的动力和方向。云计算未来主要朝以下 3 个方向发展。

（1）手机上的云计算。云计算技术提出后，对客户终端的要求大大降低，瘦客户机将成为今后计算机的发展趋势。瘦客户机通过云计算系统可以实现目前超级计算机的功能，而手机就是一种典型的瘦客户机，云计算技术和手机的结合将实现随时、随地、随身的高性能计算。

（2）云计算时代资源的融合。云计算最重要的创新是将软件、硬件和服务共同纳入资源池，三者紧密地结合起来，融合为一个不可分割的整体，并通过网络向用户提供恰当的服务。网络带宽的提高为这种资源融合的应用方式提供了可能。

（3）云计算的商业发展。最终人们可能会像缴水电费那样去为自己得到的计算机服务缴费。这种使用计算机的方式对于软件开发企业、服务外包企业和科研单位等对大数据量计算存在需求的用户来说无疑具有相当大的诱惑力。

8.2.2 云计算系统的体系结构

1. 云计算逻辑结构

云计算平台是一个强大的云网络，连接了大量并发的网络计算和服务，可利用虚拟化技术扩展每一个服务器的能力，将各自的资源通过云计算平台结合起来，提供超级计算和存储能力。通用的云计算系统逻辑结构如图 8.5 所示。

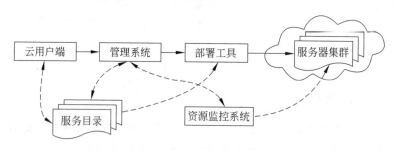

图 8.5 通用的云计算系统逻辑结构

（1）云用户端。提供云用户请求服务的交互界面，也是用户使用云的入口，用户通过 Web 浏览器可以注册、登录及定制云服务，配置和管理账户。打开应用实例与本地操作桌面系统一样。

（2）服务目录。云用户在取得相应权限（付费或其他限制）后可以选择或定制服务目录，也可以对已有服务进行退订的操作。在云用户端界面生成相应的图标或以列表的形式展示相关的服务。

（3）管理系统和部署工具。提供管理和服务，能管理云用户，能对用户授权、认证和登录进行管理，并可以管理可用计算资源和服务，接收用户发送的请求，处理用户请求并转发到相应的程序，调度资源，智能地部署资源和应用，动态地部署、配置和回收资源。

（4）资源监控系统。监控和计量云系统资源的使用情况，以便做出及时反应，完成节点同步配置、负载均衡配置和资源监控，确保资源能顺利分配给合适的用户。

（5）服务器集群。虚拟的或物理的服务器，由管理系统管理，负责高并发量的用户请求处理、大运算量计算处理和用户 Web 应用服务，云数据存储时采用相应的数据切割算法，采用并行方式上传和下载大容量数据。

用户可通过云用户端从列表中选择所需的服务，其请求通过管理系统调度相应的资源，并通过部署工具分发请求，配置 Web 应用。

2. 云计算技术体系结构

由于云计算分为 IaaS、PaaS 和 SaaS 3 种类型，不同的厂家又提供了不同的解决方案，因此目前还没有一个统一的技术体系结构。本书综合不同厂家的方案给出的一个供参考的云计算技术体系结构，如图 8.6 所示，它概括了不同解决方案的主要特征。

图 8.6　云计算技术体系结构

云计算技术体系结构分为 4 层：物理资源层、资源池层、管理中间件层和 SOA 构建层。

（1）物理资源层包括计算机、存储器、网络设施、数据库和软件等。

（2）资源池层是将大量相同类型的资源构成同构或接近同构的资源池，如计算资源池、数据资源池等。构建资源池主要是物理资源的集成和管理工作，例如，研究在一个标准集装箱的空间如何装下 2000 个服务器,解决散热和故障节点替换的问题并降低能耗。

(3) 管理中间件负责对云计算的资源进行管理,并对众多应用任务进行调度,使资源能够高效、安全地为应用提供服务。

(4) SOA 构建层将云计算能力封装成标准的 Web Services 服务,并纳入 SOA 体系进行管理和使用,包括服务注册、查找、访问和构建服务工作流等。管理中间件和资源池层是云计算技术最关键的部分,SOA 构建层的功能更多依靠外部设施提供。

3. 云计算简化实现机制

基于上述体系结构,以 IaaS 云计算为例,云计算的简化实现机制如图 8.7 所示。

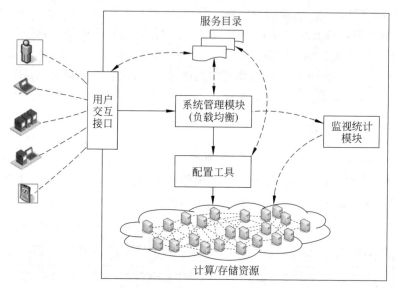

图 8.7　云计算的简化实现机制

(1) 用户交互接口向应用以 Web Services 方式提供访问接口,获取用户需求。

(2) 服务目录是用户可以访问的服务清单。系统管理模块负责管理和分配所有可用的资源,其核心是负载均衡。配置工具负责在分配的节点上准备任务运行环境。

(3) 监视统计模块负责监视节点的运行状态,并完成用户使用节点情况的统计。

(4) 用户交互接口允许用户从目录中选取并调用一个服务,该请求传递给系统管理模块后,系统管理模块为用户分配恰当的资源,然后调用配置工具来为用户准备运行环境。

8.2.3　云计算服务集合的层次

云计算服务集合根据提供的服务类型划分成 4 个层次:应用层、平台层、基础设施层和虚拟化层,每一层都对应一个子服务集合。云计算服务层次模型如图 8.8 所示。

云计算服务集合的层次是根据服务类型来划分的,与计算机网络体系结构中的层次划分不同。在计算机网络体系结构中每个层次都实现一定的功能,层与层之间有一定关联;而云计算服务集合中的层次是可以分割的,即某一层次可以单独完成一项用户的请求,而不需要其他层次为其提供必要的服务和支持。

在云计算服务体系结构中,各层次与相关云产品对应。

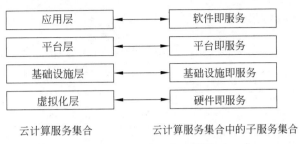

图 8.8　云计算服务层次模型

（1）应用层对应 SaaS（软件即服务）产品，如 Google APPs、SoftWare＋Services。

（2）平台层对应 PaaS（平台即服务）产品，如 IBM IT Factory、Google App Engine、Force.com。

（3）基础设施层对应 IaaS（基础设施即服务）产品，如 Amazo EC2、IBM Blue Cloud、Sun Grid。

（4）虚拟化层对应硬件即服务（HaaS）产品，结合平台层提供硬件服务，包括服务器集群及硬件检测等服务。

云计算服务体系结构如图 8.9 所示。

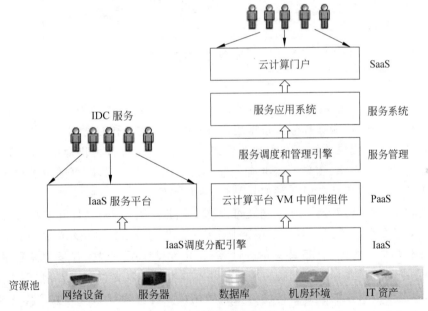

图 8.9　云计算服务体系结构

大部分的云计算基础构架是由通过数据中心传送的可信赖的服务和创建在服务器上的不同层次的虚拟化技术组成的。人们可以在任何提供网络基础设施的地方使用这些服务。云通常表现为对所有用户的计算需求的单一访问点。人们通常希望商业化的产品能够满足服务质量的要求，并且一般情况下要提供服务水平协议。开放标准对于云计算的发展是至关重要的，并且开源软件已经为众多的云计算实例提供了基础。

1. 云计算的主要服务形式

目前，云计算的主要服务形式有 SaaS(Software as a Service,软件即服务)、PaaS(Platform as a Service,平台即服务)和 IaaS(Infrastructure as a Service,基础设施即服务),如图 8.10 所示。

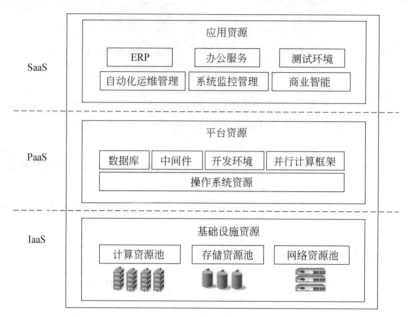

图 8.10　云计算的主要服务形式

1) SaaS

SaaS 服务提供商将应用软件统一部署在自己的服务器上,用户根据需求通过互联网向厂商订购应用软件服务,服务提供商根据用户订购的软件数量和时间的长短等因素收费,并且通过浏览器向用户提供软件。这种服务模式的优势是,由服务提供商维护和管理软件并提供软件运行的硬件设施,用户只需拥有能够接入互联网的终端,即可随时随地使用软件。这种模式下,用户不再像传统模式那样在硬件、软件和维护人员方面花费大量资金,只需要支出一定的租赁服务费用,通过互联网就可以享受到相应的硬件、软件和维护服务,这是网络应用最具效益的营运模式。对于小型企业来说,SaaS 是采用先进技术的最好途径。

以企业管理软件为例,SaaS 模式的云计算 ERP 可以让用户根据并发用户数量、所用功能多少、数据存储容量和使用时间长短等因素的不同组合按需支付服务费用,不用支付软件许可费用,不需要支付采购服务器等硬件设备费用以及购买操作系统和数据库等平台软件费用,也不用承担软件项目定制、开发、实施费用和 IT 维护部门开支费用,实际上云计算 ERP 正是继承了开源 ERP 免许可费用,只收服务费用的最重要特征,是突出了服务的 ERP 产品。

目前,Salesforce.com 是提供这类服务的最著名的公司,Google Doc,Google Apps 和 Zoho Office 也属于这类服务。

2) PaaS

PaaS 是把开发环境作为一种服务来提供。这是一种分布式平台服务,厂商提供开发环境、服务器平台和硬件资源等服务给用户,用户在其平台基础上定制开发自己的应用程序并通过其服务器和互联网传递给其他用户。PaaS 能够给企业或个人提供研发的中间件平台，提供应用程序开发、数据库、应用服务器、试验、托管及应用服务。

Google App Engine、Salesforce 的 force.com 平台和八百客的 800APP 是 PaaS 的代表产品。以 Google App Engine 为例，它是一个由 Python 应用服务器群、BigTable 数据库及 GFS 组成的平台，为开发者提供一体化主机服务器及可自动升级的在线应用服务。用户编写应用程序并在 Google 的基础架构上运行，就可以为其他互联网用户提供服务，Google 提供应用运行及维护所需要的平台资源。

3) IaaS

IaaS 即把厂商的由多台服务器组成的云端基础设施作为计量服务提供给用户。它将内存、I/O 设备、存储和计算能力整合成一个虚拟的资源池，为整个业界提供所需要的存储资源和虚拟化服务器等服务。这是一种托管型硬件方式，用户付费使用厂商的硬件设施。例如，Amazon Web 服务(AWS)和 IBM BlueCloud 等均是将基础设施作为服务出租。

IaaS 的优点是用户只需低成本硬件，按需租用相应的计算能力和存储能力，大大降低了用户在硬件上的开销。

目前，以 Google 云应用最具代表性，例如 Google Docs、Google Apps、Google Sites 和云计算应用平台 Google App Engine。

Google Docs 是最早推出的云计算应用，是软件即服务思想的典型应用。它是类似于微软公司的 Office 的在线办公软件。它可以处理和搜索文档、表格和幻灯片，并可以通过网络和他人分享并设置共享权限。Google 文件是基于网络的文字处理和电子表格程序，可提高协作效率，多名用户可同时在线更改文件，并可以实时看到其他成员所作的编辑。用户只需一台接入互联网的计算机和可以使用 Google Docs 的标准浏览器即可获得在线创建和管理、实时协作、权限管理、共享、搜索能力、修订历史记录功能以及随时随地访问的特性，大大提高了文件操作的共享和协同能力。

Google APPs 是 Google 企业应用套件，使用户能够处理日渐庞大的信息量，随时随地保持联系，并可与其他同事、客户和合作伙伴进行沟通、共享和协作。它集成了 Cmail、Google Talk、Google 日历、Google Docs、Google Sites、API 扩展以及一些管理功能，包含了通信、协作与发布、管理服务 3 方面的应用，并且拥有云计算的特性，能够更好地实现随时随地协同共享。另外，它还具有低成本的优势和托管的便捷性，用户无须自己维护和管理搭建的协同共享平台。

Google Sites 是 Google 公司发布的云计算应用，作为 Google APPs 的一个组件出现。它是一个侧重于团队协作的网站编辑工具，可利用它创建各种类型的团队网站，通过 Google Sites 可将所有类型的文件(包括文档、视频、相片、日历及附件等)与好友、团队或整个网络分享。

Google App Engine 是 Google 公司在 2008 年 4 月发布的一个平台，使用户可以在 Google 云的基础架构上开发和部署自己的应用程序。目前，Google App Engine 支持 Python 语言和 Java 语言，每个 Google App Engine 应用程序都可以使用 500MB 的持久存储空间及可支持每月 500 万次的综合浏览量的带宽和 CPU。并且，Google App Engine 应用程序易于构建和维护，并可根据用户的访问量和数据存储需要的增长轻松扩展。同时，用户的应用可以和 Google 的应用程序集成，Google App Engine 还推出了软件开发套件(SDK)，包括可以在用户本地计算机上模拟所有 Google App Engine 服务的网络服务器应用程序。

2. 云计算产业

云计算产业分为 3 层,从上到下依次为云软件、云平台和云设备。

(1) 云软件(SaaS)。它打破以往大厂商垄断的局面,所有人都可以在上面自由创意。它提供各式各样的软件服务。参与者是世界各地的软件开发者。

(2) 云平台(PaaS)。打造程序开发平台与操作系统平台,让开发人员可以通过网络编写程序与提供服务,一般用户也可以在上面运行程序。参与者是 Google、微软、苹果和Yahoo!等公司。

(3) 云设备(IaaS)。将基础设施(如 IT 系统、数据库等)集成起来,像酒店一样分隔成不同的房间供企业租用。参与者是英业达、IBM、戴尔、惠普和亚马逊等公司。

8.2.4 云计算技术层次

云计算技术层次和云计算服务层次不是一个概念,后者从服务的角度来划分云的层次,主要突出了云服务能给用户带来什么。而云计算技术层次主要从系统属性和设计思想角度来说明云,是对软硬件资源在云计算技术中所充当角色的说明。从技术角度来看,云计算由 4 个层次构成:物理资源、虚拟化资源、服务管理中间件和服务接口,如图 8.11所示。

图 8.11　云计算技术层次

(1) 服务接口。统一规定了在云计算时代使用计算机的各种规范和云计算服务的各种标准等,它是用户端与云端交互操作的入口,可以完成用户或服务注册以及对服务的定制和使用。

(2) 服务管理中间件。在云计算技术中,中间件位于服务和服务器集群之间,提供管理和服务,即云计算体系结构中的管理系统,对标识、认证、授权、目录和安全性等服务进行标准化和操作,为应用提供统一的标准化程序接口和协议,隐藏底层硬件、操作系统和网络的异构性,统一管理网络资源。其用户管理包括用户身份验证、用户许可和用户定制管理,资源管理包括负载均衡、资源监控和故障检测等,安全管理包括身份验证、访问授权、安全审计和综合防护等,映像管理包括映像创建、部署和管理等。

(3) 虚拟化资源。指一些可以实现一定操作,具有一定功能,但其本身是虚拟的而不是真实的资源,如计算资源池、网络资源池、存储资源池和数据库资源池等,通过软件技术来实现相关的虚拟化功能,包括虚拟环境、虚拟系统和虚拟平台。

(4) 物理资源。主要指能支持计算机正常运行的一些硬件设备及技术,既可以是价格低廉的 PC,也可以是价格昂贵的服务器及磁盘阵列等设备,可以通过现有网络技术、并行技术和分布式技术将分散的计算机组成一个能提供超强功能的集群,用于计算和存储等云计算操作。在云计算时代,本地计算机可能不再像传统计算机那样需要大容量硬盘、高速处理器和大容量内存,只需要一些必要的硬件设备,如网络设备和基本的输入输出设备等。

8.2.5　云计算与云安全

云安全(cloud security)紧随云计算之后出现。它是网络时代信息安全的最新体现,它融合了并行处理、网格计算、未知病毒行为判断等新兴技术和概念,通过网状的大量客户端对网络中软件行为的异常进行监测,获取互联网中木马和恶意程序的最新信息,并发送到服务器端进行自动分析和处理,再把病毒和木马的解决方案分发到每一个客户端。

未来杀毒软件将无法有效地处理日益增多的恶意程序。来自互联网的主要威胁正在由计算机病毒转向恶意程序及木马,在这样的情况下,原有的特征库判别法显然已经过时。云安全技术应用后,识别和查杀病毒不再仅仅依靠本地硬盘中的病毒库,而是依靠庞大的网络服务,实时进行采集、分析以及处理。

云安全的策略构想是:整个互联网就是一个巨大的"杀毒软件",参与者越多,每个参与者就越安全,整个互联网就会越安全。因为如此庞大的用户群足以覆盖互联网的每个角落,只要某个网站被挂马或某个新木马病毒出现,就会立刻被截获。云安全产品发展迅速,趋势、瑞星、卡巴斯基、MCAFEE、SYMANTEC、江民科技、PANDA、金山和 360 安全卫士等都推出了云安全解决方案。

所谓云安全,主要包含两个方面的含义。

(1) 云自身的安全保护,也称为云计算安全,包括云计算应用系统安全、云计算应用服务安全和云计算用户信息安全等,云计算安全是云计算技术健康可持续发展的基础。

(2) 使用云的形式提供和交付安全,即云计算技术在安全领域的具体应用,也称为安全云计算,就是基于云计算的、通过采用云计算技术来提升安全系统的服务效能的安全解决方案,如基于云计算的防病毒技术和挂马检测技术等。

目前针对云安全的研究方向主要有 3 个。

(1) 云计算安全。主要研究如何保障云自身及其上的各种应用的安全,包括云计算平台系统安全、用户数据安全存储与隔离、用户接入认证、信息传输安全、网络攻击防护和合规审计等。

(2) 安全基础设置的云化。主要研究如何采用云计算技术新建、整合安全基础设施资源、优化安全防护机制,包括通过云计算技术构建超大规模安全事件的信息采集与处理平台,实现对海量信息的采集、关联分析,提升全网安全态势把控及风险控制能力,等等。

(3) 云安全服务。主要研究各种基于云计算平台为客户提供的安全服务,如防病毒服务等。

8.2.6　云计算安全概述

1. 云安全思想的来源

云安全技术是 P2P 技术、网格技术和云计算技术等分布式计算技术混合发展、自然演化的结果。

值得一提的是，云安全的核心思想与早在 2003 年就提出的反垃圾邮件网格非常接近。当时认为，垃圾邮件泛滥而无法用技术手段很好地自动过滤，是因为所依赖的人工智能方法不是成熟技术。垃圾邮件最大的特征是：它会将相同的内容发送给数以百万计的接收者。为此，可以建立一个分布式统计和学习平台，以大规模用户的协同计算来过滤垃圾邮件：

首先，用户安装客户端，为收到的每一封邮件计算出一个唯一的"指纹"，通过比对"指纹"可以统计相似邮件的副本数，当副本数达到一定数量时，就可以判定邮件是垃圾邮件。

其次，由于互联网上多台计算机比一台计算机掌握的信息更多，因而可以采用分布式贝叶斯学习算法，在成百上千的客户端实现协同学习过程，收集、分析并共享最新的信息。反垃圾邮件网格体现了真正的网格思想，每个加入系统的用户既是服务的对象，也是完成分布式统计功能的信息节点，随着系统规模的不断扩大，系统过滤垃圾邮件的准确性也会随之提高。用大规模统计方法来过滤垃圾邮件的做法比用人工智能的方法更成熟，不容易出现误判假阳性的情况，实用性很强。

反垃圾邮件网格就是利用分布在互联网里的千百万台主机的协同工作来构建一道拦截垃圾邮件的"天网"。反垃圾邮件网格思想提出后，引起广泛的关注，受到了中国最大的邮件服务提供商网易公司创办人丁磊等的重视。既然垃圾邮件可以如此处理，病毒和木马等亦然，这与云安全的思想就相去不远了。

2. 云安全的先进性

云安全是一群探针的结果上报、专业处理结果的分享。云安全的好处是理论上可以把病毒的传播范围控制在一定区域内，这和探针的数量、存活期及病毒处理的速度有关。

传统的上报是人为的、手动的，而云安全是系统在几秒内自动快捷地完成的，这种上报是最及时的，人工上报就做不到这一点。在理想状态下，从一个盗号木马攻击某台计算机，到整个云安全网络对其拥有免疫和查杀能力，仅需几秒的时间。

3. 云安全系统的难点

要想建立云安全系统并使之正常运行，需要解决以下 4 个问题：

(1) 需要海量的客户端(云安全探针)。只有拥有海量的客户端，才能对互联网上出现的恶意程序和危险网站有灵敏的感知能力。一般而言，安全厂商的产品使用率越高，反应应当越快，最终应当能够实现无论哪个网民中毒或访问挂马网页，都能在第一时间做出反应。

(2) 需要专业的反病毒技术和经验。发现的恶意程序应当在尽量短的时间内被分析，这需要安全厂商具有过硬的技术，否则容易造成样本的堆积，使云安全的快速探测的结果大打折扣。

(3) 需要大量的资金和技术投入。云安全系统在服务器和带宽等硬件上需要极大的投入，同时要求安全厂商应当具有相应的顶尖技术团队和持续的研究经费。

(4) 可以是开放的系统，允许合作伙伴的加入。云安全的探针应当与其他软件相兼容，即使用户使用不同的杀毒软件，也可以享受云安全系统带来的成果。

8.2.7 物联网云计算安全

物联网的特征之一是智能处理,指利用云计算和模糊识别等各种智能计算技术,对海量的数据和信息进行分析和处理,对物体实施智能化的控制。云计算作为一种新兴的计算模式,能够很好地给物联网提供技术支撑。

一方面,物联网的发展需要云计算强大的处理和存储能力作为支撑。从量上看,物联网将使用数量惊人的传感器采集到的海量数据。这些数据需要通过无线传感网和宽带互联网向某些存储和处理设施汇聚,而使用云计算来承载这些任务具有非常显著的性价比优势。从质上看,使用云计算设施对这些数据进行处理、分析和挖掘,可以更加迅速、准确、智能地对物理世界进行管理和控制,使人类可以更加及时、精细地管理物质世界,从而达到智慧的状态,大幅提高资源利用率和社会生产力水平。云计算凭借其强大的处理能力、存储能力和极高的性能价格比,必将成为物联网的后台支撑平台。

另一方面,物联网将成为云计算最大的用户,为云计算取得更大的商业成功奠定基石。

但是,云计算与物联网结合必须考虑两大关键条件:

(1) 规模化是其结合基础。物联网的规模足够大之后,才有可能和云计算结合起来,比如行业应用、智能电网和地震台网监测等都需要云计算。而对一般性的、局域的、家庭的物联网应用,则没有必要结合云计算。

(2) 实用技术是实现条件。合适的业务模式和实用的服务才能让物联网和云计算更好地为人类服务。作为一种新兴技术,云计算技术必然存在许多安全隐患,如缺乏个体隐私的保护机制等。目前主要的云计算安全防范措施如表 8.2 所示。

表 8.2 云计算安全防范措施

安全性要求	对 用 户	对服务提供商
访问权限控制	权限控制程序	权限控制程序
存储私密性	存储隔离	存储加密、文件系统加密
运行私密性	虚拟机隔离、操作系统隔离	操作系统隔离
传输私密性	传输层加密、VPN、HTTPS、SSL	网络加密
持久可用性	数据备份、数据镜像、分布式存储	数据备份、数据镜像、分布式存储
访问速度	高速网络、数据缓存	高速网络、数据缓存

8.3 云计算核心技术及应用

8.3.1 云计算的核心技术

云计算系统运用了许多技术,其中以编程模型、数据管理技术、数据存储技术、虚拟化技术和云计算平台管理技术最为关键。

1. 编程模型

MapReduce 是 Google 公司开发的 Java、Python 和 C++ 编程模型，它是一种简化的分布式编程模型和高效的任务调度模型，用于大规模数据集（大于 1TB）的并行运算。严格的编程模型使云计算环境下的编程十分简单。MapReduce 模式的思想是将要执行的问题分解成 Map（映射）和 Reduce（化简）的方式，先通过 Map 程序将数据切割成不相关的区块，分配（调度）给大量计算机处理，达到分布式运算的效果，再通过 Reduce 程序将结果汇总输出。

2. 海量数据分布存储技术

云计算系统由大量的服务器组成，同时为大量的用户服务，因此云计算系统采用分布式存储的方式存储数据，用冗余存储的方式保证数据的可靠性。云计算系统中广泛使用的数据存储系统是 Google 公司的 GFS 和 Hadoop 团队开发的 GFS 的开源实现——HDFS（Hadoop Distributed File System，Hadoop 分布式文件系统）。

GFS 即 Google 文件系统（Google File System），是一个可扩展的分布式文件系统，用于大型的、分布式的、对大量数据进行访问的应用。GFS 的设计思想不同于传统的文件系统，是针对大规模数据处理和 Google 应用特性而设计的。它运行于廉价的普通硬件上，但可以提供容错功能。它可以给大量的用户提供总体性能较高的服务。

一个 GFS 集群由一个主服务器（master）和大量的块服务器（chunk server）构成，并被许多客户（client）访问。主服务器存储文件系统所有的元数据，包括名字空间、访问控制信息、从文件到块的映射及块的当前位置。它也控制系统范围的活动，如块租约（lease）管理、孤儿块的垃圾收集和块服务器间的块迁移。主服务器定期通过 Heart Beat 消息与每一个块服务器通信，向块服务器传递指令并收集它的状态。GFS 中的文件被切分为 64MB 的块并以冗余方式存储，每份数据在系统中保存 3 个以上备份。

客户与主服务器的交互只限于对元数据的操作，所有数据方面的通信都直接和块服务器联系，这大大提高了系统的效率，防止主服务器负载过重。

3. 海量数据管理技术

云计算需要对分布的、海量的数据进行处理和分析，因此，数据管理技术必须能够高效地管理大量的数据。云计算系统中的数据管理技术主要是 Google 的 BT（BigTable）数据管理技术和 Hadoop 团队开发的开源数据管理模块 HBase。

BT 是建立在 GFS、Scheduler、Lock Service 和 MapReduce 之上的一个大型的分布式数据库，与传统的关系数据库不同，它把所有数据都作为对象来处理，形成一个巨大的表格，用来分布存储大规模结构化数据。

Google 公司的很多项目使用 BT 来存储数据，包括网页查询、Google Earth 和 Google 金融。这些应用程序对 BT 的要求各不相同：数据大小（从 URL 到网页到卫星图像）不同，反应速度不同（从后端的大批处理到实时数据服务）。对于不同的要求，BT 都成功地提供了灵活、高效的服务。

4. 虚拟化技术

通过虚拟化技术可实现软件应用与底层硬件相隔离，它包括将单个资源划分成多个虚拟资源的裂分模式,也包括将多个资源整合成一个虚拟资源的聚合模式。虚拟化技术根据对象可分成存储虚拟化、计算虚拟化和网络虚拟化等,计算虚拟化又分为系统级虚拟化、应用级虚拟化和桌面虚拟化。

5. 云计算平台管理技术

云计算资源规模庞大,服务器数量众多并分布在不同的地点,同时运行着数百种应用。如何有效地管理这些服务器,保证整个系统提供不间断的服务,是巨大的挑战。

云计算系统的平台管理技术能够使大量的服务器协同工作,方便地进行业务部署和开通,快速发现和恢复系统故障,通过自动化、智能化的手段实现大规模系统的可靠运营。

8.3.2　典型云计算平台

云计算的研究吸引了不同技术领域的巨头,因此在云计算理论及实现架构上也有所不同。例如,Amazon 公司利用虚拟化技术提供云计算服务,推出 S3(Simple Storage Service),提供可靠、快速、可扩展的网络存储服务,而弹性可扩展的云计算服务器 EC2(Elastic Compute Cloud,弹性计算云)采用 Xen 虚拟化技术,提供一个虚拟的执行环境(虚拟机),让用户通过互联网来执行自己的应用程序。IBM 公司利用 Xen 和 PowerVM 虚拟化软件、Linux 操作系统镜像与 Hadoop 进行并行工作负载调度。下面以 Google 公司的云计算核心技术和架构为例作基本讲解。

云计算的先行者 Google 公司的云计算平台能实现大规模分布式计算和应用服务程序,其云计算平台包括 MapReduce 分布式处理技术、Hadoop 框架、分布式的文件系统 GFS、结构化的 BigTable 存储系统以及 Google 公司其他的云计算支撑要素。

现有的云计算通过对资源层、平台层和应用层的虚拟化以及物理上的分布式集成,将庞大的 IT 资源整合在一起。更重要的是,云计算不是资源的简单汇集,它提供了一种管理机制,让整个体系作为一个虚拟的资源池对外提供服务,并赋予开发者透明获取资源和使用资源的自由。

1. MapReduce 分布式处理技术

MapReduce 是云计算的核心技术,是一种分布式运算技术,也是简化的分布式编程模式,适合处理大量数据的分布式运算,是用于解决问题的程序开发模型,也是开发人员拆解问题的方法。

MapReduce 的软件实现是:指定一个 Map 函数,把键/值对(key/value)映射成新的键/值对,形成一系列中间形式的键/值对,然后把它们传给 Reduce 函数,把具有相同中间形式键的值合并在一起。Map 和 Reduce 函数具有一定的关联性。

2. Hadoop 架构

在 Google 公司发布 MapReduce 后,2004 年,开源社区用 Java 搭建出一套 Hadoop 框架,用于实现 MapReduce 算法,能够把应用程序分割成许多很小的工作单元,每个单元可以在任何集群节点上执行或重复执行。

此外,Hadoop 还提供 GFS,它是一个可扩展、结构化、具备日志的分布式文件系统,支持大型、分布式大数据量的读写操作,其容错性较强。

而分布式数据库（BigTable）是一个有序、稀疏、多维度的映射表，有良好的伸缩性和高可用性，用来将数据存储或部署到各个计算节点上。Hadoop 框架具有高容错性及对数据读写的高吞吐率，能自动处理失败节点，如图 8.12 所示。

云计算架构 Hadoop	
MapReduceAPI (Map, Reduce)	BigTable (分布式数据库)
GFS(Google 分布式文件系统)	

图 8.12　Hadoop 架构

在 Hadoop 架构中，MapReduceAPI 提供 Map 和 Reduce 处理、GFS 分布式文件系统和 BigTable 分布式数据库提供数据存取。基于 Hadoop 可以非常轻松和方便地完成处理海量数据的分布式并行程序，并运行于大规模集群上。

3. Google 云计算执行过程

云计算服务方式多种多样。通过对 Google 云计算架构及技术的理解，在此给出用户将要执行的程序或处理的问题提交给云计算的平台 Hadoop 的执行过程，如图 8.13 所示。

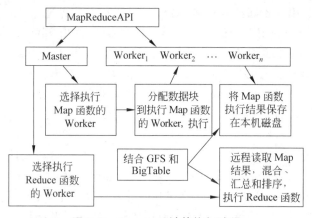

图 8.13　Google 云计算执行过程

如图 8.13 所示的 Google 云计算执行过程包括以下步骤：

（1）将要执行的 MPI 程序复制到 Hadoop 框架中的 Master 和每一个 Worker 中。

（2）Master 选择由哪些 Worker 来执行 Map 函数与 Reduce 函数。

（3）分配所有的数据块到执行 Map 函数的 Worker，执行 Map 函数。

（4）将 Map 函数执行结果存入 Worker。

（5）执行 Reduce 函数的 Worker 远程读取每一个 Map 结果，进行混合、汇总与排序，同时执行 Reduce 函数。

（6）将结果输出给用户（开发者）。

在云计算中，为了保证计算和存储等操作的完整性，充分利用 MapReduce 的分布和可靠特性，在数据上传和下载过程中，根据各 Worker 节点在指定时间内反馈的信息判断节点的状态是正常还是死亡。若节点死亡，则将其负责的任务分配给别的节点，以确保文件数据的完整性。

8.3.3　典型的云计算系统及应用

由于云计算技术范围很广，目前各大 IT 企业提供的云计算服务主要根据自身的特点和优势来实现。下面以 Google、IBM 和 Amazon 的计算系统为例进行说明。

1. Google 公司的云计算平台

Google 公司的硬件条件优势以及大型的数据中心、搜索引擎的支柱应用促进了 Google 云计算平台迅速发展。Google 的云计算平台主要由 MapReduce、Google 文件系统(GFS)和 BigTable 组成。它们是 Google 内部云计算基础平台的 3 个主要部分。Google 还构建了其他云计算组件,包括一个领域描述语言以及分布式数据锁服务机制等。Sawzall 是一种建立在 MapReduce 基础上的领域描述语言,专门用于大规模的信息处理。Chubby 是一个高可用、分布式数据锁服务,当有机器失效时,Chubby 使用 Paxos 算法来保证备份。

2. IBM 公司的"蓝云"计算平台

"蓝云"计算平台是由 IBM 云计算中心开发的企业级云计算解决方案。"蓝云"基于 IBM Almaden 研究中心的云基础架构,采用了 Xen 和 PowerVM 虚拟化软件、Linux 操作系统映像以及 Hadoop 软件。

"蓝云"计算平台由一个数据中心、IBM Tivoli 部署管理软件(provisioning manager)、IBM Tivoli 监控软件(monitoring)、IBM WebSphere 应用服务器、IBM DB2 数据库及一些开源信息处理软件和开源虚拟化软件共同组成。"蓝云"的硬件平台环境与一般的 x86 服务器集群类似,使用刀片的方式增加了计算密度。"蓝云"软件平台的特点主要体现在虚拟机以及对于大规模数据处理软件 Apache Hadoop 的使用上。

"蓝云"平台的一个重要特点是虚拟化技术的使用。虚拟化在"蓝云"中有两个级别,一个是在硬件级别上实现虚拟化,另一个是通过开源软件实现虚拟化。硬件级别的虚拟化可以使用 IBM p 系列的服务器,获得硬件的逻辑分区 LPAR(Logic Partition)。逻辑分区的 CPU 资源能够通过 IBM Enterprise Workload Manager 来管理。通过这样的方式加上在实际使用过程中的资源分配策略,能够使相应的资源合理地分配到各个逻辑分区。p 系列系统的逻辑分区最小粒度是一个 CPU 核的 1/10。Xen 则是软件级别上的虚拟化,能够在 Linux 的基础上运行另外一个操作系统。

"蓝云"存储体系结构包含类似于 GFS 的集群文件系统以及基于块设备方式的存储区域网络(Storage Area Network, SAN)。在设计云计算平台的存储体系结构时,可以通过组合多个磁盘获得很大的磁盘容量。相对于磁盘的容量,在云计算平台的存储中,磁盘数据的读写速度是一个更重要的问题,因此需要对多个磁盘进行同时读写。这种方式要求将数据分配到多个节点的多个磁盘当中。为达到这一目的,存储技术有两个选择,一个是类似于 GFS 的集群文件系统,另一个是基于块设备的 SAN 系统。

3. Amazon 公司的弹性计算云

Amazon 公司是互联网上最大的在线零售商,为了应对交易高峰,不得不购买了大量的服务器。而在大多数时间,大部分服务器闲置,造成了很大的浪费。为了合理利用空闲服务器,Amazon 公司建立了自己的云计算平台——弹性计算云(EC2),并且是第一家将基础设施作为服务出售的公司。

Amazon 公司将自己的弹性计算云建立在公司内部的大规模集群计算的平台上,而用户可以通过弹性计算云的网络界面去操作在云计算平台上运行的各个实例(instance)。用户使用实例的付费方式由用户的使用状况决定,即用户只需为自己所使用的计算平台实例付费,运行结束后计费也随之结束。这里所说的实例即是由用户控制的完整的虚拟机运行实例。通过这种方式,用户不必自己建立云计算平台,节省了设备与维护费用。

弹性计算云客户端通过 SOAP over HTTPS 协议与 Amazon 弹性计算云内部的实例进行交互。这样,弹性计算云平台为用户或者开发人员提供了一个虚拟的集群环境,在使用户具有充分灵活性的同时,也减轻了云计算平台拥有者(Amazon 公司)的管理负担。弹性计算云中的每一个实例代表一个运行中的虚拟机。用户对自己的虚拟机具有完整的访问权限,包括针对此虚拟机操作系统的管理员权限。虚拟机的收费也是根据虚拟机的能力进行计算的,实际上,用户租用的是虚拟的计算能力。

总而言之,Amazon 公司通过提供弹性计算云,满足了小规模软件开发人员对集群系统的需求,减小了维护负担。其收费方式简单明了:用户只需为自己使用的资源付费即可。

为了促进弹性计算云的进一步发展,Amazon 公司规划了在云计算平台基础上帮助用户开发网络化应用程序的方案。除了网络零售业务以外,云计算也是 Amazon 公司的核心价值所在。Amazon 公司将来会在弹性计算云的平台基础上添加更多的网络服务组件模块,为用户构建云计算应用提供方便。

8.4　云计算应用安全体系与关键技术

8.4.1　云计算应用安全体系

目前,对云安全研究最为活跃的组织是云安全联盟(Cloud Security Alliance,CSA)。CSA 作为业界广泛认可的云安全研究组织,在 2009 年 12 月 17 日发布了云计算服务的安全实践手册——《云计算安全指南》(Security Guidance of Cloud Computing),该指南总结了云计算的技术架构模型、安全控制模型及相关合规模型之间的映射关系,如图 8.14 所示。

根据 CSA 提出的云安全控制模型,云上的安全首先取决于云服务的分类,其次是云上部署的安全架构以及业务、监管和其他合规要求。对这两部分内容进行差距分析,就可以输出整个云的安全状态,以及如何与资产的保障要求相关联的建议。

2010 年 3 月,CSA 又发表了其在云安全领域的最新研究成果——云计算的七大安全威胁,获得了广泛的引用和认可。其主要内容如下:

(1) 云计算的滥用、恶用和拒绝服务攻击。

(2) 不安全的接口和 API。

(3) 恶意的内部员工。

(4) 共享技术产生的问题。

(5) 数据泄露。

(6) 账号和服务劫持。

(7) 未知的安全场景。

依据 CSA 提出的技术观点,国际上一些组织和机构,如 CAM(Common Assurance Metric Beyond the Cloud)、微软以及国内的绿盟科技等,也在云安全领域进行了探索,如云计算安全技术体系框架研究、云安全技术解决方案研究等。关于云计算安全技术体系框架,目前获得广泛认可的模型如图 8.15 所示。

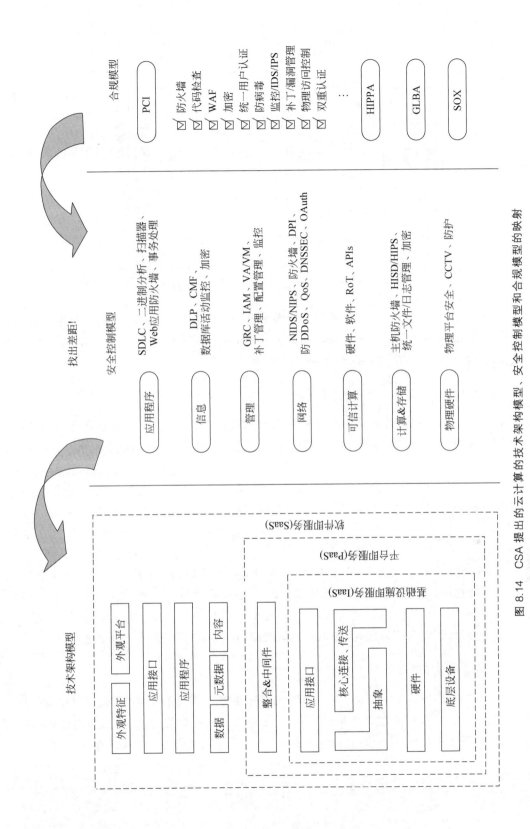

图 8.14 CSA 提出的云计算的技术架构模型、安全控制模型和合规模型的映射

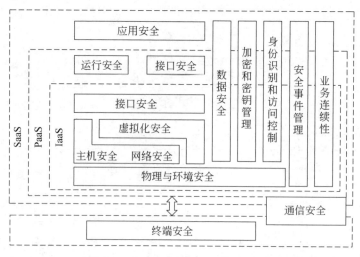

图 8.15　云计算安全技术体系框架模型

从图 8.15 可以看出，对于不同的云服务模式（IaaS、PaaS 和 SaaS），安全关注点是不一样的。当然也有一些安全关注点是这 3 种模式共有的，如数据安全、加密和密钥管理、身份识别和访问控制、安全事件管理和业务连续性等。

1. IaaS 层安全

IaaS 层涵盖从机房设备到硬件平台的所有基础设施资源层面，它包括将资源抽象化并交付到这些资源的物理或逻辑网络连接的能力。终极状态是 IaaS 提供商提供一组 API，允许用户管理基础设施资源以及进行其他形式的交互。IaaS 层安全主要包括物理与环境安全、主机安全、网络安全、虚拟化安全和接口安全，同时还包括数据安全、加密和密钥管理、身份识别和访问控制、安全事件管理和业务连续性等。

2. PaaS 层安全

PaaS 层位于 IaaS 层之上，它由 IaaS 层增加了一个层面得来，用以与应用开发框架、中间件以及数据库、消息和队列等功能集成。PaaS 层允许开发者在平台上开发应用，开发的编程语言和工具由 PaaS 层提供。PaaS 层的安全主要包括接口安全和运行安全，同时还包括数据安全、加密和密钥管理、身份识别和访问控制、安全事件管理和业务连续性等。

3. SaaS 层安全

SaaS 层位于 IaaS 层和 PaaS 层之上，它能够提供独立的运行环境，用以交付完整的用户体验，包括内容、展现、应用和管理能力。SaaS 层的安全主要是应用安全，当然也包括数据安全、加密和密钥管理、身份识别和访问控制、安全事件管理和业务连续性等。

8.4.2　云计算安全关键技术

从目前的安全厂商对于病毒和木马等安全风险的监测和查杀方式来看，云安全的总体思路与传统的安全逻辑的差别并不大，但二者的服务模式却截然不同。

在云的另一端,拥有全世界最专业的团队来帮助用户处理和分析安全威胁,也有全世界最先进的数据中心来帮助用户维护病毒库。而且,云安全对用户端的设备要求降低了,使用起来也更方便。云安全为人们提供了足够广阔的视野,这些看似简单的内容中涵盖了七大核心要素。

1. Web 信誉服务

借助全信誉数据库,云安全厂商可以按照恶意软件行为分析所发现的网站页面、历史位置变化和可疑活动迹象等因素为网页赋予信誉分数,从而评估网页的可信度,以防止用户访问被感染的网站。为了提高准确性、降低误报率,云安全厂商还为网站的特定网页或链接指定了信誉分值,而不是对整个网站进行分类或拦截,因为通常合法网站只有一部分受到攻击,而信誉可以随时间而不断变化。

通过信誉分值的比对,就可以知道某个网站潜在的风险级别。当用户访问具有潜在风险的网站时,就可以及时获得系统提醒或阻止,从而帮助用户快速地确认目标网站的安全性。通过 Web 信誉服务,可以防范恶意程序的源头。由于对零日(0day)攻击的防范是基于网站的可信度而不是其具体内容,因此能有效预防恶意软件的自动下载,用户进入网站前就能够获得防护能力。

2. 电子邮件信誉服务

电子邮件信誉服务即按照已知垃圾邮件来源的信誉数据库检查 IP 地址,同时利用可以实时评估电子邮件发送者信誉的动态服务对 IP 地址进行验证。信誉评分通过对 IP 地址的行为、活动范围以及历史不断地进行分析和细化。

按照发送者的 IP 地址,恶意电子邮件在云中即被拦截,从而防止木马或僵尸网络等 Web 威胁到达目标网络或用户的计算机。

3. 文件信誉服务

文件信誉服务技术可以检查位于端点、服务器或网关处的每个文件的信誉。检查的依据包括已知的良性文件清单和已知的恶性文件清单,即现在所谓的防病毒特征码文件。高性能的内容分发网络和本地缓冲服务器将确保在检查过程中使延迟时间降到最低。由于恶意信息被保存在云中,因此可以立即到达网络中的所有用户。而且,和占用端点空间的传统防病毒特征码文件下载相比,这种方法降低了端点内存和系统资源消耗。

4. 行为关联分析技术

通过行为关联分析技术可以把威胁活动综合联系起来,确定其是否属于恶意行为。单一的 Web 威胁似乎没有什么害处,但如果同时出现多项 Web 威胁,那就可能导致恶意结果。因此,需要按照启发式观点来判断是否实际存在威胁,可以检查具有潜在威胁的不同组件之间的相互关系。通过把威胁的不同部分关联起来并不断更新威胁数据库,即能够实时做出响应,针对电子邮件和 Web 威胁提供及时、自动的保护。

5. 自动反馈机制

云安全的一个重要组件就是自动反馈机制,它以双向更新流方式在威胁研究中心和技术人员之间实现不间断通信,通过检查单个客户的路由信誉来确定各种新型威胁。例如,趋势科技公司的全球自动反馈机制的功能很像现在很多社区采用的"邻里监督"方式,实现实时探测和及时的"共同智能"保护,将有助于确立全面的最新威胁指数。单个客户常规信誉检查发现的每种新威胁都会自动更新趋势科技公司位于全球各地的所有威胁数据库,防止以后的客户遭受已经发现的威胁。

由于威胁数据将按照通信源的信誉而非具体的通信内容收集,因此不存在延迟的问题,而客户的个人或商业信息的私密性也得到了保护。

6. 威胁信息汇总

安全公司综合应用各种技术和数据收集方式,包括"蜜罐"、网络爬行器、客户和合作伙伴内容提交、反馈回路,通过云安全中的恶意软件数据库、服务和支持中心对威胁数据进行分析,通过 7×24h 的全天候威胁监控和攻击防御,以探测、预防并清除攻击。

7. 白名单技术

作为一种核心技术,白名单与黑名单(病毒特征码技术实际上采用的是黑名单技术思路)并无多大区别,区别仅在于规模不同。AVTest.org 的近期恶意样本(Bad Files,坏文件)包括了约 1200 万种不同的样本。即使近期该数量显著增加,但坏文件的数量也仍然少于好文件(Good Files)。商业白名单的样本超过 1 亿个,有些人预计这一数字高达 5 亿个。因此,要逐一追踪现在全球存在的所有好文件无疑是一项巨大的工作,可能无法由一个公司独立完成。

作为一种核心技术,现在的白名单主要被用于降低误报率。例如,黑名单中也许存在着实际上并无恶意的特征码。因此防病毒特征数据库将会按照内部或商用白名单进行定期检查。趋势科技公司和熊猫公司目前定期执行这项工作。因此,作为降低误报率的一种措施,白名单实际上已经被包括在了 Smart Protection Network 中。

8.5 云计算应用安全防护

云计算作为一项新兴的信息服务模式,尽管会带来新的安全风险与挑战,但其与传统 IT 信息服务的安全需求并无本质区别,核心需求仍是对应用及数据的机密性、完整性、可用性和隐私性的保护。因此,云计算平台及应用的安全防护不是开发全新的安全理念或体系,而是从传统安全管理角度出发,结合云计算系统及应用特点,将现有成熟的安全技术及机制延伸到云计算应用及安全管理中,满足云计算应用的安全防护需求。

下面将依据以上所阐述的云计算安全体系及其防护思路,主要从云计算核心架构安全防护、云计算网络与系统安全防护、云计算数据与信息安全以及云计算身份管理与安全审计 4 个层面来系统阐述云计算应用的安全防护方案,并结合不同云计算应用的特点,分别针对云服务提供商的公共基础设施云以及企业用户的私有云提出安全防护策略应用建议。

8.5.1 云计算核心架构安全

IaaS 的虚拟化技术、PaaS 的分布式技术以及 SaaS 的在线软件技术是构建云计算核心架构的关键技术,是开展云计算服务的技术基础,其安全重要性不言而喻。本节将在对 IaaS、PaaS 和 SaaS 关键技术进行分析的基础上,提出安全防护措施及相关安全策略要求,以提高云计算底层架构的安全性。

1. IaaS 核心架构安全

虚拟化技术是开展 IaaS 云服务的基础。它把数据中心包括服务器、存储和网络在内的 IT 硬件资源抽象化成逻辑的虚拟资源池后,通过网络传递给客户,从而实现资源的统计复用。

虚拟化技术是将底层物理设备与上层操作系统和软件分离的一种去耦合技术,它通过软件或固件管理程序(hypervisor)构建虚拟层并对其进行管理,把物理资源映射成逻辑的虚拟资源,逻辑资源在使用上与物理资源差别很小甚至没有区别。虚拟化的目标是实现 IT 资源利用效率和灵活性的最大化。

虚拟化技术具有悠久的历史。20 世纪 60 年代,为提高硬件利用率对大型机硬件进行分区就是最早的虚拟化原型。经过多年的发展,业界已有多种虚拟化技术,包括服务器虚拟化、网络虚拟化、存储虚拟化和应用虚拟化等,与之相关的虚拟化运营管理技术也被广泛研究。虚拟化能有效整合数据中心服务器,提升资源的利用率,简化数据中心结构,降低运营成本,并能提高关键应用的可靠性。这些优点使得虚拟化逐渐成为企业数据中心 IT 基础架构的关键部分。

1) IaaS 关键技术

与 IaaS 相关的虚拟化技术主要包括服务器虚拟化、存储虚拟化和网络虚拟化。

(1) 服务器虚拟化。

服务器虚拟化也称系统虚拟化,它把一台物理计算机虚拟化成一台或多台虚拟计算机,各虚拟机间通过称为虚拟机监控器(Virtual Machine Monitor,VMM)的虚拟化层共享 CPU、网络、内存和硬盘等物理资源,每台虚拟机都有独立的运行环境,如图 8.16 所示。虚拟机可以看成是对物理机的一种高效隔离复制,要求同质、高效和资源受控。同质说明虚拟机的运行环境与物理机本质上是相同的;高效指虚拟机中运行的软件需要有接近在物理机上运行的性能;资源受控指 VMM 对系统资源具有完全的控制能力和管理权限。

按 VMM 提供的虚拟平台类型可将 VMM 分为两类:完全虚拟化(full virtualization),它虚拟的是现实存在的平台,现有操作系统无须进行任何修改即可在其上运行,完全虚拟化技术又分为软件辅助和硬件辅助两类;类虚拟化(para-virtualization),它虚拟的平台是 VMM 重新定义的,需要对客户机操作系统进行修改以适应虚拟环境。

按 VMM 的实现结构还可将 VMM 分为以下 3 类:管理程序模型,VMM 直接构建在硬件层上,负责物理资源的管理以及虚拟机的提供;宿主模型,VMM 是宿主机操作系统内独立的内核模块,通过调用宿主机操作系统的服务来获得资源,VMM 创建的虚拟机通常作为宿主机操作系统的一个进程参与调度;混合模型,是上述两种模型的结合体,由 VMM 和特权操作系统共同管理物理资源,实现虚拟化。

对服务器的虚拟化主要包括 CPU 虚拟化、内存虚拟化和 I/O 虚拟化 3 部分,部分虚拟化产品还提

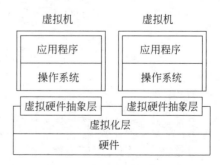

图 8.16 服务器虚拟化

供中断虚拟化和时钟虚拟化。最初的系统虚拟化主要通过软件方式实现。CPU 虚拟化是服务器虚拟化最核心的部分，通常通过指令模拟和异常陷入实现。内存虚拟化通过引入客户机物理地址空间实现多个客户机对物理内存的共享，最常用的内存虚拟化技术是影子页表。I/O 虚拟化通常只模拟目标设备的软件接口而不关心具体的硬件实现，可采用全虚拟化、半虚拟化和软件模拟等几种方式。为弥补计算机硬件体系架构在虚拟化方面的缺陷，如因敏感指令导致的虚拟化漏洞，解决软件实现虚拟化存在的性能问题，Intel、AMD 等芯片厂商纷纷提出了各自的虚拟化技术，在 CPU、芯片组和 I/O 设备等硬件中增加对虚拟化的支持。Intel 公司在 x86 体系架构上提供了其虚拟化硬件支持技术 VT，包括 CPU 处理 VT 技术(VT-x)、芯片组 VT 技术(VT-d)和网络 VT 技术(VT-c)。AMD 公司则提出了 AMD-V 技术。硬件虚拟化技术的出现极大地提高了系统虚拟化技术的性能和效率。

(2) 存储虚拟化。

存储系统可分为直接依附存储(Direct Attached Storage, DAS)、网络依附存储(Network Attached Storage, NAS)和存储区域网络(SAN)3 类。

DAS 是服务器的一部分，由服务器控制输入输出，目前大多数存储系统都属于这一类。

NAS 将数据处理与存储分离开来，存储设备独立于主机安装在网络中，数据处理由专门的数据服务器完成。用户可以通过 NFS 或 CIFS 数据传输协议在 NAS 上存取文件，共享数据。

SAN 向用户提供块数据级的服务，是 SCSI 技术与网络技术相结合的产物，它采用高速光纤连接服务器和存储系统，将数据的存储和处理分离开来，采用集中方式对存储设备和数据进行管理。

随着时间的推移，数据中心通常会配备多种类型的存储设备和存储系统，这一方面加重了存储管理的复杂度，另一方面也使得存储资源的利用率降低。于是存储虚拟化技术应运而生。它通过在物理存储系统和服务器之间增加一个虚拟层，使物理存储虚拟化成逻辑存储，使用者只访问逻辑存储，从而实现对分散的、不同品牌、不同级别的存储系统的整合，简化了对存储的管理，如图 8.17 所示。

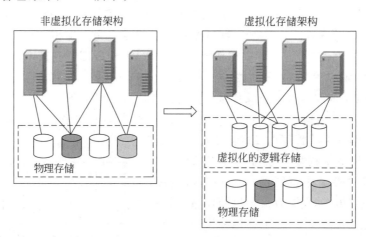

图 8.17 非虚拟化存储架构与虚拟化存储架构

通过整合不同的存储系统，虚拟存储具有如下优点：

① 能有效提高存储容量的利用率。

② 能根据性能差别对存储资源进行区分和利用。

③ 向用户屏蔽了存储设备的物理差异。

④ 实现了数据在网络上共享的一致性。

⑤ 简化了管理,降低了使用成本。

目前,业界尚未形成统一的虚拟化存储标准,各存储厂商一般都根据自己所掌握的核心技术来提供虚拟化存储解决方案。从系统的观点看,有 3 种实现虚拟化存储的方法,分别是主机级虚拟存储、设备级虚拟存储和网络级虚拟存储。

主机级虚拟存储主要通过软件实现,不需要额外的硬件支持。它把外部设备转化成连续的逻辑存储区间,用户可通过虚拟化存储管理软件对它们进行管理,以逻辑卷的形式进行使用。

设备级虚拟存储包含两方面内容:对存储设备物理特性的仿真,以及虚拟存储设备的实现。仿真技术包含磁盘仿真技术和磁带仿真技术,磁盘仿真利用磁带设备仿真实现磁盘设备;磁带仿真则相反,是利用磁盘设备仿真实现磁带设备。虚拟存储设备的实现是指将磁盘驱动器、RAID 和 SAN 设备等组合成新的存储设备。设备级虚拟存储技术将虚拟化存储管理软件嵌入硬件实现,可以提高虚拟化处理和虚拟设备 I/O 的效率,性能和可靠性较高,管理方便,但成本也高。

网络级虚拟存储是基于网络实现的,通过在主机、交换机或路由器上执行虚拟化模块,将网络中的存储资源集中起来进行管理。它有 3 种实现方式:

① 基于互联设备的虚拟化,虚拟化模块嵌入每个网络的每个存储设备中。

② 基于交换机的虚拟化,虚拟化模块嵌入交换机固件中或者运行在与交换机相连的服务器上,对与交换机相连的存储设备进行管理。

③ 基于路由器的虚拟化,虚拟化模块嵌入路由器固件中。

网络级虚拟存储是对逻辑存储的最佳实现。

上述 3 种虚拟化存储技术可以单独使用,也可以在同一存储系统中配合使用。

(3) 网络虚拟化。

狭义的网络虚拟化概念就是指传统的虚拟专网(VPN)或虚拟局域网(VLAN),通过VPN 或者 VLAN 的方式在公共网络上建立虚拟专用网络。近年来,随着虚拟化技术的不断发展成熟,网络虚拟化的概念也在不断延伸。网络虚拟化与计算虚拟化是不可分割的,计算虚拟化的发展及成熟给 IT 行业带来了革命性的变化,网络虚拟化是计算虚拟化发展的必然结果,计算虚拟化是促进网络虚拟化发展的主要因素。计算虚拟化"多对一"的特征对网络提出了虚拟化的要求,传统网络逐步向虚拟交换机、虚拟网卡、动态感知技术以及大二层网络的方向发展。

为了满足虚拟服务器的通信需求,网络也需要延伸到服务器内部,由此产生了虚拟交换机。虚拟交换机技术是实现网络虚拟化的主要技术之一。

如图 8.18 所示,虚拟交换机是在虚拟化平台与物理网卡之间创建的一个中间层,也就是说,一台物理服务器上的各台虚拟服务器通过虚拟交换机可直接进行通信,这部分流量并不会出现在物理交换机上,而是在物理服务器内部就被消化掉了。因此,通过虚拟交换机提供的交换能力,将虚拟服务器与物理网络无缝连接起来,满足业务部署的需要,可解决服务器虚拟化之后的虚拟交换的基本需求。然而,由于在服务器内部新增了虚拟网络设备,这也给数据中心管理员的运维方式带来了一定的影响:一方面,服务器管理员需要参与网络的管理,而网络管理员也不得不参与服务器内部的管理;另一方面,由于在服务器内部新增了虚拟交换机,这也给服务器带来了额外的性能开销。同时,由于虚拟化之后热迁移技术的支持,如何保证虚拟机的网络属性也能够迅速迁移,适应虚拟机的迁移需求,也成为亟待解决的问题。

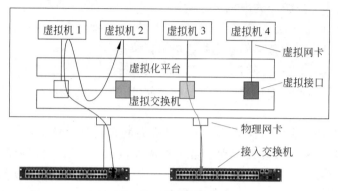

图 8.18　网络虚拟化

针对这些现状,业界厂商纷纷提出了各自的解决方案。虚拟交换机技术分 3 个发展阶段:

第一阶段是基于软件的虚拟交换机技术。目前该技术已经在业界成熟应用,多个虚拟化软件厂商已经有成熟产品且实现规模商用。但是该技术存在一定的局限性,基于软件的虚拟交换机需要占用服务器的 CPU 资源,稳定性较物理交换机差,而且在数据中心网络中,外部的交换机都是通用的传统交换机设备,造成成本的提高。

第二阶段是基于网卡的虚拟交换机技术。在网络虚拟化之后,同一物理网卡需要满足多台服务器的网络 I/O 需求,传统网卡性能问题将是一个瓶颈。通过网卡虚拟化技术,引入多队列机制(VMDq)和 SR-IOV 技术,可提升网卡的 I/O 性能,满足多服务器通信的需求。

目前该类技术处于“战国时代”,虽然没有商用,但是技术较为成熟,多个厂商已经有相关产品。目前的瓶颈在于不同厂商之间的管理性和互通性存在差异,无法兼容,并且虚拟化网卡是 IT 厂商制造的,网络设备厂商无法兼容,导致 IDC(Internet Data Center,互联网数据中心)的网络设备仍然采用传统交换机。

第三阶段是基于物理交换机的虚拟交换机,该技术基于数据包中的 TAG 标识虚拟机网卡,并且基于相应虚端口灵活地进行策略控制。目前该类技术还没有标准化,处于研究阶段。IEEE 已经成立了 EVB 工作组,涵盖多个网络厂商、服务器厂商和芯片厂商,于 2010 年开始进行标准制定工作。

2) IaaS 核心架构安全防护

从功能角度看,IaaS 系统的逻辑架构如图 8.19 所示,包含业务管理平台、虚拟网络系统、虚拟存储系统、虚拟处理系统,以及最上层的客户虚拟机。

其中,虚拟网络系统是通过在物理网络上运行虚拟化软件将物理网络虚拟成多个逻辑独立的网络,如虚拟交换机等。它主要涉及的物理设备有服务器、交换机、路由器和网卡等部件。

虚拟存储系统是通过在主机和物理存储系统上运行虚拟化软件将物理存储虚拟成满足

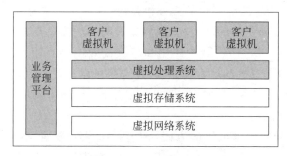

图 8.19　IaaS 系统逻辑架构

上层需要的特定存储服务。它主要涉及的物理设备有存储交换机和磁盘阵列等部件。

　　虚拟处理系统是通过在物理主机上运行虚拟机平台软件将异构的物理主机虚拟成满足上层需要的虚拟主机。它主要涉及的物理设备有主机服务器。虚拟处理系统既可以使用本地硬盘、SAN 和 iSCSI 等，也可以使用虚拟存储系统。客户虚拟机是虚拟处理系统对物理主机进行虚拟产生的虚拟机，是客户操作系统安装的位置。

　　业务管理平台负责向用户提供业务受理、业务开通、业务监视和业务保障等服务。业务管理平台通过与客户、计费系统和虚拟化平台的交互实现 IaaS 业务的端到端运营和管理。

　　在虚拟化安全方面，应充分利用虚拟化平台提供的安全功能进行合理配置，防止客户虚拟机恶意访问虚拟化平台或其他客户的虚拟机资源。

　　（1）服务器虚拟化安全。

　　虚拟机管理器（VMM）是用来运行虚拟机的内核，代替传统操作系统管理底层物理硬件，是服务器虚拟化的核心环节。其安全性直接关系到上层的虚拟机安全，因此 VMM 自身必须提供足够的安全机制，防止客户机利用溢出漏洞取得高级别的运行等级，从而获得对物理资源的访问控制，给其他客户带来极大的安全隐患。

　　在具体的安全防护及安全策略配置上，应满足如下要求：

　　① 虚拟机管理器应启用内存安全强化策略，使虚拟化内核、用户模式应用程序及可执行组件（如驱动程序和库）位于无法预测的随机内存地址中。在将该功能与微处理器提供的不可执行的内存保护结合使用时，可以对内存提供保护，使恶意代码很难通过内存漏洞来利用系统漏洞。

　　② 虚拟机管理器应开启内核模块完整性检查功能，利用数字签名确保由虚拟化层加载的模块、驱动程序及应用程序的完整性和真实性。

　　③ 在安全管理上采取服务最小化原则，虚拟机管理器接口应严格限定为管理虚拟机所需的 API，并关闭无关的协议端口。

　　④ 规范虚拟机管理器补丁管理要求。在进行补丁更新前，应对补丁与现有虚拟机管理器系统的兼容性进行测试，确认后与系统提供厂商配合进行相应的修复。同时应对漏洞发展情况进行跟踪，形成详细的安全更新状态报表。

　　⑤ 严格控制对每台物理机之上的虚拟平台提供的对 HTTP、Telnet 和 SSH 等管理接口的访问，关闭不需要的功能，禁用明文方式的 Telnet 接口。

　　⑥ 在用户认证安全方面，采用高强度口令，降低口令被盗用和破解的可能性。

　　另外，在服务器虚拟化高可用性方面，目前一些主流虚拟化软件提供商推出了成熟的技术或方案，如高可用性（High Availability，HA）、容错（Fault Tolerance，FT）、数据恢复（Data

Recovery,DR)等,快速恢复故障用户的虚拟机系统,提高用户系统的高可用性。

① 高可用性。在宿主物理机发生故障时,受影响的虚拟机在其他宿主物理机上的备份自动重启,从而为虚拟机用户提供易于使用和经济高效的高可用性。其具体原理是:虚拟化平台实时监控系统内虚拟机的运行状态,若该虚拟机没有在指定时间内生成检测信号,就认为其发生了故障并自动重新启动该虚拟机。启用该服务时,要求虚拟机与其备份虚拟机必须不在一台宿主物理机上。

② 容错。通过构建容错虚拟机的方式,在虚拟机发生数据、事务或连接丢失等故障时快速启用容错虚拟机。容错可提供比高可用性更高级别的业务连续性。其具体要求是:虚拟机与其容错虚拟机必须不在同一台宿主物理机上,容错保护的虚拟机文件也必须存储在共享存储器上。

③ 数据恢复。可以实现对虚拟机进行全面和增量的恢复,也能进行个别文件和目录的恢复。在不中断虚拟机的使用或虚拟机提供的数据和服务的情况下,创建并管理虚拟机备份,并在这些备份过时后将其删除。可以根据故障虚拟机的状态选定虚拟机的存储点,然后将该虚拟机重新写入目标主机或资源池。在重写的过程中,仅改写有变动的数据。重写完成后,该虚拟机即可重新启动。

(2) 网络虚拟化安全。

网络虚拟化安全主要通过在虚拟化网络内部加载安全策略,增强虚拟机之间以及虚拟机与外部网络之间通信的安全性,确保在共享的资源池中的信息应用仍能遵从企业级数据隐私及安全要求。

其具体安全防护要求如下:

① 利用虚拟机平台的防火墙功能,实现虚拟环境下的逻辑分区边界防护和分段的集中管理,配置允许访问虚拟平台管理接口的 IP 地址、协议端口和最大访问速率等参数。利用现有虚拟基础架构容器(主机、虚拟交换机和 VLAN)作为逻辑信任分区或组织分区。定义策略以在分区边界对网络流量进行桥接、设置防火墙保护策略并加以隔离。

② 虚拟交换机应启用虚拟端口的限速功能,通过定义平均带宽、峰值带宽和流量突发大小,实现端口级别的流量控制。同时应禁止虚拟机端口使用混杂模式进行网络通信嗅探。

③ 对虚拟网络平台的重要日志进行监视和审计,及时发现异常登录和操作。

④ 在创建客户虚拟机的同时,根据具体的拓扑和可能的通信模式,在虚拟网卡和虚拟交换机上配置防火墙,提高客户虚拟机的安全性。

(3) 存储虚拟化安全。

存储虚拟化通过在物理存储系统和服务器之间增加一个虚拟层,使物理存储虚拟化成逻辑存储,使用者只访问逻辑存储,从而把数据中心异构的存储环境整合起来,屏蔽底层硬件的物理差异,向上层应用提供统一的存取访问接口。虚拟化的存储系统应具有高度的可靠性、可扩展性和高性能,能有效提高存储容量的利用率,简化存储管理,实现数据在网络上共享的一致性,满足用户对存储空间的动态需求。

其具体安全防护要求如下:

① 提供磁盘锁定功能,确保同一虚拟机不会在同一时间被多个用户打开。

② 提供设备冗余功能,当某台宿主服务器出现故障时,该服务器上的虚拟机磁盘锁定将被解除,以允许从其他宿主服务器重新启动这些虚拟机。

③ 开启多个虚拟机对同一存储系统的并发读写功能,确保安全的并行访问。

④ 提供数据存储的冗余保护,用户数据在虚拟化存储系统中的不同物理位置有多个备份,应不少于两个,并对用户透明。

⑤ 虚拟存储系统应能在不中断正常存储服务的前提下对存储容量和存储服务进行任意扩展,透明地添加和更替存储设备,并具有自动发现、安装、检测和管理不同类型存储设备的能力。

⑥ 虚拟存储系统应支持按照数据的安全级别建立容错和容灾机制,以克服系统的误操作、单点失效和意外灾难等因素造成的数据损失。

(4) 业务管理平台安全。

业务管理平台指的是支撑 IaaS 业务提供和业务运营的系统,其既可由虚拟化厂家提供,也可由第三方厂家提供。参考 eTOM 以及 TMF 相关标准的系统架构,业务管理平台功能可分为业务规划、业务订购、业务开通、业务监视、业务保障和业务计费等。业务管理平台的安全性直接影响 IaaS 系统能否安全、稳定地运行。

业务管理平台在安全管理功能方面应能满足如下要求:

① 具备宿主服务器的资源监控能力,可实时监控宿主服务器的物理资源利用情况,包括 CPU 利用率、内存利用率和磁盘使用情况等,要求在宿主服务器出现性能瓶颈(如 CPU 利用率过高时)发出告警。

② 具备虚拟机性能监控能力,可实时监控物理机上各虚拟机的运行情况,包括虚拟 CPU 利用率、虚拟内存利用率和虚拟磁盘利用率等,要求在虚拟机出现性能瓶颈(如虚拟 CPU 利用率超过 90% 时)发出告警。

③ 支持设置单一虚拟机的资源限制量,保护虚拟机的性能不因其他虚拟机过度消耗共享硬件上的资源而降低。在分配虚拟机资源时,应充分考虑资源预留情况,通过设置资源预留和限制量,保护虚拟机的性能不会因其他虚拟机过度消耗宿主服务器硬件资源而降低。

业务管理平台在自身安全性方面应能满足如下要求:

① 业务管理平台应具备高可靠性和安全性,具备多机热备功能和快速故障恢复功能。

② 对管理系统本身的操作进行分权、分级管理,限定不同级别的用户能够访问的资源范围和允许执行的操作。

③ 对用户进行严格的访问控制,采用最小授权原则,分别授予不同用户为完成各自承担的任务所需的最小权限。

④ 其他关于业务管理平台的主机、管理终端的安全防护要求参见 8.5.2 节。

2. PaaS 核心架构安全

PaaS 是把分布式软件的开发、测试和部署环境当作服务,通过互联网提供给用户。PaaS 既可以构建在 IaaS 的虚拟化资源池上,也可以直接构建在数据中心的物理基础设施之上。PaaS 为用户提供了包括中间件、数据库、操作系统和开发环境等在内的软件栈,允许用户通过网络来进行应用的远程开发、配置和部署,并最终在服务商提供的数据中心内运行。

如何采用合适的分布式技术解决分布式存储和分布式计算问题,并屏蔽底层复杂的分布式处理操作,把简单易用的编程接口和编程模型提供给用户,是 PaaS 的关键技术问题。PaaS 同样需要构建 PaaS 运营管理系统以解决用户管理和资源管理等问题,在某些情况下,PaaS 还需要整合企业的其他平台,将企业特有的服务能力通过开发接口的形式向开发者开放。

1) PaaS 关键技术

PaaS 的核心技术是分布式处理技术，主要解决云计算数据中心大规模服务器群的协同工作问题，由分布式文件系统、分布式数据库、分布式计算和分布式同步机制 4 部分组成。

(1) 分布式文件系统。

分布式文件系统是分布式计算环境的基础架构之一，它把分散在网络中的文件资源以统一的视点呈现给用户，简化了用户访问的复杂性，加强了分布式系统的可管理性，也为进一步开发分布式应用准备了条件。分布式文件系统建立在客户/服务器技术基础之上，由服务器与客户机文件系统协同操作。控制功能分散在客户机和服务器之间，使得诸如共享、数据安全性和透明性等在集中式文件系统中很容易处理的事情变得相当复杂。文件共享可分为读共享、顺序写共享和并发写共享。在分布式文件系统中，顺序写共享需要解决共享用户的同一视点问题，并发写共享则需要考虑中间插入更新导致的一致性问题。

以 Google GFS 和 Hadoop HDFS 为代表的分布式文件系统是符合 PaaS 要求的典型分布式文件系统设计。系统由一台主服务器和多台块服务器构成，被多个客户端访问，文件以固定尺寸的数据块形式分散存储在块服务器中。主服务器是分布式文件系统中最主要的环节，它管理着文件系统所有的元数据，包括名字空间、访问控制信息、文件到块的映射信息和文件块的位置信息等，还管理着系统范围的活动，如块租用管理、孤儿块的垃圾回收以及块在块服务器间的移动。块服务器负责具体的数据存储和读取。主服务器通过心跳信息周期性地与每个块服务器通信，给它们指示并收集其状态，通过这种方式，系统可以迅速感知块服务器的增减和组件的失效，从而解决扩展性和容错能力问题。

客户端被嵌入每个程序里，实现文件系统的 API，帮助应用程序与主服务器和块服务器通信，对数据进行读写。客户端不通过主服务器读取数据，它从主服务器获取目标数据块的位置信息后，直接和块服务器交互，进行读操作，避免大量读写主服务器而形成系统性能瓶颈。在进行追加操作时，数据流和控制流被分开。客户端向主服务器申请租约，获取主块的标识符以及其他副本的位置后，直接将数据推送到所有的副本上，由主块控制和同步所有副本间的写操作。

(2) 分布式数据库。

分布式数据库(Distributed Database，DDB)是一组结构化的数据集，逻辑上属于同一系统，而物理上分散在用计算机网络连接的多个场地上，并统一由一个分布式数据库管理系统进行管理。与集中式或分散数据库相比，分布式数据库具有可靠性高、模块扩展容易、响应延迟小、负载均衡和容错能力强等优点。在银行等大型企业，分布式数据库系统被广泛使用。分布式数据库仍处于研究和发展阶段，目前还没有统一的标准。

以 Google BigTable 和 Hadoop HBase 为代表的分布式数据库是符合云计算基础架构要求的典型分布式数据库，可以存储和管理大规模结构化数据，具有良好的可扩展性，可部署在上千台廉价服务器上，存储 PB 级别的数据。这种类型的数据库通常不提供完整的关系数据模型，而只提供简单的数据模型，使得客户端可以动态控制数据的布局和格式。

BigTable 和 HBase 采取了基于列的数据存储方式，数据库本身是一张稀疏的多维度映射表，以行、列和时间戳作为索引，每个值都是未作解释的字节数组。在行关键字下的每个读写操作都是原子性的，不管读写行中有多少不同的列。BigTable 通过行关键字的字典序来维护数据，一张表可动态划分成多个连续行，连续行称为 Tablet(子表)，它是数据分布和负载均衡的基本单位。BigTable 把列关键字分成组,每组为一个列族,列族是 BigTable 的基本访问控制单元。通常同一列族下存放的数据具有相同的类型。在创建列关键字存放数据之前,必须先创建列族。在一张表中列族的数量不能太多,列的数量则不受限制。BigTable 表项可以存储不同版本的内容,用时间戳来索引,按时间戳倒序排列。

分布式数据库通常建立在分布式文件系统之上,BigTable 使用 Google 分布式文件系统来存储日志和数据文件。BigTable 采用 SSTable 格式存储数据,后者提供永久存储的、有序的、不可改写的关键字到值的映射以及相应的查询操作。此外,BigTable 还使用分布式数据锁服务 Chubby 来解决一系列问题,例如,保证任何时间最多只有一个活跃的主备份,存储 BigTable 数据的启动位置,发现 Tablet 服务器,存储 BigTable 模式信息和访问权限,等等。BigTable 系统架构如图 8.20 所示。

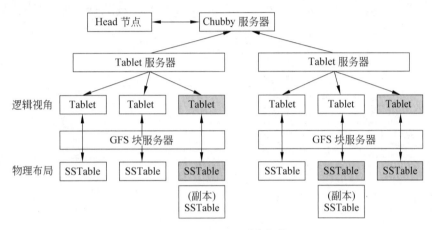

图 8.20　BigTable 系统架构

BigTable 由客户程序库、一台主服务器(master)和多台子表服务器(Tablet server)组成。主服务器负责给子表服务器指派子表,检测加入或失效的子表服务器,在子表服务器间进行负载均衡,对文件系统进行垃圾收集,以及处理诸如建表和列族之类的表模式更改工作。子表服务器负责管理一个子表集合,处理对子表的读写操作及分割维护等。客户数据不经过主服务器,而是直接与子表服务器交互,避免了对主服务器的频繁读写造成的性能瓶颈。为提升系统性能,BigTable 还采用了压缩、缓存等一系列技术。

(3) 分布式计算。

分布式计算是让多个物理上独立的组件作为一个单独的系统协同工作,这些组件可能指多个 CPU 或者网络中的多台计算机。它作了如下假定:如果 1 台计算机能够在 5s 内完成一项任务,那么 5 台计算机以并行方式协同工作时就能在 1s 内完成该任务。实际上,由于协同设计的复杂性,分布式计算并不都能满足这一假设。对于分布式编程而言,核心的问题是如何把一个大的应用程序分解成若干可以并行处理的子程序。有两种可能的处理方法:一种是分割计算,即把应用程序的功能分割成若干个模块,由网络上的多台计算机协同完成;另一种是分割数据,即把数据集分割成小块,由网络上的多台计算机分别计算。对于海量数据分析等计算密集型问题,通常采取分割数据的分布式计算方法;对于大规模分布式系统,则可能同时采取这两种方法。

分割数据的分布式计算模型把需要进行大量计算的数据分割成小块,由网络上的多台计算机分别计算,然后对结果进行组合,得出数据结论。Google 公司针对其内部大规模数据密集型应用提出的分布式编程模型 MapReduce 是这类分布式计算模型的典范，在云计算领域被广泛采用。

MapReduce 提供了泛函编程的一个简化版本。与传统编程模型中函数参数只能代表一个明确的数或数的集合不同，泛函编程模型中的函数参数能够代表一个函数，这使得泛函编程模型的表达能力和抽象能力更高。它隐藏了并行化、容错、数据分布和负载均衡等复杂的分布式处理细节，提供简单有力的接口来实现自动的并行化和大规模分布式计算，从而在大量普通 PC 上实现高性能计算。

在 MapReduce 模型中，输入数据和输出结果都被视为由一系列键/值对组成的集合。用户指定 Map 函数对输入的键/值对集进行处理，形成中间形式的键/值对集；MapReduce库按照键值把中间形式的值集中起来，传给用户指定的 Reduce 函数；Reduce 函数把具有相同键的值合并在一起，最终输出一系列键/值对。MapReduce 的执行过程如图 8.21 所示。

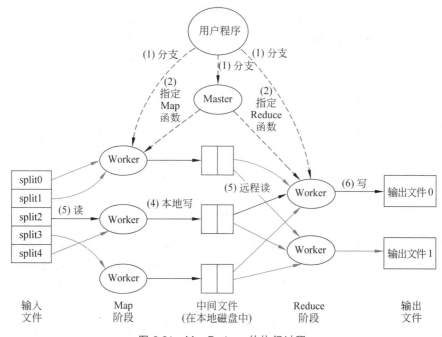

图 8.21　MapReduce 的执行过程

MapReduce 模型具有很强的容错性，当某一 Worker 出现错误时，该 Worker 执行的程序将被迁移到其他 Worker 重新执行，Master 还将把迁移信息发送给需要该节点的处理结果的节点。此外，MapReduce 通过设置检查点来处理 Master 失效的问题，当 Master 出现错误时，可以根据最近的一个检查点重新选择一个节点作为 Master，并由此检查点位置继续运行。

MapReduce 编程模型已被许多系统成功运用，它使用简单，隐藏了并行化、容错、位置优化和负载均衡等细节。大量不同的问题都可以用 MapReduce 计算来表达，如 Web 搜索、排序、数据挖掘和机器学习等。目前，大多数企业的云计算平台都采用了 MapReduce 分布式编程模型。

（4）分布式同步机制。

在分布式系统中，对共享资源的并行操作可能会引起丢失修改、读脏数据和不可重复读等数据不一致问题,这时需要引入同步机制,控制进程的并发操作。

对于由大规模廉价服务器群构成的云计算数据中心而言,分布式同步机制是开展一切上层应用的基础,是系统正确性和可靠性的基本保证。Google Chubby 和 Hadoop ZooKeeper 是云基础架构分布式同步机制的典型代表,用于协调系统各部件,其他分布式系统可以用它来同步访问共享资源。

Chubby 是一个针对松散耦合分布式系统的锁服务,提供开发人员常用的加解锁功能,解决分布式一致性问题。它本身是一个分布式文件系统,客户端可以在其上创建文件和执行一些基本的文件操作。在 Chubby 中,一个锁就是一个文件,创建文件就是进行加锁操作,文件创建成功,意味着加锁成功,用户通过打开、关闭和读取文件,获取共享锁或者独占锁。

Chubby 的基本设计目标是高可用性和可靠性,对于性能、吞吐量和存储容量并没有过多的要求。Chubby 提供了一种基于分布式文件系统实现的锁机制,解决了松散耦合系统中的分布式一致性问题。它还可以作为名字服务和配置信息仓库。

2) PaaS 核心架构安全防护

PaaS 云服务把分布式软件开发、测试和部署环境当作服务提供给应用程序开发人员,分布式环境成为服务提供的内容。因此,要开展 PaaS 云服务,首先需要在云计算数据中心架设分布式处理平台,包括作为基础存储服务的分布式文件系统和分布式数据库、为大规模应用开发提供的分布式计算模式,以及作为底层服务的分布式同步设施。其次,需要对分布式处理平台进行封装,使之能够方便地为用户所用,包括提供简易的软件开发环境,提供简单的应用编程接口,提供软件编程模型和代码库等。

对 PaaS 来说,数据安全、数据与计算可用性、针对应用程序的攻击是主要的安全问题。

(1) 分布式文件安全。

基于云数据中心的分布式文件系统构建在大规模廉价服务器群上,面临以下挑战:

① 服务器等组件的失效现象将经常出现,需解决系统的容错问题。

② 需提供海量数据的存储和快速读取功能。

③ 多用户同时访问文件系统,需解决并发控制和访问效率问题。

④ 服务器增减频繁,需解决动态扩展问题。

⑤ 需提供类似传统文件系统的接口以兼容上层应用开发,支持创建、删除、打开、关闭和读/写文件等常用操作。

为了提高分布式文件系统的健壮性和可靠性,当前的主流分布式文件系统,如 Google GFS 和 Hadoop HDFS 等,通过设置辅助主服务器(secondary master server)作为主服务器的备份,以便在主服务器故障停机时迅速恢复服务。系统采取冗余存储的方式来保证数据的可靠性,每份数据在系统中保存 3 个以上的备份。为保证数据的一致性,对数据的所有修改需要在所有的备份上进行,并用版本号的方式来确保所有备份处于一致的状态。

与传统分布式文件系统相比,云基础架构的分布式文件系统在设计理念上更多地考虑了计算机的失效问题、系统的可扩展性和可靠性问题,它弱化了对文件追加的一致性要求,强调客户机的协同操作。这种设计理念更符合云计算数据中心由大量廉价 PC 服务器构成的特点,为上层分布式应用提供了更高的可靠性保证。

另外,在数据安全性方面,需要考虑数据的私有性和冲突时的数据恢复。透明性要求文件系统提供给用户的界面是统一、完整的,至少需要保证位置透明、并发访问透明和故障透明。此外，扩展性也是分布式文件系统需要重点考虑的问题，增加或减少服务器时，分布式文件系统应能自动感知，而且不对用户造成任何影响。

（2）分布式数据库安全。

基于云计算数据中心大规模廉价服务器群的分布式数据库同样面临以下挑战：

① 组件的失效问题，要求系统具备良好的容错能力。

② 海量数据的存储和快速检索能力。

③ 多用户并发访问问题。

④ 服务器频繁增减导致的可扩展性问题。

对分布式数据库来说，数据冗余、并行控制、分布式查询和可靠性等是设计时需主要考虑的问题。

数据冗余是分布式数据库区别于其他数据库的主要特征之一，它保证了分布式数据库的可靠性，同时也是并行的基础。数据冗余有两种类型：复制型数据库，局部数据库存储的数据是对总体数据库全部或部分的复制；分割型数据库，数据集被分割后存储在每个局部数据库里。冗余保证了数据的可靠性，但也带来了数据一致性问题。

由于同一数据的多个副本被存储在不同的节点里，对数据进行修改时，应确保数据所有的副本都被修改。这时，需要引入分布式同步机制对并发操作进行控制，最常用的方式是分布式锁机制以及冲突检测机制。

在分布式数据库中，一方面，由于节点间的通信使得查询处理的时延大；另一方面，各节点具有独立的计算能力，又使并行处理查询请求具有可行性。因此，对分布式数据库而言，分布式查询（或称并行查询）是提升查询性能的最重要手段。可靠性是衡量分布式数据库优劣的重要指标，当系统中的个别部分发生故障时，可靠性要求对数据库应用的影响不大或者无影响。

（3）用户接口和应用安全。

对于PaaS服务来说，它使客户能够将自己创建的某类应用程序部署到服务器端运行，并且允许客户端对应用程序及其计算环境配置进行控制。因为来自客户端的代码可能是恶意的，如果PaaS服务暴露过多的接口，可能会给攻击者带来机会。例如，用户可能会提交一段恶意代码，这段代码可能恶意抢占CPU时间、内存空间和其他资源，也可能会攻击其他用户，甚至可能会攻击提供运行环境的底层平台。

在用户接口方面的服务包括提供代码库、编程模型、编程接口和开发环境等。代码库封装平台的基本功能，如存储、计算、数据库等，供用户开发应用程序时使用。编程模型决定了用户基于云平台开发的应用程序类型，它取决于平台选择的分布式计算模型。对于PaaS服务来说，编程模型对用户必须是清晰的，用户应当很清楚基于这个云平台可以解决什么类型的问题，以及如何解决这种类型的问题。PaaS提供的编程接口应该是简单的、易于掌握的，过于复杂的编程接口会降低用户将现有应用程序迁移至云平台或基于云平台开发新型应用程序的积极性。提供开发环境对运营PaaS来说不是必需的，但是，一个简单、完整的开发环境有助于开发者在本机开发和测试应用程序，从而简化开发工作，缩短开发流程。GAE和Azure等著名的PaaS平台都为开发者提供了基于各自云平台的开发环境。

在运营管理方面，PaaS运行在云数据中心，用户基于PaaS云平台开发的应用程序最终也将在云数据中心部署运营。PaaS运营管理系统要解决用户应用程序运营过程中所需的存储、计算、网络基础资源的供给和管理问题，要根据应用程序实际运行情况动态增加或减少运行实例。为保证应用程序的可靠运行,系统还需要考虑不同应用程序间的相互隔离问题,可以引入沙箱隔离技术,让它们在安全的沙箱环境中可靠运行,防止其影响到 PaaS 底层承载平台或系统。

另外,从技术层面上说,目前 PaaS 在底层资源的调度和分配机制设计方面还有所不足,PaaS 应用基本是采用尽力而为的方式来使用系统的底层计算处理资源。如果在同一平台上同时运行多个应用,则会在优化多个应用的资源分配和优先级配置方面无能为力。要解决这个问题,需要借助更底层的资源分配机制,例如将 PaaS 应用承载在虚拟化平台上,借助虚拟化平台的资源调度机制来实现多个 PaaS 应用的资源调度和服务水平协议(SLA)等。

3. SaaS 核心架构安全

SaaS 作为云计算的一种服务类型,是一种基于互联网来提供软件服务的应用模式,它通过浏览器把服务器端的程序软件传给千万用户,供用户在线使用。SaaS 提供商为用户搭建信息化所需要的所有网络基础设施及软硬件运行平台,并负责所有前期的实施、后期的维护等一系列服务。而用户则根据自己的实际需要,向 SaaS 提供商租赁软件服务,无须购买软硬件、建设机房和招聘 IT 人员,即可通过互联网使用信息服务。

SaaS 的实现方式主要有两种。一种是通过 PaaS 平台来开发 SaaS,PaaS 平台提供了一些开发应用程序的环境和工具,可以在线直接使用它们来开发 SaaS 应用。例如,Salesforce 推出的 Force.com 平台提供了对 SaaS 构架的完整支持,包括对象、表单和工作流的快速配置,开发人员可以很快地创建并发布 SaaS 服务。另一种是采用多用户构架和元数据开发模式,使用 Web 2.0、Struts 和 Hibernate 等技术来实现 SaaS 中各层的功能。

1) SaaS 关键技术

本节主要介绍多租户架构和元数据开发模式的在线软件技术,包括 Web 2.0 等。

(1) 多租户架构。

多租户(multi-tenancy)架构是一种软件开发架构,采用这种方式开发的应用软件,一个实例可以同时处理多个用户的请求。作为 SaaS 的核心技术之一,不同的机构从不同的角度对多租户架构进行了定义。Salesforce.com 认为多租户架构是一种应用模型,所有的用户和应用共享一个单独的、通用的基础结构和相同的代码。

实现多租户架构的关键是解决数据存储的问题,保证不同租户之间数据和配置的隔离,以保证每个租户数据的安全与隐私。目前,在 SaaS 设计中,多租户架构在数据存储上主要有 3 种解决方案。

① 独立数据库。每个客户的数据单独存放在一个独立数据库中,从而实现数据隔离。在应用这种数据模型的 SaaS 系统中,客户共享大部分系统资源和应用代码,但物理上有单独存放的一整套数据。系统根据元数据来记录数据库与客户的对应关系,并部署一定的数据库访问策略来确保客户数据安全。这种方法简单便捷,能够很好地满足用户的个性化需求,数据隔离级别高,安全性好,但是成本和维护费用高,因此适合那些对安全性要求比较高的客户,例如银行和医院等。

② 共享数据库单独模式。客户使用同一数据库,但各自拥有一套不同的数据表组合存在于其单独的模式之内。当客户第一次使用 SaaS 系统时,系统在创建用户环境时会创建一整套默认的表结构,并将其关联到客户的独立模式。这种方式在数据共享和隔离之间获得

了一定的平衡,既借由数据库共享使得一台服务器就可以支持更多的客户,又在物理上实现了一定程度的数据隔离以确保数据安全。其不足之处是当出现故障时数据恢复比较困难。

③ 共享数据库共享模式。用一个数据库和一套数据表来存放所有客户的数据。在这种模式下,一个数据表内可以包含多个客户的记录,由一个客户 ID 字段来确认哪条记录是属于哪个客户的。这种方案共享程度最高,支持的客户数量最多,维护和购置成本也最低,但隔离级别也最低。如果 SaaS 服务供应商需要使用尽量少的服务器资源来服务尽可能多的客户,而且潜在客户愿意在一定程度上放弃对数据隔离的需求来获得尽可能低廉的服务价格,这种共享模式是非常适合的。

(2) 元数据开发模式。

SaaS 主要用元数据的开发模式来实现软件的可配置性。元数据开发模式与多租户架构和 Struts 技术相配合,能很好地解决软件扩展性、可配置性以及多用户效率问题。整个应用程序由元数据(metadata)来描述,元数据就是命令指示,描述了应用程序如何运行的各个方面。如果客户想定制应用程序,可以创建及配置新的元数据,以描述新的屏幕数据、数据库字段或所需行为。

元数据以非特定语言的方式描述在代码中定义的每一类型和成员。它可能存储以下信息:程序集的说明、标识(名称、版本、区域性、公钥),导出的类型,依赖的其他程序集,运行所需的安全权限,类型的说明、名称、可见性、基类和实现的接口、成员(方法、字段、属性、事件、嵌套的类型)、属性,修饰类型和成员的其他说明性元素等。使用元数据开发模式,可以提高应用程序开发人员的生产效率,提高程序的可靠性,具有良好的功能扩展性。

作为描述数据的数据,元数据是一种对信息资源进行有效组织、管理和利用的基础和工具。在 SaaS 模式的服务行业中,元数据有着广泛应用,例如,Salesforce 通过采用元数据的开发模式,把应用程序的基本功能(选项卡、链接等)以元数据的形式存储在数据库中,这样,当用户在 SaaS 平台上选择自己的配置时,SaaS 系统就会根据用户的设置,把相应的元数据组合并呈现在用户的界面上。

(3) Web 2.0。

Web 2.0 是 2004 年在 O'Reilly Media 公司和 MediaLive 公司举行的一次会议上提出的。对于 Web 2.0,业界并没有一个明确的定义。它包含了两个方面的含义:

① 它并不是一个具体的事物,而是一个阶段,是由 Web 1.0 单纯通过网络浏览器浏览 HTML 网页模式向内容更丰富、联系更紧密、工具性更强的互联网模式发展的一个阶段。

② 它是促成这个阶段的过程中各种技术和相关互联网应用的一个总称。因此,Web 2.0 也被认为是以 Flickr、Craigslist、linkedIn、Tribes、Del. icio. us 和 43things. com 等网站为代表,以 Blog、Tag、SNS、RSS 和 Wiki 等应用为核心,依据六度分割、XML 和 Ajax 等新理论和技术实现的新一代互联网模式。作为新一代的互联网技术的 Web 2.0 可以用来实现 SaaS 界面层的功能。

Ajax、Blog、Wiki、RSS 和 P2P 是 Web 2.0 中被广泛采用的技术。Ajax(Asynchronous JavaScript and XML,异步 JavaScript 和 XML)是一种创建交互式网页应用的网页开发技术,它采用远程脚本调用技术,通过 JavaScript 语言与 XMLHttpRequest 对象来实现数据请求,将处理由服务器转移到客户端,减少了服务器的资源占用,加快了数据处理的速度。Blog(网络日志)是一种网络信息发布方式,简单易用,在隐性知识的挖掘和共享上有重要意义。Wiki 包含一套能简易创造、改变 HTML 网页的系统,允许任何造访网站的人快速轻易地加入、删除和编辑所有的内容。RSS 是一种描述和同步网站内容的格式,包含了一套用于描述 Web 内容的元数据规范,能够实现内容整合者、内容提供商和最终用户之间的 Web 内容的互动。P2P 使得人们可以直接连接到其他用户的计算机以交换文件,而不用像过去那样连接到服务器去浏览与下载。

2) SaaS 核心架构安全防护

由于 SaaS 服务端暴露的接口相对有限,并处于软件栈的顶端,即系统安全权限最低之处,因此一般不会给其所处的软件栈层次以下的更高系统安全权限层次带来新的安全问题。

对于 SaaS 服务而言,SaaS 底层架构安全的关键在于如何解决多租户共享情况下的数据安全存储与访问问题,主要包括多租户下的安全隔离、数据库安全和应用程序安全等方面的问题。

(1) 多租户安全。

在多租户的典型应用环境下,可以通过物理隔离、虚拟化和应用支持的多租户架构 3 种方案实现不同租户之间数据和配置的安全隔离,以保证每个租户数据的安全与隐私。

物理分隔法为每个用户配置其独占的物理资源,实现在物理层面上的安全隔离,同时可以根据每个用户的需求,对运行在物理机器上的应用进行个性化设置,安全性较好,但该模式的硬件成本较高,一般只适合对数据隔离要求比较高的大中型企业,例如银行和医院等。

虚拟化方法通过虚拟技术实现物理资源的共享和用户的隔离,但每个用户独享一台虚拟机。其不足之处是当面对成千上万的用户时,给每个用户都建立独立的虚拟机是不合理和没有效率的。虚拟机的主要目的是减少为达到隔离目的而产生的独占性资源。与对操作系统进行整体的虚拟化不同,多个虚拟服务可以共享一些基本的操作系统内核,如各类驱动程序等。和虚拟机一样,虚拟化方法难以支持成千上万的用户,但其在 SaaS 运营商优化机器资源分配等方面却是一项很有用的技术。

应用支持的多租户架构包括应用池和共享应用实例两种方式。应用池是将一个或多个应用程序链接到一个或多个工作进程集合的配置,是用来隔离应用实例的服务器端沙箱。在某个应用池中的应用程序不会受到其他应用池中应用程序所产生的问题的影响。每个应用池都有一系列的操作系统进程来处理应用请求,通过设定每个应用池中的进程数目,能够控制系统最大资源利用情况和容量评估等。这种方式被很多托管商用来托管不同客户的 Web 应用,也就是通常所说的混合多租户(hybrid multi-tenancy)。共享应用实例是在一个应用实例上为成千上万个用户提供服务,用户间是隔离的,并且用户可以用配置的方式对应用进行定制,也就是通常所说的纯多租户(native multi-tenancy)。这种技术的好处是,由于应用本身对多租户架构的支持,所以在资源利用率和配置灵活性上都较虚拟化的方式好,并且由于是一个应用实例,在管理维护方面也比虚拟化的方式方便。

(2) 数据库安全。

SaaS 服务普遍采用大型商用关系型数据库和集群技术,在数据库的设计上,多租户的软件一般采用 3 种设计方法。

① 每个用户独享一个数据库实例。

② 每个用户独享一个数据库实例中的一个架构模式。

③ 多个用户以隔离和保密技术原理共享一个数据库实例的一个架构模式。

出于成本考虑,多数 SaaS 服务均选择后两种方案,也就是说,所有用户共享一个数据库许可证,从而降低成本。数据库隔离的方式经历了实例隔离、架构模式隔离、分区隔离、数据表隔离，最终发展到应用程序的数据逻辑层提供的根据共享数据库进行用户数据增删改授权的隔离机制，从而在不影响安全性的前提下实现效率最大化。

（3）应用程序安全。

应用程序的安全主要体现在提升 Web 服务器安全性上，基于 Apache、IIS 等 Web 服务器，主流厂商多采用 J2EE 或.NET 开发技术，并采用特殊的 Web 服务器或服务器配置以优化安全性、访问速度和可靠性。身份验证和授权服务是系统安全性的起点。J2EE 和.NET 自带全面的安全服务，J2EE 提供 Servlet Presentation Framework，.NET 提供.NET Framework，并持续升级。应用程序通过调用安全服务的 API 对用户进行授权和上下文继承。

在应用程序的设计上，安全服务通过维护用户访问列表、应用程序会话、数据库访问会话等进行数据访问控制，并需要建立严格的组织、组、用户树和维护机制。

平台安全的核心是用户权限在各 SaaS 应用程序中的继承。Salesforce 和八百客等厂商的产品自带的权限树继承技术自 2006 年以来已经实现大规模商业运营。

ACL（Access Control List，访问控制列表）和密码保护策略也是提高 SaaS 安全性的重要方面，用户可以在自己的系统中修改相关策略。有些厂商还推出了浏览器插件来保护客户登录安全。

8.5.2　云计算网络与系统安全

云计算网络与系统主要包括云计算平台的基础网络、主机和终端等基础设施资源。在云计算网络与系统安全防护方面，应采用划分安全域、提高基础网络健壮性、加强主机安全防护、规范容灾及应急响应机制等方式，建立云计算基础网络和主机系统等基础设施的纵深安全防御机制，提高云计算网络与系统等基础设施的安全性、健壮性以及服务连续性和稳定性。

1. 安全域划分

对云计算平台的安全域划分应以云计算具体应用为导向，充分考虑云计算平台系统生命周期内从网络系统规划设计、部署、维护管理到运营全过程中的所有因素。

安全域划分原则可参考原信息产业部等级保护的指导意见 TC260-N0015《信息系统安全技术要求》进行，也可借鉴美国国家安全局编纂的《信息保障技术框架》（*Information Assurance Technical Framework*，*IATF*）中提出的网络安全深度防御策略的建议。

安全域划分的基本原则包括以下几条。

1）业务保障原则

进行安全域划分的根本目标是能够更好地保障网络上承载的业务。在保证安全的同时，还要保障业务的正常运行和运行效率。

2）结构简化原则

安全域划分的直接目的和效果是要将整个网络变得更加简单，简单的网络结构便于设计防护体系。因此，安全域划分并不是粒度越细越好，安全域数量过多、过杂反而可能导致安全域的管理过于复杂，实际操作过于困难。

3）立体协防原则

安全域的主要对象是网络,但是围绕安全域的防护需要考虑在各个层次上立体防护,包括物理链路、网络、主机系统和应用等层次。同时,在部署安全域防护体系的时候,要综合运用身份鉴别、访问控制、检测审计、链路冗余和内容检测等各种安全功能实现协防。

4) 生命周期原则

对于安全域的划分和布防不仅要考虑静态设计,还要考虑不断出现变化。另外,在安全域的建设和调整过程中要考虑工程化的管理。

云计算平台一般由生产域、运维管理域、办公域、DMZ 域和互联网域组成。根据上述原则,并结合其具体应用安全等级及防护需求,将云计算平台的安全域划分为 3 级,如表 8.3 所示。其中,生产域和运维管理域为第一级安全域,办公域和 DMZ 域为第二级安全域,互联网域为第三级安全域,安全级别依次降低。

表 8.3 安全域列表

级　别	相 关 安 全 域 名 称
第一级安全域	生产域、运维管理域
第二级安全域	办公域、DMZ 域
第三级安全域	互联网域

各安全域之间一般应根据安全需求采用防火墙进行安全隔离,确保安全域之间的数据传输符合相应的访问控制策略,确保本区域内的网络安全,如图 8.22 所示。在各安全域内部,应根据业务类型与不同客户情况再规划下一级安全子域。在虚拟化环境中,可考虑综合采用虚拟交换机和虚拟防火墙等措施将不同用途的网络流量分隔,以保证通信流量不会相互干扰,提高网络资源的安全性和稳定性。

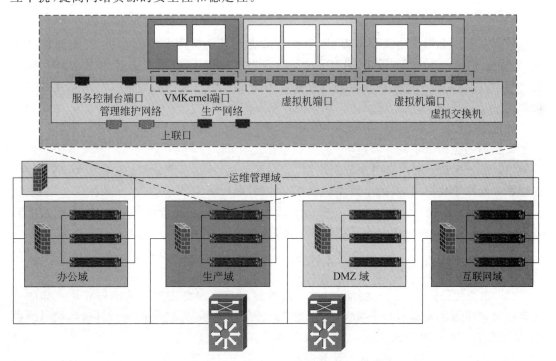

图 8.22 云计算平台安全域划分

2. 基础网络安全

为实现云计算平台基础网络的可扩展性,云计算平台整体网络应进行统一 IP 地址规划,对于云计算平台所属服务器和生产客户端应采取 IP 地址和数据链路层地址绑定措施,以防止地址欺骗。

核心网络设备应支持设备级和链路级的冗余备份,其业务处理能力应具备冗余空间,以满足业务高峰期的需要,同时应按照业务的重要性来指定带宽分配优先级别,保证在网络发生拥堵的时候优先保护重要系统。为提高对基础网络的防攻击处理能力,应通过构建异常流量监控体系,及时发现、阻断外网对云计算平台的 DDoS 攻击,确保云计算平台的服务连续性。

同时,应加强云计算平台和外界的访问控制,所有接入互联网的云平台相关系统均应安装防火墙。防火墙应分别安装在互联网接入点与 DMZ 域之间、DMZ 域与内部网络之间。当存储、处理业务信息的相关系统与本系统安全域之外的不可信网络之间存在网络连接时,应在系统与不可信网络之间安装防火墙。在任何无线网络与存储、处理业务信息的相关系统之间应安装边界防火墙。

在云计算平台监控和维护方面,应保证网络设备所在物理区域的安全,以防止未经授权的访问。

在网络设备安全管理方面,应使用 SSH 或 HTTPS 来远程管理网络设备,如因条件限制必须使用 Telnet,则应限制使用 Telnet 远程管理的 IP 地址、会话时间和失败登录次数。如果需要使用 SNMP 管理监控网络设备,应修改默认的 SNMP Community 参数,使其符合强密码要求,同时应通过 ACL 限制与 SNMP 通信的管理终端 IP 地址。

3. 应用系统主机安全

应用系统主机指的是云服务器、运营管理系统及其他应用系统的主机,其作为信息存储、传输和应用处理的基础设施,自身安全性涉及虚拟机安全、应用安全、数据安全和网络安全等各个方面,任何一个主机节点都有可能影响整个云计算系统的安全。应用系统主机安全架构主要包括安全加固、安全防护和访问控制等内容。

1) 安全加固

安全加固包括以下两方面内容:

(1) 安全配置要求。应用系统上线前,应对其进行全面的安全评估,并进行安全加固。应遵循安全最小化原则,关闭未使用的服务组件和端口。

(2) 系统补丁控制。应采用专业安全工具对主机系统(包括虚拟机管理器、操作系统和数据库系统等)定期进行评估。在更新补丁前,应对补丁与现有系统的兼容性进行测试。

2) 安全防护

安全防护包括以下两方面内容:

(1) 恶意代码防范。出于性能考虑,一般不建议宿主服务器安装防病毒软件。其他应用系统建议部署实时检测和查杀病毒、恶意代码的软件产品,并应自动进行防病毒代码的更新,或者由管理员手动更新。

(2) 入侵检测防范。建议在云计算数据中心网络中部署 IDS、IPS 等设备,实时检测各类非法入侵行为,并在发生严重入侵事件时提供报警。

3）访问控制

访问控制包括以下 3 方面内容：

（1）账户管理。具备应用系统主机的账号增加、修改和删除等基本操作功能，支持账号属性自定义，支持结合安全管理策略，对账号口令和登录策略进行控制，应支持设置用户登录方式及对系统文件的访问权限。

（2）身份鉴别。采用严格的身份鉴别技术对主机系统用户进行身份鉴别，包括提供多种身份鉴别方式、支持多因子认证和支持单点登录。

（3）远程访问控制。限制匿名用户的访问权限，支持设置单一用户并发连接次数和连接超时限制等，应采用最小授权原则分别授予不同用户所需的最小权限。

4. 终端安全

终端作为云计算系统的一个基本组件，面临病毒、蠕虫和木马的泛滥威胁，不安全的管理终端可能成为一个被动的攻击源，对整个云计算系统构成较大的安全威胁。终端应能满足和保证终端安全策略的执行，主要包括终端系统安全防护、终端安全接入控制、终端行为监控 3 部分内容。

1）终端系统安全防护

该部分包括以下 3 方面内容：

（1）终端初始化。应支持根据安全策略对终端进行操作系统配置，支持根据不同的策略自动选择所需应用软件进行安装，完成配置。

（2）补丁管理。应建立有效的补丁管理机制，可自动获取或分发补丁，补丁获取方式应具有合法性验证安全防护措施，如经过数字签名或散列校验机制保护。

（3）病毒和恶意代码防范。终端应安装客户端防病毒和防恶意代码软件，实时进行病毒库更新。支持通过服务器设置统一的防毒策略。可对防病毒软件安装情况进行监控，禁止未安装指定防病毒软件的客户端接入。

2）终端安全接入控制

该部分包括以下 3 方面内容：

（1）终端接入网络认证。必须具备接入网络认证功能，只允许合法授权的用户终端接入网络。

（2）终端安全性审查与修复。应对试图接入网络的终端进行控制，在终端接入网络之前必须进行强制性的安全审查，只有符合接入安全策略的终端才允许接入网络。

（3）细粒度网络访问控制。应对接入网络的终端进行精细的访问控制，可根据用户权限控制接入不同的业务区域，防止越权访问。

3）终端行为监控

该部分包括以下 3 方面内容：

（1）非法外联检测。应定义有针对性的策略规则，限制终端非法外联行为。

（2）终端上网行为检测。应该对终端用户上网记录进行审计，可以设置上网内容过滤，以及对终端网络状态及网络流量等信息进行监控和审计。

（3）终端应用软件使用控制。应支持对终端用户软件安装情况进行审计，同时对应用软件的使用情况进行控制。

5. 容灾安全

为提高云计算平台及应用的可用性，应通过提供风险预防机制和灾难恢复措施，在保障数据安全的基础上，提高系统连续运行能力，降低云计算平台的运营风险，提升云计算服务质量和服务水平。

由于容灾系统建设成本较高，在具体应用方面，应在综合评估云计算平台安全及业务运营需求的基础上，根据业务发展需要，逐步开展云计算平台容灾中心的建设，在因突发事件可能造成整个云计算平台中心瘫痪的极端情况下，能快速切换到容灾系统，进一步提升系统的连续运行能力。

容灾可划分为数据级、应用级和业务级3级。另外，根据生产中心和容灾中心承担的角色进行分类，容灾可分为主备中心和双中心两种运营方式。在建设云计算平台容灾系统时，应结合云计算应用的具体需求，综合考虑成本因素，选择合适的容灾等级和运营方式。

容灾管理主要是对云计算生产系统及其容灾系统的人员组织和流程规划相关的管理。应建立有效的容灾管理组织机构，制订灾难应对计划，并对灾难应对计划进行有效的管理和维护。其中，容灾管理流程应包括容灾预警流程和容灾恢复流程。容灾预警流程分以下几个主要处理步骤：风险上报、风险评估、风险决策、风险告知、风险警备、发起数据恢复/应用接管、预警总结。容灾恢复优先采用本地恢复，若无法本地恢复，则应进入灾难恢复流程。灾难恢复流程包括数据恢复、应用接管和应用回切。

为提高容灾系统的可用性，应定期进行容灾演练和容灾测试，并开展容灾培训工作。

8.5.3 云计算数据与信息安全防护

云计算数据的处理和存储都在云平台上进行，计算资源的拥有者与使用者相分离已成为云计算模式的固有特点，由此而产生的用户对自己数据的安全存储和隐私性的担忧是不可避免的。

具体来说，用户数据和涉及隐私的内容在远程计算、存储和通信过程中都有被故意或非故意泄露的可能，还存在由断电或宕机等故障引发的数据丢失问题不可靠的云基础设施和服务提供商还可能通过对用户行为的分析推测，获知用户的隐私信息。这些问题将直接引发用户与云提供者间的矛盾和摩擦，降低用户对云计算环境的信任度，并影响云计算应用的进一步推广。

信息安全的主要目标之一是保护用户数据的安全。当向云计算过渡时，传统的数据安全方法将面临云模式架构的挑战。弹性、多租户、新的物理和逻辑架构以及抽象的控制都需要新的数据安全策略。

1. 数据安全管理与挑战

在信息生命周期管理的每个阶段，安全控制要求与云服务模式相关（SaaS、PaaS或IaaS），并根据数据的保密级别，对不同级别的数据有不同的控制要求，如表8.4所示。

在云计算数据生命周期安全中的关键挑战如下：

（1）数据安全。包括保密性、完整性、可用性、真实性、授权、认证和不可抵赖性。

表 8.4　生命周期各阶段的数据安全控制要求

生命周期的阶段	数据安全控制要求
创建	<ul><li>识别可用的数据标签和分类。</li><li>企业数字权限管理(DRM)可能是一种选择。</li><li>数据的用户标记在 Web 2.0 环境中应用已经非常普遍,可能对分类数据会有较大帮助。</li></ul>
使用	<ul><li>活动监控,可以通过日志文件和基于代理的工具实现。</li><li>应用逻辑。</li><li>基于数据库管理系统解决方案的对象级控制。</li></ul>
存储	<ul><li>识别文件系统、数据库管理系统和文档管理系统等环境中的访问控制。</li><li>加密解决方案,涵盖电子邮件、网络传输、数据库、文件和文件系统。</li><li>在某些需要控制的环节上,内容发现工具(如 DLP,即数据丢失防护)有助于识别和审计。</li></ul>
共享	<ul><li>活动监控,可以通过日志文件和基于代理的工具实现。</li><li>应用逻辑。</li><li>基于数据库管理系统解决方案的对象级控制。</li><li>识别文件系统、数据库管理系统和文档管理系统等环境中的访问控制。</li><li>加密解决方案,涵盖电子邮件、网络传输、数据库、文件和文件系统等。</li><li>通过 DLP 实现基于内容的数据保护。</li></ul>
归档	<ul><li>加密,如磁带备份和其他长期储存介质。</li><li>资产管理和跟踪。</li></ul>
销毁	<ul><li>加密和粉碎:所有加密数据相关的关键介质的销售。</li><li>通过磁盘"擦拭"和相关技术实现安全删除。</li><li>物理销毁,如物理介质消磁。</li><li>通过内容发现工具确认销毁过程。</li></ul>

(2) 数据存放位置。必须保证所有的数据,包括所有副本和备份,存储在合同、服务水平协议和法规允许的地理位置。例如,使用由欧盟的《法规遵从存储条例》管理的电子健康记录,可能对数据拥有者和云服务提供商都是一种挑战。

(3) 数据删除或持久性。数据必须彻底有效地去除才被视为销毁。因此,必须具备一种可用的技术,能保证全面和有效地定位云计算数据、擦除/销毁数据,并保证数据已被完全消除或使其无法恢复。

(4) 不同客户数据的混合。数据尤其是保密数据和敏感数据,不能在使用、存储或传输过程中,在没有任何补偿控制的情况下与其他客户数据混合。数据的混合将在数据安全和地缘位置等方面增加安全挑战。

(5) 数据备份和恢复重建计划。必须保证数据可用,云数据备份和云恢复计划必须到位和有效,以防止数据丢失、意外的数据覆盖和破坏。不要随便假定云模式的数据肯定有备份并可恢复。

(6) 数据发现。由于法律系统持续关注电子证据发现,云服务提供商和数据拥有者需要把重点放在发现数据上,并确保法律和监管部门要求的所有数据可被找回。这些问题在云环境中是极难解决的,需要相关的管理、技术和必要的法律互相配合。

(7) 数据聚合和推理。数据在云端时,会有数据聚合和推理方面的问题,敏感和机密资料的保密性可能遭受威胁。因此,在实际操作中,要保证数据拥有者和相关者的利益,在数据混合和汇总的时候,避免数据遭到任何泄露(例如,带有姓名和医疗信息的医疗数据与其他匿名数据聚合时存在交叉对照字段)。

2. 数据与信息安全防护

云计算用户的数据传输、处理和存储等均与云计算系统有关,在多租户、瘦终端接入等典型应用环境下,用户数据面临的安全威胁更为突出。针对云计算环境下的信息安全防护要求,需要采用数据隔离、访问控制、加密传输、安全存储和剩余信息保护等技术手段,为云计算用户提供端对端的信息安全与隐私保护,从而保障用户信息的可用性、保密性和完整性。

数据与信息安全的具体防护可分为以下几个方面。

1) 数据安全隔离

为实现不同用户间数据信息的隔离,可根据应用具体需求,采用物理隔离、虚拟化和多租户架构等方案实现不同用户数据和配置信息的安全隔离,以保护用户数据的安全与隐私。

2) 数据访问控制

在数据的访问控制方面,可采用基于身份认证的权限控制方式进行实时的身份监控、权限认证和证书检查,防止用户间的非法越权访问。例如,可采用默认的 deny all 访问控制策略,仅在有数据访问需求时才显性打开对应的端口或开启相关访问策略。在虚拟化应用环境下,可设置逻辑边界安全访问控制策略,如通过加载虚拟防火墙等方式实现虚拟机间、虚拟机组内部精细化的数据访问控制策略。

3) 数据加密存储

对数据进行加密是实现数据保护的一个重要方法,即使数据被人非法窃取,对他们来说也只是一堆乱码,而无法知道具体的信息内容。在加密算法选择方面,应选择加密性能较高的对称加密算法,如 AES、3DES 等国际通用算法,或我国国有商密算法 SCB2 等。在加密密钥管理方面,应采用集中化的用户密钥管理与分发机制,实现对用户信息存储的高效安全管理与维护。对云存储类服务,云计算系统应提供加密服务,对数据进行加密存储,防止数据被他人非法窥探。对于虚拟机等服务,则建议用户对重要的数据在上传、存储前自行加密。

4) 数据加密传输

在云计算应用环境下,数据的网络传输不可避免,因此保障数据传输的安全性也很重要。数据传输加密可以选择在链路层、网络层和传输层等层面实现,采用网络传输加密技术保证网络传输数据信息的机密性、完整性和可用性。对于管理信息加密传输,可采用 SSH 和 SSL 等方式为云计算系统内部的维护管理提供数据加密通道,保障维护管理信息安全。对于用户数据加密传输,可采用 IPSec VPN 和 SSL 等 VPN 技术提高用户数据的网络传输安全性。

5) 数据备份与恢复

不论数据存放在何处,用户都应该慎重考虑数据丢失风险。为应对突发的云计算平台的系统性故障或灾难事件,对数据进行备份及进行快速恢复十分重要。例如,在虚拟化环境下,应能支持基于磁盘的备份与恢复,实现快速的虚拟机恢复;应支持文件级完整与增量备份,保存增量更改以提高备份效率。

6) 剩余信息保护

由于用户数据在云计算平台中是共享存储的,今天分配给某一用户的存储空间,明天可能分配给另外一个用户,因此需要做好剩余信息的保护措施。要求云计算系统在将存储资源重新分配给新的用户之前,必须进行完整的数据擦除,在删除存储的用户文件/对象后,对相应的存储区要进行完整的数据擦除或标识为只写(只能被新的数据覆写),防止被非法用户恶意恢复。

8.5.4　云计算身份管理与安全审计

管理身份和访问企业应用程序的控制仍然是当今的 IT 系统面临的最大挑战之一。虽然企业可以在没有良好的身份和访问管理策略的前提下利用若干云计算服务,但从长远来说,延伸企业身份管理服务到云计算确是实现按需计算服务战略的先导。因此,对企业基于云计算的身份和访问管理(Identity and Access Management,IAM)是否准备就绪进行深度的评估,以及理解云计算供应商的能力,是采纳现今公认为不成熟的云生态系统的必要前提。

云计算系统是大量用户、服务提供商和基础设施提供商协作共处的环境,通常它们属于不同的安全管理域。每个域对其内部资源具有最高的管理权限,对其他管理域的访问需要进行额外的认证和授权。云计算这种跨域共享资源的特性对跨域的身份认证和访问控制提出了严峻的挑战。

(1)从用户角度来说,针对传统的用户身份认证,用户需要维护大量的口令、证书和密钥等来完成不同服务对用户身份认证的鉴别。

(2)从管理者角度来说,管理域的信任边界具有动态变化的特性,管理域的网络、系统和应用边界可能扩展到多个不同的服务提供域,资源的动态加入和退出对传统的信任管理和控制机制提出了挑战。

(3)从云服务提供商角度而言,每一个管理域都有独立的身份认证模式和技术来完成该域用户的身份认证和授权,但是这些管理域之间如果没有考虑其互操作问题,则无法灵活实现跨域身份认证问题。

因此,为从根本上解决上述问题,同时考虑到操作和维护的一致性,需要采用统一的云服务身份管理模式和认证技术,通过分权分域的控制机制实现跨域的身份认证、授权和访问控制。

1. 云计算用户身份认证

云计算系统应建立统一、集中的认证和授权系统,以满足云计算多租户环境下复杂的用户权限策略管理和海量访问认证要求,提高云计算用户身份认证的安全性。

1)集中用户认证

集中用户认证实现以下功能:

(1)采用主流认证方式,如 LDAP、数字证书认证、令牌卡认证、硬件信息绑定认证和生物特征认证等,支持多因子认证。

(2)对不同类型和等级的系统、服务和端口采用相应等级的一种认证方式或多种认证方式的组合,以满足云计算系统中不同子系统的安全等级与成本及易用性的平衡要求。

(3)提供用户访问日志记录,记录用户登录信息,包括系统标识、登录用户、登录时间、登录 IP 和登录终端等。

2)集中用户授权

集中用户授权实现以下功能:

（1）根据用户、用户组和用户级别的定义，对云计算系统资源的访问进行集中授权。

（2）采用集中授权或分级授权机制。

（3）支持细颗粒度授权策略。

3）访问授权策略管理

访问授权策略管理实现对以下 3 个策略的管理功能：

（1）身份认证策略。采用用户身份与终端绑定的策略、完整性认证检查策略和口令策略。

（2）授权策略。支持采用集中授权或分级授权策略。

（3）账号策略。设置账号安全策略，包括口令连续错误锁定账号、长期不用导致账号失效、用户账号未退出时禁止重复登录等。

4）其他功能要求

云计算用户身份认证还能实现以下功能：

（1）日志管理。支持对用户认证信息、授权信息等详细日志的集中存储和查询。

（2）加密机制。支持对认证、授权等敏感数据的加密存储及传输。

2. 云计算用户账号管理

在云计算用户账号管理方面，可通过对云计算用户账号进行集中维护管理，为实现云计算系统的集中访问控制、集中授权和集中审计提供可靠的原始数据。

1）云计算用户账号访问控制

云计算用户账号访问控制需遵循如下要求：

（1）根据"业务需要"原则，严格控制访问和使用用户账户信息。任何云计算用户都只能访问其开展业务所必需的账号信息，防止未经授权擅自对账号信息进行查看、篡改和破坏。

（2）应至少采用下列一种方式验证访问账号信息的人员身份：

① 口令。

② 令牌（如 Secure ID、证书等）。

③ 生物特征。

（3）分配唯一的用户账号给每个有权访问账号信息的系统用户，并采取以下管理措施：

① 在添加、修改和删除用户账号或操作权限前，应履行严格的审批手续。

② 用户间不得共用同一个访问账号及密码。

（4）对用户密码管理采取下列措施，降低用户密码遭窃取或泄露的风险：

① 对不同用户账号设置不同的初始密码。用户首次登录云计算系统时，应强制要求其更改初始密码。

② 用户密码长度不得少于 6 位，应由数字和字母组成，不得设置简单密码。

③ 云计算系统强制要求用户定期更改登录密码，修改周期最长不得超过 3 个月，否则将予以登录限制。

④ 对密码进行加密保护，密码明文不得以任何形式出现。

⑤ 重置用户密码前必须对用户身份进行核实。

（5）用户账号登录控制。

用户登录云计算系统连续失败达到 5 次的,应暂时冻结该用户账号。经云计算系统管理员验证用户身份并通过后,再恢复其用户账号。

用户登录云计算系统后,工作暂停时间达到或超过 10min 的,云计算系统应要求用户重新登录并验证身份。

2) 用户账号加密

用户账号在整个传输过程和云计算平台系统中必须加密:

用户账号信息在传输过程中需采取足够的安全措施以保障信息安全。

(1) 账号信息通过互联网或无线网络传输时,必须进行加密或在加密通道(如 SSL、TLS 和 IPSec)中传输。

(2) 采用无线方式传输账号信息时,应使用 WiFi 保护访问技术(WPA 或 WPA2)、IPSec VPN 或 SSL、TLS 等进行加密保护。

(3) 禁止通过电子邮件传输未加密的用户账号信息。

3) 云计算用户账号信息的销毁

对于以下已到期或已经使用完毕的账号信息,均应建立严格的销毁登记制度:

(1) 因业务需要而存储的账号信息、有效期和身份证件号码。

(2) 纸张、光盘、磁带及其他可移动的数据存储载体等介质中存储的账号信息。

(3) 报废设备或介质中存储的账号信息。

(4) 其他超过保存期限需销毁的账号信息。

用户账号信息的销毁应符合以下要求:

(1) 对于所有需销毁的各类云计算账号信息,应在监督员在场的情况下及时妥善销毁。

(2) 对于不同类别账号信息的销毁,应分别建立销毁记录。销毁记录至少应包括使用人、用途、销毁方式与时间、销毁人签字和监督人签字等内容。

3. 云计算系统安全审计

相对于传统 IT 系统,云计算系统的分层架构体系使得其日志信息对于运行维护、安全事件追溯和取证调查等方面来说更为重要,云计算系统应通过建立安全审计系统进行统一、完整的审计分析,通过对各类云计算系统日志的安全审计提高对违规事件的事后审查能力。

(1) 建立完善的云计算系统日志记录及审核机制,日志的内容应包括用户 ID、操作日期及时间、操作内容、操作是否成功等。云计算相关系统应对以下事件记录日志:

① 用户对账户信息的访问。

② 登录系统的方式。

③ 失败的访问尝试。

④ 用户的操作记录。

⑤ 对系统日志的访问。

⑥ 其他涉及账户信息安全的系统记录。

(2) 采取有效措施,确保云计算用户活动日志的准确性和完整性。

① 云计算所有重要系统时间应保持同步,以真实记录系统访问及操作情况。

② 及时将云计算平台生成的各类日志备份到专用日志服务器或安全介质中。

③ 采用监控软件保证日志的一致性与完整性。

④ 每天应对日志进行审核,系统日志记录至少保存半年或更长的时间。

8.5.5　云计算应用安全策略部署

本章上述内容主要从技术层面系统阐述了云计算应用的安全防护方案，而对于不同的云计算应用而言，其在进行安全策略部署时的侧重点也有所不同。本节以两种典型的云计算应用服务——公共基础设施云和企业私有云为例，对其应用安全策略部署提出建议。

1. 公共基础设施云安全策略

云服务提供商的公共基础设施云主要基于云计算平台的 IT 基础设施为用户提供租用服务，如 IDC 等。对于该类云服务而言，一方面其仍然是基于传统的 IT 环境，面临的安全风险和传统的 IT 环境并没有本质的不同；另一方面，云服务模式、运营模式和云计算新技术的引入，给云服务提供商带来了比传统 IT 环境更多的安全风险。

对于公共基础设施云服务而言，重点需要解决云计算平台安全、多租户模式下的用户信息安全隔离、用户安全管理以及法律法规遵从（regulatory compliance）等方面的安全问题。由于公有云平台承载了海量的用户应用，如何保障云计算平台的安全、高效运营至关重要。而在公有云典型的多租户应用环境下，能否实现用户信息的安全隔离直接关系到用户的安全隐私能否得到有效保护。同时法律法规遵从也是非常重要的内容，作为云服务提供商对外提供服务，需要满足相关法律法规要求。

对于云服务提供商而言，当前云计算服务还处在演进阶段，实现全面的安全功能和技术要求并非一蹴而就，需要结合具体的业务应用发展，循序渐进地开展安全部署和管理工作。其主要安全部署策略可包括如下内容：

（1）基础安全防护。建立公共基础设施云的安全体系，保障云计算平台的基础安全，主要包括构建涵盖云计算平台基础网络、主机和管理终端等基础设施资源的安全防护体系，建设云平台自身的用户管理、身份鉴别和安全审计系统等。针对一些关键应用系统或 VIP 客户，可考虑建设容灾系统，进一步提升其应对突发安全事件的能力。

（2）数据监管风险规避。目前国际社会对日趋全球化的云计算服务中的跨境数据存储、流动和交付的监管政策尚未达成一致，在发生安全事件后如何对造成的损失进行评估及赔偿存在较多争议，因此，云服务提供商需要在商业合同中的司法管辖权和服务水平协议（SLA）条款中对此进行合理设定，并对运营管理制度、业务提供的合规性进行合理规范，以规避不必要的经营风险。

（3）安全增值服务提供。在构建基础设施层面的安全防护体系的基础上，为进一步提高用户的黏性，为用户提供可选的应用、数据及安全增值服务，提高安全服务的商业价值，同时为提高用户对安全性的感知度，可通过安全报表、安全外设等方式实现安全增值服务的显性化。

2. 企业私有云安全策略

对于很多大中型企业而言，目前还不能接受公有云服务的安全性，主要焦点在于企业对数据直接控制权的弱化。因此，这些企业主要通过在内部打造私有云来提高自身关键业务的服务质量、成本控制水平和管理自动化水平。通过构建私有云，可以让企业实现对其数据和资源的完全控制，在安全性、法律法规遵从以及服务质量方面更加具有保障，也更加容易集成现有应用。这样可以在获得云计算所带来的好处的同时,又能管理云架构。

一般来说,私有云部署在企业内部,和公有云相比,用户对其物理乃至安全性的控制更为直接。因此,总体上讲,私有云的安全部署策略相对于公有云来说要简单些。一方面,私有云一般部署在企业网内部,不是完全开放在互联网上;另一方面,私有云在用户管理和上层应用等方面相对于公有云而言较为单一,因而有助于实施较为一致的安全策略。

由于私有云一般承载着企业的日常运作流程或重要信息系统,其安全性和安全稳定运行对于企业的正常运作非常重要。在构建私有云安全防护体系时,除了需要在网络层、虚拟化层、操作系统、私有云平台自身应用和用户安全管理、安全审计和入侵防范等层面进行安全策略部署,做好基础的安全防护工作,同时还应满足如下要求:

(1) 与现有 IT 系统安全策略相兼容。一般来说,私有云是渐进式部署的,而不是一次性部署的。因此,私有云安全架构将能够与其他安全基础架构交换、共享安全策略,以满足企业的整体安全策略要求。

(2) 具备安全回退机制。需要对企业关键应用和相关重要信息进行定期备份,并制订相关应急处理预案,在私有云发生突发安全事件后,能够快速恢复,甚至可以回退到传统 IT 应用平台。

8.6　云安全技术解决方案

以上对云安全研究的进展进行了阐述。从整体上来说,国际上关于云计算安全问题的研究也刚刚起步,虽然很多组织机构在积极地对云计算的安全问题进行分析和研究,但目前只有 CSA 以及微软、谷歌和亚马逊等几个为数不多的组织机构能够比较清晰地提出各自对云计算安全问题的基本认识以及关于云计算安全问题的初步解决方案。下面对主流企业的云安全研究进展及技术解决方案进行阐述。

1. 微软公司的云安全研究进展及技术解决方案

微软公司的云计算平台叫作 Windows Azure。在 Windows Azure 上,微软公司通过采用强化底层安全技术性能、使用所提出的 Sydney 安全机制,以及在硬件层面上提升访问权限安全等一系列技术措施为用户提供一个可信任的云,从私密性、隔离、加密、数据删除、完整性、可用性和可靠性 7 个方面保证云安全。

(1) 私密性。Windows Azure 通过身份和访问管理、SMAPI 身份验证、最少特权用户软件、内部控制通信量的 SSL 双向认证、证书和私有密钥管理、Windows Azure Storage 的访问控制机制等来保证用户数据的私密性。

(2) 隔离。把不同的数据适当地进行隔离,作为一种保护方式。微软公司提供了 Root OS 和 Guest VMs 隔离、Fabric Controllers 隔离、包过滤、VLAN 隔离、用户访问的隔离 5 种隔离方式,为用户数据提供保护。

(3) 加密。在存储和传输中对数据进行加密,确保数据的保密性和完整性。此外,针对关键的内部通信,使用 SSL 加密进行保护。作为用户的选择之一,Windows Azure SDK 扩展了核心 .NET 类库,以允许开发人员在 Windows Azure 中整合 .NET 加密服务提供商(Cryptographic Service Provider,CSP)。

（4）数据删除。Windows Azure 的所有存储操作和删除操作被设计成即时一致的。一个成功执行的删除操作将删除所有相关数据项的引用，使得它无法再通过存储 API 访问。所有被删除的数据项在之后被垃圾回收。正如一般的计算机物理设备一样，物理二进制数据在相应的存储数据块为了存储其他数据而被重用的时候会被覆盖。

（5）完整性。微软的云操作系统以多种方式提供这一保证。对客户数据的完整性保护的首要机制是通过 Fabric VM 设计本身提供的。每个 VM 被连接到 3 个本地虚拟硬盘驱动器（VHD）：C 驱动器包含配置信息、paging 文件和其他存储；D 驱动器包含多个版本的 Guest OS 中的一个，保证安装了最新的相关补丁，并能由用户自己选择；E 驱动器包含一个被 FC 创建的映像，该映像是基于用户提供的程序包的。另外存储在 C 驱动器中的配置文件是另一个主要的完整性控制器。至于 Windows Azure 存储，完整性是通过使用简单的访问控制模型来实现的。

每个存储账户有两个存储账户密钥，用来控制所有对存储账户中的数据的访问，因此对存储账户密钥的访问提供了对相应数据的完全控制。Fabric 自身的完整性在引导程序和操作中都被精心管理。

（6）可用性。Windows Azure 提供了大量的冗余级别来提升用户数据可用性。数据在 Windows Azure 中被备份到 Fabric 中的 3 个不同的节点来最小化硬件故障带来的影响。用户可以通过创建第二个存储账户来利用 Windows Azure 基础设施的地理分布特性实现热失效备援功能。

（7）可靠性。Windows Azure 通过记录和报告来让用户了解这一点。监视代理（Monitor Agent，MA）从包括 FC 和 Root OS 在内的许多地方获取监视和诊断日志信息并写到日志文件中，最终将这些信息的子集推送到一个预先配置好的 Windows Azure 存储账户中。此外，监视数据分析服务是一个独立的服务，能够读取多种监视和诊断日志数据并总结信息，将其写到集成化日志中。

2. 谷歌公司的云安全研究进展及技术解决方案

在 2010 年，为使其安全措施、政策及涉及谷歌公司应用程序套件的技术更透明，谷歌公司发布了一份白皮书，向当前和潜在的云计算客户阐明了其强大而广泛的安全基础。此外，谷歌公司在云计算平台上还创建了一个特殊门户，供使用其应用程序的用户了解其隐私政策和安全问题。

谷歌公司的云计算平台主要从 3 个部分着手保障云安全：

（1）人员保证。谷歌公司雇用了一个全天候的顶级信息安全团队，负责公司周围的防御系统并编写文件，实现谷歌公司的安全策略和标准。

（2）流程保证。应用要经过多次安全检查。在安全代码开发过程中，对应用开发环境有严格控制并认真调整到最高的安全性能。外部的安全审计也有规则地实施，以提供额外的保障。

（3）技术保证。为降低开发风险，每个谷歌服务器只安装必需的软件组件，而且在需要的时候，服务器架构能够实现全网的快速升级和配置改变。数据被复制到多个数据中心，以获得冗余的和一致的可用性。在安全上，实现了可信云安全产品管理、可信云安全合作伙伴管理、云计算合作伙伴自管理、可信云安全的接入服务管理和可信云安全企业自管理。在可信云安全系统技术动态 IDC 解决方案中，采取面向服务的接口设计、虚拟化服务、系统监控服务、配置管理服务和数据保护服务等方法,实现了按需服务、资源池、高可扩展性、弹性服务、自服务、自动化和虚拟化、便捷网络访问和服务可度量等特点。

3. 亚马逊公司的云安全研究进展及技术解决方案

亚马逊公司是互联网上最大的在线零售商,同时它也为独立开发人员以及开发商提供云计算服务平台。亚马逊是最早提供远程云计算平台服务的公司,它的云计算平台称为弹性计算云(Elastic Compute Cloud,EC2)。亚马逊从主机系统的操作系统、虚拟实例操作系统和客户操作系统、防火墙以及 API 呼叫多个层次为 EC2 提供安全保障,以防止亚马逊EC2 中的数据被未经认可的系统或用户拦截,并在不牺牲用户要求的配置灵活性的基础上提供最大限度的安全保障。

EC2 系统主要包括以下组成部分:

(1) 主机操作系统。具有进入管理面业务需要的管理员被要求使用多因子的认证以获得目标主机的接入。这些管理主机都被专门设计、建立、配置和加固,以保证云的管理面,所有的接入都被记录并审计。当一个员工不再具有这种进入管理面的业务需要时,对这些主机和相关系统的接入和优先权被取消。

(2) 客户操作系统。虚拟实例由用户完全控制,对账户、服务和应用具有完全的根访问和管理控制权限。AWS(Amazon Web 服务)对用户实例没有任何接入权,不能登录用户的操作系统。AWS 推荐了一个最佳实践的安全基本集,包括不再允许用户只用密码访问他们的主机,而是利用一些多因子认证获得访问他们的实例。另外,用户需要采用一个能登录每个用户平台的特权升级机制。例如,如果用户的操作系统是 Linux,在加固他们的实例后,他们应当采用基于认证的 SSHv2 来接入虚拟实例,而不允许远程登录、使用命令行日志以及使用 sudo 进行特权升级。

(3) 防火墙。亚马逊 EC2 提供了一个完整的防火墙解决方案。这个本地的强制防火墙配置为默认的 deny-all 模式,亚马逊 EC2 用户必须显式地打开允许对内通信的端口。通信可能受协议、服务端口以及附近的源设定接口的网络逻辑地址的限制。防火墙可以配置在组中,允许不同等级的实例有不同的规则。

(4) 实例隔离。运行在相同物理主机上的不同实例通过 Xen 程序相互隔离。另外,AWS 防火墙位于管理层,在物理网络接口和实例虚拟接口之间。所有的包必须经过这个层,从而使一个实例附近的实例与网上的其他主机相比没有任何多余的接入方式,并可认为它们在单独的物理主机上。物理 RAM 也使用相同的机制进行隔离。客户实例不能得到原始磁盘设备,而是提供虚拟磁盘。AWS 所有的磁盘虚拟化层自动复位用户使用的每个存储块,以便用户的数据不会无意地暴露给另一用户。AWS 还建议用户在虚拟磁盘上使用一个加密的文件系统,以进一步保护用户数据。

4. 中国电信的云安全研究进展及技术解决方案

作为拥有全球最大的固话网络和中文信息网络的基础电信运营商,中国电信一直高度关注云计算的发展。对于云安全,中国电信认为,云计算应用作为一项信息服务模式,其安全与应用托管服务等传统 IT 信息服务并无本质上的区别,只是由于云计算的应用模式及底层架构的特性,使得它在具体安全技术及防护策略实现上有所不同。为有效保障云计算应用的安全,需在采取基本的 IT 系统安全防护技术的基础上,结合云计算应用的特点,进一步集成数据加密、VPN、身份认证和安全存储等综合安全技术手段，构建面向云计算应用的纵深安全防御体系，并重点解决如下问题：

（1）云计算底层技术架构安全。如虚拟化安全和分布式计算安全等。

（2）云计算基础设施安全。保障云计算系统稳定性及服务连续性。

（3）用户信息安全。保护用户信息的可用性、保密性和完整性。

（4）运营管理安全。加强运营管理，完善安全审计及溯源机制。

随着云计算部署和实施规模的日益扩大，对云安全的研究及技术解决方案的探索将持续深入。微软、谷歌和亚马逊等 IT 巨头以前所未有的速度和规模推动云计算的普及和发展，而云安全技术推出的时间不长，且网络威胁是动态变化的，所以云安全技术将长期处于不断研发、完善和前进的过程中，各大公司都在积极地应对云安全问题。对云计算主流企业的云安全研究进展和解决方案进行分析和跟踪，对我国云计算安全事业的发展有很大的现实意义。

习题 8

1. 对操作系统、数据库管理系统和中间件进行比较。

2. 按网络功能子系统细分，有哪几类网络中间件？

3. 安全中间件产品一般基于什么体系思想？

4. 简述云计算逻辑结构。

5. 云计算的主要服务形式有哪几种？

6. 云安全主要包含哪两个方面的含义？

7. 要想建立云安全系统，并使之正常运行，需要解决哪 4 个方面的问题？

8. 简述云计算的核心技术。

9. 绘图说明云计算安全技术体系框架。

10. 简要说明云计算平台的安全域划分的基本原则。

11. 简述主流企业的云安全研究进展及技术解决方案。

第五部分　物联网综合应用层安全

第9章 信息隐藏技术原理

人们往往认为对通信内容加密即可保证通信的安全,然而在实际中这是远远不够的。

对通信安全的研究不仅包括加密技术,还包括以隐藏信息为根本的信息隐藏技术。这一学科包含如下一些技术:发散谱广播,它广泛用于战术军事系统,目的是防止发送者被敌方定位;临时的移动用户标志,用于数字电话中,目的是防止用户的位置被跟踪;匿名转发邮箱,它可以隐藏一份电子邮件的发送者信息。

前面讨论的各种密码系统保护机密信息的方法是将机密信息加密。加密后的信息将变为不可识别的乱码,但这也提醒攻击者:这是机密信息。如何隐藏机密信息的存在是本章要讨论的主要问题。

9.1 信息隐藏技术概述

采用传统密码学理论开发的加解密系统的致命缺点是明确地提示了攻击者哪些是重要信息。随着硬件技术的迅速发展,以及基于网络实现的具有并行计算能力的破解技术的日益成熟,传统的加密算法的安全性受到了严重挑战。

1992年,人们提出了一种新的关于信息安全的概念——信息隐藏(information hiding),即将关键信息秘密地隐藏于一般的载体(图像、声音、视频或一般的文档)中发行或通过网络传递。由于非法拦截者从网络上拦截的伪装后的关键信息并不像传统加密过的文件一样,看起来是一堆会激发非法拦截者破解关键信息动机的乱码,而是看起来和其他非关键性的信息无异的明文信息,因而十分容易逃过非法拦截者的破解。

信息隐藏是一个崭新的研究领域,横跨数字信号处理、图像处理、语音处理、模式识别、数字通信、多媒体技术和密码学等多个学科。它把一个有意义的信息(如含有版权信息的图像)通过某种嵌入算法隐藏到载体信息中,从而得到隐秘载体,非法者不知道这个载体信息中是否隐藏了其他的信息,即使知道,也难以提取或去除隐藏的信息。信息隐藏的载体通过信息通道到达接收方后,接收方通过检测器和密钥从中检测和恢复隐藏的秘密信息。通常信息隐藏的载体可以是文字、图像、声音及视频等。

9.1.1 信息隐藏概述

信息隐藏是指在设计和确定模块时,使得一个模块内包含的特定信息(过程或数据)对于不需要这些信息的其他模块来说是透明的。

1. 简介

"隐藏"的意思是通过定义一组相互独立的模块来实现有效的模块化,这些独立的模块彼此之间仅仅交换那些为了完成系统功能所必需的信息，而将自身的实现细节与数据隐藏起来。信息隐藏为软件系统的修改、测试及以后的维护都带来了好处。通过抽象，可以确定组成软件的过程实体。通过信息隐藏，可以定义和实施对模块的过程细节和局部数据结构的存取限制。

2. 发展历史

信息隐藏起源于古老的隐写术。例如，在古希腊战争中，为了安全地传送军事情报，奴隶主剃光奴隶的头发，将情报文在奴隶的头皮上，待奴隶的头发长起来后，再派他出去传送消息。

我国古代也早有以藏头诗、藏尾诗、漏格诗及绘画等形式将要表达的意思和密语隐藏在诗文或画卷中的特定位置的方法，一般人只注意诗或画的表面意境，而不会去注意或破解隐藏于其中的密语。

信息隐藏的发展历史可以一直追溯到匿形术（steganography）的使用。匿形术一词来源于古希腊文中“隐藏的”和“图形”两个词语的组合。虽然匿形术与密码术（cryptography）都是致力于信息保密的技术，但是，两者的设计思想却完全不同。密码术主要通过设计加密技术使保密信息不可读，但是对于非授权者来讲，虽然他无法获知保密信息的具体内容，却能意识到保密信息的存在；而匿形术则致力于通过设计精妙的方法，使得非授权者根本无从得知保密信息的存在与否。相对于现代密码学来讲，信息隐藏的最大优势在于它并不限制对主信号的存取和访问，而是致力于隐秘信号的安全保密性。

3. 现代应用

信息隐藏的优势决定了它可广泛地应用于电子交易保护、保密通信、版权保护、复制控制及操作跟踪、认证和签名等各个领域。

根据处理方法和应用领域的不同，信息隐藏技术主要分为数字水印技术和隐藏通信技术两大类。其中，版权保护、复制控制和操作跟踪等领域主要使用信息隐藏技术中的数字水印技术，而网络信息安全则主要使用信息隐藏技术的另一个分支——隐藏通信技术。

信息隐藏技术在以下几个方面得到广泛应用。

1）隐藏通信

隐藏通信用于电子商务信息的安全通信，保护嵌入载体中的信息。采用隐藏通信技术将机密商务信息隐藏在普通多媒体信息中传输。由于网上存在大量的多媒体信息，使得隐藏信息难以被攻击者发现或窃取。在电子商务中，隐藏通信可以用于传输一些机密商务信息。

2）数据保密

在互联网上传输电子商务中的敏感信息、谈判双方的秘密协议和合同、网上银行交易中的敏感数据信息、重要文件的数字签名和个人隐私等数据，要防止非授权用户截获并使用这些数据，为此，可以将这些数据以信息隐藏的方式传递给对方，这样就能以一种难以觉察的形式完成与对方的通信。

3）数据的完整性

数据的完整性主要是进行认证和篡改检测，确认数据在网上传输或存储过程中并没有被篡改。即在图像等多媒体数据中事先嵌入完整性信息，然后在检测时提取此信息，用来确定数据是否被修改过。这主要用于法庭、医学、新闻、商业和军事等场合,尤其是军事中可能被敌方伪造、篡改的作战命令等。对这些数据都需要进行完整性认证,确定数据的完整性。

4) 版权保护

由于数字作品具有易复制、易修改的特点,数字作品的版权受到严重威胁。使用数字水印技术,在数字作品中嵌入创建者或所有者的标识信息,在发生版权纠纷时,提取其中的数字水印来验证版权所有者。用于版权保护的数字水印一般具有很强的鲁棒性,除了能在一般图像处理(如滤波、加噪声、转换、压缩等)中完整保存下来外,还能抵抗一些恶意攻击。

数字水印技术是在数字媒体中嵌入某种不可感知的信息,对数字媒体进行标识,从而达到版权保护、复制控制和操作跟踪等目的。在版权保护中,将版权信息嵌入数字作品(包括图像、音频、视频和文本)来达到标识、注释以及版权保护的目的。发展到今天,数字水印技术的应用已经比较成熟,在货币、邮票、股票、产品的仿伪证书上都得到了应用,主要用来辨别真伪。

数字水印的主要应用领域是以下 5 个方面:

(1) 版权保护。

(2) 加指纹。

(3) 标题与注释。

(4) 篡改提示。

(5) 使用控制。

数字水印的一类典型应用是在电视节目画
面中嵌入电视台标志,如图 9.1 所示。

图 9.1　数字水印的应用——电视台标志

5) 数字指纹

为了避免数字产品被非法复制和散发,作者可在其每个产品副本中分别嵌入不同的水印(称为数字指纹)。如果发现了未经授权的复制,则通过检索指纹来追踪其来源。在此类应用中,数字指纹必须是不可见的,而且能抵抗恶意的擦除、伪造及合谋攻击等。

6) 使用控制

在特定的应用系统中,多媒体内容需要特殊的硬件来复制和播放,插入水印来标识允许的副本数,每复制一份,进行复制的硬件就会修改水印内容,将允许的副本数减 1,以防止大规模的盗版。

7) 内容保护

在一些特定应用中,数字产品的所有者可能希望要出售的数字产品能被公开自由地预览,以尽可能多地招揽潜在的顾客,但也需要防止这些预览内容被他人用于商业目的,因此,这些预览内容被自动加上可见的但难以除去的水印。

8) 票据防伪

无论是传统商务还是电子商务,买卖双方都需要一定的票据作为交易的凭证。报价单、还盘单和订货单等电子票据在电子商务中占据着重要地位。随着高质量图像输入输出设备的发展,使得货币、支票以及其他票据的伪造变得更加容易。在数字票据中隐藏的水印经过打印后仍然存在,可以通过扫描将其还原为数字形式,从中提取防伪水印,以证实票据的真实性。

9) 真实性鉴别

尽管数字产品的真实性鉴别(认证)可通过数字签名来完成,但利用同内容密不可分的易损水印技术认证简化了处理过程。易损水印由数字作品的内容通过散列函数得到，隐藏在数字作品中。当数字作品内容发生改变时，易损水印会发生一定程度的改变，从而可以鉴定原始数据是否被篡改。易损水印对一般图像处理有较强的鲁棒性，同时要求具有较强的敏感性，即允许一定程度的失真，又能将失真情况检测出来。

10）不可抵赖性

使用数字水印技术，在交易中的任何一方发送或接收信息时，将各自的特征标记以水印的形式加入传递的信息中，这种水印应是不能被去除的，以达到确认其行为的目的。

在网上交易中，通过将各自的特征标记以不能被去除的水印的形式加入传递的信息中，使得交易双方的任何一方都不能抵赖自己曾经做出的行为，也不能否认曾经接收到对方的信息，从而达到防抵赖的目的。

11）数字水印与数字签名相结合

将数字签名信息以数据形式隐藏到普通印章图像中，与图像合二为一，能够取得"白纸黑字"的书面凭证，而且可以对纸质文档进行签名。打印后仍能提取签名，使得文件具有双重安全效果。

根据隐藏载体的不同，可以将信息隐藏技术分为文本隐藏、语音隐藏、视频隐藏和二进制隐藏。随着保密通信和密码学等相关科学技术的空前发展，现在又有许多崭新的信息隐藏技术出现并在实践中得到了广泛的应用和发展。

9.1.2　信息隐藏技术和密码技术的区别

密码技术主要研究如何对机密信息进行特殊的编码，以形成不可识别的密码形式（密文）进行传递；对加密通信而言，攻击者可通过截取密文，并对其进行破译，或将密文进行破坏后再发送，从而影响机密信息的安全。

信息隐藏主要研究如何将某一机密信息隐藏于另一公开的信息中，然后通过公开信息的传输来传递机密信息。对信息隐藏而言，攻击者难以发现公开信息中隐藏着机密信息，增加截获机密信息的难度，从而保证机密信息的安全。

信息隐藏的基本思想起源于古代的隐写术。信息隐藏不同于加密，其目的在于保证隐藏数据不被发现。隐藏的数据量与隐藏信息被察觉的可能性始终是一对矛盾，目前还不存在一种完全满足这两种要求的信息隐藏方法。

信息隐藏技术和密码技术的区别在于：密码仅仅隐藏了信息的内容，而信息隐藏不但隐藏了信息的内容，而且隐藏了信息的存在。信息隐藏技术提供了一种有别于加密的安全模式。

信息隐藏是把一个有意义的信息隐藏在另一个称为载体（cover）的信息中，得到隐写载体（stego cover）。如图 9.2 所示，非法者不知道这个普通信息中是否隐藏了其他的信息，而且即使知道，也难以提取或去除隐藏的信息。

在信息隐藏中使用的载体可以是文字、图像、声音及视频等。为增加攻击的难度，也可以把加密与信息隐藏技术结合起来，即先对信息 M 加密得到密文 M'，再把 M' 隐藏到载体 C 中，成为隐写载体 S。这样，攻击者要想获得信息，就首先要检测到信息的存在，并知道如何从隐写载体 S 中提取 M' 及如何对 M' 解密以恢复信息 M。

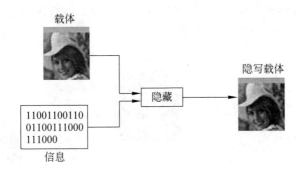

图 9.2　信息隐藏和加密的区别

9.1.3　信息加密和隐藏的 3 种模式

信息加密和隐藏可以分为 3 种模式：信息加密模式、信息隐藏模式和信息加密与隐藏模式。

（1）信息加密模式。对信息进行加密，使用某种方式将明文加密为密文，如图 9.3 所示。

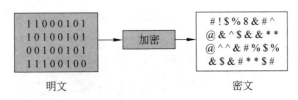

图 9.3　信息加密模式

（2）信息隐藏模式。将信息隐藏在载体中，形成带有信息的隐写载体，再进行信息传输，如图 9.4 所示。

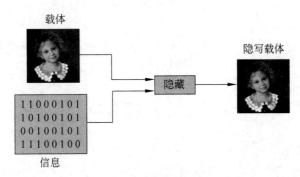

图 9.4　信息隐藏模式

（3）信息加密与隐藏模式。对信息进行加密，然后隐藏在载体中，形成带有加密信息的隐写载体，再进行信息传输，如图 9.5 所示。

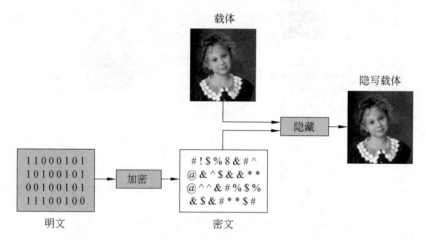

图 9.5　信息加密与隐藏模式

9.1.4　信息隐藏的分类

1. 信息隐藏技术的主要分支

信息隐藏技术的主要分支与应用如图 9.6 所示。

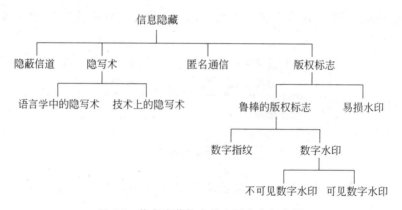

图 9.6　信息隐藏技术的主要分支与应用

1）隐蔽信道

隐蔽信道由 Lampson 定义为在多级安全水平的系统环境（如军事计算机系统）中既不是专门设计的也不打算用来传输信息的通信路径。

2）隐写术

隐写术是不让预定的接收者之外的任何人知道信息的传递事件（而不只是信息的内容）的一门技巧与科学。

3）匿名通信

匿名通信就是寻找各种途径来隐藏通信消息的主体，即消息的发送者和接收者。Web 应用强调接收者的匿名性，而电子邮件用户更关心发送者的匿名性。

4）版权标志

版权标志包括鲁棒的版权标志和易损水印。

2. 其他分类方法

信息隐藏技术除以上分类方法外,还有其他分类方法,具体如下:

（1）按载体类型分类。包括基于文本、图像、声音和视频的信息隐藏技术。

（2）按密钥分类。若嵌入和提取采用相同密钥,则称为对称隐藏算法,否则称为公钥隐藏算法。

（3）按嵌入域分类。主要可分为空域（或时域）方法及变换域方法。

（4）按提取的要求分类。若在提取隐藏信息时不需要利用原始载体,则称为盲隐藏,否则称为非盲隐藏。

（5）按保护对象分类。主要可分为隐写术和水印技术。隐写术的目的是在不引起任何怀疑的情况下秘密传送消息,因此它的主要要求是不被检测到和大容量等。数字水印是指嵌入数字产品中的数字信号,可以是图像、文字、符号和数字等一切可以作为标识和标记的信息,其目的是进行版权保护、所有权证明、指纹（追踪发布多份副本）和完整性保护等。

9.2　信息隐藏技术原理

信息隐藏是集多门学科理论技术于一身的新兴技术领域,它利用人类感觉器官对数字信号的感觉冗余,将一个信息（秘密）隐藏在另一个信息（载体）中。由于隐藏后外部表现的只是载体信息的外部特征,故并不改变载体信息的基本特征和使用价值。

数字信息隐藏技术已成为信息科学领域研究的一个热点。被隐藏的秘密信息可以是文字、密码、图像、图形或声音,而作为载体的公开信息可以是一般的文本文件、数字图像、数字视频和数字音频等。

9.2.1　信息隐藏技术的组成

1. 秘密和载体

待隐藏的信息称为秘密（secret）,它可以是版权信息或秘密数据,也可以是一个序列号;而公开信息则称为载体（cover）,如视频和音频片段等。

这种信息隐藏过程一般由密钥（key）来控制,通过嵌入算法（embedding algorithm）将秘密隐藏于载体中,而隐写载体（隐藏有秘密的载体）则通过通信信道（communication channel）传递,然后对方的检测器（detector）利用密钥从隐写载体中恢复或检测出秘密。

2. 信息隐藏技术的组成

信息隐藏技术主要由下述两部分组成（见图 9.7）:

（1）信息嵌入算法（编码器）,它利用密钥来实现秘密的隐藏。

（2）隐藏信息检测/提取算法（检测器）,它利用密钥从隐写载体中检测或恢复出秘密。

在密钥未知的前提下,第三者很难从隐写载体中得到或删除甚至发现秘密。

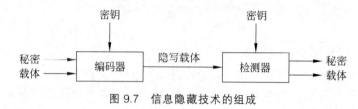

图 9.7　信息隐藏技术的组成

3. 信息隐藏系统的特性

信息隐藏系统具有鲁棒性、不可检测性、透明性、安全性、自恢复性和可纠错性。

1）鲁棒性

鲁棒性(也称健壮性)指不因宿主文件的某种改动而导致隐藏信息丢失的能力。

2）不可检测性

不可检测性指隐写载体与载体具有一致的特性,如具有一致的统计噪声分布,以便使非法拦截者无法判断是否藏有秘密。

3）透明性

利用人类视觉系统或人类听觉系统的特性,经过一系列隐藏处理,使载体数据没有明显的质量降低现象,而隐藏的信息却无法人为地看见或听见,这种特性称为透明性。

4）安全性

隐藏的信息内容应是安全的,最好经过某种加密后再隐藏。同时,隐藏的具体位置也应是安全的,至少不会因格式变换而遭到破坏。

5）自恢复性

由于经过一些操作或变换后,可能会使载体信息产生较大的变化。如果只利用留下的一部分数据就能恢复隐藏信息,而且恢复过程中不需要载体信息,这就是自恢复性。

6）可纠错性

为了保证隐藏信息的完整性,使其在经过各种操作和变换后仍能很好地恢复,通常采取纠错编码方法。

4. 信息隐藏的通用模型

信息隐藏的通用模型如图 9.8 所示。

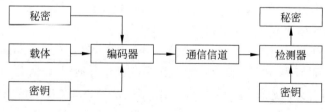

图 9.8　信息隐藏的通用模型

9.2.2　信息隐藏技术的基本模型和关键实现技术

信息隐藏将在未来的网络中保护信息不受破坏方面起到重要作用,信息隐藏是把机密信息隐藏在大量信息中,不让攻击者发觉的一种方法。

1. 信息隐藏的基本模型

信息隐藏技术的主要内容包括信息嵌入算法和提取算法。信息隐藏的基本模型如图 9.9 所示。

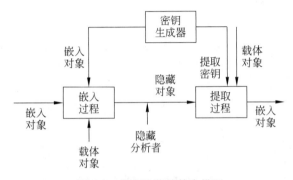

图 9.9　信息隐藏的基本模型

(1) 嵌入对象。信息隐藏嵌入过程的输入内容之一,指需要隐藏在其他载体中的对象。嵌入对象将在信息提取过程中被恢复出来,但是由于隐藏对象在传输过程中有可能受到隐藏分析者的攻击,提取过程通常只能正确恢复嵌入对象的一部分。

(2) 载体对象。指用于隐藏嵌入对象的载体,在一些信息隐藏系统的提取过程中也需要载体对象的参与。

(3) 隐藏对象。嵌入过程的输出内容,指将嵌入对象隐藏在载体对象中之后得出的结果。隐藏对象应该与载体对象具有相同的形式,并且为了达到不引人注目的效果,还要求二者之间的差异是不可感知的。

(4) 密钥。指在信息隐藏过程中可能需要附加的秘密资料。

2. 信息隐藏的关键实现技术

信息隐藏的关键实现技术包括空间域法、变换域法和信道隐藏法。

1) 空间域法

在空间域实现信息隐藏,多采用替换法。由于人类感觉系统的有限性,对于某些感觉变化不敏感,可直接用准备隐藏的信息来替换载体中的数据,但不会影响到载体的可见性。

2) 变换域法

将信息隐藏在载体的重要位置。与空间域法相比,变换域法对诸如压缩、修剪等处理的鲁棒性更强。变换域法一般在正交变换域(主要有离散傅里叶变换域、离散余弦变换域、离散小波变换域和梅林-傅里叶变换域)中实现。

小波域中的信息隐藏是新的研究方向。它可以充分利用人类的视觉模型和听觉模型的一些空间-频率特性，使嵌入信息的不可见性和鲁棒性都得到改善。

3）信道隐藏法

信道隐藏是利用信道的一些固有特性进行信息隐藏，主要包括网络模型中的信息隐藏和扩频信息隐藏。网络模型中的信息隐藏是指利用网络的控制信号或通信协议等媒介中的一些固定空闲位置或信号进行秘密信息的传送，以达到信息隐藏的目的。扩频通信技术提供了一种低检测概率抗干扰的通信手段，它使检测和去除信号变得困难，因而基于扩频技术的信道隐藏技术具有相当强的鲁棒性。

9.3 匿名通信技术

匿名通信技术是将秘密信息隐藏于某种公开的数字媒体中，使秘密信息能够在通信网络中安全传输的保密通信技术，根据隐写载体的不同可以分为文本隐写、语音隐写、视频隐写和二进制隐写。

下面介绍两种典型的匿名通信机制。

1. 源重写技术

源重写技术采用多重路由转发策略，发送者匿名。基于中转部件对数据包包头的修改、内容的重新编码和长度的变化，源重写技术可以在一定程度上抵抗匿名攻击，如图9.10所示。

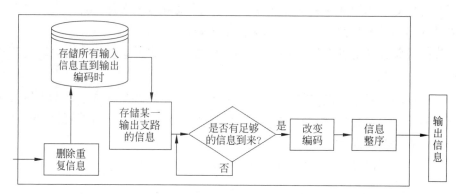

图 9.10　源重写技术

该技术的缺点是增加了服务延迟，增加了系统转发部件的负荷，降低了有效匿名带宽，增加了系统路由选择和密钥分发保存的代价。

2. Crowds系统模型

Crowds系统模型如图9.11所示。A的浏览器首先将Web服务请求交给本地的代理，所经过路径是复杂路径，即一个节点可能在路径上出现多次。其中转发路径为A→C→E→D→G→B→E→Web服务器。

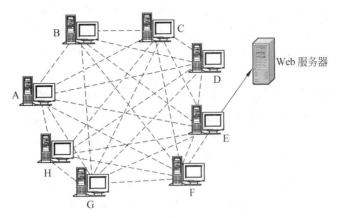

图 9.11　Crowds 系统模型

9.4　隐写术

根据嵌入算法,可以把隐写术分成以下 6 类:

(1) 替换系统。用秘密信息替代隐写载体的冗余部分。

(2) 变换域技术。在信号的变换域(如在频域)嵌入秘密信息。

(3) 扩展频谱技术。采用扩频通信的思想。

(4) 统计方法。通过更改隐写载体的若干统计特性对信息进行编码,并在提取过程中采用假设检验方法。

(5) 失真技术。通过信号失真来保存信息,在解码时测量与原始载体的偏差。

(6) 载体生成方法。对信息进行编码以生成用于秘密通信的隐写载体。

隐写术的一个例子如图 9.12 所示。

(a) 内含隐藏图像的载体图像　　　　(b) 隐藏的图像

图 9.12　隐写术的一个例子

图 9.12(a)是一棵树的照片,内含了隐藏的图像。如果把每个颜色分量和数字 3 进行逻辑与运算,再把亮度增强 85 倍,即可得到图 9.12(b)所示的隐藏图像。

载体文件(cover file)相对于隐藏文件的大小(指数据量,以位计)越大,隐藏后者就越容易。

因为这个原因,数字图像(包含大量的数据)在互联网和其他媒介上被广泛用于隐藏信息。例如,一个 24 位的位图中的每个像素的 3 个颜色分量(红、绿和蓝)各使用 8b 来表示。

如果只考虑蓝色，就是说有 2^8 种不同的数值来表示深浅不同的蓝色。而像 11111111 和 11111110 这两个值所表示的蓝色，人眼几乎无法区分，因此，这个最低有效位就可以用来存储颜色之外的信息，而且几乎是检测不到的。如果对红色和绿色进行同样的操作，就可以在 3 个像素中存储 9b 的秘密信息。

更正式地说，要使隐写的信息难以探测，就要保证"有效载荷"（需要被隐藏的信息）对载体的调制对载体的影响看起来可以忽略。也就是说，这种改变应该无法与载体中的噪声加以区别。

从信息论的观点来看，信道的容量必须大于传输载体的需求，这就是信道的冗余。对于一幅数字图像，这种冗余可能是成像单元的噪声；对于数字音频，这种冗余可能是录音或者放大设备所产生的噪声。任何有模拟放大级的系统都会有所谓的热噪声（或称 $1/f$ 噪声），这可以用作掩饰。另外，有损压缩技术（如 JPEG）会在解压后的数据中引入一些误差，将这些误差用于隐写术也是可能的。

隐写术也可以用作数字水印，这里一个信息（往往只是一个标识符）被隐藏到一幅图像中，使得其来源能够被跟踪或校验。

9.4.1 替换系统

1. 最低有效位替换

最低有效位替换是最早被开发出来的，也是使用最为广泛的替换技术。黑白图像通常用 8b 来表示每一个像素的明亮程度，即灰阶值（gray-value）。

彩色图像则用 3B 来分别记录红、绿、蓝 3 种颜色的亮度。将信息嵌入最低有效位，对载体的图像品质影响最小，其嵌入容量最多为图像文件大小的 1/8。

(1) 每个文件只能非压缩地存放一幅彩色图像。

(2) 文件头由 54B 的数据段组成，其中包含该位图文件的类型、大小及打印格式等。

(3) 从第 55 字节开始，是该文件的图像数据部分。数据的排列顺序以图像的左下角为起点，每连续 3B 描述图像一个像素点的颜色信息，这 3B 分别代表红、绿、蓝三基色在此像素中的亮度。例如，某连续 3B 为 00H，00H，FFH，则表示该像素的颜色为纯红色。

一幅 24 位 BMP 图像由 54B 的文件头和图像数据部分组成，其中文件头不能隐藏信息，从第 55 字节开始为图像数据部分，可以隐藏信息。图像数据部分由一系列的 8 位二进制数（字节）组成，每个 8 位二进制数中 1 的个数或者为奇数，或者为偶数。若一个字节中 1 的个数为奇数，则称该字节为奇性字节，用 1 表示；若一个字节中 1 的个数为偶数，则称该字节为偶性字节，用 0 表示。可以用每个字节的奇偶性来表示隐藏的信息。

例如，一段 24 位 BMP 文件的数据为

01100110   00111101   10001111   00011010
00000000   10101011   00111110   10110000

1）奇偶性调整

以上字节的奇偶性值排列在一起为 01110111。现在需要隐藏信息 79，将 79 转化为 8 位二进制数，为 01001111，将这两个数相比较，发现第 3、4、5 位不一致，于是对这段 24 位 BMP 文件数据的某些字节的奇偶性进行调整，使其与 79 转化的 8 位二进制数相一致：

第 3 位：将 10001111 变为 10001110，该字节由奇性变为偶性。

第 4 位：将 00011010 变为 00011011，该字节由奇性变为偶性。

第 5 位：将 00000000 变为 00000001，该字节由偶性变为奇性。

经过这样的调整，此 24 位 BMP 文件数据段字节的奇偶性便与 79 转化的 8 位二进制数完全相同，这样，8B 图像信息便隐藏了 1B 秘密信息。

2）将信息嵌入 BMP 文件

综上所述，将信息嵌入 BMP 文件的步骤如下：

（1）将待隐藏信息转化为二进制数据流。

（2）将 BMP 文件图像数据部分每个字节的奇偶性与上述二进制数据流进行比较。

（3）通过调整字节最低位的 0 或 1 改变字节的奇偶性，使之与上述二进制数据流一致，即将信息嵌入 24 位 BMP 图像中。

3）信息提取

信息提取是把隐藏的信息从隐写载体中读取出来，其过程正好与信息嵌入相反：

（1）判断 BMP 文件图像数据部分每个字节的奇偶性：若字节中 1 的个数为偶数，则输出 0；若字节中 1 的个数为奇数，则输出 1。

（2）每判断 8 个字节，便将输出的 8 位组成一个二进制数（先输出的为高位）。

（3）经过上述处理，得到一系列 8 位二进制数，便是隐藏信息的代码。将代码转换成文本、图像和声音，就是隐藏的信息。

4）嵌入容量阀值

由于原始 24 位 BMP 图像文件隐藏信息后，其字节数值最多变化 1（因为是在字节的最低位加 1 或减 1），该字节代表的颜色浓度最多只变化了 1/256。

嵌入信息的数量与所选取的载体图像的大小成正比。

提高最低有效位替换法嵌入容量的方法有两种：

（1）增加每个像素的替换量。每个像素都替换 3b 的信息时，人眼仍然很难察觉出异样。但直接嵌入 4b 的信息时，在图像灰阶值变化平缓的区域（smooth area）就会出现一些假轮廓（false contouring）。

（2）先考虑每个像素本身的特性，再决定要在该像素中嵌入多少位信息。

2. 基于调色板的图像

对一幅彩色图像，为了节省存储空间，首先将图像中最具代表性的颜色组选取出来，利用 3B 分别记录每个颜色的 R、G、B 值，并且将其存放在文件的头部，这就是调色板。然后针对图像中每个像素的 R、G、B 值，在调色板中找到最接近的颜色，记录其索引值（index）。调色板的颜色总数若为 256，则需要用 1B 来记录每个颜色在调色板中的索引值（仅是这一点就可节省 2/3 的存储空间）。

早期，信息被隐藏在彩色图像的调色板中，利用调色板中颜色排列的次序来表示嵌入的信息。由于这种方法并没有改变每个像素的颜色值，只是改变调色板中颜色的排列号，因此，嵌入信息后的伪装图像与原始图像是一模一样的。

这种方法嵌入的信息量很小，能够嵌入的信息最多为调色板颜色的总数。

有些图像处理软件在产生调色板时，为了减少搜寻调色板的平均时间，会根据图像本身的特性调整调色板颜色的排列次序，自然会暴露出嵌入的行为。

一种可行的调色板方法如下（见图 9.13）：

（1）复制一份调色板，依颜色的亮度排序。

（2）找出欲嵌入信息的像素颜色值在新调色板中的索引值。

（3）取出一位信息，将其嵌入新索引值的最低有效位。

（4）取出嵌入信息后的索引值对应的颜色的 R、G、B 值。

（5）找出这个 R、G、B 值在原始调色板中的索引值。

（6）将这个像素的索引值改成步骤（5）找到的索引值。

原始调色板		新调色板	
索引值	颜色	索引值	颜色
000	黑	000	白
001	红	001	黄
010	白	010	淡红
011	淡红	011	红
100	黄	100	黑

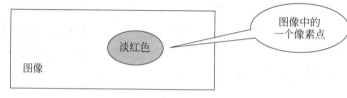

图 9.13　一种可行的调色板方法

9.4.2　变换域技术

最低有效位替换技术的缺点就是替换的信息完全没有鲁棒性，而变换域技术则比较健壮，它是在载体图像的显著区域隐藏信息，能够更好地抵抗攻击。

目前有许多变换域的隐藏方法，最常见的方法是使用离散余弦变换在图像中嵌入信息，使用较多的还有小波变换的方法。

1. 压缩步骤

JPEG 图像压缩标准属于区块压缩技术，每个区块大小为 8 像素×8 像素，由左而右、由上而下依序针对每个区块分别压缩。下面以灰阶图像模式为例来说明，其压缩步骤如下：

（1）将区块中每个像素的灰阶值都减去 128。

（2）将这些值利用离散余弦变换得到 64 个系数。

（3）将这些系数分别除以量化表中对应的值，并将结果四舍五入。

（4）将二维排列的 64 个量化值 Z 形次序转成一维的排列方式。

（5）将一串连续的 0 配上一个非 0 量化值，当成一个符号（symbol），用赫夫曼码来编码。

2. JPEG 文件嵌入与取出系统流程

JPEG 文件嵌入与取出系统流程图如图 9.14 所示。

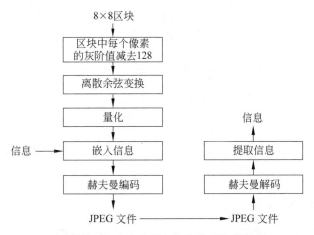

图 9.14　JPEG 文件嵌入与取出系统流程图

9.4.3　对隐写术的攻击

对隐写术的攻击主要有 3 种形式,即检测、提取和破坏。

1. 检测隐藏信息

检测隐藏信息是指寻找明显的、重复的模式,并将原始载体与隐写载体进行比较。

2. 提取隐藏信息

提取隐藏信息是指采取不同的检测技术提取隐藏信息。

3. 破坏隐藏信息

破坏隐藏信息是指使用有损压缩、扭曲、旋转、模糊化和加入噪声等不同方式破坏隐藏信息。

9.5　隐蔽信道

军用通信系统不断拓展信息安全技术的使用,不仅使用加密技术来加密消息的内容,还力图隐藏消息的发送者和接收者甚至消息本身的存在。同样的技术也使用在移动电话系统和电子选举方案中。

1. 隐蔽信道的定义

在信息隐藏领域,隐蔽信道特指系统存在的一些安全漏洞,通过某些非正常的访问控制操作,能够形成隐秘数据流,如图 9.15 所示,而基于正常安全机制的软硬件则不能觉察和有效控制隐藏信道。

当这些信道在为某一程序提供服务时,可以被一个不可信赖的程序用来向其操纵者泄

图 9.15　隐蔽信道

漏信息,如 IP 包的时间戳。计算机系统中存在的安全漏洞也可以被利用,作为隐蔽信道传递信息。

2. 创建隐蔽信道的方法

创建隐蔽信道的方法一般是：攻击者侵入合法用户和受保护的数据的传输通道,通过服务程序截获与下载受保护的数据,具体模式用图 9.16 举例解释如下。

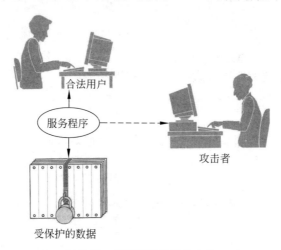

图 9.16　创建隐蔽信道的方法

隐蔽信道本质上是信息传输通道,其传输机制的研究重点集中在对传输介质的研究。根据共享资源属性的不同,传输介质分为存储型和时间型,由此衍生出存储隐蔽信道和时间隐蔽信道。

在操作系统、数据库和网络系统中都存在存储隐蔽信道和时间隐蔽信道。

攻击者在隐蔽信道中使用攻击者程序检查文件信道中传输的文件是否上锁,以便截获文件。在文件上锁信道(file lock channel)中,文件上锁表示为 1,未上锁表示为 0,合法用户一般不会有所觉察。合法用户和攻击者所看见的界面如图 9.17 所示。

服务程序和攻击者程序需要共享一些资源,并协调好时间间隔。攻击者程序按照文件是否上锁来判断是否需要检查合法用户传输的文件,如图 9.18 所示。

3. 隐蔽信道分析

对于安全信息系统来说,机密信息的泄露将会造成无法挽回的损失。对于隐蔽信道这种危害性极强的信息泄露途径,必须做到提前预防、尽早发现、及时处理,以保证信息的安全。

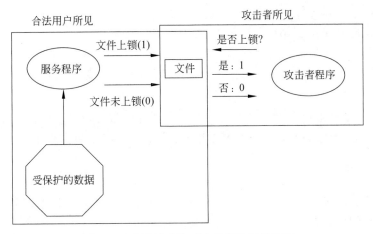

图 9.17　合法用户和攻击者所看见的界面

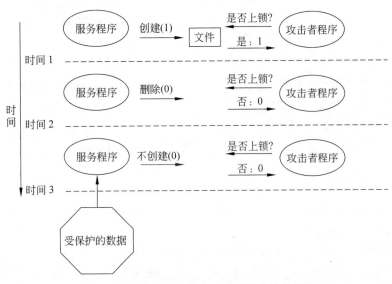

图 9.18　攻击者程序检查合法用户传输的文件

随着对隐蔽信道研究的逐步深入,隐蔽信道分析技术也逐渐成熟。为了保证系统安全,降低隐蔽信道的危害,未来的系统开发应该更注重设计阶段的形式化描述,从源头上减小隐蔽信道发生的可能性。同时,要规范系统实现过程,严格按照形式化描述,尽最大可能消除代码中引入的潜在隐蔽信道。

1) 隐蔽信道标识

隐蔽信道标识就是搜索系统中可能存在的隐蔽信道并进行标识。一个隐蔽信道可以用一个三元组表示:$<V, PA, PV>$,V 表示共享变量,PA 表示对共享变量 V 进行写操作的 TCB(Task Control Block,任务控制程序块)原语,PV 表示对共享变量 V 进行读操作的 TCB 原语。

常用的隐蔽信道标识方法有共享资源矩阵和语法信息流分析两种方法。这两种方法各有优缺点,目前共享资源矩阵方法应用更为普遍。

2）识别潜在的隐蔽信道

识别潜在的隐蔽信道使用以下两种方法：

（1）共享资源矩阵。所有进程共享资源并判定哪些进程具有对这些资源的读写权限。

（2）语法信息流分析。利用编译器自动找出隐藏的、不明显的信息流，可以看出哪些输出受了哪些输入的影响。

在操作系统、数据库或者网络中发现一种共享资源作为隐蔽信道的传输介质，是隐蔽信道传输机制的核心。而选择好的传输介质能够提高信道的容量和隐匿性。

4. 隐蔽信道处理

对隐蔽信道的处理一般采取以下 3 种方法：消除隐蔽信道、带宽限制、审计隐蔽信道的使用。下面分别加以介绍。

1）消除隐蔽信道

为了消除系统中的隐蔽信道，必须对系统的设计和实现进行修改。这些修改包括通过为每一个共享者预先分配所需要的最大资源，或者为每一个安全级别划分出相应的资源，从而消除可能造成隐蔽信道的资源共享、接口、功能和机制。

2）带宽限制

带宽限制就是降低隐蔽信道的最大值或者平均值，以使得任何一个隐蔽信道的带宽都被限制在一个预先定义的可接受的范围内。

限制隐蔽信道带宽的方法主要有以下 3 种：

（1）故意在信道中引入噪声。例如，对共享变量使用随机分配算法，共享变量一般包括共享表的索引、磁盘区域和进程标识等。

（2）以随机方式引入无关的进程，修改隐蔽信道的变量。

（3）在每一个真实隐蔽信道的 TCB 原语中故意引入延时。

3）审计隐蔽信道的使用

通过审计，能够对隐蔽信道的使用者起到威慑的作用。

对隐蔽信道的审计，要求记录足够多的数据，以能够标识个别隐蔽信道的使用或者某一类型隐蔽信道的使用，标识个别隐蔽信道或者某一类型隐蔽信道的发送者和接收者。此外，还要求发现所有对隐蔽信道的使用，应该避免虚假的隐蔽信道使用记录。

一旦审计通过跟踪和分析最终确定了一个隐蔽信道，那么对于这个隐蔽信道进行带宽估算是可能的，也是必要的。注意，通常情况下，审计不可能发现通过隐蔽信道泄露的实际信息，因为用户能够对数据进行加密。同时，仅仅通过审计，没有办法区别泄露的是真实信息还是噪声信息。

对于形式化描述中已发现但是无法彻底消除的潜在隐蔽信道，必须加入审计机制，并尽可能将其限制在系统能够容忍的范围内。对于已经存在的系统（例如安全网络系统）中的隐蔽信道的研究应该更注重对现有系统的审计与检测，发现被应用的隐蔽信道并及时反馈，以采取进一步的消除和限制措施。隐蔽信道本质上是一种通信信道。隐蔽信道技术已经实现了从程序到单机、从单机到网络的飞跃，在云计算平台中也存在着隐蔽信道的威胁。

网络隐蔽信道已经成为当前信息安全的热点研究领域。与传统的单机隐蔽信道相比，网络隐蔽信道更容易受到网络延迟和网络抖动等噪音的影响，因此，网络隐蔽信道的编码、传输和解码技术以及同步机制将是未来一段时期的研究重点。

9.6　版权标志和数字水印

　　版权保护、复制控制和操作跟踪等领域主要使用信息隐藏技术中的数字水印技术,而网络信息安全则主要使用信息隐藏技术的另一个分支——隐藏通信技术。

　　数字水印技术是指将创作者的创作信息和个人标志通过数字水印系统以人所不可感知的水印形式嵌入数字作品,人们无法从表面上感知数字水印,只有专用的检测器或计算机软件才可以检测出隐藏的数字水印,从而用以证明创作者对其作品的所有权,并作为鉴定、起诉非法侵权的证据。同时,通过对数字水印的检测和分析保证数字信息的完整可靠性,从而成为知识产权保护和数字作品防伪的有效手段。通常,数字水印会永久地驻留在数字作品中,在必要的时候通过专门的检测算法检测数字水印,以确认所有权和跟踪侵权行为。

　　随着多媒体技术和计算机网络的飞速发展,数字产品的版权和信息安全问题日益受到关注。数字水印技术正是适应这一要求发展起来的。数字水印是为了保护数字产品的版权,对数字产品加载所有者的水印信息,以便在产品的版权产生纠纷时作为证据。而信息隐藏技术是指把不便于公开的信息通过信息嵌入算法加载到可以公开的信息载体中去,在信息的接收方使用提取算法恢复出被隐藏的信息。前者是为了保护作为载体的数字产品的版权,而后者则是为了被隐藏信息的安全与保密。

9.6.1　数字水印的评价指标

　　数字水印技术是将一些标识信息(即数字水印)直接嵌入数字作品(包括多媒体、文档和软件等)当中,但不影响原数字作品的使用价值,也不容易被人的感觉系统(如视觉或听觉系统)觉察或注意到。

　　数字水印通过在原始数据中嵌入秘密信息——水印来证实该数字作品的所有权,而且并不影响数字作品的可用性。不同的应用对数字水印的要求是不尽相同的,一般认为数字水印可以利用以下指标来评价。

1. 有效性

　　如果把一件数字作品输入检测器,得到一个肯定结果,就可以将这个作品定义为含数字水印作品。基于此定义,数字水印系统的有效性就可定义为嵌入器的输出含有数字水印的概率。在一些情况下,数字水印系统的有效性可以通过分析确定,也可以根据在大型测试图像集合中嵌入数字水印的实际结果确定。只要集合中的图像数目足够大而且相同应用场合下的图像分布类似,输出图像中检测出数字水印的百分比就可近似为有效的概率。

2. 逼真度

　　一般说来,数字水印系统的逼真度是指原始数字作品同其嵌入数字水印的版本之间的感官相似度。但如果含数字水印作品在被人们观赏之前,在传输过程中质量有所退化,那么应该使用另一种逼真度定义。可以将其定义为在消费者能同时得到含数字水印的作品和不含数字水印的作品的情况下这两件数字作品之间的感官相似度。

3. 数据容量

数据容量是指在单位时间或一件数字作品中能嵌入数字水印的位数。对一幅照片而言，数据容量指嵌入这幅图像中的位数；对音频而言，数据容量即指在 1s 的播放时间中所嵌入的位数；对视频而言，数据容量既可以指一帧中嵌入的位数，也可以指在 1s 的播放时间内嵌入的位数。

4. 盲检测与明检测

需要原始不含数字水印的副本参与的检测称为明检测。检测也可以指只需要少量原始数字作品的遗留信息而不需要整件原始数字作品参与的检测。而不需要原始数字作品任何信息的检测称作盲检测。水印系统使用盲检测还是使用明检测决定了它是否适合某一项具体应用。明检测只能够用于可以得到原始数字作品的场合。

5. 虚检率

虚检率是指在不含数字水印的数字作品中检测到数字水印的概率。关于这个概率存在两种定义，区别在于作为随机变量的是数字水印还是数字作品。在第一种定义下，虚检率指在给定一件数字作品和随机选定的多个数字水印的情况下，检测器报告数字作品中发现数字水印的概率。在第二种定义下，虚检率指在给定一个数字水印和随机选定的多个数字作品的情况下，检测器报告数字作品中发现数字水印的概率。在大多数应用中，人们对第二种定义下的虚检率更感兴趣；但在少数应用中，第一种定义也同样重要，例如在数字作品交易跟踪场合，在给定数字作品的情况下检测一个随机数字水印，常会发生错误的盗版指控。

6. 鲁棒性

鲁棒性是指含数字水印的数字作品在经过常规处理后仍能够检测到数字水印的能力。针对图像的常规处理有空间滤波、有损压缩、打印与复印和几何变形（旋转、缩放、裁剪、平移）等。在某些情况下，鲁棒性对数字水印来说毫无用处甚至应该极力避免，例如易损水印，用于真伪鉴别的数字水印就应该是易损的，即对图像作任何处理都会将数字水印破坏掉。在另一类极端的应用中，数字水印必须对任何不至于破坏含数字水印的数字作品的畸变都具有鲁棒性。

7. 安全性

安全性表现为数字水印能够抵抗恶意攻击的能力。恶意攻击指任何意在破坏数字水印功用的行为。通常可以把攻击分为 3 类：非授权去除、非授权嵌入和非授权检测。非授权去除和非授权嵌入会改动含数字水印的数字作品，因而可以看作主动攻击；而非授权检测不会改动含数字水印的数字作品，可以看作被动攻击。非授权去除是指通过攻击使得数字作品中的数字水印无法检测。非授权嵌入是指在数字作品中嵌入本不该含有的非法数字水印信息，是一种伪造。非授权检测可以按照严重程度分为 3 个级别：最严重的级别为对手检测并破译了嵌入的数字水印信息；次严重的攻击为对手检测出数字水印，并辨认出每一点印记，但不能破译这些印记的含义；非严重的攻击为对手可以确定数字水印的存在，却不能对消息进行破译，也无法分辨出嵌入点。

为了提高数字水印系统的安全性,除改进算法之外,还可以使用加密技术。理想情况下,如果密钥未知,即使数字水印算法已知,也不可能检测出数字作品中是否含有数字水印。由于在嵌入和检测过程中使用的密钥同密码术中的密钥所提供的安全性不同,人们经常在数字水印系统中使用两种密钥,消息编码时使用一个密钥,嵌入过程则使用另一个密钥,分别称为数字水印生成密钥和数字水印嵌入密钥。

图 9.19 显示了原始图像在加入数字水印后受到攻击,随后使用改进的算法提取数字水印的过程。

(a) 原始图像　　　　　　　(b) 数字水印

(c) 裁剪攻击　　(d) 传统方法提取的数字水印　　(e) 放大数字水印噪声　　(f) 改进算法提取的数字水印

图 9.19　水印受到攻击后用改进算法提取水印

在实际应用时,常常还需要考虑数字水印的耗费。对数字水印嵌入器和检测器的部署作经济考虑是一件十分复杂的事情,它取决于数字作品所涉及的商业模式。从技术观点看,主要涉及数字水印嵌入和检测过程的速度以及需要用到的嵌入器和检测器的数目。

9.6.2　数字水印的主要应用领域

1. 版权保护

在版权保护中,将版权信息嵌入数字作品(包括图像、音频、视频和文本等)来达到标识、注释以及版权保护的目的。数字服务(如数字图书馆、数字图书出版、数字电视和数字新闻等)提供的数字作品具有易修改、易复制的特点,通过信息隐藏技术中的数字水印技术,可以用一种不引起被保护作品感知上退化、又难以被未授权用户删除的方法向数字作品中嵌入一个标记,被嵌入的数字水印可以是一段文字、标识或序列号等,它与原始数据紧密结合并隐藏于其中,并可以经历一些不破坏源数据使用价值或商用价值的操作而保留下来。通常这种数字水印是不可见或不可察觉的,而在有关版权的法律纠纷中,如果图像的版权所有者事先现已加入了数字水印,则可利用掌握的密钥从图像中提取数字水印,证明自己的知识产权,从而有效地维护自己的权益。

数字水印的提出是为了解决版权保护问题,它潜在的机制是在数字多媒体数据中嵌入数字水印,以标明版权拥有者。如果发现了一个非法的副本,版权拥有者就可以通过验证他嵌入的数字水印而起诉非法使用者。

商业应用中最著名的一个例子是 1996 年 2 月美国 Adobe System 公司首先在图像处理软件 Adobe Photoshop 4.0 中采用美国 Digimark 公司的技术加入了数字水印模块,起到版权保护的功能。当用户打开一幅图像并启用 Digimark 应用程序,Digimark 的水印探测器将识别数字水印,然后与远程数据库连接,并将数字水印作为密钥去寻找版权拥有者及其联系信息。一个诚实的用户可以使用该信息向版权拥有者发出请求,请求允许使用版权拥有者的图像。

上述例子已经表明了利用数字水印技术怎样鉴别版权拥有者。然而,数字水印的诱人之处在于它不仅能鉴别版权拥有者,而且能证明实际拥有者。可以设想以下情景:一个版权拥有者首先分发他的含数字水印的数字作品,在发生版权纠纷的情况下,合法拥有者应该能够通过他所拥有的原始数字作品证实他的所有权,但是纠纷恰恰来源于含数字水印的原始数字作品。

如果攻击者能够得到含数字水印的原始数字作品和检测器,那么他就可以想办法发现并去除数字水印(如采用敏感性分析攻击),然后用自己的数字水印取代它。即使不能去除原始数字水印,在特定的条件下也可以在含数字水印的数字作品中加入另外一个数字水印。

如果攻击者在作品中加入第二个数字水印,那么版权拥有者和攻击者都可以声称他拥有版权。在某些情况下,使用原始的数字作品来查证,可以防止发生多种所有权问题。然而存在这种可能,如果数字水印算法是可逆的,那么攻击者就会出示他自己伪造的原始数字作品。

这种情况下,原始拥有者和攻击者各有一个含不同数字水印的原始数字作品,没有人能够证明自己拥有版权,这在数字水印领域被称为死锁问题。因此,为了保证版权保护服务,数字水印算法应该是不可逆的;而且,它还应该有一个基于可信任第三方的详细的协议作后盾。

2. 广播监视

电视网络中也遍布着许多有价值的产品,例如被路透社(Reuters)和美联社(Associated Press)卖掉的新闻,其价值甚至超过十万美元。法国在直播 2002 年世界杯足球赛韩国对日本的比赛时,30s 的广告就要支付 10 万欧元的费用;如果是法国队的比赛,同样的广告要支付 22 万欧元。整个电视市场价值数十亿美元,很容易出现侵犯知识产权的行为。因此,需要建立一个广播监视系统,以监视所有的广播渠道。这将有助于作品版权拥有者的所有物不会被侵权者非法转播,并且有助于每一个广告客户确认是否占有全部从广播公司购买的广告时段。

一种技术含量较低的广播监视方法是让观察人员监视广播并记录他们看见或听见的内容。然而这种方法代价高且容易出现错误,因此迫切需要用自动监视形式取代它。被动监视系统直接识别广播内容,有效地模拟观察人员;主动监视系统则依赖于和内容一起被广播的相关联的信息,即随同内容一起传播的计算机可识别的鉴定信息。

主动监视要比被动监视简单易行。鉴别信号直接进行可靠解码,不需要数据库解释它的含义。应用主动监视系统的一种途径是把鉴别信号放到广播信号的独立区域。例如,模拟电视广播允许在视频信号的纵向空白间隔(Vertical Blank Interval,VBI)中编码数字信息。这部分信号在帧与帧之间发送,对图片不会有丝毫影响。对主动监视而言,数字水印显然是加密鉴别信息的可选方案。数字水印具有其本身存在于内容之中这一优点,优于广播信号中特定片段的使用,因此它与广播设备的安装基础完全协调一致。

其主要缺点是嵌入过程比在 VBI 或头文件中安放数据更复杂;而且人们会担心水印可能降低作品的视觉或听觉质量,尤其是内容创作者更担心这一点。不过,许多公司还是提供了基于数字水印的广播监视服务。欧洲的 ESPRIT 项目 VIVA(Visual Identity Verification Auditor,视觉身份识别审查器)已经证明了把数字水印用在专业的电视广播监视系统中的可行性,项目研究者采用一项实时的数字水印技术来提供卫星的主动监测服务,该数字水印技术中的数字水印检测算法的复杂性适中,足以同时监测多家电台。

3. 操作跟踪

互联网的普及使得人们很容易获得版权作品。当一个用户想获得一个视频剪辑或者一幅图像时,最简单的方法就是登录互联网,并使用一种常用的点对点系统,如 Napster、KaZaA、Morpheus 和 eMule。如果分布在世界各地的数千台计算机同时登录,那么存储的数字多媒体内容将立即被访问。因此,一些人经常通过这种方法下载和观看最新的好莱坞电影,而这些电影还没有在他们的国家放映。这必将造成版权所有者损失大量的版税。

法律已经禁止这类分布式系统,但是当 Napster 公司受到法律制裁的时候,其他两个同类的系统又出现了。关键的问题不在于点对点系统,倘若只有合法的数据在这种分布式网络中传播,那它将是一个很好的工具。问题是敌手可以在不经允许的情况下得到版权作品。操作跟踪的基本思想是:当一个非法副本被发现时,可以鉴别敌手并在法庭上起诉他。为了避免数字产品被非法复制和散发,作者可在每个产品副本中分别嵌入不同的数字水印(称为数字指纹)。如果发现了未经授权的副本,则通过检索数字指纹来追踪其来源。在此类应用中,数字水印必须是不可见的,而且能够抵抗恶意的擦除、伪造以及合谋攻击等。

目前,人们看电视的途径正在改变。由于视频流变得越来越普遍,因此有必要找出一种保护数字视频内容的有效方法,数字水印显然是一种很好的候选方法。PPV(Pay-Per-View,付费观看)和 VOD(Video-On-Demand,视频点播)是现实生活中针对视频流的两个应用,在这两个应用中,数字水印可以用来完成数字指纹的功能,消费者的 ID 被嵌入传输的视频数据中,以追踪任何违反用户许可协议的用户。

在 PPV 环境下,一个视频服务器多点传送一些视频,且所有消费者只连接到这台服务器以获取视频,视频服务器是被动的。在给定的时间点,它发送相同的视频流给多个用户。有文献提出,当视频流被转播的时候,给每个网络元素(如路由器和节点)嵌入一个数字水印,由此产生的数字水印可以跟踪视频流,这种方案需要网络供应商的支持。在 VOD 框架中,视频服务器是主动的。它从消费者那里得到一个请求并发送视频,是一种多路单一广播机制。这时视频服务器可以插入数字水印以识别消费者,因为每个连接只针对一个消费者。

操作跟踪的另一个例子是针对分发的电影原始底片。在制片过程中,每天的摄影结果常分发给大量的制作人员。虽然这些原始底片高度保密,但偶尔还是会有原始底片泄露给外界。当此种情况发生后,制片组应该快速地设法查明泄露者。制片组可使用银幕边缘的可见文本来鉴别原始底片的每份副本。然而,数字水印显然更好一些,因为文本太容易被去掉。

4. 内容认证

目前,每天都会有大量的视频数据被分发到互联网上,越来越多的摄像机被安装在公共场合进行监控。然而，网上也出现了许多视频编辑软件，利用它们可以很容易地对视频进行编辑，使视频内容不再可靠。例如在一些国家，监控的视频剪辑不能在法庭上当作证据使用，因为它是不可信赖的。

当有些人通过邮件发送不同寻常的视频时，人们不可能确定它是原件还是剪辑过的。因此，要采用认证技术来确保视频内容的真实性，并防止篡改。当一个消费者通过电子商务渠道购买了一个视频内容，如果想确认该视频内容是来自合法的厂商还是篡改后的内容，那么就要使用内容认证技术。最早是使用密码术对数据进行认证的。但是这种方法只能用于完全认证，并不适用于多媒体数据。在视频传输或剪辑中，少量比特的改变不会造成原作实质上的改变，一个典型的例子是无线通信环境下的数据加噪。在多媒体领域的认证被称为内容认证。

在视频监控应用中，研究人员正在不断努力改善监控技术的性能，如连续、有效地监控，降低花费，距离的可靠控制，等等。然而，在实际情况中一些问题不得不考虑，例如在法庭上如何证明视频监控数据的真实性。确实，由于大量编辑软件的存在，使得数字视频失去了其价值，因此证明视频数据的真实性是非常必要的。

一个好的解决方案是首先产生视频数据的简短摘要，然后用非对称密钥加密产生的摘要生成签名，并用数字水印直接把签名嵌入视频数据中。

解决此问题有两种主要的途径：

（1）利用易损水印或半易损水印。尽管这种数字水印可以抵抗诸如有损压缩等无意操作，但是当有人进行恶意篡改时，它还是会发生变化，如利用背景信息代替罪犯的面部信息。

（2）利用鲁棒数字水印技术在视频流中隐藏签名，将视频流与隐藏的签名进行比较，可以检测出任何篡改。

数字水印可以当作确保数据真实性的一项候选技术。然而，相对于密码技术而言，数字水印技术发展得还不够成熟，将来的研究还需回答一些开放性的问题（如数字水印的安全级别等）。

5. 访问控制

1996 年，DVD 和 DVD 播放器出现在市场上，这项技术因其可以提供高质量的视频信号而受到消费者的欢迎。然而，随着电子技术的高速发展，数字视频很容易被复制，这正是版权拥有者所关心的。国际版权保护技术工作组（Copyright Protection Technical Working Group，CPTWG）的成立就是为了研究防止数字视频，特别是 DVD 产品被私自复制的技术问题。CPTWG 已成功地研制出 DVD 防复制系统的主要部分，而且这种 DVD 防复制系统将成为 DVD 事实上的标准之一。虽然 CPTWG 无权要求用户端必须采取这种保护措施，但由于对被保护的 DVD 视盘必须进行加扰，所以不符合 CPTWG 标准的设备是无法正常播放其内容的。

内容加扰系统（Content Scrambling System，CSS）是三菱公司研制的对 MPEG-2 视频流进行加扰的措施。它是一种比较复杂的密钥技术。密钥分别存储在 DVD 视盘的导入区和节目扇段的头部，解码时通过专用芯片对密钥进行解码之后再对视频流内容进行解扰。模拟信号防护系统（Analog Protection System，APS）是美国 Macrovision 公司开发的一种对模拟电视信号进行改造，从而防止光盘上的数字化影音信号被转录为 VHS 模拟信号的新型技术。它在电视信号中加入伪水平同步脉冲，从而影响 VCR 的自动增益控制系统

(Automatic Gain Control，AGC)，使录像机录下的图像呈现忽亮忽暗的变化，无法观看。

但由于电视机对 AGC 反应较慢，所以仍能正常播放光盘机输出的电视图像。复制代次管理系统(Copy Generation Management System，CGMS)技术仅在 MPEG 视频流头部加入几个比特，用来标识 3 种状态："自由复制""禁止复制"和"一次复制"。在 PC 总线上进行秘密通信(由 5 家厂商联合研制，称为 5C)是提供安全保障的通信系统。它可使符合 CPTWG 建议的设备通过计算机总线交换密钥以互相传输加密数据，而防止其他设备对秘密信息的非法解密。5C 系统是随着计算机高速总线(如 IEEE 1394)的出现而发展起来的，它的潜在使用场合是将未经压缩的视频信息由视盘放像机或机顶盒向监视器传送。

假定市场上有 3 种类型的 DVD 盘片。经 CSS 加扰的合法 DVD 产品只能在符合 CPTWG 标准的设备上播放。由于不含解扰密钥，经 CSS 加扰的盗版 DVD 盘片不能在任何光盘播放机上播放。但那些经过解扰的非法复制的盘片却可以在任何设备上播放，目前市场上这种盘片比例较大。CGMS 系统用来控制盘片的复制次数，但非标准的 DVD 播放设备可以轻易地去掉 MPEG 视频流头部中的这些比特，使复制盘片不再受到任何限制。这时完全可以利用各种翻录设备生产出没有 CSS 或 CGMS 保护的 DVD RAM。APS 可防止将视盘节目翻录到 VHS 录像带上，而 5C 系统确保视频流只能在标准数字显示器上显示。

它们目前的应用领域还比较窄，若播放设备输出的为模拟 RGB 信号，那么盗版者完全可以利用合适的翻录设备制造出不含任何保护措施的 DVD 盘片。

综上所述，DVD 防复制系统还存在一些缺陷。这些缺陷会导致大量盗版产品的出现，因为非法复制的盘片可被任何用户设备播放或翻录。而应用数字水印技术可弥补上述缺陷。

两类应用数字水印技术的模块被加入 DVD 防复制系统中，分别是记录控制与回放控制。记录控制取代了 CGMS 的功能。它利用数字水印的鲁棒性将 CGMS 数据保护起来，保证复制控制比特不会被轻易除去，从而有效防止因消除有关数据而引起的非法复制。

引入回放控制的优点在于：如盗版者成功地生成了不含 CSS 密钥信息的非法 DVD RAM 复制盘片，由于数字水印仍存在于这一盘片中，符合标准的光盘播放机将会读出受数字水印保护的复制控制信息，并根据 RAM 盘片本身的特点作出拒绝回放的判断。这就将这种非法盘片的市场限制在拥有非标准播放设备的用户中，而非标准播放设备不能播放正版 DVD 光盘。

6. 数字指纹

数字指纹，也可以看作文档跟踪。传统的文档跟踪的依据是纸质文档上所加盖的收发文档的印章，通过印章中的相应栏目记录发件人和收件人，此标记随文档的复制而复制传播。如果发现文件超范围使用和流传，可以方便地通过记有收发人名称的印记找到责任人。

随着电子技术的应用，条码和二维条码也应用到了文档跟踪管理工作中。特别是二维条码的应用，由于其存储容量大，可以记录中文字符编码，使得文件管理工作的质量和效率得到很大的提高。

然而，上述可视化的文档跟踪技术或手段本身是相对脆弱的，难以抵抗复印时故意的遮蔽或覆盖。因为文档的内容是窃取的对象，而出于文档可读性的考虑，印章和条码通常是加盖在文档空白处的，因此复印时完全可以遮蔽文档跟踪标记而对文档内容不产生实质的影响，因而传统的文档跟踪手段的可靠性存在很大的问题。

而采用数字水印技术在文档中嵌入授权使用人员或单位的标记，利用文档正文内容的不可覆盖性的特点，同时保证收发文档信息在复制后仍然存在，使得一旦发现文档被不应获取的人员得到后，可根据嵌入的标记信息找到文档泄密的责任人，提供调查和责任认定的依据。

7. 内容注释

在数字产品中插入的数字水印信息可以构成一个注释，提供有关数字产品内容的进一步的信息。

8. 防伪

商务活动中的各种票据的防伪也是信息隐藏技术的用武之地。在数字票据中隐藏的数字水印经过打印后仍然存在，可以通过再扫描数字形式提取防伪水印，以证实票据的真实性。使用数字水印可以避免诈骗犯罪，不给犯罪分子以可乘之机。

9.6.3 数字水印的分类

数字水印从感观上分为可见水印（perceptible watermarking）和不可见水印（imperceptible satermarking）两种。

可见水印是叠加于数字产品中、可被人感知的数字水印，主要用于声明数字产品的来源、著作权和所有权。可见水印存在于数字作品中在某种程度上降低了数字作品的观赏和使用价值，使其使用相对受到限制。

不可见水印是深藏在数字产品中，不易被人感知的，只能用计算机来识别和读取的数字水印。不可见水印深藏于数字产品中，不妨碍和破坏原作品的欣赏价值和使用价值，相对于可见水印，应用层次更高，应用领域更广，制作技术难度也更大。

可以按照不同的标准对数字水印进行分类。

1. 载体

数字水印按照载体可以分为静止图像水印、视频水印、声音水印、文档水印和黑白二值图像水印。

2. 外观

数字水印从外观上可分为可见水印和不可见水印（更准确地说是可察觉水印和不可察觉水印）。

3. 加载方法

数字水印按照加载方法是否可逆可分为可逆水印、非可逆水印、半可逆水印和非半可逆水印。

4. 用户密钥

数字水印根据采用的用户密钥可分为私钥水印和公钥水印。

5．抗破坏能力

数字水印按照抗破坏能力可分为鲁棒水印和易损水印两种：

（1）鲁棒水印主要用于数字产品的版权保护，其特点是经过一般的图像处理（如滤波和压缩等）后仍能保证数字水印的完整性，同时还能抵抗一些恶意的攻击。利用这种技术，在数字产品中嵌入版权拥有者的标识信息和购买者的标识信息（如同软件的序列号），在发生版权纠纷时，版权拥有者的信息用于标识数据的版权拥有者，而购买者的信息用于标识违反协议、为盗版者提供源数据的用户。

（2）易损水印主要用于数字产品真实性的鉴别（或认证）。这种数字水印同样是在数字产品中嵌入标识信息，当内容发生变化时，这些标识信息会发生一定程度的改变，从而可以鉴定原始数据是否被篡改。易损水印对一般的图像处理要求有较强的敏感性，还要求有一定的鲁棒性，既允许一定程度的失真，又要求能够把失真的情况探测出来。

6．应用范围

按照应用范围，目前主要有两类数字水印，一类是空间数字水印，另一类是频率数字水印。

（1）空间数字水印。典型代表是最低有效位算法。其原理是：通过修改表示数字图像的颜色或颜色分量的位平面，调整数字图像中对感知不重要的像素来表达数字水印的信息，以达到嵌入数字水印的目的。

（2）频率数字水印。典型代表是扩展频谱算法。其原理是：通过时频分析，根据扩展频谱特性，在数字图像的频率域上选择视觉最敏感的部分，使修改后的系数隐含数字水印的信息。

9.6.4　数字水印系统组成及其模型

总体上看来，一个完整的数字水印系统包括嵌入器和检测器两大部分。嵌入器至少具有两个输入量：一个是原始信息，它通过适当变换后作为待嵌入的水印信号；另一个是要在其中嵌入水印的载体作品。嵌入器的输出结果为含水印的载体作品，通常用于传输和转录。之后这件作品或另一件未经过嵌入器的作品可作为检测器的输入量。大多数检测器是先判断数字水印是否存在，若存在，则输出即为嵌入的数字水印信号。图 9.20 给出了数字水印系统的基本框架。

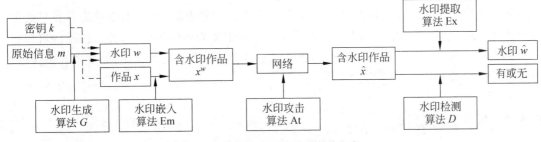

图 9.20　数字水印系统的基本框架

数字水印系统模型通常有两类，分别是通信的数字水印模型和几何的数字水印模型。

9.6.5　数字水印系统的基本原理

通用的数字水印算法包含两个基本方面：数字水印的嵌入和数字水印的提取或检测。

1）数字水印嵌入算法

设 I 为数字图像，W 为数字水印信号，K 为密码，则处理后的数字水印 W' 由函数 F 定义如下：

$$W' = F(I, W, K) \tag{9-1}$$

若数字水印所有者不希望数字水印被其他人知道，则函数 F 应该是不可逆的，如经典的 DES 加密算法等。这是将数字水印技术与加密算法结合起来的一种通用方法，目的是提高数字水印的可靠性、安全性和通用性。数字水印的嵌入过程如图 9.21 所示。设有编码函数 E，原始图像 I 和数字水印 W'（W' 由式（9-1）定义），那么数字水印图像表示如下：

$$I' = E(I, W') = E(I, F(I, W, K)) \tag{9-2}$$

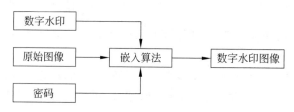

图 9.21　数字水印嵌入算法

2）数字水印提取算法

在完整性确认和篡改提示应用中，必须能够精确地提取出嵌入的数字水印信息，从而通过数字水印的完整性来确认多媒体数据的完整性。数字水印提取算法的框图如图 9.22 所示。

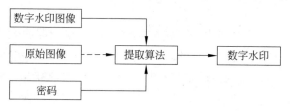

图 9.22　数字水印提取算法

3）数字水印检测算法

数字水印检测是数字水印算法中最重要的步骤。一般来说，数字水印检测首先是进行数字水印提取，然后是数字水印判决。若将这一过程定义为解码函数 D，那么输出的可以是一个判定数字水印存在与否的 0-1 决策，也可以是包含各种信息的数据流，如文本和图像等。数字水印图像检测算法如图 9.23 所示。

9.6.6　数字水印算法

数字水印算法包含数字水印嵌入、数字水印提取和数字水印检测 3 个基本部分。数字水印算法分为两大类：

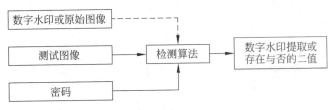

图 9.23　数字水印图像检测算法

（1）将数字水印按某种算法直接叠加到图像的空间域。空间域方法的优点是算法简单，计算速度比较快，但鲁棒性相对较差。

（2）先将图像做某种变换（特别是正交变换），然后把数字水印嵌入图像的变换域。

从目前的情况看，变换域方法正变得日益普遍，这种算法通常都具有很好的鲁棒性，对图像压缩、常用的图像滤波以及噪声污染均有一定的抵抗力。

1. 空间域算法

空间域算法是使用图像中不重要的像素位、利用像素的统计特征将信息嵌入像素的亮度值中。

典型空间域方法有最低有效位法、Patchwork 法和文档结构微调法。

（1）最低有效位法是国际上最早提出的数字水印算法，是一种典型的空间域信息隐藏算法。它可以隐藏较多的信息，但当受到各种攻击后数字水印很容易被移去。

该方法首先把一个密钥输入一个 m 序列发生器来产生数字水印信号，再将此 m 序列重新排列成二维水印信号，按像素点逐一插入原始声音、图像或视频等信号中作为数字水印，即将数字水印通过某种算法直接叠加到图像等信号的空间域中。由于数字水印信号被安排在最低有效位上，所以不会被人的视觉或听觉所察觉。

该算法的鲁棒性差，数字水印信息很容易被滤波、图像量化和几何变形的操作破坏。

（2）Patchwork 法是一种基于统计的数字水印嵌入方案，其过程是用密钥和伪随机数发生器来选择 N 对像素点 (a_i, b_i)，然后将每个 a_i 点的亮度值加 δ，每个 b_i 点的亮度值减 δ，整个图像的平均亮度保持不变，δ 值就是图像中嵌入的数字水印信息。

该方法对 JPEG 压缩、FIR 滤波以及图像裁剪有一定的鲁棒性，但该方法嵌入的信息量有限。可以将图像分块，然后对每一个图像块进行嵌入操作。

2. 变换域算法

变换域算法采用扩频通信技术，先计算图像的离散余弦变换（DCT），然后将水印叠加到 DCT 域中幅值最大的前 k 个系数上（不包括直流分量），通常为图像的低频分量。

该算法是目前研究最多的算法。它具有鲁棒性强、隐蔽性好等特点，尤其可以与 JPEG 和 MPEG 等压缩标准的核心算法相结合，能较好地抵抗有损压缩。

该类算法的基本思想是先对图像或声音信号等信息进行某种变换，在变换域上嵌入水印，然后经过反变换而成为含数字水印的输出。在检测数字水印时，也要首先对信号作相应的数学变换，然后通过相关运算检测数字水印。这些变换包括离散余弦变换、小波变换、傅里叶变换等。其中基于分块的 DCT 是最常用的变换之一，现在所采用的静止图像压缩标准 JPEG 也是基于分块的 DCT 的。

3. 压缩域算法

压缩域算法是基于 JPEG 和 MPEG 标准的数字水印系统，其数字水印检测与提取直接在压缩域数据中进行。在数字电视广播及 VOD 中有很大的实用价值。

4. NEC 算法

NEC 算法是由 NEC 实验室的 Cox 等人提出的，在数字水印算法中占有重要地位。该算法首先以密钥为种子产生伪随机序列，该序列服从高斯 $N(0,1)$ 分布，密钥一般由作者的标识码和图像的散列值组成，其次对图像做 DCT 变换，最后用伪随机高斯序列来调制（叠加）该图像除直流分量外的 1000 个最大的 DCT 系统。该算法具有较强的鲁棒性、安全性、透明性，且提出了增强数字水印鲁棒性和抗攻击算法的重要原则：数字水印信号应嵌入源数据中对人感觉最重要的部分，这种数字水印信号由独立同分布随机实数序列构成，且应具有高斯 $N(0,1)$ 分布的特征。

5. 生理模型算法

生理模型算法包括视觉模型和听觉模型。利用视觉模型的基本思想是利用从视觉导出的 JND(Just Noticeable Difference,恰可察觉差)来确定在图像各部分所能容忍的数字水印信号的最大强度，从而避免破坏视觉质量。

9.6.7 数字水印攻击分析

与密码学类似，数字水印也是一个对抗性的研究领域。正是因为有数字水印攻击的存在，才有数字水印研究的不断深入。

数字水印攻击与密码攻击一样，包括主动攻击和被动攻击。主动攻击的目的并不是破解数字水印，而是篡改或破坏数字水印。而被动攻击则试图破解数字水印算法。值得一提的是，主动攻击并不等于肆意破坏。

真正的数字水印主动攻击应该是在不过多影响数据质量的前提下除去数字水印。

1. 数字水印攻击的方式

目前数字水印攻击的方式主要有如下几种：

1) 简单攻击

简单攻击也可称为波形攻击或噪声攻击，它通过对数字水印图像进行某种操作以削弱或删除嵌入的数字水印。

2) 同步攻击

同步攻击是试图使数字水印的相关检测失效，或使恢复嵌入的数字水印成为不可能。这类攻击的一个特点是数字水印实际上还存在于图像中，但数字水印检测函数已不能提取数字水印或不能检测到数字水印的存在。

3) 迷惑攻击

迷惑攻击是试图通过伪造原始图像和原始数字水印来迷惑版权保护。

4) 删除攻击

删除攻击是针对某些数字水印方法,通过分析数字水印数据,穷举数字水印密钥来估计图像中的数字水印,然后将数字水印从图像中分离出来,并使数字水印检测失效。

5)协议攻击

协议攻击的基本思想是盗版者在已加入数字水印版权的图像中加入自己的数字水印,并声称该图像的所有权是属于自己的。

2. 数字水印攻击的技术方法

1)IBM 攻击

IBM 攻击是针对可逆的非盲水印算法进行的攻击。

其原理是:原始图像为 I,水印为 WA,加入水印后的图像为:IA＝I＋WA;攻击者生成自己的数字水印 WF,伪造原图:IF＝IA－WF,所以 IA＝IF＋WF。攻击者声称自己拥有 IA 的版权,因为可以利用伪造原图 IF 从 IA 中检测出 WF。

防止此类攻击的方法是研究不可逆水印嵌入算法(如散列算法)。

2)Stir Mark 攻击

Stir Mark 攻击是剑桥大学开发的数字水印攻击软件,实现对数字水印载体图像的各种攻击(重采样攻击、几何失真攻击、模拟 A/D 转换器带来的误差)。人们可以以数字水印检测器能否从遭受攻击的数字水印载体中提取或检验出数字水印信息来评定数字水印算法抗攻击的能力。

3)马赛克攻击

马赛克攻击将图像分割成许多个小图像,将每个小图像放在 HTML 页面上,拼凑成完整的图像,使得自动侵权探测器(包括数字水印系统和 Web 爬虫)无法检测到侵权行为。此类攻击方法的弱点是:当数字水印系统要求的图像最小尺寸较小时,需要将原图分割成很多小图像,工作烦琐。

4)共谋攻击

共谋攻击利用同一原始多媒体集合的不同数字水印信号版本,生成一个近似的多媒体数据集合,以此来逼近和恢复原始数据,目的是使检测系统无法从这一近似数据集合中检测到数字水印的存在。

5)跳跃攻击

跳跃攻击用于对音频信号数字水印系统的攻击,在音频信号上加入一个跳跃信号(jitter),例如将信号数据分成以 500 个采样点为一个单位的数据块,在每个数据块中随机复制或删除一个采样点,接着再将数据块按原来的顺序重新组合起来。这种改变即使对于古典音乐信号数据也几乎让人感觉不到,但可以非常有效地阻止数字水印信号的检测定位。

9.7 信息隐藏技术的研究

信息隐藏技术潜在的价值是无法估量的,将有越来越广泛的用途。但是,作为一种有效的新的信息安全技术,信息隐藏技术仍存在理论研究未成体系、技术不够成熟、实用化程度不够等问题,所以仍有许多问题需要继续研究。

(1)网络环境下实现隐藏通信的关键技术。例如理论上如何建立数字水印模型、隐藏容量、抗攻击性能等，算法上也需要研究更高性能的数字水印算法。

（2）多种载体信息隐藏的分析。目前多数研究是针对图像、视频和音频等媒体的，而对以文本数据作为载体的数据特征研究较少。

（3）对符合我国通信设施特点和多种网络传输方式的隐藏通信系统尚待展开研究。

（4）对隐藏分析需要进一步研究。信息隐藏技术是一把双刃剑，"9•11"事件中的恐怖分子就曾利用信息隐藏分析技术通过互联网传输含有密谋信息和情报的图片。如今，恐怖分子、毒品交易者及其他犯罪分子同样可以用隐藏分析技术来传输秘密信息，实施犯罪活动。因此，下一步对于信息隐藏分析的研究尚需加强。

习题 9

1. 信息隐藏在现代的应用领域有哪些？
2. 简单描述信息隐藏和密码技术的区别。
3. 信息加密和隐藏可以分为哪 3 种模式？
4. 绘图说明信息隐藏技术的主要分支。
5. 信息隐藏技术主要由哪两部分组成？
6. 简要说明信息隐藏系统的特征。
7. 绘图说明信息隐藏的通用模型。
8. 信息隐藏的主要方法有哪几种？
9. 什么是隐藏匿名通信技术？
10. 简述两种典型的匿名通信机制，它们的优缺点是什么？
11. 数据隐写术可以分成哪几类？
12. 隐蔽信道的定义是什么？
13. 数字水印应具有哪些特点？主要应用于哪些领域？
14. 通用的数字水印算法包含哪两个基本方面？

第 10 章　位置信息与隐私保护

10.1　位置服务

基于位置的服务(Location Based Services,LBS)简称位置服务,又称定位服务。LBS 是由移动通信网络和卫星定位系统结合在一起提供的一种增值业务,通过一组定位技术获得移动终端的位置信息(如经纬度坐标数据),提供给移动用户本人或他人以及通信系统,实现各种与位置相关的业务。它实质上是一种概念较为宽泛的与空间位置有关的新型服务业务。

10.1.1　位置服务的定义

关于位置服务的定义有很多。1994 年,Schilit 首先提出了位置服务的三大目标:你在哪里(空间信息)、你和谁在一起(社会信息)、附近有什么资源(信息查询)。这也成为 LBS 最基础的内容。

2004 年,Reichenbacher 将用户使用 LBS 的服务归纳为 5 类:定位(个人位置定位)、导航(路径导航)、查询(查询某个人或某个对象)、识别(识别某个人或对象)和事件检查(当出现特殊情况时,向相关机构发送带求救或查询的个人位置信息)。

在国内,LBS 通常是指通过电信移动运营商的无线通信网络(如 GSM 网、CDMA 网)或外部定位方式(如 GPS)获取移动终端用户的位置信息(地理坐标或大地坐标),在地理信息系统(Geographic Information System,GIS)平台的支持下,为用户提供相应服务的一种增值业务。例如,找到手机用户的当前地理位置,然后寻找当前位置处 1km 范围内的博物馆和影院等的名称和地址。增值业务是指在移动通信网上开发的除了语音等基本业务以外的服务类型,如短信、彩铃、移动互联网、新闻资讯和电子信箱等。LBS 的示例如图 10.1 所示。

图 10.1　LBS 的示例

LBS 借助于互联网或无线通信网络，为固定用户或移动用户完成定位和服务两大功能。

LBS 的定位有如下几种方法：

(1) AOA(Angle of Arrival,到达角度)。通过两个基站的交集来获取移动站(mobile station)的位置。

(2) TDOA(Time Difference of Arrival,到达时差)。其工作原理类似于 GPS,通过一个移动站和多个基站交互的时间差来定位。

(3) 位置标记(location signature)。对每个位置区进行标识来确定位置。

(4) 卫星定位。

需要特别说明的是,位置信息不是单纯的"位置",而是包括以下几部分：

(1) 地理位置(空间坐标)。

(2) 定位的时刻(时间坐标)。

(3) 处在该位置的对象(身份信息)。

10.1.2　位置服务的发展历史

其实 LBS 并不是新事物,建设 GPS 系统的目的就是为了给用户提供位置服务。早在 20 世纪 70 年代,美国颁布了 911 服务规范。基本的 911 业务(Basic 911)是由 FCC(Federal Communication Commission,美国联邦通信委员会)定义的,要求移动和固定电信运营商实现的一种关系到国家和公民生命安全的紧急处理业务,它和我国的 110、120 等紧急号码一样,要求电信运营商在紧急情况下可以跟踪到呼叫 911 号码的电话的所在地。在有线时代,这一要求实现起来相对容易。

1993 年 11 月,美国女孩詹尼弗·库恩遭绑架之后被杀害,在这个过程中,库恩用手机拨打了 911 电话,但是 911 呼救中心无法通过手机信号确定她的位置。由于这个事件,促使 FCC 在 1996 年推出了行政性命令 E911,要求强制性构建一个公众安全网络,即无论在任何时间和地点,都能通过无线信号追踪到用户的位置。

E911 有有线和无线之分。有线 E911 由 ISUP(ISDN User Part, ISDN 用户部分)协议进行保证,主要与有线网络有关。而无线 E911 有两个版本。第一版要求电信运营商通过本地 PSAP(Public Safety Answering Point,公共安全响应点)进行呼叫权限鉴权,并且获取主叫用户的号码和主叫用户的基站位置;第二版要求通信运营商提供精确到 50～300m 的主叫用户所在位置信息。

无线 E911 第二版最重要的是用户的定位。

此外,2001 年的"9·11"事件也让美国的公众认识到位置服务的重要性。因此,在实现 E911 目标的同时,基于位置服务的业务也逐渐开展起来。从某种意义上说,是 E911 促使移动电信运营商投入大量的资金和力量来研究位置服务,从而催生了 LBS 市场。

10.1.3　位置服务的应用类型

1. 服务种类

1) 大众应用

移动位置服务满足了不同用户的各种不同需求,包括生活、娱乐和工作等,主要应用可以分为以下几类：

（1）位置信息查询。使用户能够获取其所想要的周边信息（如周边的银行、酒店和加油站等）、当前位置信息（如自己或朋友目前所处的位置等）和交通信息（如最新交通状况等）。

（2）移动黄页查询。用户可以在互联网查询自己所在区域内的相关信息，包括附近有哪些饭店或商场、天气情况、附近各公司的电话号码和所在位置等。移动互联网技术与位置服务相结合，就可以轻而易举地实现移动黄页查询。移动网络首先确定用户所处的位置，然后再在互联网提供的信息中筛选出用户所在地的相关信息供用户查询。

（3）游戏娱乐。移动终端游戏（如《阵地战》《非常男女》《地缘素配》等）和位置信息相关，其中位置信息既可以是用户所处的实际地理位置，也可以是终端用户定制的虚拟社区位置。在游戏中加入位置因素，使用户在娱乐中体验到空间归属感。

（4）跟踪导航。包括个人导航、行车导航及人物寻找跟踪等移动定位应用。导航应用的目的就是引导终端用户找到其目的地。目的地被输入终端后，交通指南马上就会显示出来。终端用户可以选择纯文本、带有文字信息的记号（如转弯＋距离）或以地图的形式展现的记号。

2）行业应用

行业用户指公安消防、交通、企业和新闻媒体等领域用户。

（1）紧急救援。在用户遇到紧急或危险情况而不清楚其所处的地理位置的时候，如果其携带的移动通信设备支持位置服务，营救人员就可以在获得求救信号后，根据位置服务的网元获取求救者的位置信息，为快速、高效地开展救援活动提供帮助，减少危险情况带来的伤亡和损失。

（2）智能交通。为每一辆（或每一列）需要跟踪和导航的汽车（或列车）安装一个移动车载台，提供较好的基站覆盖。然后，通信网再为这些车载台提供位置信息，并将这些信息通过通信网传输给负责交通管理的调度中心，就可以由调度中心进行运行管理和导航。

（3）外勤人员管理和调度。

（4）物流和资产管理。企业可以通过 LBS 实现物流和资产的智能管理。

（5）如果终端用户与位置服务提供商形成了合作关系，当到达预定区域时，他们以消费者或团体客户端的身份来触发位置敏感商业广告。另外，终端用户可以向服务器定制自己感兴趣的新闻或商业信息，服务器将在固定的时间发送这些信息。

（6）巡检管理。包括煤矿安全巡检、城市电力巡检和城市地下管线巡检等。

2. 目前 LBS 提供的主要服务

1）公共安全业务

该业务主要是对拨打紧急呼叫电话的用户进行定位，以方便公共安全部门为其提供迅速、准确的救援服务，例如美国的移动 911 紧急呼叫服务。

2）跟踪业务

该业务提供对人员和车辆等可移动目标的跟踪服务，允许用户定期或按需查询目标的位置。具体的应用有儿童监护、宠物跟踪、车辆防盗、车队调度与管理等。

3）基于位置的个性化信息服务

该业务为用户提供与当前所处位置相关的综合信息服务，例如为旅游者提供当地的交通状况、天气预报和旅游指南等分类信息，帮助其查找附近的酒店、停车场和娱乐场所等。

4）导航服务

该业务为用户提供由当前位置到目的地的引导服务,例如针对旅行者的路线规划服务和行程中的引导服务(提供转向提示和到达通知等)。

5）基于位置的计费业务

运营商将网络划分为不同的计费区域,用户在不同的地点使用移动业务按不同的费率收费。

3. 位置服务在全球的应用情况

目前,全球 LBS 的主要发展区域包括北美、亚太以及欧洲三大市场,其中以亚太(尤其是日、韩两国)市场的发展最早,也最快。

全球位置服务的应用情况如表 10.1 所示。

表 10.1　全球位置服务的应用情况

服务对象	应 用	简 介	备 注
个人应用	导航	路线优化,电子眼探测,超速警报	汽车
		实时路况信息	
	定位与搜寻	道路救援	生活
		位置气象服务	
		商店位置及商品打折促销信息	
		周边设施服务查询	
		周边租房信息	
		出租车呼叫	
		提供好友位置信息	社交
		家庭成员定位,针对老人与儿童提供安全保障	关怀
		定位患者和残障人士位置,通知主治医生和家人(欧美)	
		定位宠物位置	
	安全	紧急报警服务	
		紧急预警(韩国)。紧急情况时,将位置信息传给提前预设好的2个号码	
		移动保镖(韩国)。紧急情况时,将位置信息和照片传给预设的3个号码	
	防盗	灾难救助(日本)。当发生地质灾害时,为用户提供避难及救助信息	应急安防
		汽车、摩托车等运输工具的防盗和位置跟踪	
		手机被盗后的位置跟踪	

服务对象	应　用	简　　介	备　注
个人应用	娱乐游戏	藏宝游戏	娱乐游戏
		高尔夫定位,提供球洞分布图、到绿地的距离及成绩	
		为运动爱好者检测运动量,提高健身效果(欧美、日本)	健康健身
		徒步导航,提供运动计划管理、运动行程统计、运动量估算(韩国)	
企业应用	物流	定位货车,物流分发,后勤调度	物流、出租车、公交
	信息收集	监控人口流向和人口分布,为企业规划和政府市政改造决策提供依据(欧美)	售卖信息

10.1.4　位置服务在我国的应用情况

中国移动在 2002 年 11 月首次开通了位置服务,如"移动梦网"品牌下的业务"我在哪里""你在哪里""找朋友"等。2003 年,中国联通在其 CDMA 网上推出"定位之星"业务,用户可以在较快的速度下体验下载地图和导航类的复杂服务。中国电信和中国网通也看到了位置服务的诱人前景,也推出了位置服务业务。

但是由于当时移动通信的带宽很窄,GPS 的普及率比较低,最重要的是市场需求并不旺盛,所以,几家大的移动通信运营商虽然热情很高,但是整个市场并没有像预期的那样顺利启动,在一个很长的时间内,这类业务都无人问津。

LBS 虽然在消费市场没有得到认可,但是随着公众交通安全意识的提高,位置服务在一些专业领域逐渐得到了认可。从 2004 年开始,交通安全管理与应急联动领域逐渐引入了GPS 与移动通信结合的位置服务,各地方有的是民营资本投入,有的是交通管理部门参与其中,针对公共运营车辆,包括公交、出租、货运、长途客运、危险品运输、内陆航运等交通运输工具,开发相关的运输监控管理系统,其中用到的基础技术就是 LBS。国内大部分省市实现了对出租车、长途客运汽车和危险品运输车辆的全程跟踪管理,其中包括车辆位置跟踪、车速管理和车辆调度等,有的还在车辆内部安装摄像头,实现对车辆的全程视频跟踪。而民用市场的私家车 GPS 市场也有了爆发性增长,在 LBS 的基础上提供车辆监控服务的厂商也不断涌现。

国内专业领域的 LBS 得到一定的发展,涌现出像赛格、中国卫通这样较大的位置服务提供商,但是大多数提供位置服务的企业规模较小,多的能管理几千辆车,少的只有几百辆。而提供类似服务的企业有几千家。

正是由于如此混乱的局面,也导致了这个市场出现恶性竞争,服务质量差、投诉多等问题,因此亟需一个或几个大型企业对整个行业进行重新整合,以便规范我国的 LBS 市场,从而能够让广大用户真正体会到 LBS 带来的种种便利。

10.2　位置服务技术原理

LBS 是一种集成系统，是 GIS/空间定位、移动通信和互联网等技术的综合体，如图 10.2
所示。GIS 技术、移动通信技术和定位技术（基于基站
定位和基于 GPS 定位）三者结合形成了 LBS 技术，为
用户提供基于位置的信息交换、信息获取、共享和发
布服务。

10.2.1　LBS 系统组成

图 10.2　LBS 作为多种技术的交叉点

一个完整的 LBS 系统主要由以下 6 个部分组成。

1. 移动终端

移动终端可以是移动电话、PDA（个人数字助理，
一般指掌上电脑）、笔记本计算机、PC 或应用程序接口。移动终端既充当定位装置又充当查
询和显示设备。

2. 无线网络

这里的无线网络包括 2G、2.5G、3G、4G 网络以及以后的 5G 网络，只要能准确地确定移
动终端的位置，LBS 就能很好地展开。

3. 定位平台

定位平台是基于 GPS 或者 MPS（Mobile Position System，移动定位系统）技术的定位系
统。

4. 提供位置服务的服务器

提供位置服务的服务器是 LBS 系统的核心部分，主要用来处理、分析并响应用户的
请求。

5. 提供位置服务的应用程序

提供位置服务的应用程序是用来实现 LBS 服务的应用程序。

6. 与位置信息相关的内容

与位置信息相关的内容主要包括相关的地理数据信息。

以上除移动终端属于客户端外，其他部分都属于服务器端。服务器端的无线网络定位
平台都是由移动通信运营商拥有并进行维护的。只有 LBS 服务器、LBS 应用程序和与位置
信息相关的内容可以由开发者自己设计和实施。LBS 系统示例如图 10.3 所示。

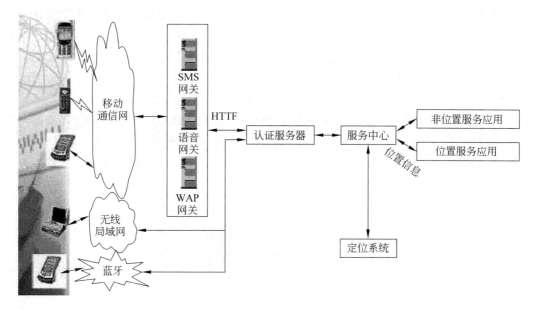

图 10.3 LBS 系统的示例

10.2.2 LBS 系统工作流程

LBS 系统工作的主要流程如下：

（1）用户通过移动终端发出位置服务申请。

（2）该申请经过移动通信网的各种通信网关后，为服务中心所接收。

（3）经审核认证，服务中心调用定位系统获得用户的位置信息（用户若配有 GPS 等主动定位设备，则可通过无线网络主动将位置参数发送给服务中心）。

（4）服务中心根据用户的位置对服务内容进行响应，如发送路线图，具体的服务内容由位置服务提供商提供。

LBS 系统工作流程如图 10.4 所示。

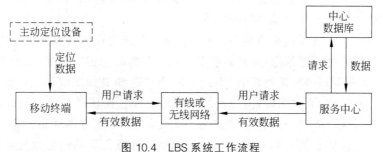

图 10.4 LBS 系统工作流程

10.3 地理信息系统

作为地理信息系统（GIS）领域的重要组成部分，LBS 是移动计算环境下的 GIS（Mobile GIS，移动 GIS），是一种特殊类型的 GIS，同时也是与普通大众日常生活结合最为紧密的

305

GIS 应用领域。GIS 是获取、处理、管理和分析地理空间数据的重要工具和技术。从技术和应用的角度，GIS 是解决空间问题的工具、方法和技术；从功能的角度，GIS 具有空间数据的获取、存储、显示、编辑、处理、分享、输出和应用等功能。凡是和空间位置相关的应用都可以采用 GIS 技术。

GIS 的任务就是采集、存储、管理、分析和显示地球空间信息。它是以数字化的形式反映人类社会赖以生存的地球空间的现势和变迁的各种空间数据以及描述这些空间数据特征的属性，以模拟化的方法来模拟地球空间对象的行为，在计算机软硬件的支持下，以特定的格式支持输入输出、存储、显示以及进行地理空间信息查询、综合分析和辅助决策的有效工具。

GIS 的主要特点如下。

1. 空间可视化

空间可视化是指具有空间属性信息的有形和无形地物以可见的图形图像形式表达出来，达到其空间信息直观可视的目的。

2. 空间分析

空间分析是 GIS 强大空间功能的体现，主要包括缓冲区分析、叠加分析和各种空间模拟等。空间分析需要专题元素模型和空间地学模型的支持。根据空间模型，GIS 可以完成复杂空间过程的反演、预测和模拟等 MIS(Management Information System，管理信息系统)无法实现的功能，为空间决策提供强有力的支持。

3. 空间思维

空间思维是指 GIS 通过其功能引导决策者从空间信息的角度分析问题，引导决策者从合理利用空间资源的出发点对问题进行分析和解决。

在资源管理、社会经济活动和人们的日常生活中，有 80% 以上的信息属于具有空间位置特性的地理信息。无线移动用户迫切地想知道自己当时所处环境的信息，例如，"我在哪儿？""我附近是什么？""我怎么能到达目的地？""我要找的人现在在何处？"等，这些是任何一个移动用户到一个陌生环境中都要问的问题。

无线定位技术是实现无线定位服务的技术基础，无线定位服务与 Web GIS 是不同的，它不仅提供用户的静态地理信息，而且能够定位用户的即时位置。例如，用户要参观一个博物馆，在互联网上检索到博物馆的位置，系统帮助用户选择最佳路线等。但是，GIS 可以告诉用户某个地方在哪里，有什么特征，却不能告诉用户现在在什么地方。例如，Web GIS 仅仅告诉用户危险地段在哪里，至于用户是否在这种危险中，GIS 并不知道。用户需要更深层次的位置服务。无线定位技术和移动通信技术的结合就形成了移动定位技术，它提供了未来空间信息服务和移动定位服务的蓝图。

10.3.1　移动 GIS

移动 GIS 是以移动互联网为支撑，以智能手机或平板计算机为终端，结合北斗、GPS 或基站为定位手段的 GIS 技术，是继桌面 GIS、Web GIS 之后又一新的技术热点。移动定位和移动办公等越来越成为企业和个人的迫切需求,移动 GIS 就是其中最核心的部分,使得各种基于位置的应用层出不穷。相较于传统的 Web GIS 和桌面 GIS,移动 GIS 的核心技术并没有大的不同,依然是空间数据的存储、索引、浏览交互、编辑和分析等,只是在移动设备上需要更多地考虑各种算法的效率、服务端的通信交互以及与其他信息的集成。

移动端与服务器端通信通常有两种模式:

(1) Socket 通信。需要在移动端和服务器端分别写 Socket 客户端程序和 Socket 服务器端程序,自行定义传输信息的内容格式。这种模式的优点是通信效率高,一直连线,易实现服务器的信息下达;其缺点是通用性不好,较复杂。

(2) HTTP 通信。服务器端以 Web 服务的方式对外发布服务,移动端以 HTTP 请求的方式获取服务器端的信息,并能上传信息至服务器端,可以是 KVP、SOAP 或 REST 服务的方式,在移动端较常用的是 KVP 方式,通信的数据内容通常采用 XML 或 JSON 来描述。具体选择哪种交互方式应根据具体项目需求而定。

当前主流的移动 GIS 开发组件是 UCMap。UCMap 支持矢量和瓦片地图,支持在线和离线模式,在各行业得到广泛应用,如管线巡检、城管巡查、移动执法、林业普查、水利普查、应急联动、农业测土配方、国土监察、实时交通、路政巡查、移动气象、地震速报、烟草物流、军事指挥、移动测绘、无线电监测、移动环保和 LBS 等。空间数据库和地理信息服务器等应用服务器都在互联网上运营。移动端手机设备一般都采用瘦客户端的方式,通过无线网络接入互联网,同应用服务器交互。移动 GIS 的结构如图 10.5 所示。

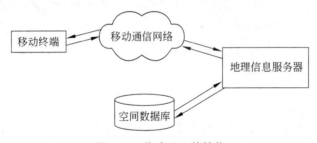

图 10.5　移动 GIS 的结构

LBS 系统的开发工具可选用 MapInfo MapX。MapX 是一个基于 ActiveX(OCX)技术的可编程控件,是 MapInfo 公司在嵌入式 GIS 开发领域的主打产品。MapX 为开发人员提供了一个快速、易用、功能强大的地图化组件。在.NET 可视化开发环境中,在设计阶段将 MapX 控件放入窗体中,并对其进行编程,设置属性、调用方法或相应事件,即可实现数据可视化、专题分析、地理查询、地理编码等丰富的地图信息系统功能。

MapX 的主要功能包括:显示 MapInfo 格式的地图,对地图进行放大、缩小、漫游和选择等操作,专题地图,图层控制,数据绑定,动态图层和用户绘图图层,生成和编辑地图对象,简单地理查询,边界查询和地址查询。

10.3.2　定位技术

定位技术是 LBS 的核心。移动定位技术是利用移动通信网络,通过对接收到的无线电波的一些参数进行测量,采用特定的算法对某一移动终端或个人在某一时间所处的地理位置进行精确测定,以便为移动终端用户提供相关的位置信息服务,或进行实时的监测和跟踪。

目前全球范围内普遍使用的移动定位技术主要有4种。

第一种是基于移动网络的 Cell-ID（起源蜂窝小区）。基站控制站会将用户所在基站扇区的 Cell-ID 传送给移动交换中心，可以用这个网络标志来确定移动终端的位置。

Cell-ID 的定位精度取决于小区的大小，所以它对基站的密度有很大的依赖性。这种技术的好处是对网络不需要任何修改，降低了运营商的成本。

第二种是 TOA/TDOA 技术。

TOA（Time of Arrival）即到达时间定位技术。移动终端发射测量信号到达3个以上的基站，通过测量到达所用的时间（须保证时间同步，并采用特定算法来计算）实现对移动终端的定位，如图 10.6 所示。

TDOA（Time Difference of Arrival）即到达时间差定位技术，它使用 EOTD（Enhanced Observed Time Difference，增强型观测时间差分）技术，如图 10.7 所示。

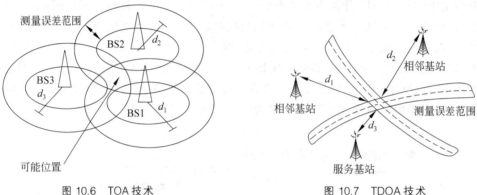

图 10.6　TOA 技术　　　　　　　　　　图 10.7　TDOA 技术

对 EOTD 技术简要介绍如下：

（1）在手机一侧测量观察到的一路信令从一个基站到达手机的时间。这个时间是依照手机内部时钟测量的结果。

（2）在定位测量单元（Location Measurement Unit，LMU）一侧测量观察到的一路信令从一个基站到达定位测量单元的时间。这个时间是依照 LMU 内部时钟测量的结果。

（3）得到手机和 LMU 内部时钟之间的时间偏移量，则由此可得到手机到基站之间的距离和手机到 LMU 之间的距离。

第三种是基于终端的 GPS 定位技术。

第四种是网络与终端混合的 A-GPS 技术。

定位的精度，根据采用技术的不同，从几十米到 200m，基本可以满足普通用户的要求。在这方面，移动设备生产商已经做了大量的工作，通过在现有的移动通信网络中增加一个网络节点——移动定位中心（Mobile Location Center，MLC），就可以实现基于手机的定位业务。

现有的定位技术主要有两种，一是基于 GPS 的定位技术，二是基于基站的定位技术。目前手机室外定位国际标准是由美国联邦通信委员会制定的，按此标准，定位精度在 50m 以内的准确率达到 67%，定位精度在 150m 以内的准确率达到 95%，即为合格。目前国际上没有一套成熟的室内定位解决方案。而中国的商业中心往往都是在室内的，且商户密度很高,一般超出几米范围就是不同的商户和环境了。所以,目前 LBS 的精准定位是其业务广泛开展的一个瓶颈。

各种定位技术的指标比较参见表 10.2。

表 10.2　各种定位技术的指标比较

定位技术		室外定位/m	室内定位/m	冷启动时间/s	功耗	同步/异步	定位计算
基于GPS	GPS	5～80	无法定位	30～900	大	同步	终端计算
	A-GPS	5～50	无法定位	10～30	小	同步	网络计算
基于网络	Cell-ID 小区定位(GSM/CDMA)	100～30 000	150～30 000	3			基站计算
	EOTD(GSM/GRPS)	50～150	50～500	3～6		异步	网络计算
	AFLT(CDMA)	50～150	50～500	3～6		同步	网络计算
混合定位	gpsOne(CDMA 手机辅助)	5～50	100～200	10～30	小	同步	网络计算
	gpsOne(CDMA 手机定位)	5～50	100～200	3～30	较小	同步	终端计算

LBS 技术是多种技术的综合体。这种综合体有其优越性,但也导致 LBS 的发展同时受制于这些因素。当前 LBS 发展所面临的主要问题在于移动设备的硬件性能较低,移动互联网的传输带宽较小,空间定位技术的定位精度参差不齐,服务的范围及质量无法得到有效的保证,以及信息表现方式单一,等等。

10.4　隐私保护

“隐私”一词源于英文 privacy,又被称为私生活秘密,是指私人生活不受他人非法干扰,私人信息不受他人非法搜集和公开等。自 1890 年美国法学家布兰蒂斯和华伦首次提出隐私权(the right to privacy)概念至今,国内外学者对此概念的界定一直有着不同的见解,但一般都认为它是一项独立的人格权,它的主体只限于自然人,其客体是隐私,包括个人信息、私人活动和个人领域,其内容包括隐私的隐瞒权、维护权、利用权以及支配权。

10.4.1　隐私的定义

1. 隐私的定义

简单地说,隐私就是个人和机构等实体不愿意被外部世界知晓的信息。在具体应用中,隐私即为数据所有者不愿意被披露的敏感信息,包括敏感数据以及数据所表征的特性。通常我们所说的隐私都指敏感数据,如个人的薪资、病人的患病记录和公司的财务信息等。但是，当针对不同的数据以及数据所有者时，隐私的定义也存在差别。例如，保守的病人会视疾病信息为隐私，而开放的病人却不视之为隐私。一般地，从隐私所有者的角度而言，隐私可以分为两类：

（1）个人隐私（individual privacy）。任何可以确认特定个人或与可确认的个人相关、但个人不愿被暴露的信息，都叫作个人隐私，如身份证号和就诊记录等。

（2）共同隐私（corporate privacy）。共同隐私不仅包含个人隐私，还包含所有个人共同表现出但不愿被暴露的信息，如公司员工的平均薪资和薪资分布等信息。

2. 隐私的度量

数据隐私的保护效果是通过攻击者披露隐私的多寡来侧面反映的。现有的隐私度量都可以统一用披露风险（disclosure risk）来描述。披露风险表示攻击者根据所发布的数据和其他背景知识（background knowledge）可能披露隐私的概率。通常，关于隐私数据的背景知识越多，披露风险越大。

若 s 表示敏感数据，事件 Sk 表示"攻击者在背景知识 K 的帮助下揭露敏感数据 s"，Pr 表示事件的发生概率，则披露风险 $r(s,K)$ 表示为

$$r(s,K) = \Pr(Sk)$$

10.4.2　网络隐私权

1. 网络隐私权的界定

网络隐私权并非一种完全新型的隐私权，而是作为隐私权在网络空间的延伸。目前学术界对此尚没有明确的概念。通常认为网络隐私权是指在网络环境中，公民享有私人生活和私人信息依法受到保护，不被他人非法侵犯、知悉、搜集、利用或公开的一种人格权。

2. 网络隐私权的内容

个人信息、私人生活、私人活动与私人领域是网络隐私包含的重要内容，其中尤以个人信息最为重要。

个人信息又称为个人识别资料。结合我国的实际，个人信息通常包括姓名、性别、年龄、电话号码、通信地址、血型、民族、文化程度、婚姻家庭状况、病史、职业经历、财务资料和犯罪记录等内容。在网络环境中的个人信息是以个人数据的形式存在。

3. 网络个人信息隐私权的内容

网络个人信息隐私权的内容具体包括以下 4 个方面：

（1）知情权。任何个人都有权知道网站收集了关于自己的哪些信息，以及这些信息的用途、目的和使用等情况。

（2）选择权。即个人在知情权的基础上，对网上个人信息的用途拥有选择权。

（3）控制权。即个人能够通过合理的途径访问、查阅、修改和删除网络上的个人信息。同时，个人信息非经本人同意不得被随意公开和处置。

（4）安全请求权。个人有权要求网络个人信息的持有人采取必要、合理的技术措施保

证其信息的安全;当要求被拒绝或个人信息被泄露后,个人有权提起司法或者行政救济。

4. 其他

此外,网络隐私权还应包括个人有权按照自己的意志在网上从事或不从事某种与社会公共利益无关的活动(如网上交易、通信和下载文件等),不受他人的干扰、干涉、破坏或支配。任何人,包括网络服务提供商,不得不适当地侵入他人的网络空间并窥视、泄露他人的私事。

10.4.3　侵犯网络隐私权的主要现象

当前侵犯网络隐私权的主要现象如下:

(1) 大量网站通过合法的手段(要求用户填写注册表格)或者隐蔽的技术手段搜集网络用户的个人信息。由于缺少强有力的外部监督,网站可能不当使用个人信息(如共享、出租或转售)从而泄露用户的个人信息。

(2) 由于利益的驱使,网络中产生了大批专门从事网上调查业务的公司,非法获取和利用他人的隐私。此类公司使用具有跟踪功能的 Cookie 工具浏览和定时跟踪用户站上所进行的操作、自动记录用户访问的站点和内容,从而建立庞大的资料库。任何机构和个人只需支付低廉的费用,都可以获取他人详细的个人信息。

(3) 有些软件和硬件厂商开发出各种互联网跟踪工具用于收集用户的隐私,而有些网站出于经济利益考虑,对于此类行为有时会听之任之,使得人们在网络上就像生活在透明玻璃缸里的金鱼一样,已经没有隐私可言。

(4) 黑客未经授权进入他人系统,收集资料或打扰他人安宁,截获或复制他人正在传递的电子信息。窃取和篡改网络用户的私人信息,甚至制造和传播计算机病毒,破坏他人的计算机系统,从而引发个人数据隐私权保护的法律问题。

(5) 某些网络的所有者或管理者可能通过网络中心监视或窃听局域网内的其他计算机,监控网内人员的电子邮件。

(6) 公民缺乏保护个人隐私权的法律意识,未经授权在网络上公开或转让他人或自己和他人之间的隐私。

此外,还有垃圾邮件和广告铺天盖地、频频骚扰,对私人领域和私人生活的安宁造成侵害,占据消费者有限的邮箱空间或增加消费者的额外支出。

正是由于互联网络操作简便、管理松散等原因,导致个人信息易被泄露,不仅干扰了人们的生活秩序和精神的安宁,甚至个人财产和生命安全也可能受到威胁。

10.4.4　侵犯网络隐私权的主要技术手段

侵犯网络隐私权的主要技术手段有如下几种。

(1) 利用在线注册收集隐私信息。

用户在获得各种 Web 服务,如申请邮箱、注册抽奖或网上购物等之前,网站常常要求用户填写一个登记单,作为用户利用其某项服务的前提条件。这种登记单需要用户输入许多个人信息,如年龄、性别、出生年月、收入、职业和个人爱好等。例如,某网站的免费电子邮件服务登记单的输入项目就有十几项之多。

（2）利用 IP 地址跟踪用户的位置或行踪。

基于 HTTP 的 Web 浏览在互联网上应用最广泛。HTTP 是一个服务器和客户机之间的交互协议，用于分布式、协作式的超媒体的信息系统，它运行在一个可靠的传输协议（如TCP）上面。在 Web 服务器和客户机建立会话时，IP 地址、URL 和软件版本等信息都将被传送到服务器，因此，对方可利用 IP 地址跟踪用户的位置或在线行为等。特别是随着 IPv6的使用，HTTP 的消息头中将包含更直接的位置信息。

（3）利用 Cookie 文件收集用户的隐私信息。

Cookie 是服务器存放在客户机上的一个文件，该文件包含用户所访问的网页和访问时间，甚至含有电子邮箱密码等。采用 Cookie 机制，指定了一种用 HTTP 请求和回复消息创建状态会话的方式，它描述了两个新的标记头：Cookie 头和 Set-Cookie 头，用于携带参与的服务器和客户机的状态信息。因此，Cookie 具有重构网络用户所从事的网络活动的功能，通过对用户在网络上访问网站、查看产品广告和购买产品等行为的跟踪，结合网络注册系统，就可以得出用户的健康状况、休闲嗜好、政治倾向和宗教信仰等信息，从而生成有关用户的个人档案。

（4）利用木马窃取隐私信息。

当用户从网站下载免费软件并安装时，如果该软件中含有木马，则木马可窃取用户的隐私信息并上传给网站。

（5）利用嵌入式软件收集隐私信息。

如今，计算机语言（如 Java、JavaScript、XML 和 ActiveX 等）的功能越来越强，它们允许远端的服务器运行客户机上的应用软件，这些软件可将客户机的计算环境和个人数据传送给服务器。随着高速宽带网在娱乐业中的应用，这种隐私泄露现象将会越来越突出。

（6）利用 Web Beacon 窃取隐私信息。

Web Beacon 也称 Web 臭虫或电子影像，由于它是被定义在 HTML 脚本文件的 IMG标记中，且大小为 1 像素×1 像素的图片，所以用户在网页上是无法看见它的。它通常被第三方置于网页中，用于监控访问该网页用户的行为（如用户点击的内容）或统计访问网页的人次。更有甚者，Web Beacon 通过链接远端的服务器可以秘密地在客户机上存放一个Cookie 文件并收集用户输入的关键字等。

（7）利用篡改网页收集隐私信息。

攻击者有两种方法篡改网页。一是攻击者首先利用某种手段吸引用户访问他的网页，例如，在网页中提供一些有趣或好笑的内容来吸引用户。实际上，他的网页是一个陷阱，当用户点击网页上的其他链接时，就会被带到一个错误的网页上去，因为这个链接已经被攻击者篡改了。二是攻击者修改了用户的 URL（如书签），当用户要访问一个真的服务器网页时，被篡改的 URL 就会带用户转向攻击者网页。攻击者可能给用户一个错误的网页，或者将原始的 URL 请求传到真的网页服务器上，然后攻击者截取其响应。这样，攻击者通过提供错误的网页，可获取用户访问了哪个网页、在网页表单中输入了哪些数据等隐私信息。

10.4.5　网络隐私权的相关法律保护

我国《计算机信息网络国际联网安全保护管理办法》第 7 条规定："用户的通信自由和

通信秘密受法律保护。任何单位和个人不得违反法律规定,利用国际联网侵犯用户的通信
自由和通信秘密。"《计算机信息网络国际联网管理暂行规定实施办法》第 18 条规定:"不得
擅自进入未经许可的计算机系统,篡改他人信息,冒用他人名义发出信息,侵犯他人隐私。"

我国现行法律已经开始重视对隐私的保护,特别是司法解释将其作为一项人格利益加
以保护,无疑是立法的一大进步。而一些保护网络隐私权的法律法规的颁布,表明网络隐私
权的法律保护已开始呈现出独立化和特别化的趋势,制定旨在保护个人网络隐私权的单行
法律法规指日可待。

我国的隐私权立法也存在着一些不足:

(1) 我国直到 2010 年发布《侵权责任法》,才第一次在法律条文中出现"隐私权"一词,
但并没有具体规定隐私权的内容和侵犯隐私权行为的方式。而我国《宪法》只原则性地规定
了公民的人格尊严、住宅和通信秘密不受非法侵犯,为隐私权在其他法律部门中的保护提供
了依据,却没有相关法律的配套,实际可操作性差。

(2) 我国法律通过保护名誉权的方式来间接保护公民的隐私权。尽管名誉权和隐私权
存在密切关系,甚至可能重合,但两者仍具有本质的差别。

10.4.6　隐私保护技术

隐私保护技术需要在保护数据隐私的同时不影响数据应用。目前主要有数据失真、数
据加密和限制发布等隐私保护技术。

1. 隐私保护技术分类

没有任何一种隐私保护技术适用于所有应用。一般将隐私保护技术分为 3 类:

1) 基于数据失真的技术

这种技术采用使敏感数据失真(distorting)但同时保持某些数据或数据属性不变的方
法。例如,采用添加噪声(adding noise)和交换(swapping)等技术对原始数据进行扰动处
理,但要求保证处理后的数据仍然可以保持某些统计方面的性质,以便进行数据挖掘等
操作。

2) 基于数据加密的技术

采用加密技术在数据挖掘过程中隐藏敏感数据。该方法多用于分布式应用环境中,如
安全多方计算(Secure Multiparty Computation,SMC)。

3) 基于限制发布的技术

根据具体情况有条件地发布数据,例如在发布数据时不发布数据的某些域值或者对数
据进行泛化(generalization)等。

另外,由于许多新方法融合了多种技术,很难将其简单地归入以上某一类,但它们在利
用某类技术的优势的同时,将不可避免地引入其他的缺陷。基于数据失真的技术效率比较
高,但存在一定程度的信息丢失;基于加密的技术则刚好相反,它能保证最终数据的准确性
和安全性,但计算开销比较大。而限制发布技术的优点是能保证所发布的数据一定真实,其
缺点是发布的数据会有一定的信息丢失。

2. 隐私保护技术的性能评估

隐私保护技术需要在保护隐私的同时兼顾对应用的价值以及计算开销。通常从以下 3 方面对隐私保护技术进行度量。

1）隐私保护度

隐私保护度通常通过发布数据的披露风险来反映。披露风险越小，隐私保护度越高。

2）数据缺损指标

数据缺损指标是对发布数据质量的度量，它反映通过隐私保护技术处理后数据的信息丢失程度。数据缺损指标越高，信息丢失越多，数据利用率越低。具体的度量有信息缺损率、重构数据与原始数据的相似度等。

3）算法性能

一般利用时间复杂度对算法性能进行度量。例如，采用抑制（suppression）实现最小化的 k 匿名问题已经证明是 NP 难问题；时间复杂度为 $O(k)$ 的近似 k 匿名算法显然优于复杂度为 $O(k \log k)$ 的近似算法。均摊代价（amortized cost）是一种类似于时间复杂度的度量，它表示算法在一段时间内平均每次操作所花费的时间代价。除此之外，在分布式环境中，通信开销也常常关系到算法性能，常作为衡量分布式算法性能的一个重要指标。

3. 物联网隐私保护技术

在物联网发展过程中，大量的数据涉及个体隐私问题（如个人出行路线、消费习惯、个体位置信息、健康状况和企业产品信息等），物联网得到广泛应用必备的条件之一便是保护隐私。如果无法保护隐私，物联网可能面临由于侵害公民隐私权从而无法大规模商用化的局面。因此，隐私保护是必须考虑的一个问题。

业务应用常依赖地点作为判定决策的参变量。手机用户通过手机查询远程数据库，寻找离自己最近的事件地点，例如火车站、加油站等，这项业务依赖用户当时所处的地点。但是，使用手机查询的用户却不希望泄露自己的地理位置，从而保护自己不受到跟踪。保护用户的地点隐私就成为普适计算应用的重要问题之一。这个问题可以叙述为使用用户的地点信息，但是不把地点信息透露给服务的提供者或者第三方。

这类隐私保护问题可以采用计算几何方法解决。在移动通信的场景下，对于地点以及移动通信系统的身份隐私问题，可以使用安全多方计算解决空间控制和地点隐私的方案，隐私保护协议描述为三路身份认证，在新的漫游地区内使用基于加密的身份标识方案。

同样，在近距离通信环境中，RFID 芯片和 RFID 读写器之间通信时，由于 RFID 芯片使用者的距离和 RFID 读写器太近，以至于读写器的地点无法隐藏，保护使用者的地点的唯一方法便是使用安全多方计算的临时密码组合保护并隐藏 RFID 的标识。

从技术角度看，当前隐私保护技术主要有两种方式：

（1）采用匿名技术，主要包括基于代理服务器、路由和洋葱路由的匿名技术。

（2）采用署名技术，主要是 P3P 技术，即隐私偏好项目平台（Platform for Privacy Preferences Project）。然而 P3P 仅仅增强了隐私政策的透明性，使用户可以清楚地知道个体的何种信息被收集、用于何种目的以及存储多长时间等，其本身并不能保证使用它的各个 Web 站点是否履行其隐私政策。

除了上述两种方式外，隐私保护技术还有两个主要的发展方向：

（1）对等计算，即直接交换共享计算机资源和服务。

（2）语义 Web，通过规范定义和组织信息内容，使之具有语义信息，能被计算机理解，从而实现计算机与人的沟通。

这两种技术目前尚在研究之中。除此之外，研究人员还提出了基于安全多方计算的隐私保护、私有信息检索（Private Information Retrieval，PIR）、VPN、TLS、域名安全扩展（DNS SECurity extensions，DNSSEC）和位置隐私保护等方式。

10.5　基于位置服务的隐私保护

隐私保护不是指要保护用户的个人信息不被他人使用，而是指用户对个人信息进行有效控制的权利。位置信息是一种特殊的个人隐私信息，对其进行保护就是要给予所涉及的个人决定和控制自己所处位置的信息何时、如何及在何种程度上被他人获知的权利。因此，按照对用户隐私信息进行保护的要求，位置服务提供商必须为用户提供一种完全由用户本人控制其位置信息能否被他人获取的方式，使得用户可以决定在何种环境下将其位置信息告知何人。

目前，已有多种针对 LBS 中用户位置信息的隐私保护方法，如通过立法或行业规范的方式进行保护、通过匿名的方式进行保护、通过区域模糊的方式进行保护以及通过隐私策略的方式进行保护等。由于隐私信息的保护被视为用户对个人隐私信息的访问和使用进行有效控制的权利和手段，再加上个人对隐私保护需求的不同，所以由用户设置相应的隐私策略来保护个人隐私成为目前众多隐私信息保护方法中最有效的方法之一。

另外，在某些位置服务中，对一个用户的位置信息的访问可能需要被多个用户同时控制。例如，家长可以使用 GPS 设备通过位置服务提供商提供的位置服务跟踪孩子的位置，以确保孩子的安全。家长也同时有权利控制孩子的位置信息可以被他人访问，位置服务提供商有必要提供必须同时获得父母亲授权才能访问孩子位置信息的机制，以达到更灵活、更完善地进行位置信息保护的目的。因此，隐私保护方法必须能方便、灵活地满足在所有的情况下每个用户对隐私保护的不同需求。

10.5.1　隐私保护问题

1. 应用分类

根据服务面向对象的不同，LBS 可以分为面向用户的 LBS 和面向设备的 LBS 两种。两种服务的主要区别在于：在面向用户的 LBS 中，用户对服务拥有主控权；而在面向设备的 LBS 中，用户或物品属于被动定位，对服务无主控权。

根据服务的推送方式的不同，LBS 应用可以分为推送（push）服务和拉取（pull）服务。前者是被动接受，后者是主动请求。下面用两个例子说明上述分类。当你进入某城市时收到欢迎信息，这属于面向用户（你）的推送服务（欢迎信息被主动推送到你的移动设备上）；而你在该城市主动提出寻找最邻近餐馆，这属于面向用户（你）的拉取服务。假如你是某物流公司老板，当你的公司负责运输的货物偏离预计轨道时，LBS 系统将向你发出警报信息，这属于面向设备（货物）的推送服务（消息被推送到物流公司老板的移动设备上）；如果你主动请求查看货物运送卡车目前所在位置，这属于面向设备（货物）的拉取服务。

2. 基于位置的服务与隐私

很多调查研究显示，消费者非常关注个人隐私保护。欧洲委员会通过的《隐私与电子通信法》中对于电子通信处理个人数据时的隐私保护问题给出了明确的法律规定。在 2002 年制定的指导性文本中，对位置数据的使用进行了规范，其中条款 9 明确指出，位置数据只有在匿名或用户同意的前提下才能被有效并必要的服务使用。这凸显了位置隐私保护的重要性与必要性。此外，在运营商方面，全球最大的移动通信运营商沃达丰（Vodafone）制定了一套隐私管理业务条例，要求所有为沃达丰客户提供服务的第三方必须遵守，这体现了运营商对隐私保护的重视。

3. 隐私泄露

LBS 中的隐私内容涉及两个方面：位置隐私和查询隐私。位置隐私中的位置指用户过去或现在的位置；查询隐私指涉及敏感信息的查询内容，如查询距离用户最近的艾滋病医院。任何一种隐私泄露都有可能导致用户行为模式、兴趣爱好、健康状况和政治倾向等个人隐私信息的泄露。

所以，位置隐私保护即防止用户与某一精确位置匹配；类似地，查询隐私保护要防止用户与某一敏感查询匹配。

4. 位置服务和隐私保护

人们似乎正面临一个两难的抉择。一方面，定位技术的发展让人们可以随时随地获得位置服务；而另一方面，位置服务又将泄露人们的隐私。当然，可以放弃隐私，获得精确的位置，享受完美的服务；也可以关掉定位设备，为了保护隐私而放弃任何位置服务。是否存在折中的方法，即在保护隐私的前提下享受服务呢？可以，位置隐私保护研究所做的工作就是要在隐私保护与享受服务之间寻找一个平衡点，让鱼与熊掌兼得成为可能。

10.5.2 隐私保护方法

为对 LBS 中的用户位置隐私进行保护，整个使用过程分为两部分：访问权限设置和访问控制决策。

首先，所有与某一位置信息相关的隐私相关者设置所有信息请求者对该位置信息的访问权限。通过权限的设置，隐私相关者可以规定哪些信息请求者可以在什么环境下（如时间、地点等）获取该位置信息的全部或某些部分。例如，在每天的 8：00～17：00，当位置信息的隐私相关者在北京工业大学时，允许某些请求者得知其所在的精确位置信息，即北京市朝阳区平乐园 100 号；而对另外一些请求者，只允许得知其所在的位置是北京。

在访问控制矩阵中设置了所有的权限之后，访问决策部分对访问请求者提出的具体的访问请求按照该矩阵中的设置做出具体的允许或拒绝访问的决策。

考虑在一个 LBS 中的如下场景：母亲为保障孩子的安全，让孩子随身携带一个定位设备（如手机），可以随时了解孩子所处的位置。这是最常见的应用场景，很多研究表明，有孩子的家长倾向于使用定位服务。同时，出于保护孩子安全的考虑，母亲并不希望任何其他人获得孩子的位置信息,但希望孩子的老师在某些特定的情况下获得孩子的位置信息。因此,她需要设置访问控制策略及权限,以决定何人能在何时、何种情况下访问孩子的位置信息。由于孩子是未成年人,没有能力制定最合适的访问策略,他们的安全由家长来负责,因此母亲成为孩子位置信息的隐私相关者,负责制定相关的访问控制策略,保护孩子的位置隐私信息,而且允许母亲在任何时间、任何情况下都可以查询孩子位置信息。

下面介绍在 LBS 中的 3 种基本的隐私保护方法。

1. 假位置

第一种方法是通过制造假位置来达到以假乱真的效果。例如,在图 10.8 中,用户寻找最近的餐馆。白色方块是餐馆位置,用户的真实位置如图 10.8 所示。当该用户提出查询时,为其生成两个假位置,即哑元。将真假位置一同发送给服务提供商。从服务提供商的角度会同时看到用户的 3 个位置,无法区分哪个是真实的,哪个是虚假的。

2. 时空匿名

第二种方法是时空匿名,即将一个用户的位置通过在时间和空间轴上扩展,变成一个时空区域,达到匿名的效果。以空间匿名为例,延续上面寻找餐馆的例子,当用户提出查询时,用一个空间区域表示用户位置,如图 10.9 中的黑色方框所示。从服务提供商的角度只能看到这个区域,无法确定用户是在整个区域内的哪个具体位置上。

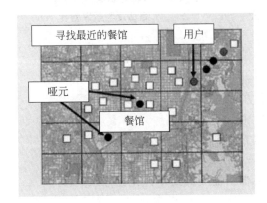

图 10.8　假位置

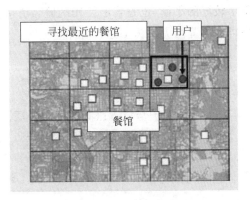

图 10.9　时空匿名

3. 空间加密

第三种方法是空间加密,即通过对位置加密达到匿名的效果。继续上面的例子,首先将整个空间旋转一个角度,如图 10.10 所示,在旋转后的空间建立希尔伯特(Hilbert)曲线。每一个被查询点 P(即图 10.10 中的白色方块)对应的希尔伯特值如该点所在的方格中的数字所示。当某用户提出查询 Q 时,计算出加密空间中 Q 的希尔伯特值。在此例子中,该值等于 2。寻找与 2 最接近的希尔伯特值所对应的 P,即 $P1$,将 $P1$ 返回

图 10.10　空间加密

给用户。由于服务提供商缺少密钥,在此例子中即旋转的角度和希尔伯特曲线的参数,故无法反算出每一个希尔伯特值的原值,从而达到了加密的效果。

4. 感知隐私的查询处理

在基于位置的服务中,隐私保护的最终目的仍是为了查询处理,所以需要设计感知隐私保护的查询处理技术。

根据采用的匿名技术的不同,查询处理方式也不同。如果采用的是假位置方法,则可采用移动对象数据库中的传统查询处理技术,因为发送给位置数据库服务器的是精确的位置点。如果采用的是时空匿名方法,由于查询处理数据变成了一个区域,所以需要设计新的查询处理算法,这里的查询处理结果是一个包含真实结果的超集。如果采用的是空间加密方法,则查询处理算法与使用的加密协议有关。

5. 效率与隐私度对比

从匿名的效率和隐私度两方面对上述 3 种隐私保护方法进行对比,如图 10.11 所示。可以看出,空间加密是隐私度最高的方法,但是效率较低;生成假位置的方法最简单、高效,但隐私度较低,可根据用户长期的运动轨迹判断出哪些是假位置;从已有的工作来看,时空匿名在隐私度与效率之间取得了较好的平衡,也是普遍使用的匿名方法。下面将以时空匿名方法为主进行介绍。

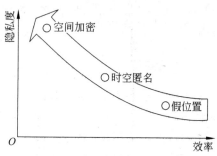

图 10.11　3 种隐私保护方法的
隐私度与效率对比

6. 存在的挑战

位置隐私研究中所面临的挑战包括以下 4 个方面:
(1) 隐私保护与位置服务是一对矛盾。
(2) LBS 的请求具有在线处理的特点,故位置匿名具有实时性要求。
(3) LBS 中的对象位置频繁更新。
(4) 不同用户的隐私要求大相径庭,所以隐私保护需要满足个性化的需求。

10.5.3　隐私保护系统结构

隐私保护系统中的基本实体包括移动用户和位置服务提供商。隐私保护系统具有 4 种结构:独立式结构、中心服务器结构、主从分布式结构和移动点对点结构。

1. 独立式结构

独立式结构是仅有客户端(或者移动用户)与位置服务器的客户/服务器结构。由移动用户自己完成匿名处理和查询处理的工作。该结构简单,易配置,但是增加了客户端负担,并且缺乏全局信息,隐私的隐秘性弱。

2. 中心服务器结构

与独立式结构相比,中心服务器结构在移动用户和服务提供商之间加入了第三方可信匿名服务器,由它完成匿名处理和查询处理工作。该结构具有全局信息,所以隐私保护效果较上一种好。但是由于所有信息都汇聚在匿名服务器中,故匿名服务器可能成为系统处理瓶颈,且容易遭到攻击。

3. 主从分布式结构

为了克服中心服务器结构的缺点,研究人员提出了主从分布式结构。移动用户通过一个固定的通信基础设施(如基站)进行通信。基站也是可信的第三方,但它与匿名服务器的区别在于基站只负责可信用户的认证及将所有认证用户的位置索引发给提出匿名需求的用户。位置匿名处理和查询处理由用户或者匿名组推举的头节点完成。该结构的缺点是网络通信代价高。

4. 移动点对点结构

移动点对点结构与主从分布式结构的工作流程类似,唯一不同的是它没有固定的负责用户认证的通信设施,而是利用多跳路由寻找满足隐私需求的匿名用户,所以它具有与主从分布式结构相同的优缺点。

10.5.4　隐私保护研究内容

下面介绍一些经典的位置隐私和查询隐私保护方法以及感知隐私的查询处理技术。

1. 隐私保护模型

先介绍迄今使用最广泛的位置 k 匿名模型,后面介绍的隐私保护方法均满足该模型。

k 匿名是隐私保护中普遍采用的方法。位置 k 匿名模型的基本思想是让一个用户的位置与其他 $k-1$ 名用户的位置无法区别。以位置 3 匿名模型为例(如图 10.12 所示),将 3 个单点用户用同一个匿名区域表示,攻击者只知道在此区域中有 3 个用户,具体哪个用户在哪个位置无法确定,即达到了位置隐私保护的目的。

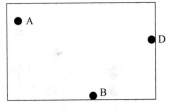

图 10.12　位置 3 匿名模型示例

2. 基于四分树的隐私保护方法

最早的匿名算法是基于四分树的隐私保护方法。它解决了面对大量移动用户高效寻找满足位置 k 匿名模型的匿名集的问题。其解决方法是:自顶向下地划分整个空间,如果提出查询的用户所在的区域的用户数大于 k,将整个空间等分为 4 份,重复这一步,直至用户所在的区域所包含的用户数不大于 k,此时将四分树的上一层区域作为匿名区域返回(如图 10.13 所示)。该方法的缺点是要求用户采用统一隐私度,以及返回的匿名区域过大。

3. 个性化隐私需求匿名方法

在隐私保护中,不同的用户有不同的位置 k 匿名需求,因此需要解决满足用户个性化隐私需求的位置 k 匿名方法。其解决方法是:利用图模型形式化定义此问题,并把寻找匿名集的问题转化为在图中寻找 k 点团的问题。

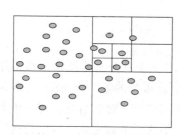 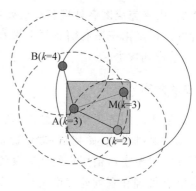

图 10.13　基于四分树的隐私保护方法　　　　图 10.14　个性化隐私需求匿名方法

在图 10.14 中，点是用户提出查询时的位置，k 表示用户的最小隐私需求，圆圈代表用户可接受的最差服务质量。当新的对象 M 到达时，根据用户的隐私和质量要求，更新已有图，并找出 M 所在的团，将覆盖该团所有点的最小矩形作为匿名区域返回。

4. 连续查询隐私保护方法

前面的隐私保护方法都是针对快照（snapshot）查询类型而提出的。如果将现有的匿名算法直接应用于连续查询，隐私保护将产生查询隐私泄露问题。如图 10.15 所示，系统中存在 6 个用户｛A，B，C，D，E，F｝。攻击者知道存在连续查询，但并不知道连续查询是什么以及是由谁提出的。在 3 个不同时刻 t_i、t_{i+1} 和 t_{i+2}，用户 A 形成了 3 个不同的匿名集，即｛A，B，D｝、｛A，B，F｝和｛A，C，E｝。对 3 个匿名集求交，即可知是用户 A 提出了查询 Q_1。

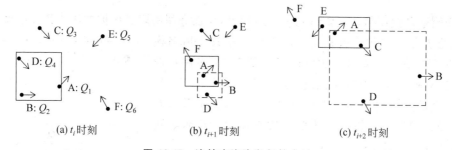

(a) t_i 时刻　　　　　(b) t_{i+1} 时刻　　　　　(c) t_{i+2} 时刻

图 10.15　连续查询隐私保护方法

此问题主要是由同一用户（A）在其有效生命期内形成的匿名集不同而造成的，所以，解决方法是：让连续查询的用户在最初时刻形成的匿名集在其查询有效期内均有效。在本例中，即用户 A 在 t_i 时刻形成的匿名集是｛A，B，D｝，则在 t_{i+1} 和 t_{i+2} 时刻，匿名集依然是｛A，B，D｝，如图 10.15(b) 和 (c) 中的虚线矩形所示。

5. 感知查询差异性的隐私保护方法

位置 k 匿名模型只能防止用户与查询建立关联，但不能切断用户与查询内容之间的关联。图 10.16 显示的是在位置匿名后发布的匿名位置和查询，符合位置 3 匿名模型。但是，攻击者可以确定，位置落于第一个匿名集中的用户一定患了某种疾病。

解决此问题的基本方法是：在寻找匿名集的时候考虑查询语义，保证在一个匿名集中敏感查询所占比例不超过 p。如图 10.17 所示，即使攻击者拥有用户的真实位置，获知该用

位　置	查　询
[(1, 2)~(5, 9)]	医院
[(1, 2)~(5, 9)]	诊所
[(1, 2)~(5, 9)]	医院
[(2, 5)~(4, 7)]	加油站
[(2, 5)~(4, 7)]	加油站
[(2, 5)~(4, 7)]	学校

图 10.16　查询隐私泄露示例

户落于哪个匿名集中，但仍然无法获知该用户提出了何种查询。

位　置	查　询
[(1, 2)~(4, 7)]	**俱乐部A
[(1, 2)~(4, 7)]	加油站
[(1, 2)~(4, 7)]	加油站
[(5, 2)~(7, 9)]	餐馆
[(5, 2)~(7, 9)]	诊所
[(5, 2)~(7, 9)]	学校

图 10.17　感知查询差异性的隐私保护方法示例

6. 感知隐私保护的查询处理方法

如何基于匿名后的位置(一个区域)为用户求得查询结果是隐私保护中必须考虑的另一个重要问题。

在基于区域位置数据的查询处理技术中，位置数据可以分为两种：公开数据和隐私数据。公开数据是指如加油站、旅馆和警车等公共信息，其位置是一个精确点；隐私数据属于个人数据，其位置是一个模糊的范围。根据查询点和被查询点是否是隐私数据，可以将查询分为 4 种(如图 10.18 所示)：基于公开数据的公开查询、基于隐私数据的公开查询、基于公开数据的隐私查询和基于隐私数据的隐私查询。

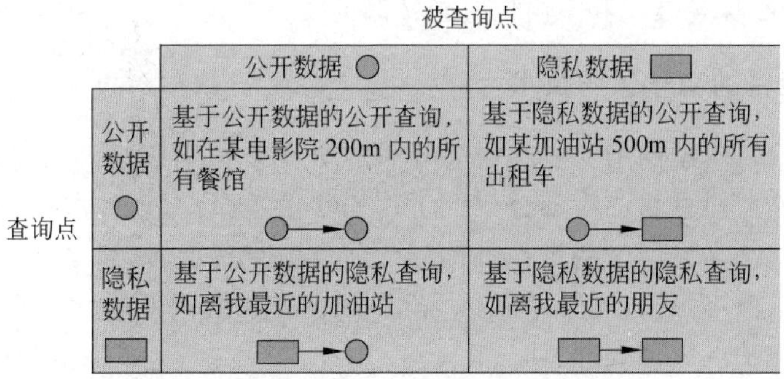

图 10.18　基于区域位置数据的查询类型

基于公开数据的公开查询可以用传统方法处理。基于隐私数据的公开查询和基于公开数据的隐私查询是基于隐私数据的隐私查询的特例，所以这两种查询处理方法经过扩展可以适应第四种类型。

1）基于隐私数据的公开查询

首先以范围查询为例说明基于隐私数据的公开查询。例如,查询某加油站 500m 内所有的出租车,如图 10.19 所示,出租车是空间匿名后得到的区域位置信息,圆是加油站附近 500m 的范围。最简单的方法是：将所有与查询范围相交的匿名框作为候选结果集,匿名框与查询范围重叠区域的面积比例表示查询结果是真正结果的概率,在图 10.19 中,查询结果为{(B, 50%),(C, 90%),(D, 100%),(E, 60%)}。

2）基于公开数据的隐私查询

例如,查询距离用户现在所在位置最近的加油站。加油站为图 10.20 中的 $p_1 \sim p_8$ 点,用户的位置是一个匿名区域。为使候选结果集中包含真实结果,需要计算该匿名区域内每一个点的最近邻。这个结果集包含两部分：所有被匿名区域覆盖的点和匿名框边上的每一个点所对应的最近邻,后者可以通过寻找被查询点间连线的垂直平分线与该匿名框边的交点获得。

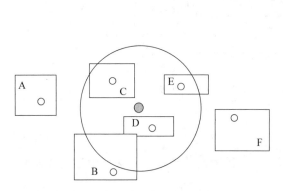

图 10.19　基于隐私数据的公开查询示例

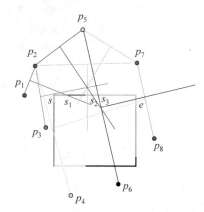

图 10.20　基于公开数据的隐私查询示例

10.5.5　隐私保护技术面临的挑战

除了上述问题外,在 LBS 中隐私保护问题仍面临着很多挑战,如多技术混合的隐私保护技术、轨迹的隐私保护技术和室内位置隐私保护技术等。

1. 多技术混合的隐私保护技术

如 10.5.2 节所述,空间加密方法安全但不高效；时空匿名方法高效,但相对于空间加密方法而言不够安全。虽然目前大部分研究工作均集中在时空匿名方法上,但是仍然有必要在空间加密与时空匿名之间做些工作,研究结合空间加密算法高隐秘性和空间匿名算法高效性的混合匿名模型与算法,同时保证利用此种匿名方法所获得的数据的可用性,并研究基于这种混合匿名方法的查询处理算法。

2. 轨迹的隐私保护技术

由于攻击者可能利用积累的用户历史信息分析用户的隐私,因此还要考虑用户的连续位置保护的问题,或者说对用户的轨迹提供保护。现有的大部分轨迹匿名技术多采用发布假位置或丢掉一些取样点的方法。这样的方法不够安全,可能通过挖掘历史信息辨别真伪。因此,需要研究基于时空匿名的轨迹匿名模型和算法,在保证挖掘结果正确性的前提下保证用户轨迹信息不泄露。

另外,现有的轨迹匿名多采用离线(offline)处理方式。在基于位置的服务中存在汽车导航的应用,用户需查询从 A 地到 B 地的行车路线,因此研究在线(online)轨迹匿名模型和算法是另一个值得关注的问题。

3. 室内位置隐私

目前的研究工作大都专注于室外位置隐私保护,其实在室内也存在隐私泄露的问题。在室内安装无限传感器收集用户位置,可用于安全控制和资源管理,例如,当室内人数小于某个值时关掉空调设备。但是,在收集室内人员位置信息的同时可能会泄露个人隐私。

例如在公司中,管理者可以监控雇员行为,并推测健康状况等。为了保护室内人员的个人隐私,需要针对室内环境的特点,研究基于室内位置隐私的攻击模型、匿名模型、匿名算法和查询处理算法。

要解决以上问题,可以将现有技术(如数据发布中的隐私保护技术、移动数据的查询处理技术和不确定数据的建模及查询处理技术)结合起来,这也许会给我们带来一些意想不到的惊喜。

习题 10

1. 简述 LBS 的定义。
2. LBS 的应用类型有哪些?
3. LBS 系统由哪些部分组成?
4. 简要说明 LBS 系统工作的主要流程。
5. 地理信息系统的任务是什么? 其主要特点是什么?
6. 移动 GIS 中的移动端与服务器端通信通常有哪两种模式?
7. 目前全球范围内普遍使用的移动定位技术主要有哪 4 种?
8. 简述隐私的定义。
9. 网络个人信息隐私权的内容具体包括哪几方面?
10. 目前侵犯网络隐私权的主要现象有哪些?
11. 简要说明侵犯网络隐私权的主要技术手段。
12. 简述物联网隐私保护技术。
13. 说明位置服务与隐私保护的关系。
14. 简述 LBS 中的 3 种基本的隐私保护方法。

第六部分　物联网安全体系
规划设计

第 11 章　物联网安全市场需求和发展趋势

物联网时代已经到来,随着智能硬件创业的兴起,大量智能家居和可穿戴设备进入了人们的生活,根据 Gartner 报告预测,2020 年全球物联网设备数量将高达 260 亿个。但是由于安全标准滞后以及智能设备制造商缺乏安全意识和投入,物联网已经埋下极大隐患,是个人隐私、企业信息安全甚至国家关键基础设施的头号安全威胁。

试想一下,无论家用或企业级的互连设备,如接入互联网的交通指示灯,恒温器或医用监控设备,一旦遭到攻击,后果都将非常可怕。

11.1　物联网安全事件盘点

以下列举 2017 年发生的一些影响较大的物联网安全事件。

1. 智能玩具泄露 200 万父母与儿童语音信息

2017 年 3 月,Spiral Toys 公司旗下的 Cloud Pets 系列动物填充玩具遭遇数据泄露,敏感客户数据库受到恶意入侵。此次事故泄露的信息包括玩具录音、Mongo DB 泄露的数据、220 万账户语音信息、数据库勒索信息等。这些数据被保存在一套未经密码保护的公开数据库当中。

Spiral Toys 公司将客户数据库保存在可公开访问的位置,还利用一款未经任何验证机制保护的 Amazon 托管服务存储客户的个人资料、儿童姓名及其与父母、亲属及朋友间的关系信息。只需要了解文件的位置,任何人都能够轻松获取该数据。

2015 年 11 月,香港玩具制造商 VTech 就曾遭遇入侵,近 500 万名成年用户的姓名、电子邮箱地址、密码、住址以及超过 20 万儿童的姓名、性别与生日不慎外泄。就在一个月后,一位研究人员又发现美泰公司生产的联网型芭比娃娃中存在的漏洞可能允许黑客拦截用户的实时对话。

2. 基带漏洞可攻击数百万部华为手机

2017 年 4 月,安全公司 Comsecuris 的一名安全研究员发现,未公开的基带漏洞 MIAMI 影响了华为智能手机、笔记本 WWAN 模块以及物联网组件。

基带是蜂窝调制解调器制造商使用的固件,用于将智能手机连接到蜂窝网络,发送和接收数据,并进行语音通话。攻击者可通过基带漏洞监听手机通信,拨打电话,发送短信,或者进行大量隐蔽的、不为人知的通信。

该漏洞是 HiSilicon Balong 芯片组中的 4G LTE 调制解调器引发的。HiSilicon 科技是华为公司的一个子公司。

这些有漏洞的固件存在于华为荣耀系列手机中。研究人员无法具体确定有多少设备受到了这个漏洞的影响。他们估计有数千万的华为智能手机可能收到攻击。仅在 2016 年第三季度销售的智能手机中,就有 50% 使用了这个芯片。

3. 三星 Tizen 操作系统存在严重安全漏洞

2017 年 4 月,三星 Tizen 操作系统被发现存在 40 多个安全漏洞。Tizen 操作系统被应用在三星智能电视、智能手表、Z 系列手机上,全球有不少用户正在使用。

这些漏洞可能让黑客更容易从远程攻击与控制设备,且三星公司在过去 8 个月以来一直没有修复这些编码错误所引起的漏洞。安全专家批评其程序代码早已过时,黑客可以利用这些漏洞自远程完全地控制这些物联网装置。

值得一提的是三星公司目前大约有 3000 万台电视搭载了 Tizen 系统,而且三星公司计划到 2017 年年底之前有 1000 万部手机运行该系统,并希望以此减少对 Android 系统的依赖,但很显然 Tizen 现在仍不安全。

4. 无人机多次入侵成都双流国际机场

2017 年 4 月,成都双流机场连续发生多起无人机(无人飞行器)黑飞事件,导致百余架次航班被迫备降或返航,超过万名旅客受阻,滞留机场,经济损失以千万元计,旅客的生命安全更是遭到了巨大的威胁。

无人机已经进入人们的工作和生活中,不仅在国防、救援、勘探等领域发挥着越来越重的作用,更成为物流、拍摄、旅游等商业服务的新模式。无人机由通信系统、传感器、动力系统、储能装置、任务载荷系统、控制电路和机体等多个模块组成。与人们平常使用的智能手机、平板电脑一样,无人机在系统、信号、应用上面临各类安全威胁。

在 2017 年 11 月的一次安全会议上,阿里巴巴安全研究人员做了远程劫持无人机的演示,一个专业人员无须利用软件漏洞就能获得无人机的管理员权限。而就在一年前的 2016 年黑帽安全亚洲峰会上,IBM 公司安全专家也演示了远程遥控 2km 内的无人机起飞的案例,攻击者只需要掌握一点无线电通信的基础知识就能够完成劫持操作。

5. Avanti Markets 自动售货机泄露用户数据

2017 年 7 月,美国自动售货机供应商 Avanti Markets 公司内网遭遇黑客入侵。攻击者在终端支付设备中植入恶意软件,并窃取了用户信用卡账户以及生物特征识别数据等个人信息。该公司的售货机大多分布在各大休息室,售卖饮料、零食等副食品,顾客可以用信用卡、指纹扫描或现金支付。Avanti Markets 公司的用户多达 160 万人。

根据某位匿名者提供的消息,Avanti Markets 公司没有采取任何安全措施保护数据安全,连基本的 P2P 加密都没有做到。

事实上,售货机以及支付终端等设备遭遇入侵在近几年似乎频频发生。支付卡机器以及 POS 终端之所以备受黑客"欢迎",主要是因为从这里窃取到的数据很容易变现。遗憾的是,POS 终端厂商总是生产出一批批不安全的产品,而且只在产品上市发布之后才考虑到安全问题。

6. 深圳制造的 17.5 万个安防摄像头被曝漏洞

2017 年 8 月,深圳某公司制造的 17.5 万个物联网安防摄像头被爆可能遭受黑客攻击。

这些安防摄像头可以提供监控和多项安全解决方案,包括网络摄像头、传感器和警报器等。

安全专家在该公司制造的两个型号的安防摄像头中找到了多个缓冲区溢出漏洞。这些安防摄像头都是通用型即插即用设备,它们能自动在路由器防火墙上打开端口,接受来自互联网的访问。

安全专家注意到,上述两款安防摄像头可能会遭受两种不同的网络攻击,一种攻击会影响摄像头的网络服务器,另一种攻击则会波及实时串流协议服务器。

研究人员称这两款安防摄像头的漏洞很容易就会被黑客利用,只需使用默认凭证登录,任何人都能访问摄像头的转播画面。同时,摄像头存在的缓冲区溢出漏洞还使黑客能对其进行远程控制。

7. 超 1700 台物联网设备 Telnet 密码列表遭泄露

2017 年 8 月,安全研究人员 Ankit Anubhav 在 Twitter 上分享了一则消息,声称超 1700 台物联网设备的有效 Telnet 密码列表遭泄露,这些密码可以被黑客用来扩大僵尸网络以进行 DDoS 攻击。

这份列表中包含了 33 138 个 IP 地址、设备名称和 Telnet 密码,列表中大部分用户名和密码组合都是"admin:admin"或者"root:root"等。这份列表中包含 143 种密码组合,其中 60 种密码组合都来自 Mirai Telnet 扫描器。研究人员在分析了上述列表后确认它由 8200 个独特 IP 地址组成,大约有 2174 个 IP 地址是通过远程登录凭证进行访问的。该列表中 61% 的 IP 地址位于中国。

该列表最初于 2017 年 6 月在 Pastebin 平台出现,列表的泄露者与此前发布有效登录凭据转储、散发僵尸网络源代码的黑客是同一人。

8. 蓝牙协议安全漏洞影响 53 亿台设备

物联网安全研究公司 Armis 在蓝牙协议中发现了 8 个零日漏洞,这些漏洞将影响超过 53 亿台设备——从 Android、iOS、Windows 以及 Linux 系统设备到使用短距离无线通信技术的物联网设备。利用这些蓝牙协议漏洞,Armis 公司构建了一组攻击向量(attack vector)BlueBorne。在演示中,攻击者完全接管了支持蓝牙的设备,传播恶意软件,甚至建立了一个"中间人"(MITM)连接。

研究人员表示,想要成功实施攻击,必备的因素是:受害者设备中的蓝牙处于开启状态,以及尽可能地靠近攻击者的设备。此外,需要注意的是,成功的漏洞利用甚至不需要将脆弱设备与攻击者的设备进行配对。

BlueBorne 可以服务于任何恶意目的,例如网络间谍、数据窃取、勒索攻击,甚至利用物联网设备创建大型僵尸网络(如 Mirai 僵尸网络),或利用移动设备创建僵尸网络(如 WireX 僵尸网络)。BlueBorne 攻击向量可以穿透安全的"气隙"网络(将计算机与互联网以及任何连接到互联网上的计算机进行隔离),这一点是大多数攻击向量所不具备的能力。

9. WPA2 安全漏洞允许黑客任意读取信息

2017 年 10 月,有安全专家表示 WiFi 的 WPA2(一种保护无线网络安全的加密协议)存在重大漏洞,导致黑客可任意读取通过 WAP2 保护的任何无线网络的所有信息。

发现该漏洞的比利时鲁汶大学计算机安全学者马蒂·凡赫尔夫(Mathy Vanhoef)称:

"我们发现了 WPA2 的严重漏洞。WPA2 是一种如今使用最广泛的 WiFi 网络保护协议。黑客可以使用这种新颖的攻击技术来读取以前假定为安全加密的信息，如信用卡号、密码、聊天信息、电子邮件、照片等。"

据悉，该漏洞名叫 KRACK，存在于所有应用 WPA2 协议的产品或服务中。其中，Android 和 Linux 最为脆弱，Windows、OpenBSD、iOS、MacOS、联发科技、Linksys 等无线产品都将受影响。

KRACK 漏洞利用有一定的局限性，例如，需要在正常 WiFi 信号的辐射范围内。另外，该漏洞可以让中间人窃取无线通信中的数据，而不是直接破解 WiFi 的密码。

10. 智能家居设备漏洞使吸尘器秒变监视器

2017 年 11 月，Check Point 研究人员表示 LG 智能家居设备存在漏洞，黑客可以利用该漏洞完全控制一个用户账户，然后远程劫持 LG Smart ThinQ 家用电器，包括冰箱、干衣机、洗碗机、微波炉以及吸尘机器人。

LG 智能家居的移动端应用程序允许用户远程控制其设备（包括打开和关闭它们）。例如，用户可以在回家前启动烤箱和空调，在去超市前检查智能冰箱中还有多少库存，或者检查洗衣机何时完成一个洗衣循环。当用户离开时，无论设备是开启的还是关闭的，网络犯罪分子都可以得到一个完美的入侵机会，并将它们转换为实时监控设备。

研究人员演示了黑客通过控制安装在设备内的集成摄像头将 LG Hom-Bot 吸尘器变成一个间谍的过程。他们分析了 Hom-Bot 并找到了通用异步收发传输器的连接。当连接被找到时，研究人员就可以操纵它来访问文件系统。一旦主进程被调试，他们就可以找到并启动 Hom-Bot 与 Smart ThinQ 移动端应用程序之间用于通信的代码了。

迄今为止，LG 公司已售出超过 100 万台 Hom-Bot 吸尘器，但并非所有型号都具有 Home Guard 安全监控功能。

11. 美国交通指示牌被攻击，播放反特朗普标语

2017 年 12 月，位于美国达拉斯北中央高速公路附近的一个电子交通指示牌遭到了不明黑客的攻击。标志牌的显示内容遭到了篡改，被用于显示针对美国现任总统唐纳德·特朗普以及其支持者的侮辱性标语。

事件发生在周五晚上，这些信息被持续不断地循环播放，并一直持续到周六早上。如此一块指示牌不仅震惊了人们，还造成了交通拥堵，因为大多数司机决定停下来拍照留念。值得注意的是，这并不是美国首次遭遇电子交通指示牌被黑客攻击事件。在 2015 年 12 月，特朗普的一位支持者在位于加利福尼亚州科罗纳市的一个高速公路牌上留下了 Vote Donald Trump（为唐纳德·特朗普投票）的消息。

安全专家表示，攻击电子交通指示牌是很简单的，因为它们的控制后台总是采用默认密码，并提供有关如何打开控制台电源、关闭标志显示、关闭快速消息以及创建自定义消息的说明。

上述物联网安全事件只是冰山一角，隐藏在背后的物联网安全威胁层出不穷，物联网的安全形势日益严峻。随着物联网逐渐走入千家万户的生活当中，物联网设备将成为黑客新的战场。而且黑客攻击日益组织化、产业化，攻击对象的广度及深度将有大幅度变化。

11.2 物联网安全威胁现状及预防

11.2.1 物联网业务形态对安全的需求

1. 物联网的体系结构

物联网的体系结构通常由执行器、网关、传感器、云和移动 App 5 部分组成,如图 11.1 所示。

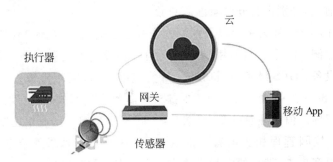

云

执行器

网关

移动 App

传感器

图 11.1　物联网的体系结构

2. 物联网业务形态

物联网根据业务形态主要分为工业控制物联网、车载物联网和智能家居物联网。不同的业务形态对安全的需求不尽相同。

3. 物联网设备的高危漏洞和安全隐患

惠普安全研究院调查了 10 个最流行的物联网智能设备后发现,几乎所有设备都存在高危漏洞,主要有五大安全隐患。一些关键数据如下:

- 80%的物联网设备存在隐私泄露或滥用风险。
- 80%的物联网设备允许使用弱密码。
- 70%的物联网设备与互联网或局域网的通信没有加密。
- 60%的物联网设备的 Web 界面存在安全漏洞。
- 60%的物联网设备下载软件更新时没有使用加密。

读一下网上关于物联网安全的报道,就会发现很多与安全相关的骇人听闻的事件,例如,汽车被黑客远程操纵而失控;摄像头被入侵而遭偷窥;联网的烤箱被恶意控制干烧;洗衣机空转;美国制造零日漏洞病毒,利用"震网"攻入伊朗核电站,破坏伊朗核实施计划;等等。这些信息安全问题已经威胁到人们的隐私、财产、生命乃至国家安全。

11.2.2 物联网设备安全现状

2016 年,CNVD 收录了物联网设备漏洞 1117 个。其中,传统网络设备厂商思科出现设备漏洞 356 条,占全年物联网设备漏洞的 32%;华为位列第二,共 155 条;安卓系统的提供商谷歌公司位列第三,工业设备产品提供厂商摩莎科技和西门子分列第四和第五。

CNVD 收录的物联网设备漏洞类型包括权限绕过、拒绝服务、信息泄露、跨站、命令执行、缓冲区溢出、SQL 注入、弱口令、设计缺陷等。其中,权限绕过、拒绝服务、信息泄露漏洞数量位列前三,分别占收录漏洞总数的 23%、19% 和 13%。而弱口令(或内置默认口令)漏洞虽然在统计比例中占比不大(2%),但实际影响十分广泛,成为恶意代码攻击利用的重要风险点。

在 CNVD 收录的 1117 个物联网设备漏洞中,影响设备的类型(以标签定义)包括网络摄像头、路由器、手机设备、防火墙、网关设备、交换机等。其中,网络摄像头、路由器、手机设备漏洞数量位列前三,分别占公开收录漏洞总数的 10%、9% 和 5%。

根据 CNVD 白帽子、补天平台以及漏洞盒子等来源的汇总信息,2016 年 CNVD 收录物联网设备事件型漏洞 540 个。与通用软硬件漏洞影响设备的类型有所不同,主要涉及交换机、路由器、网关设备、GPS 设备、手机设备、智能监控平台、网络摄像头、打印机、一卡通产品等。其中,GPS 设备、一卡通产品、网络摄像头漏洞数量位列前三,分别占公开收录漏洞总数的 22%、7% 和 7%。值得注意的是,目前政府、高校以及相关行业单位陆续建立了一些与交通、环境、能源、校园管理相关的智能监控平台,这些智能监控平台漏洞占比虽然较少(2%),但一旦被黑客攻击,带来的实际威胁将是十分严重的。

根据 CNVD 平台 2012—2016 年公开发布的网络设备(含路由器、交换机、防火墙以及传统网络设备网关等产品)漏洞数量分布情况分析,传统网络设备漏洞数量总体呈上升趋势。2016 年 CNVD 公开发布的网络设备漏洞 697 条,与 2015 年相比增加了 27%。

以下是典型物联网设备漏洞案例:

- Android NVIDIA 摄像头驱动程序存在权限获取漏洞。
- Lexmark 打印机存在竞争条件漏洞。
- 格尔安全认证网关系统存在多处命令执行漏洞。
- Android MediaTek GPS 驱动提权漏洞。
- 多款 Sony 网络摄像头产品存在后门账号风险。
- Netgear 多款路由器存在任意命令注入漏洞。
- Pulse Secure Desktop Client(Juniper Junos Pulse)存在权限提升漏洞。
- Cisco ASA Software IKE 密钥交换协议存在缓冲区溢出漏洞。
- Fortigate 防火墙存在 SSH 认证"后门"漏洞。

11.2.3 云安全

黑客入侵智能设备并不难,很多时候他们不需要知道物联网智能设备有哪些功能以及如何运作,只要黑客能进入与智能设备连接的相关网站,他们就能操控物联网设备,而设备连接的网站通常都部署在云端,因此保护好云端安全也是保护好物联网安全的关键环节。云端一般包含三部分:Web 前台、Web 后台和中间件。

云安全主要有十二大威胁。表 11.1 给出了这些威胁和相应的防御策略。

表 11.1　云安全威胁及防御策略

云安全威胁	防御策略
数据泄露	采用多因子身份认证和加密措施
凭据被盗，身份认证如同虚设	妥善保管密钥，建立防护良好的公钥基础设施。定期更换密钥和凭证，让攻击者难以利用窃取的密钥登录系统
界面和 API 被攻击	对 API 和界面引入足够的安全机制，如"第一线防护和检测"；威胁建模应用和系统，包括数据流和架构设计，要成为开发生命周期的重要部分；进行安全的代码审查和严格的渗透测试
系统漏洞利用	修复系统漏洞的花费与其他 IT 支出相比要少一些。通过部署 IT 过程来发现和修复漏洞的开销比漏洞遭受攻击的潜在损害要小。管制产业（如国防、航天航空业）需要尽快地打补丁，最好是作为自动化过程和循环作业的一部分来实施。变更处理紧急修复的控制流程，确保该修复活动被恰当地记录下来，并由技术团队进行审核
账户劫持	企业应禁止在用户和服务间共享账户凭证，还应在可用的地方启用多因子身份验证方案。用户账户和服务账户都应该受到监管，以便每一笔交易都能追踪到某个实际的人身上。关键是避免账户凭证被盗
恶意内部人员	企业要自己控制加密过程和密钥，分离职责，最小化用户权限。记录、监测和审计管理员活动的有效日志
APT（高级持续性威胁）寄生虫	定期进行强化意识培训，使用户保持警惕，不被诱使放入 APT。IT 部门需要紧密跟踪最新的高级攻击方式。不过，高级安全控制、过程管理、时间响应计划以及 IT 员工培训都会导致安全预算的增加。企业必须在安全预算和遭到 APT 攻击可能造成的经济损失之间进行权衡
永久的数据丢失	多地分布式部署数据和应用以增强防护；采取足够的数据备份措施，坚守业务持续性和灾难恢复最佳实践；做好云环境下的日常数据备份和离线数据存储
调查不足	每订购任何一个云服务，都必须进行全面细致的调查，弄清云服务提供商承担的风险
云服务滥用	客户要确保云服务提供商拥有滥用报告机制。尽管客户可能不是恶意活动的直接目标，云服务滥用依然可能造成服务可用性问题和数据丢失问题
DoS 攻击	DoS 攻击消耗大量的处理能力，最终都要由客户买单。尽管高流量的 DDoS 攻击如今更为常见，企业仍然要留意非对称的、应用级的 DoS 攻击，保护好自己的 Web 服务器和数据库
共享技术，共享资源	采用深度防御策略，在所有托管主机上应用多因子身份验证，启用基于主机和基于网络的入侵检测系统，应用最小特权、网络分段概念，实行共享资源补丁策略

近年来，云端应用安全事件频发。以下介绍 3 个典型案例。

案例 1：数据库信息泄露

某云平台是面向个人、企业和政府的云计算服务。2016 年 3 月，该云平台被曝出存在门户管理后台及系统管理员账户弱口令，通过登录账号可查看数十万用户的个人信息。通过获取的用户个人账户口令能够登录客户应用平台，查看应用配置信息，然后获取业务安装包、代码及密钥数据等敏感信息，进一步获取数据库访问权限、篡改记录、伪造交易，甚至造成系统瘫痪。这样一次看似简单的数据泄露事件发生在云平台门户，造成的影响非比寻常。

产生原因：

账户弱口令容易被暴力破解。

预防：

增加口令复杂度，设置好记难猜的口令。

案例 2：服务配置信息明文存储在云上

2014 年 8 月，专业从事 PaaS 服务的某云平台被曝出由于服务器权限设置不当，导致可使用木马通过后台查看不同客户存放在云上的服务配置信息，包括 WAR 包、数据库配置文件等，给托管客户的应用服务带来了巨大的安全隐患。

产生原因：

云服务提供商的服务器权限设置不当。

预防：

使用云平台的用户对存放在云上的服务配置信息加密存储。

案例 3：虚拟化漏洞

2016 年 8 月，奇虎 360 公司向 QEMU 官方报告了数个 QEMU 漏洞，攻击者利用这些漏洞能够在虚拟机或宿主机上越界读取内存，导致拒绝服务或者任意代码执行。这次漏洞发现事件被称为"传送门事件"。QEMU 是由法布里斯·贝拉（Fabrice Bellard）编写的以 GPL 许可证分发源码的模拟处理器，在 GNU/Linux 平台上广泛使用。360GearTeam（原 360 云安全团队）的安全研究员 Terence 在"安全客"平台给出了这些漏洞的相关信息。目前奇虎 360 公司的安全部门已经提出了解决方案，使用相关组件、模块的公有云、私有云平台可以下载补丁升级程序。

产生原因

云平台的虚拟化漏洞导致攻击者能够在宿主机上进行越界内存读取和写入，从而实现虚拟机逃逸。

预防

经调研，大部分云端的威胁风险都来自云服务提供商自身的平台漏洞，但云服务使用者过于简单的应用部署，以及对敏感数据保护的不重视也是导致威胁风险的重要原因。

对于云服务使用者，不能把安全防护完全寄托在云服务提供商身上，必须考虑自保。云服务使用者需要重点保护其云端应用核心代码、关键数据及其系统访问安全，可以从云端代码加固、数据安全保护、云端安全接入 3 个维度设计一套安全防护体系，如图 11.2 所示。

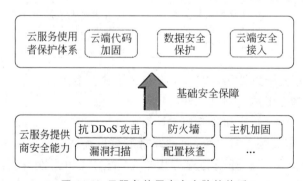

图 11.2　云服务使用者安全防护体系

云服务使用者在应用层对其云端代码、数据及系统接入进行安全保护，保证云端应用在不可信环境下的安全。云服务提供商需要进行云平台基础设施安全保护，提供云平台虚拟化、网络、配置、漏洞等多方面的安全保护功能。

构建云端安全可信的运行环境,需要云服务提供商和云服务使用者的共同努力,加大黑客进入与物联网设备连接的网站的难度,进而加强物联网的安全性。

习题 11

1. 试举出你所知道的 5 个物联网安全事件,并简述其危害。

2. 从体系结构上看,物联网通常由哪几部分组成? 各部分主要起什么作用?

3. 物联网根据业务形态主要分为工业控制物联网、车载物联网和智能家居物联网,这几种业务形态的安全需求分别是什么?

4. 目前物联网设备存在的五大安全隐患是什么?

5. 云安全的 12 大威胁分别是什么?

6. 利用国内外搜索引擎查找 2018 年和 2019 年发生的影响较大的物联网安全事件,并写出不少于 500 字的调查报告。

第 12 章　物联网安全体系结构规划与设计

物联网的安全问题和互联网的安全问题一样,永远都是一个被广泛关注的话题。

由于物联网连接和处理的对象主要是机器或物的相关数据,其所有权特性导致物联网信息安全要求比以处理文本为主的互联网更高,对隐私权保护的要求也更高。此外还有可信度问题,包括"防伪"和防 DoS 攻击,因此有很多人呼吁要特别关注物联网的安全问题。

当全世界互联成一个超级系统时,系统安全性将直接关系到国家安全。如果中国在建设"智慧地球"的过程中,不能坚持自主可控原则,国家风险将会凸显,失去信息主权。物联网安全和以往的信息安全并无本质区别,我们需要高度重视,面对挑战,制定对策。

12.1　物联网系统的安全

12.1.1　物联网安全尺度

物联网系统的安全和一般 IT 系统的安全基本一样,主要有 8 个尺度:读取控制、隐私保护、用户认证、不可抵赖性、数据保密性、通信层安全、数据完整性和随时可用性。

前 4 项主要处在物联网 DCM 三层架构的应用层,后 4 项主要位于传输层和感知层。其中隐私权和可信度(数据完整性和保密性)问题在物联网体系中尤其受人关注。

如果从物联网系统体系架构的各个层面仔细分析,会发现现有的安全体系基本上可以满足物联网应用的需求,尤其在物联网的初级和中级发展阶段。

12.1.2　物联网应用安全问题

物联网应用特有(比一般 IT 系统更易受侵扰)的安全问题有如下几种:

(1) 略读(skimming)。在末端设备或 RFID 持卡人不知情的情况下,信息被读取。

(2) 窃听(eavesdropping)。在一个通道的中间,信息被中途截取。

(3) 欺骗(spoofing)。伪造或复制设备数据,输入系统中。

(4) 克隆(cloning)。克隆末端设备,冒名顶替。

(5) 谋杀(killing)。损坏或盗走末端设备。

(6) 拥塞(jamming)。伪造数据,导致设备阻塞,正常功能不可用。

(7) 屏蔽(shielding)。用机械手段屏蔽电信号,让末端无法连接。

12.1.3　物联网特有的信息安全挑战

针对上述问题,物联网发展的中级和高级阶段面临如下五大特有(在一般 IT 安全问题之上)的信息安全挑战。

(1) 四大类(有线长、短距离和无线长、短距离)网络互联组成的异构、多级、分布式网络导致统一的安全体系难以实现"桥接"和过渡。

(2) 设备大小不一以及存储和处理能力的不一致导致安全信息(如 PKI Credentials 等)的传递和处理难以统一。

(3) 设备可能无人值守、已丢失或处于运动状态,连接可能时断时续,可信度差,种种因素增加了信息安全系统设计和实施的复杂度。

(4) 在要保证一个智能物品被数量庞大甚至未知的其他设备识别和接受的同时,又要同时保证其信息传递的安全性和隐私性。

(5) 用户单一实例服务器 SaaS 模式对安全框架的设计提出了更高的要求。

对于上述问题的研究和产品开发,目前国内外都还处于起步阶段,在 WSN 和 RFID 领域开展了一些有针对性的研发工作,但统一标准的物联网安全体系的问题目前还没提上议事日程,比物联网统一数据标准的问题更滞后。这两个标准密切相关,应合并到一起统筹考虑,其重要性不言而喻。

12.2　物联网系统安全性分析

12.2.1　传统网络安全问题分析

物联网是基于互联网技术将设备连接起来的一种综合的技术体系,因此互联网是基础,互联网的安全直接关系到整个物联网的安全体系。互联网安全问题涉及网络设备基础安全、网络安全、Web 安全以及基于 Web 的应用安全等各个方面。下文中的互联网特指物联网中的互联网部分,其涵盖内容主要包括安全编码、数据帧安全和密钥管理与交换。

1. 安全编码

由于任意一个标签的标识或识别码都能被远程任意地扫描,且标签自动地、不加区分地回应阅读器的指令并将其所存储的信息传输给阅读器,因此编码的安全性必须引起重视。

2. 数据帧安全

在互联网信息传播环境中,攻击者可能窃听数据帧内容,获取相关信息,为进一步攻击做准备。

3. 密钥管理与交换

互联网中实施机密性和完整性措施的关键在于密钥的建立和管理过程。由于物联网中节点计算能力和电源能力等有限,使得传统的密钥管理方式不适用于物联网。

12.2.2　物联网特有的安全问题分析

根据物联网自身的特点,物联网除了传统网络安全问题之外,还存在着一些与已有移动网络安全不同的特殊安全问题,这是由于物联网是由大量的设备构成的,缺少人对设备的有效监控,设备数量庞大且以集群方式存在等相关特点造成的。物联网特有的安全问题主要有以下几个方面。

1. 点到点消息认证

由于物联网的应用可以取代人来完成一些复杂、危险和机械的工作,所以物联网设备(感知节点)多数部署在无人监控的场景中。攻击者可以轻易地接触到这些设备,从而对它们造成破坏,甚至通过本地操作更换设备的软硬件,因此物联网中有可能存在大量的损坏节点和恶意节点。

2. 重放攻击

在物联网标签体系中无法证明一个信息已传递给读写器,攻击者可以获得已认证的身份,再次获得相应服务。

3. 拒绝服务攻击

一方面,物联网 ONS 以 DNS 技术为基础,ONS 同样也继承了 DNS 的安全隐患;另一方面,由于物联网中节点数量庞大,且以集群方式存在,因此会导致在数据传播时,由于大量节点的数据发送使网络发生拥塞,即拒绝服务攻击。攻击者利用广播 Hello 信息、通信机制中的优先级策略、虚假路由等协议漏洞同样能发动拒绝服务攻击。

4. 篡改或泄露标识数据

攻击者一方面可以通过破坏标签数据,使得物品服务不可使用;另一方面窃取标识数据,获得相关服务或者为进一步攻击做准备。

5. 权限提升攻击

攻击者通过协议漏洞或其他脆弱性使得某物品获取高级别服务,甚至控制物联网其他节点的运行。

6. 业务安全

传统的认证是区分不同层次的。例如,网络层的认证就负责网络层的身份鉴别,业务层的认证就负责业务层的身份鉴别,两者独立存在。但是在物联网中,大多数情况下,设备都有专门的用途,因此其业务应用与网络通信紧紧地绑在一起。由于网络层的认证是不可缺少的,那么其业务层的认证机制就不再是必需的,而是可以根据业务由谁来提供和业务的安全敏感程度来设计。

例如,当物联网的业务由网络运营商提供时,就可以充分利用网络层认证的结果,而不需要进行业务层的认证;当物联网的业务由第三方提供而无法从网络运营商处获得密钥等安全参数时,它就可以发起独立的业务认证,而不用考虑网络层的认证。

又如,当业务是敏感业务时,一般业务提供者会不信任网络层的安全级别,而使用更高级别的安全保护,这时就需要进行业务层的认证;而当业务是普通业务时,如气温采集业务等,业务提供者认为网络认证已经足够,就不再需要业务层的认证。

7. 隐私安全

在未来的物联网中,每个人及其拥有的每件物品都将随时随地连接在这个网络上,随时随地被感知,在这种环境中如何确保信息的安全性和隐私性,防止个人信息、业务信息被窃取或被盗用,将是物联网推进过程中需要解决的重大问题之一。

物联网安全属性包括机密性、完整性、问责制和可用性,表 12.1 给出物联网点到点消息认证、重放攻击、拒绝服务攻击、篡改或泄露标识数据、权限提升攻击、隐私安全和业务安全等特有安全问题的安全属性。

表 12.1 安全问题与安全属性

安全问题	安 全 属 性			
	机密性	完整性	问责制	可用性
点到点消息认证	×	×	×	×
重放攻击	—	—	×	—
拒绝服务攻击	—	—	—	×
篡改或泄露标识数据	×	×	×	×
权限提升攻击	×	×	×	×
隐私安全	×	—	×	—
业务安全	×	—	×	×

12.3 物联网安全目标与防护原则

12.3.1 安全目标

物联网基本安全目标是在数据或信息的传输、存储和使用过程中实现机密性、完整性、问责制和可用性。

感知节点通常情况下功能简单(如自动温度计),携带能量少(使用电池),使得它们无法拥有复杂的安全保护能力。而感知网络多种多样,从温度测量到水文监控,从道路导航到自动控制,它们的数据传输和消息也没有特定的标准,很难提供统一的安全保护体系。

应根据物联网物理安全、安全计算环境、安全区域边界、安全通信网络、安全管理中心及应急响应恢复与处置 6 方面的安全目标构建物联网安全体系,满足物联网密钥管理、点到点消息认证、防重放、抗拒绝服务攻击、防篡改或泄露和业务安全等安全需求。

12.3.2 防护原则

物联网的安全防护需要坚持如下原则:
(1) 坚持综合防范、确保安全的原则。
从法律、管理、技术和人员等多个方面,从预防应急和打击犯罪等多个环节采取多种措施,从组织安全、管理安全和技术安全角度进行综合防范,全面提高物联网的安全防护水平。

（2）坚持统筹兼顾、分步实施的原则。

统筹信息化发展与信息安全保障，统筹信息安全技术与管理，统筹经济效益与社会效益，统筹当前和长远，统筹中央和地方。

（3）坚持制度体系、流程管理与技术手段相结合的原则。

保证充足、合理的经费投入和高素质的安全技术和管理人员，建立完善的技术支持和运行维护组织管理体系，制订完整的运行维护管理制度和明确的维护工作流程。

（4）坚持以防为主、注重应急的原则。

网络安全系统建设的关键在于如何预防和控制风险，并在发生信息安全事故或事件时最大限度地减少损失，尽快使网络和系统恢复正常。

（5）坚持技术与管理相结合的原则。

安全体系是一个复杂的系统工程，涉及人、技术和操作等要素，因此必须将各种安全技术与运行管理机制、人员思想教育与技术培训、安全规章制度建设相结合。

12.4　物联网信息安全整体防护技术

12.4.1　安全体系

物联网安全体系分为物理安全、安全计算环境、安全区域边界、安全通信网络、安全管理中心以及应急响应恢复与处置 6 个方面。

1. 物理安全

物理安全主要包括物理访问控制、环境安全（监控、报警系统、防雷、防火、防水、防潮和静电消除器等装置）、电磁兼容性安全、记录介质安全、电源安全和 EPC 设备安全 6 个方面。

2. 安全计算环境

安全计算环境主要包括感知节点身份鉴别、自主/强制/角色访问控制、授权管理（PKI/PMI 系统）、感知节点安全防护（恶意节点、节点失效识别）、标签数据源可信、数据保密性和完整性、EPC 业务认证和系统安全审计。

3. 安全区域边界

安全区域边界主要包括节点控制（网络访问控制、节点设备认证）、信息安全交换（数据机密性与完整性、指令数据与内容数据分离、数据单向传输）、节点完整性（防护非法外联、入侵行为、恶意代码防范）和边界审计。

4. 安全通信网络

安全通信网络主要包括链路安全（物理专用或逻辑隔离）和传输安全（加密控制、消息摘要或数字签名）。

5. 安全管理中心

安全管理中心主要包括业务与系统管理（业务准入接入与控制、用户管理、资源配置和 EPCIS 管理）、安全检测系统（入侵检测、违规检查和 EPC 数字取证）以及安全管理（EPC 策略管理、审计管理、授权管理和异常与报警管理）。

6. 应急响应恢复与处置

应急响应恢复与处置主要包括容灾备份、故障恢复、安全事件处理与分析和应急机制。

12.4.2　纵深防御体系

一个具体的网络系统可以依据保护对象的重要程度以及防范范围将整个保护对象从网络空间划分为若干层次，对不同层次采取不同的安全技术。

目前，物联网体系以互联网为基础，因此可以将防护范围划分为边界防护、区域防护、节点防护和核心防护（应用防护或内核防护），从而实现物联网的纵深防御体系，如图 12.1 所示。

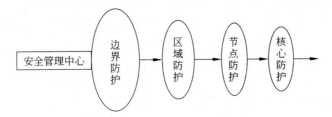

图 12.1　物联网的纵深防御体系

物联网边界包括两个层面：

（1）物联网边界可以指单个应用的边界，即核心处理层与各个感知节点之间的边界，例如智能家居控制中心与居室的洗衣机或路途中的汽车之间的边界；也可理解为传感器网络与互联网之间的边界。

（2）物联网边界也可以指不同应用之间的边界，例如感知电力与感知工业等业务应用之间的边界。

区域是比边界更小的范围，特指单个业务应用内的区域，例如安全管理中心区域。

节点防护一般具体到一台服务器或感知节点的防护、其保护系统的健壮性以及消除系统的安全漏洞等。

核心可以是具体的安全技术，也可以是具体的节点或用户，还可以是操作系统的内核。核心防护的抗攻击强度最大，能够保证核心的安全。

12.5　物联网整体防护实现技术

12.5.1　物联网安全技术框架

物联网整体防护横向涉及物理安全、安全计算环境、安全区域边界、安全通信网络、安全管理中心以及应急响应恢复与处置 6 个方面,纵向涉及边界防护、区域防护、节点防护和核心防护 4 个层次,构成物联网安全技术框架,其中主要涉及访问控制和入侵检测等 40 多种安全技术,如表 12.2 所示。

表 12.2　物联网安全技术框架

层次 方面	边界防护	区域防护	节点防护	核心防护
物理安全	访问控制技术			
		EPC 设备安全技术	EPC 设备安全技术	
		抗电磁干扰技术		
安全计算 环境	授权管理技术	授权管理技术	授权管理技术	授权管理技术
	身份认证技术	身份认证技术	身份认证技术	身份认证技术
	自主/强制/角色访问控制技术	自主/强制/角色访问控制技术	自主/强制/角色访问控制技术	自主/强制/角色访问控制技术
			异常节点识别技术	
			标签数据源认证技术	
			安全封装技术	安全封装技术
	系统审计技术	系统审计技术	系统审计技术	系统审计技术
			数据库安全防护技术	数据库安全防护技术
	密钥管理技术	密钥管理技术	密钥管理技术	
	可信接入技术	可信接入技术	可信接入技术	
			可信路径技术	可信路径技术
安全区域 边界	网络访问控制技术	网络访问控制技术		
			节点设备认证技术	
		数据机密性与完整性技术	数据机密性与完整性技术	数据机密性与完整性技术
	指令数据与内容数据分离技术	指令数据与内容数据分离技术		
	数据单向传输技术	数据单向传输技术		
	入侵检测技术	入侵检测技术	入侵检测技术	
	非法外联检测技术			
	恶意代码防范技术	恶意代码防范技术	恶意代码防范技术	恶意代码防范技术
安全通信 网络	物理链路专用技术	物理链路专用技术		
	链路逻辑隔离技术	链路逻辑隔离技术		
	加密与数字签名技术	加密与数字签名技术	加密与数字签名技术	
	消息认证技术	消息认证技术	消息认证技术	

续表

层次 方面	边界防护	区域防护	节点防护	核心防护
安全管理中心	业务准入与接入控制技术	业务准入与接入控制技术	业务准入与接入控制技术	
		EPCIS 管理技术	EPCIS 管理技术	
	入侵检测技术	入侵检测技术	入侵检测技术	入侵检测技术
	违规检查技术	违规检查技术	违规检查技术	违规检查技术
	EPC 取证技术	EPC 取证技术	EPC 取证技术	EPC 取证技术
	EPC 策略管理技术	EPC 策略管理技术	EPC 策略管理技术	
	审计管理技术	审计管理技术	审计管理技术	审计管理技术
	授权管理技术	授权管理技术	授权管理技术	
	异常与报警管理技术	异常与报警管理技术	异常与报警管理技术	异常与报警管理技术
应急响应恢复与处置		容灾备份技术	容灾备份技术	
	故障恢复技术	故障恢复技术	故障恢复技术	故障恢复技术
	数据恢复与销毁技术	数据恢复与销毁技术	数据恢复与销毁技术	数据恢复与销毁技术
			安全事件处理与分析技术	

12.5.2　关键技术实现研究

由表 12.2 可知,物联网涉及的安全技术种类繁多,限于篇幅,不便一一说明,本节仅讨论可信接入技术与业务安全封装技术的实现。

1. 可信接入技术

物联网安全要求接入的节点具有一定的安全保障措施,因此要求终端节点对物联网平台来说是可信的,不同业务平台之间的互联安全可靠。物联网通过平台验证和加密信道通信实现节点之间、不同业务平台之间的可信互联。由于物体标签携带数据量小,不能直接实现节点与物联网平台的可信接入,但可以通过专用于安全的 EPCIS 服务器实现可信接入。可信接入要涉及两个节点,主要是节点子系统间的平台验证和身份验证,其流程如图 12.2 所示。

可信接入的具体流程如下:

(1) A 平台系统层接收到应用层发送的数据。

(2) 数据交给访问控制模块做可信检查。如果客体信息未知,则执行步骤(3);如果已知,则执行步骤(6)。

(3) 平台验证模块读取访问控制模块要验证的客体信息。

(4) A 平台和 B 平台进行相关平台验证。

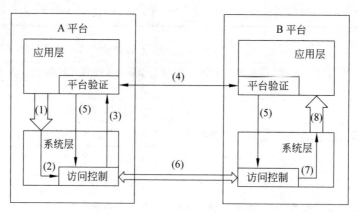

图 12.2　可信接入流程

（5）B 平台应用层将验证的信息返回给系统层的访问控制模块。

（6）如果 A 平台验证 B 平台可信，则和 B 平台进行正常的通信。

（7）B 平台接收到 A 平台发来的数据，也通过访问控制模块进行检查。如果平台可信而端口不存在，则把新端口直接添加进去。

（8）B 平台把过滤后的数据向上提交给应用层。

2. 业务安全封装技术

在物联网中，大部分业务为 C/S 和 B/S 模式的应用。虽然很多业务应用系统本身具有一定的安全机制，如身份认证和权限控制等，但是这些安全机制容易被篡改和旁路，致使敏感信息的安全难以得到有效保护。因此需要有高安全级别的底层支持，对用户的行为进行访问控制，以保护应用的安全。

通常采用业务安全封装的方式实现对业务的访问控制。业务安全封装机制主要由可信应用环境、资源隔离和输入输出安全检查来实现，如图 12.3 所示。

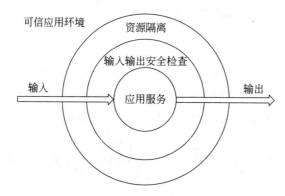

图 12.3　业务安全封装机制

通过可信计算的基础保障机制建立可信应用环境，完成对业务应用服务程序及相关库文件的可信度量，从而确保其静态完整性。

通过资源隔离限制特定进程对特定文件的访问权限，从而将业务应用服务隔离在一个受保护的环境中，不受外界的干扰，确保业务应用服务相关的客体资源不会被非授权用户以其他方式访问。

输入输出安全检查截获并分析用户和业务应用服务之间的交互请求,还原业务应用在运行时所固有的语义和语境。

要实现上述功能,需要首先了解不同类型应用的实际工作流程,并在此基础上设定主体访问客体的策略,才能在其运行过程中由系统 TCB 进行正确的访问控制。

习题 12

1. 简单说明什么是物联网安全尺度。
2. 物联网应用特有的安全问题有哪几种?
3. 物联网发展的中级和高级阶段面临的五大特有的信息安全挑战是什么?
4. 试进行物联网特有安全问题的分析。
5. 物联网安全目标是什么?
6. 物联网的安全防护需要坚持哪几个原则?
7. 物联网安全体系分为哪 6 个方面?
8. 简述物联网可信接入技术。
9. 简述物联网业务安全封装技术。

参 考 文 献

[1] 雷吉成. 物联网安全技术[M]. 北京：电子工业出版社，2012.

[2] 胡向东. 物联网安全[M]. 北京：科学出版社，2012.

[3] 任伟. 物联网安全[M]. 北京：清华大学出版社，2012.

[4] 中国电信网络安全实验室. 云计算安全技术与应用[M]. 北京：电子工业出版社，2012.

[5] 王张宜，杨敏，杜瑞颖. 密码编码学与网络安全[M].北京：电子工业出版社，2012.

[6] 杨庚. 无线传感器网络安全[M].北京：科学出版社，2010.

[7] 沈玉龙，裴庆祺，马建峰. 无线传感器网络安全技术概论[M].北京：人民邮电出版社，2010.

[8] 任伟. 无线网络安全[M].北京：电子工业出版社，2011.

[9] 李晖，牛少彰. 无线通信安全理论与技术[M].北京：北京邮电大学出版社，2011.

[10] 冯登国. 网络安全原理与技术[M].2 版.北京：科学出版社，2011.

[11] 赵军辉. 射频识别技术与应用[M]. 北京：机械工业出版社，2008.

[12] 罗守山. 入侵检测[M]. 北京：北京邮电大学出版社，2004.

[13] 葛秀慧. 信息隐藏原理及应用[M]. 北京：清华大学出版社，2012.

[14] 余涛，余彬. 位置服务[M]. 北京：机械工业出版社，2005.

[15] 杨庚，许建，陈伟，等. 物联网安全特征与关键技术[J]. 南京邮电大学学报，2010,30(4)：20-21.

[16] 刘宴兵，胡文平. 物联网安全模型及关键技术[J]. 数字通信，2010(8)：28-33.

[17] 邵华，范红，张冬芳，等. 物联网信息安全整体保护实现技术研究[J]. 信息安全与技术，2011(9)：83-88.

[18] 孟小峰，潘晓. 基于位置服务的隐私保护[J]. 中国计算机学会通讯，2010,6(6)：16-23

[19] 潘晓，肖珍，孟小峰. 位置隐私研究综述[J]. 计算机科学与探索，2007,1(3)：268-281.

[20] 虞志飞，邬家炜. ZigBee 技术及其安全性研究[J]. 计算机技术与发展，2008,18(8)：144-147.

[21] 武传坤. 物联网安全架构初探[J]. 中国科学院院刊，2010(4)：411-419.

[22] International Telecommunication Union. ITU Internet Reports 2005：The Internet of Things [R]. Geneva：ITU，2005.

[23] Floerkemeier C，Langheinrich M，Fleisch E，et al. The Internet of Things：Lecture Notes in Computer Science [M]. Berlin：Springer，2008：49-52.

[24] Van Kranenburg R. The Internet of Things [M]. Amsterdam：Waag Society，2008.

[25] 张凯. 物联网安全教程[M].北京：清华大学出版社，2014.

[26] 余智豪，马莉，胡春萍. 物联网安全技术[M].北京：清华大学出版社，2016.

[27] 仇保利，胡志昂，范红，等.物联网安全保障技术实现与应用[M].北京：清华大学出版社，2017.

[28] 李善仓，许立达.物联网安全[M].北京：清华大学出版社，2018.